变压器及电抗器油中溶解气体分析技术及典型案例分析

《变压器及电抗器油中溶解气体分析技术及典型案例分析》编委会　编

中国电力出版社

CHINA ELECTRIC POWER PRESS

内 容 提 要

本书分 7 章，包括油中溶解气体检测原理、油中溶解气体在线监测原理、基于油中溶解气体分析技术的设备缺陷识别及故障诊断，以及典型故障类型的相关案例分析。

本书总结了国内外油中溶解气体技术的发展成果及应用经验，并将原理讲解与实例分析紧密结合，以油中溶解气体分析技术为主线，对精选的 76 个典型案例进行了系统的介绍和讲解。

本书可供变压器及电抗器设备缺陷预警、设备运维、缺陷分析、设备选型相关专业人员以及发电、电网企业员工培训学习使用。

图书在版编目（CIP）数据

变压器及电抗器油中溶解气体分析技术及典型案例分析 /《变压器及电抗器油中溶解气体分析技术及典型案例分析》编委会编. —北京：中国电力出版社，2024.12
ISBN 978-7-5198-8098-9

Ⅰ. ①变… Ⅱ. ①变… Ⅲ. ①变压器油–溶解气体–气体分析 Ⅳ. ①TE626.3

中国国家版本馆 CIP 数据核字（2023）第 167699 号

出版发行：中国电力出版社
地　　址：北京市东城区北京站西街 19 号（邮政编码 100005）
网　　址：http://www.cepp.sgcc.com.cn
责任编辑：肖　敏（010-63412363）
责任校对：黄　蓓　朱丽芳　马　宁
装帧设计：张俊霞
责任印制：石　雷
印　　刷：三河市航远印刷有限公司
版　　次：2024 年 12 月第一版
印　　次：2024 年 12 月北京第一次印刷
开　　本：710 毫米×1000 毫米　16 开本
印　　张：28.25
字　　数：520 千字
定　　价：148.00 元

《变压器及电抗器油中溶解气体
分析技术及典型案例分析》
编　委　会

前　言

　　油中溶解气体分析是最为有效的监测油浸式电力变压器及电抗器(简称"变压器及电抗器")状态的手段，能够判断缺陷的类型、严重程度及发展趋势，对潜伏性故障缺陷的诊断和预警发挥着越来越重要的作用。目前，我国的油中溶解气体分析及诊断技术已经处于国际领先水平，并不断突破创新：提出了引起关注的油中溶解气体组分注意值、产气速率的量化指标以及特高电压设备采用气体周增量的监测方法；从气体组分特征出发提出了精准的缺陷类型诊断方法；变压器及电抗器在线监测普及率全球第一，拥有先进和高灵敏度的油中溶解气体在线监测装置，并且提出了在现有技术水平下，可以利用油色谱在线监测数据变化趋势辅助诊断设备缺陷的思路。

　　本书总结了国内外油中溶解气体技术的发展成果及应用经验，对油中溶解气体的检测原理、数据稳定性、数据校验等方面进行了全面论述；同时，梳理了变压器及电抗器设备典型缺陷案例，综合考虑了专业管理需求、设备制造发展需求以及电网发展需求，原理讲解与实例分析紧密结合。本书收集了 200 余个 110kV 及以上高电压等级变压器及高压电抗器设备缺陷案例，全面涵盖了设备典型故障中的放电故障、过热故障、热电复合型故障以及以氢气为主要特征气体的故障，以油中溶解气体分析技术为主线，对精选的 76 个典型案例进行了系统的介绍和讲解。

　　本书分 7 章，包括油中溶解气体检测原理、油中溶解气体在线监测原理、基于油中溶解气体分析技术的设备缺陷识别及故障诊断，以及上述四大故障类型的相关案例分析。

　　本书凝聚了编写组及行业专家的宝贵经验和智慧，以期读者通过学习本书达到举一反三、拓宽视野、深化认识，进一步掌握变压器及电抗器缺陷的预警和分析技术，帮助设备设计制造和运行维护人员不断提升水平，从而提升电网安全运行水平。

本书由国家电网有限公司设备管理部组织，由中国电力科学研究院有限公司以及福建、河南、湖北、甘肃、新疆、湖南、山东、河北等省（自治区）的电力公司电力科学研究院专家参与编写。

本书可供变压器及电抗器设备缺陷预警、设备运维、缺陷分析、设备选型相关专业人员以及发电、电网企业员工培训学习使用。

由于编写时间仓促、编者水平有限，加之技术的不断发展进步，书中难免存在一些不妥之处，恳请读者批评指正。

编　者

2024 年 9 月

目　录

第1章　油中溶解气体检测原理

　　本章主要介绍实验室中油中溶解气体的气相色谱分析和气相色谱仪的基础知识，讲述油中溶解气体色谱分析方法，并且对油中溶解气体色谱分析误差的主要来源进行分析。

第1节　气相色谱分析基础知识

　　油中溶解气体检测技术按照工作原理分为气相色谱法、光声光谱法、红外光谱法等，按照不同原理生产的检测仪器分别为气相色谱仪、光声光谱仪和红外光谱仪等。目前，实验室油中溶解气体检测方法中应用最广泛、技术最成熟的是气相色谱法。

一、色谱法简介

　　色谱是一种物理的分离技术，当这种分离技术应用于分析化学领域中，就是色谱分析。它的分离原理是使混合物中各组分在两相间进行分配，其中一相是不动的，称为固定相；另一相则是推动混合物流过此固定相的流体，称为流动相。当流动相中所含有的混合物经过固定相，就会与固定相发生相互作用。由于各组分的性质与结构不同，相互作用的大小强弱也有差异，因此在同一推动力作用下不同组分在固定相中的滞留时间有长有短，从而按先后不同的次序从固定相中流出。这种基于两相分配原理而使混合物中各组分获得分离的技术，称为色谱分离技术或色谱法。作为色谱流动相的有气体或液体：当用液体作为流动相时，称为液相色谱；当用气体作为流动相时，称为气相色谱。

二、气相色谱的分类及特点

1. 气相色谱的分类

气相色谱按固定相所用的固定床型的不同，可分为柱色谱、纸色谱和薄层色谱三类，还可以按色谱谱带展开方式分为冲洗（色谱）法、顶替法和迎头法三种，当前，变压器油中溶解气体检测普遍采用气相色谱分析方法，固定床型为色谱柱，色谱谱带展开方式为冲洗法。

2. 气相色谱法的特点

（1）分离效能高：混合组分气体在色谱柱分离过程中，要与色谱柱中填充物、吸附剂进行成千上万次质量交换，能使性质上仅有微小差别的复杂组分得以分离。一般填充柱的理论塔板数可达数千，毛细管柱可达一百多万块塔板的分离效能。

（2）检测灵敏度高：常用的热导检测器（TCD）和氢焰检测器（FID）的检测灵敏度可检出 10^{-6}～10^{-8}L/L 微量气体组分；高灵敏度检测器（如氢离子检测器），可检出 10^{-11}～10^{-13}L/L 的痕量气体成分。

（3）高选择性：通过选择合适的分离模式和检测方法，可有效地分离性质极为相近的各种同分异构体和各种同位素。

（4）分析速度快：混合组分在色谱柱中物质交换速度很快，通常时间仅为十几毫秒，一个复杂混合组分检测分析仅需要几分钟到十几分钟，比如变压器油中溶解气体组分分析可在 8min 内完成，这是一般化学分析法所达不到的。

（5）所需试样量少：一般气体样品用量为毫升级或更少。

（6）易于实现自动化：现在的色谱分析仪器已经可以实现从进样到数据处理的全自动化操作，设备和操作比较简单。

（7）难以直接定性分析：在对组分直接进行定性分析时，必须用已知物或已知数据与相应的色谱峰进行对比，或与其他方法（如质谱、光谱）联用，才能获得直接肯定的结果；在定量分析时，常常需要用已知物样品对检测后输出的信号进行校正。

三、气相色谱分离原理

下面以样品中 A、B 两组混合组分通过色谱柱的分离过程为例，进一步说明气相色谱法的分离原理。

试样在色谱柱中的分离过程如图 1-1 所示，其中：阶段 1 为样品和载气刚进入色谱柱，被填充料所吸附，呈现 A+B 区域混合带；阶段 2 为载气流经色谱柱，混合组分开始逐渐分离，呈现出 B 区域、A+B 区域、A 区域，组分 A 的分配系数小，在色谱柱中移动速度快；阶段 3 为载气继续流经色谱柱，混合组分已完全分离，呈现两个谱带；阶段 4 为载气继续流经色谱柱，A 组分流出色谱柱进入检测器，记录仪记录色谱峰；阶段 5 为 B 组分流出色谱柱进入检测器，记录仪记录色谱峰。

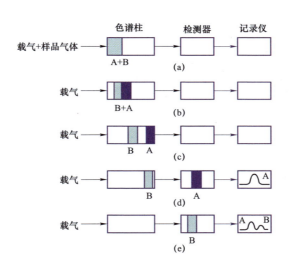

图 1-1　试样在色谱柱中的分离过程示意图

（a）阶段 1；（b）阶段 2；（c）阶段 3；（d）阶段 4；（e）阶段 5

这种物质在两相之间发生的吸附和挥发的过程，称为分配过程。分配达到平衡时，物质在两相中的浓度比称为分配系数（也称平衡常数），以 K 表示，即：

$$K = \frac{C_g}{C_1} \qquad (1-1)$$

式中：C_g 为物质在固定相中的浓度；C_1 为物质在流动相中的浓度。

在恒定的温度下，分配系数 K 是个常数。由此可见，气相色谱的分离原理是利用不同物质在两相间具有不同的分配系数，当两相做相对运动时，试样的各组分就在两相中经反复多次地分配，使得原来分配系数只有微小差别的各组分产生很大的分离效果，从而将各组分分离开来。

四、气相色谱流出曲线

被分析样品从进样开始经色谱分离到组分全部流过检测器后，在此期间所记录的信号随时间而分布的图像称为色谱图。以组分的浓度变化（信号）作为纵坐标，以流出时间（或相应流出物的体积）作为横坐标，所给出的曲线称为气相色谱流出曲线。现以一种组分为例，其气相色谱流出曲线如图 1-2 所示，图中的横坐标为组分流出时间，纵坐标为随时间流出组分的浓度，以检测器产生的信号（mV）的高低来表示。

（1）基线：在实际色谱操作条件下，如果只有载气而没有样品组分进入检测器时，记录器记录的检测器所发出的随时间变化的信号（或称噪声），称为基线。稳定的基线是一直线，如图 1-2 中的 Ot 线（横坐标轴）。基线是测量的基准，也是检查色谱仪工作是否正常的项目之一。实际上因受检测器性能和载气

3

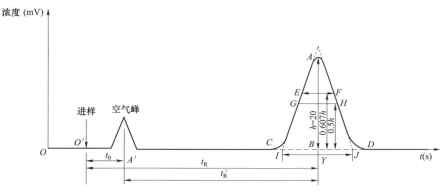

图 1-2 气相色谱流出曲线

纯度影响，允许基线有一定波动。

（2）典型色谱峰：色谱柱流出的组分进入检测器时，记录仪记录的载气中该组分的含量随时间而变化的曲线（见图 1-2 中曲线 CAD），一般是典型对称峰，称色谱峰（即正态分布曲线）。

（3）峰底：在峰下面的基线延伸部分为峰底（见图 1-2 中 CD 间的横虚线），峰底又称峰基线。

（4）峰宽：在峰两侧拐点处所作切线与峰底相交于 I、J 两点，这两点间的距离 IJ 为峰宽，用符号 Y 表示。

（5）峰高：峰最高点 A 到主峰底的垂直距离（见图 1-2 中线段 AB）为峰高，用 h 表示。

（6）半峰宽：又称半宽度，即取峰高 h 的中点，再从中点作基线的平行线，此平行线与峰交于 G、H 两点，G、H 的距离为半峰宽，用符号 $Y_{1/2}$ 表示。

（7）峰面积：指曲线 ACD 与峰基线所包围的面积，用符号 A 表示。

（8）死时间：即惰性物质通过色谱柱所需的时间，一般指从进样到空气峰顶点的距离，即 $O'A'$ 距离所代表的时间，用 t_0 表示。

（9）保留时间：即通过色谱柱所需的时间，指从进样到样品组分峰顶点的距离，图 1-2 中 $O'B$ 距离所代表的时间，用符号 t_R 表示。

（10）调整保留时间：即样品通过色谱柱为固定相所滞留的时间，即 $t'_R = t_R - t_0$。

在一定的实验条件下，色谱流出曲线是色谱分析的主要依据。其中，色谱峰的位置（即保留时间或保留体积）决定物质组分的性质，是色谱定性的依据；色谱峰的高度或面积是组分浓度或含量的量度，是色谱定量的依据。另外，还可以利用色谱峰的位置及其宽度，对色谱柱的分离能力进行评价。

五、气相色谱定性、定量分析

（一）定性分析

气相色谱定性分析就是鉴别所分离出来的色谱峰各代表何种物质。气相色谱法主要是利用保留参数定性，也即主要利用已知物对照的方法。这一方法又包括利用绝对保留值定性、利用相对保留值定性、利用保留值随分子结构（如同系物的碳原子数）和性质变化（如沸点变化）的经验规律来定性以及利用保留指数定性等方法。目前，变压器油中溶解气体色谱分析主要采用绝对保留值（校正保留时间）对各气体组分进行定性。

1. 利用绝对保留值定性

当固定相和操作条件严格固定不变时，同一组分都具有相同的绝对保留值（如校正保留时间或校正保留体积），通过分别测定并比较已知物与未知物保留值即可定性；也可将已知物加到未知物中，观察加入前后色谱峰高变化情况来鉴别未知物。

2. 利用保留值定性的注意事项

（1）定性前应首先检验色谱图上色谱峰的真实性。因为色谱图上的色谱峰并不一定代表样品中某一组分，许多意外原因（如色谱柱内存在残留物、进样器不干净存在残留物、进样口硅橡胶垫因过热产生热分解产物等）都可以造成假象，应设法查明并排除其干扰。

（2）由于一些原因，往往使样品中的一些组分在色谱图上不出峰。这些原因包括测检器对某些组分没有响应或灵敏度不够，固定相或仪器的某些部分对样品组分产生的不可逆吸附，以及柱温太低等。因此，应对混合物样品中各组分是否全部出峰进行检查并找出不出峰的原因。

（3）要注意观察色谱峰的峰形。如样品某一组分色谱峰与已知物质对照，保留值相同，但峰形不同时，仍不能认为样品某一组分与已知物质是同一物质。此时，应进一步验证，方法是在样品中加入某种纯组分一起做实验，如果发现有新峰或峰形出现不规则形状（如峰上有凸出或峰顶平头等），则表示两者并非同一物质；如果峰高增加而半峰宽并不相应增加，则两者很可能是同一物质。

（4）对被定性的峰，应注意判断是否是单一组分峰还是两个以上组分的合峰（重叠峰）。如果没有已知物质做对照，可采用改变操作条件（如降低柱温、改变流速等）或用两根选择性不同的柱子分别进行分析，看单一峰是否被分成两个或多个峰。另外，在正常情况下，峰宽与保留时间呈线性关系，如果峰形特别宽，则有可能是重叠峰。

（5）要注意保留值测量的准确度与精密度。如果保留值测定值与文献值或仪器说明书不符，应查明原因，例如柱子使用时间过长、固定相性能发生变化、基准物纯度不够、操作条件与实际不符（如显示温度不准）等原因。

（6）利用检测器帮助定性。同一物质在不同类型检测器上一般具有不同的响应值，而同一检测器对不同类物质的响应值也往往不同。据此，可利用检测器来帮助定性。如氢焰检测器对绝大部分有机物组分有很大的响应信号，而对无机组分一般只有很小的响应信号，火焰光度检测器对含硫、磷的化合物响应十分灵敏。所以可利用这些专用型检测器来帮助鉴别物质的类型。在实际定性分析中，还可采用两种或两种以上检测器结合起来帮助定性。例如，把热导检测器与氢焰检测器联用，可大致区分出哪些色谱峰是有机组分、哪些是无机组分。

（二）定量分析

气相色谱定量分析的任务就是要求出混合物中各组分的含量。在一定的色谱操作条件下，流入检测器的待测组分 i 的含量 W_i（质量或浓度）与检测器的响应信号（峰面积 A 或峰高 h）成正比。其表达式为：

$$W_i = f_{iA} \cdot A_i \quad \text{或} \quad W_i = f_{ih} \cdot h_i \qquad (1-2)$$

式中：f_{iA} 和 f_{ih} 为比例系数，在定量分析中称为校正因子。

显然，要获可靠的定量结果，必须准确测定响应信号和校正因子值，正确选用定量计算方法和进行数据处理。

在色谱定量分析中，较常用的定量方法有归一化法、外标法和内标法等。其中，变压器油中溶解气体色谱分析普遍采用外标法。外标法在操作与计算上又可分为校正曲线法与校正因子求算法。

1. 校正曲线法

校正曲线法是用已知不同含量的标样系列等量进样分析，然后做出响应信号（峰面积或峰高）与含量之间的关系曲线（即校正曲线）。做样品定量分析时，在测校正曲线相同条件下进同样量的等测样品，从色谱图上测出峰高或峰面积后，即可由校正曲线查出样品中的含量。

2. 校正因子求算法

校正因子求算法是将标样多次分析后得到的响应信号与其含量求出它的绝对校正因子（即操作校正因子）f_S^A 或 f_S^h，然后按下式求出待测样品中的含量（W_i），当前变压器油中溶解气体色谱分析普遍采用该方法：

$$W_i = \frac{W_s}{A_s} \cdot A_i = f_S^A \cdot A_i \quad \text{或} \quad W_i = \frac{W_s}{h_s} \cdot h_i = f_S^h \cdot h_i \qquad (1-3)$$

式中：W_s 为标样的已知含量；A_s、h_s 为标样的峰面积与峰高；A_i、h_i 为待测样品的峰面积与峰高；f_S^A、f_S^h 为标样的峰面积绝对校正因子与峰高绝对校正因子。

使用外标法的注意事项：

（1）必须保持分析条件稳定，进样量恒定，否则误差较大。

（2）样品含量必须在仪器的线性响应范围内，特别是在使用校正因子求算法时，待测样品组分含量应与标样含量相近。

（3）校正曲线应经常进行校准，标样的操作校正因子也应随时校核，特别是分析条件有变化时。

如分析条件严格稳定，对同一物质，含量与峰高响应信号呈线性关系时，定量计算可采用简化的峰高法，否则，都应采用峰面积法。

六、气相色谱法检测流程

气相色谱法检测流程主要包括载气系统、色谱柱和检测器三个环节，如图 1-3 所示。来自高压气瓶的载气首先进入气路控制系统，把载气调节和稳定到所需流量与压力后，流入进样装置把样品带入色谱柱；分离后的各个组分依次进入检测器，经检测后放空；由检测器所检测到的电信号送至记录仪，描绘出各组分的色谱峰。

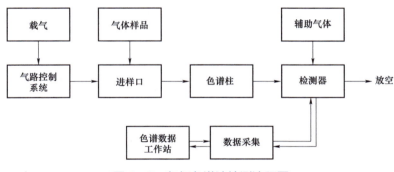

图 1-3　气相色谱法检测流程图

第 2 节　气相色谱仪基础知识

气相色谱仪是利用色谱分离技术和检测技术，对多组分的复杂混合物进行定性和定量分析的仪器，而电力专用气相色谱仪是针对变压器油中溶解的甲烷（CH_4）、乙烷（C_2H_6）、乙烯（C_2H_4）、乙炔（C_2H_2）、氢气（H_2）、一氧化碳（CO）、二氧化碳（CO_2）等气体含量进行定量分析的仪器。

一、气相色谱仪的组成

气相色谱仪主要包括气路系统、进样系统和甲烷化装置、色谱柱、检测系统、温度控制系统和数据记录与处理系统等，其中色谱柱和检测器是色谱仪的两个关键部分，气相色谱仪的组成如图 1-4 所示。

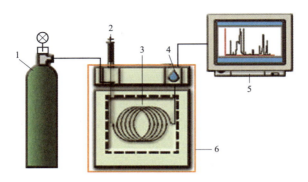

图 1-4　气相色谱仪组成示意图

1—气源（载气瓶和减压阀）；2—进样系统；3—色谱柱；4—检测器；

5—数据记录与处理系统；6—温度控制系统

（一）气路系统

气路系统的主要作用是为色谱仪的正常工作提供稳定的载气和有关辅助气等。气路系统的好坏直接影响分离效率、稳定性和灵敏度，进而影响定性、定量的准确性。气路系统包括气源和气体控制部件等。

1. 气源

气相色谱仪常用的载气有氮气（N_2）、氦气（He）和氩气（Ar）等，常用的辅助气体是空气和氢气等。这些高纯气体大多用高压钢瓶供给，也可采用实验室用的气体发生器供给，如空气发生器、氢气发生器等。色谱仪前应加装气体净化器，除去气源中可能含有的水分和油等杂质。

2. 气路控制部件

气路控制部位件主要由减压阀、稳压阀、针形阀、压力表、流量计等组成。

（二）进样系统和甲烷化装置

1. 进样系统

进样系统的主要作用是与各种形式的进样器相配合，使样品快速并定量地送到各类型色谱柱中进行色谱分离。进样系统的结构设计、进样时间、进样量及进样重复性都直接影响色谱分离和定量结果。进样系统包括进样器和汽化器等。

（1）进样器。

1）注射器：气体样品进样装置常用 1mL 医用注射器。

2）六通阀：六通阀是自动化色谱仪上安装的一种常用气体样品进样装置，具有操作简便、重复性好、便于实现自动化进样操作的特点。

（2）汽化器：汽化器的主要功能是把所注入的液体样品瞬间汽化。气体样品使用注射器进样时的进样口也在汽化器内。

2. 甲烷化装置

甲烷化装置又称甲烷转化炉，其作用是将 CO 和 CO_2 转化为 CH_4，以便用氢焰检测器测定。转化机理是用镍触媒剂的催化作用在高温下加氢，使 CO 和 CO_2 转化为甲烷。为使这一转化反应完全，在转化过程中必须有过量的氢气，反应温度应高于 300℃，最佳温度为 350～360℃。转化炉结构简单，可用一内径约 4mm 的 U 形不锈钢管柱，装入约 0.5g 的 60～80 目镍触媒剂，外套加热装置，用控温装置控制加热温度。使用前，转化炉应先通氢气在 400℃温度下活化 4～6h。

（三）色谱柱

色谱柱可视为气相色谱仪中的心脏，色谱柱的选择是确定分析方法的一个重要环节。对于分析样品对象主要是永久性气体和气态烃类气体，色谱固定相一般都使用固体固定相。固体固定相可分为固体吸附剂和合成的高分子多孔小球两类。有时，使用单一固定相达不到理想分离要求时，可使用不同固定相做成的混合固定相。

色谱柱常用的柱管材料有玻璃、不锈钢、铜、镍和聚四氟乙烯等。不同材质的柱管各有优缺点，变压器油中溶解气体色谱分析主要采用不锈钢管或铜管，因其使用过程中不易损坏。柱管内径一般为 2～6mm，目前较为流行的柱管内径为 2mm，因其较内径为 3～4mm 的柱管有较高的柱效率，但柱管内径的选择还与色谱仪情况有关。柱管长度按需要而定，一般为 1～5m 或更长。

1. 常用的固体固定相

常用的固体固定相主要有分子筛、硅胶、炭类吸附剂和高分子多孔小球等，其主要共同特点是：有较大的比表面、较好的选择性、良好的热稳定性、使用方便等。

（1）分子筛。分子筛是一种人工合成的泡沸石，其基本化学组成为 $MO \cdot Al_2O_3 \cdot xSiO_2 \cdot yH_2O$，其中 M 是某些金属离子，如 Na^+、K^+、Ca^{2+}等。分子筛的类型有多种，常用的只有 5A 和 13X 两种：5A 分子筛主要用于分析 H_2、O_2、N_2，使用前在常压下 550～600℃活化 2h 或在真空中 350℃活化 2h；根据活化程度不同，13X 分子筛可分为全活化（活化温度 300℃、3h）和半活化（175℃±5℃下活化 4h 或真空下 140℃±5℃活化 2h）两种，可用于分析 O_2、N_2、CH_4、CO，其中半活化对组分的出峰时间较短，使用寿命也较长。

（2）硅胶。硅胶一般用于分离永久性气体（CO、CO_2）和低分子量烃类气体（C_1～C_3），其分离性能取决于它的孔隙大小及其含水量。为改善硅胶的分离性能，减少出峰-峰形拖尾等现象，常采用改性处理的硅胶，如在硅胶上涂一定量的固定液或用特殊方法制备多孔微球硅胶。

（3）活性炭。活性炭是一种非极性的炭素吸附剂，用于分离 H_2、O_2、CO、

CO_2等气体，使用前应在 200℃下活化 5h。活性炭分离 CO_2 时，常出现拖尾现象，可使用减尾剂改善峰形。

（4）碳分子筛。碳分子筛是一种用聚偏氯乙烯制备的炭素吸附剂，因其微孔结构与分子筛相似，故称碳分子筛。国产型号有 TDX 系列，国外产品称为 Carbosieve B。碳分子筛（如 TDX－01，TDX－02）主要用于分离 H_2、O_2、CO、CO_2 等气体，其分离性能比活性炭好。它在高温下（150℃以上）还可用于分离 C_2 烃类气体。TDX 碳分子筛装柱后应在 180℃下通氢气活化 4h，以除去所吸附的气体杂质。

（5）高分子多孔小球。高分子多孔小球是一种用不同芳香烃高分子聚合物合成的系列固定相。国外产品主要型号有 Chromosorb 系列和 Porapak 系列；国产主要型号有 GDX 系列。相比固体吸附剂，高分子多孔小球具有机械强度好、疏水性强、出峰峰形对称、耐腐蚀、耐高温等优点。对于永久性气体和气态烃的分离，可选用 GDX－502、GDX－104 或国外的 Porapak N 和 Porapak Q 等型号。高分子多孔小球一般应在装柱后、使用前在高于使用柱温 20℃下通载气处理 3～4h，使用中不得超过最高使用温度（250℃）。

2. 常用的固定相混合方法

混合固定相是将分离性能不同的固定相以适当的方式混合使用，往往能获得比使用单一固定相更好的分离效果。常用的固定相混合方法如下。

（1）填料混合法：即把不同的固定相按一定比例混合后装入柱内使用；

（2）串联和并联法：即把不同固定相的色谱柱，按适当的长度串联或并联使用。

混合固定相的适当配比应通过实验并用图解法确定。例如对于 C_1～C_3 气态烃的分离，采用 Porapak N 与 Porapak Q 按 4：1 配比的混合柱、Porapak T 与活性氧化铝的混合柱、Porapak N 与 Porapak R 按 1：3 配比的串联柱以及用 GDX104 与 GDX－502 的串联柱等方法，都比使用单一固定相有更好的分离效果。绝缘油中溶解气体组分含量气相色谱测定常用的固体固定相见表 1－1。

表 1－1　　绝缘油中溶解气体组分含量气相色谱测定常用的固体固定相

种类	型号	规格	柱长（m）	柱内径（mm）	气体组分
分子筛	5A、13X 色谱用	30～60 目	1.0～2.0	3	H_2、O、N_2、（CO、CH_4）
活性炭	色谱用	40～60 目 60～80 目	0.7～1.0 1.0	3 2	CO、CO_2、（H_2、Air） H_2、O_2、CO、CO_2
碳分子筛	TDX01	60～80 目	0.5～1.0	3	H_2、O_2、CO、CO_2
硅胶	色谱用	60～80 目 80～100 目	2.0	3	C_1～C_3

种类	型号	规格	柱长（m）	柱内径（mm）	气体组分
Al_2O_3	α 型 γ 型	60～80 目	2.0～6.0	3	C_1～C_4
Porapak	Porapak Q Porapak N Porapak T Porapak R	80～100 目	2.0～6.0	3	H_2、O_2、CO、CO_2、C_1～C_2
Hayesep	Hayesep Q Hayesep R	80～100 目	2.0～6.0	3	H_2、O_2、CO、CO_2、C_1～C_2
高分子 多孔小球	GDX104 GDX502	60～80 目 80～100 目	4.0 3.0	3 2	C_1～C_3
Chromosorb	Chromosorb 101 Chromosorb 103 Chromosorb 105	60～80 目 80～100 目	2.0～4.0	3	C_1～C_4、CO_2
混合固定相	Porapk T： HayeSep Dip 为 1：2.4	60～80 目	3.0	3	H_2、O_2、CO、CH_4、CO_2、C_2H_6、C_2H_4、C_2H_2
毛细管柱	PLOT 5A	膜厚度 50μm	30.0	0.53	H_2、O_2、N_2、CH_4、CO
毛细管柱	PLOT Q	膜厚度 40μm	30.0	0.53	CO_2、C_2H_2、C_2H_4、C_2H_6、C_3H_6 和 C_3H_8
毛细管柱	PLOT U	膜厚度 40μm	30.0	0.53	C_1～C_3

3. 色谱柱的分离效能

色谱柱的分离效能常用分离度和柱效率等指标来评价。

（1）分离度。分离度具体见仪器的主要性能指标章节。

（2）柱效率。柱效率又称柱效能，是色谱柱在色谱分离过程中主要由动力学因素（操作参数）所决定的分离效能。柱效率通常用理论塔板数、有效塔板数、理论塔板高度、有效塔板高度等表示。

1）理论塔板数 n 是根据塔板理论而提出的反映色谱柱效率的一个指标，由色谱峰宽和保留时间按式（1-4）求得：

$$n=16\left(\frac{t_R}{Y}\right)^2=5.54\left(\frac{t_R}{Y_{1/2}}\right)^2 \tag{1-4}$$

式中：t_R 为保留时间；Y 为色谱峰宽；$Y_{1/2}$ 为色谱半峰宽。

2）有效塔板数 n_{eff} 由调整保留时间 t'_R 与色谱峰宽 Y 按式（1-5）求出：

$$n_{eff}=16\left(\frac{t'_R}{Y}\right)^2=5.54\left(\frac{t'_R}{Y_{1/2}}\right)^2 \tag{1-5}$$

3）理论塔板高度 H 由柱长 L 与理论塔板数的比值求出，即 $H=L/n$。

4）有效塔板高度 H_{eff} 是柱长 L 与有效塔板数 n_{eff} 的比值，即 $H_{eff}=L/n_{eff}$。

可以看出：色谱柱单位长度的塔板数越多，即塔板高度越小，柱的分离效能就越高。在应用上，可通过上述柱效率的几项指标，估算色谱柱具有良好分离效能时所需的柱长度。

（四）检测器

检测器又称鉴定器，是一种用于测量色谱流程中柱后流出物组成变化和浓度变化的装置。检测器的种类很多，一般可分为积分型和微分型两大类。其中，微分型检测器又分为浓度型检测器和质量型检测器两类：浓度型检测器测量的是载气中组分浓度瞬间的变化，即其响应值取决于载气中组分的浓度，例如热导检测器和电子捕获检测器等；质量型检测器则是测量载气中所携带的样品组分进入检测器的速度变化，即其响应值取决于单位时间内组分进入检测器的质量，例如氢焰检测器和火焰光度检测器等。变压器油中溶解气体色谱分析常用的是热导检测器和氢焰检测器两种。

对检测器总的要求是：① 灵敏度高、线性范围宽；② 工作性能稳定、重现性好；③ 对操作条件变化不敏感，噪声小；④ 死体积小、响应快，响应时间一般应小于 1s。

1. 热导检测器（TCD）

（1）检测原理。热导检测器是气相色谱法中应用最广泛的一种检测器。它不论是对有机物还是对无机物均有响应，并具有结构简单、稳定性好、线性范围宽、操作方便、不破坏样品等特点。热导检测器的最小检测量可达 $10^{-8}g$，线性范围约为 10^5。热导检测器是根据载气中混入其他气态的物质时热导率发生变化的原理而制成的。它主要利用以下三个条件来达到检测目的：

1）待测物质具有与载气不同的热导率。

2）敏感元件（钨丝或半导体热敏电阻）的阻值与温度之间存在着一定的关系。

3）利用惠斯登电桥测量。

（2）检测过程：在通入恒定的工作电流和恒定的载气流量时，敏感元件的发热量和载气所带走的热量也保持恒定，故使敏感元件的温度恒定，其电阻值保持不变，从而使电桥保持平衡，此时无信号发生；当被测物质与载气一道进入热导池测量臂时，由于混合气体的热导率与纯载气不同，因而带走的热量也就不同，使得敏感元件的温度发生改变，其电阻值也随之改变，故使电桥产生不平衡电位，输出信号至记录仪记录。

2. 氢焰检测器（FID）

（1）检测原理。氢焰检测器是氢火焰离子化检测器的简称，被广泛用于含碳有机化合物的分析。它对非烃类气体或在氢火焰中难以电离的物质无响应或响应低，故不适于直接分析这些物质，必要时可通过化学转化法对其进行分析。

氢焰检测器具有灵敏度高、死体积小、响应快、线性范围广等优点，其最小检测量可达 10^{-12}g，线性范围约为 10^7。

氢焰检测器是根据气相色谱流出物中可燃性有机物在氢-氧火焰中发生电离的原理而制成的。它主要利用以下的三个条件来达到检测目的：

1）氢和氧燃烧所生成的火焰为有机分子提供燃烧和发生电离作用的条件。

2）有机物分子在氢-氧火焰中的离子化程度比在一般条件下要大得多。

3）有两个电极置于火焰附近，形成静电场，有机物分子在燃烧过程中所生成的离子在电场中做定向移动而形成离子流。

氢焰检测器的构造简单，如图1-5所示，在离子室内设有喷嘴、发射极（又称点火极）和收集极等三个主要部件。

（2）检测过程：燃烧用的氢气与柱出口流出物混合后经喷嘴喷出并在喷嘴上燃烧，助燃用的空气由离子室下部进入，均匀分布于火焰周围。由于在火焰附近存在着由收集极和发射极所形成的静电场，当被测样品分子进入氢火焰时，燃烧过程中生成的离子在电场作用下做定向移动而形成离子流，通过高电阻取出，经微电流放大器放大，然后将信号送至记录仪记录。

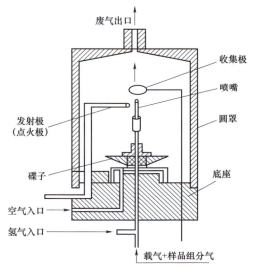

图1-5　氢焰检测器构造示意图

（五）温度控制系统

温度是气相色谱技术中十分重要的参数，进样系统、气路系统、催化转化炉、色谱柱和检测器都必须进行温度控制。温度控制中一般用铂电阻作为感温元件，加热元件中柱箱一般采用电炉丝，进样系统、检测器中采用内热式加热器，加热电流控制的执行元件都采用晶闸管元件或固态继电器。对仪器中各部分温度控制的好坏（指控制精度和稳定性）会直接影响各组分分离效果、基线稳定性和检测灵敏度等性能。

（六）数据记录与处理系统

气相色谱检测器将样品组分转换成电信号后，需要在检测电路输出端连接一个对输出信号进行记录和数据处理的装置。随着计算机技术的普及应用，采用专用的油色谱检测数据采集卡（可与色谱仪直接联用），再配置一套相应的软件，就成为色谱分析工作站。此系统可对色谱信号进行收集、转换、数字运算、存储、

传输以及显示、绘图，可直接给出被分析物质成分的含量并打印出最后结果。

数据记录与处理系统一般是与色谱仪分开设计的独立系统，可由使用者任意选配，但在使用上，是整套色谱仪器不可分割的重要组成部分，这部分工作的好坏将直接影响定量精度。

二、气相色谱仪的检测条件、性能指标和维护

（一）环境条件要求

1. 仪器室环境条件要求

（1）仪器室及其周围不宜有火源、震源、强大磁场和电场、电火花、易燃易爆的腐蚀性物质等存在，以免干扰分析或发生意外。

（2）室内温度最好在 10～35℃，相对湿度在 80% 以下，以保证仪器的正常工作和使用寿命。必要时，宜装设空调、干燥和排风等装置。

（3）室内空气含尘量应尽量低，以免影响仪器性能，还要经常保持仪器和室内清洁。

（4）工作台应能承受整套仪器自重，不发生振动，还要便于操作与检修。

（5）室内严禁烟火，并有防火防爆的安全措施。

2. 储气室环境条件要求

（1）气室及其周围不能有火源、电火花、热源或震源、易燃易爆和腐蚀性物质等存在，以免发生意外。

（2）储气室最好与实验室分开，单独设置。氧气瓶与氢气瓶应分开贮放，以免发生爆炸危险。

（3）室内温度变化不应过大，避免阳光直射或雨雪侵入。

（4）高压钢瓶要有检验合格证，坚持定期检验制度。钢瓶标记、漆色应符合相关规定。

（5）高压气瓶严禁混用，切忌用未经处理过的氧气瓶灌装氢气。

（6）所有气瓶应稳固立地放置，阀件完好、无泄漏，正确操作开闭。

（7）室内严禁烟火，消防设施完备。

3. 管线环境条件要求

（1）管线应沿墙固定。

（2）管线上所用管子和器件要干净、耐压。管子最好采用不锈钢管或紫铜管，管径宜小不宜大。

（3）管线上应加装气体净化装置。

（4）管线安装后要进行检漏，没有漏气现象才能使用。

（二）分析条件选择

在实际分析工作中，人们总希望色谱仪用较短的柱子和用较短的时间能得

到较满意的分析结果，因此，需要对色谱仪选择较适宜的分析条件。气相色谱仪的分析条件包括固定相的种类与规格（粒度、密度等）、载气的种类与参数（流速、压力等）、色谱柱尺寸、工作温度与进样技术等。

1. 载气种类

载气种类的选择主要还是考虑对检测器的适应性：变压器油中溶解气体色谱分析普遍采用 N_2 做载气；如果需要进行油中含气量分析，则可采用 Ar 做载气；对氢离子气相色谱仪，则采用 He 做载气。

2. 载气流速

从理论上讲，要获得最好的柱效率，也即使塔板高度 H 值最小，需选择一个最佳的流速。这个最佳流速与载气种类、色谱柱、组分性质等条件有关，可通过实验用作图法求出。在最佳流速下，虽然柱效率比较高，但往往分析时间较长。在实际分析工作中，为了加快分析速度，实用的最佳流速往往比理论值大。例如对于内径为 3～4mm 的色谱柱，载气常用流速为 20～80mL/min。作图法求实用和最佳流速如图 1-6 所示。

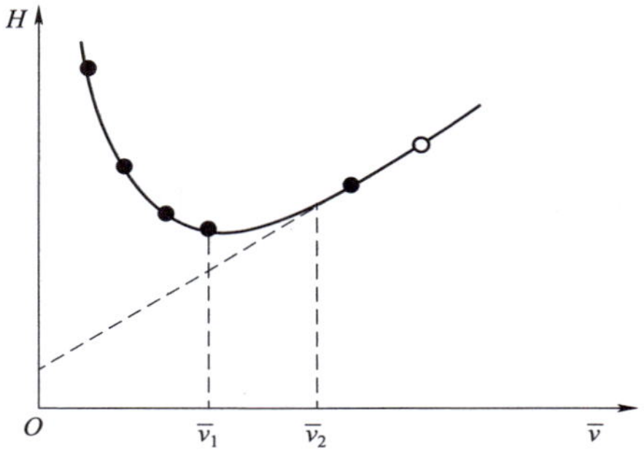

图 1-6　作图法求实用和最佳流速示意图
$\bar{v}_1$—最佳载气流速；$\bar{v}_2$—实用载气流速

3. 载气压力

从理论上分析，提高载气在色谱柱内的平均压力可提高柱效率。然而，若仅提高柱进口压力，势必使柱压降过大，反而会造成柱效率下降。因此，要维持较高的柱平均压力，主要是提高出口压力，一般在柱子出口处加装阻力装置即可达到此目的。例如长度在 4m 以下、管径为 3～4mm 的柱子，柱前载气压力一般控制在 0.3MPa 以下，而柱出口压力最好能大于大气压。

4. 固定相粒度范围

固定相的表面结构、孔径大小与粒度分布对柱效率都有一定影响，对已选定的固定相，粒度的均匀性尤为重要，例如对同一固定相，40/60 目的粒度范围要比 30/60 目的柱效率高。通常，柱内径为 2mm 时，选用粒度为 80/100 目；柱内径为 3～4mm 时，选用 60/80 目；而柱内径为 5～6mm 时，宜选用 40/60 目。

5. 柱尺寸与形状

从理论上分析，选用内径较小的柱管和较大的柱形曲率半径，以及柱管内径和曲率半径都较均匀的柱子，可获得较高的柱效率。然而，柱管内径过小，会造成充填填料困难而且压降过大，给操作带来不便，故常用的柱内径多为 2～4mm。就柱形而言，柱效率的顺序为：直形管>U 形管>盘形管；但为了缩小仪器体积，实际采用的多为盘形柱。

6. 柱温

从理论上说，适当提高柱温有利于改善柱效率和加快分析速度。然而，柱温过高反而会降低柱效率，甚至使柱的选择性变坏。实际上，柱温的选择主要取决于样品性质。对于变压器油中溶解气体色谱分析，柱温一般控制在 50～60℃。此外，柱温还与固定相性质、固定相用量、载气流速等因素有关。如果固定相已选定，采用适当减少固定相用量和加大载气流速等措施，可达到降低选用柱温的目的。

7. 进样技术

进样量、进样时间和进样装置都会对柱效率有一定影响：进样量太大会增大峰宽，降低柱效率甚至影响定量计算；进样时间过长，同样会降低柱效率而使色谱区域加宽；进样装置不同，出峰形状重复性也有差别；进样口死体积大，也对柱效率不利。对于气体样品，一般进样量为 0.1～10mL；进样时间越短越好，一般必须小于 1s；进样口应设计合理、死体积小。如采用注射器进样时，应特别注意气密性与进样量的准确性。

（三）仪器的主要性能指标

1. 实验室用气相色谱仪

实验室用气相色谱仪的主要性能指标见表 1-2。

表 1-2   实验室用气相色谱仪的性能指标

序号	系统	项目		指标
1	电源系统	电源输入端对机壳及地的绝缘电阻		≥20MΩ
2	气路系统	气密性		定性：检漏液应无明显起泡现象；定量：在 0.3MPa 压强下，30min 压降不大于 0.01MPa
		载气流速稳定性（10min）		≤1.0%
3	温度控制系统	柱箱温度稳定性（10min）		≤0.5%
4	分离系统	分离组分		至少应能分离 H_2、CH_4、C_2H_4、C_2H_6、C_2H_2、CO、CO_2 气体组分，O_2、N_2 气体组分可选
		色谱柱分离度		$R > 1.0$
5	检测系统	基线噪声	TCD	≤0.1mV；
			FID	≤1pA
		基线漂移（30min）	TCD	≤0.2mV；
			FID	≤10pA
		TCD 灵敏度（CH_4/N_2 标准气体）		≥2000mV·mL/mg
		FID 检测限（CH_4/N_2 标准气体）		≤5×10^{-11}g/s

续表

序号	系统	项目		指标
6	工作站	性能要求		宜符合《油色谱检测数据工作站》（GB/T 25478—2010）技术要求
7	整机性能	定性重复性		≤1%
		定量重复性		≤3%
		最小检测浓度（μL/L）	气中	H_2：≤10；C_2H_2：≤0.1；CO：≤20
			油中	H_2：≤2；C_2H_2：≤0.1；CO：≤5
		分析周期		≤15min
		启动时间（h）	TCD	≤2
			FID	≤2

注　1. 非自动进样的仪器可不做定性重复性。

　　2. 全自动进油样的气相色谱仪可按最小检测浓度（油中）进行验收，其他类型气相色谱仪可按最小检测浓度（气中）进行验收。

气相色谱仪的关键性能指标的检测方法如下：

（1）噪声 N。噪声指没有给定样品通过检测器而由仪器本身和工作条件所造成的基线起伏信号，常以 mV 表示。检测时，将色谱仪的衰减调整到最高灵敏挡，待色谱仪稳定后，调节油色谱检测数据工作站至适当的量程，记录基线 30min。选取 30min 基线中噪声最大峰峰高对应的信号值（以 1min 为界面平行包络线，测量两条平行线间垂直于时间轴的距离，见图 1−7 中 y_2）为色谱仪的基线噪声。

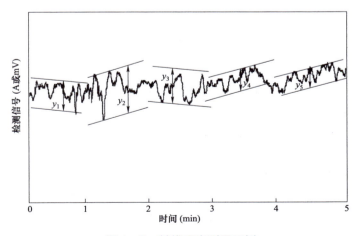

图 1−7　基线噪声测量示例

（2）基线漂移 R_d。漂移指在单位时间内，无给定样品通过检测器而由仪器本身和工作条件所造成的基线单向偏移，常以 mV/h 表示。检测时，待色谱仪稳定后，选取 30min 基线偏离起始点最大的响应信号值为色谱仪的基线漂移（见图 1−8）。

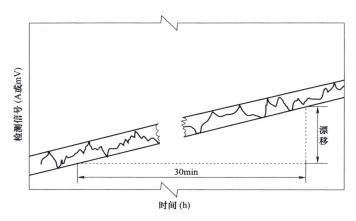

图 1−8　基线漂移测量示例

（3）分离度。分离度指两个相邻色谱峰的分离程度，是表征色谱柱的分离效能的重要指标。分离度有两种算法，对实验室用气相色谱仪，可方便获得色谱峰的峰宽数据，因此《气相色谱仪》（JJG 700—2016）和《实验室气相色谱仪》（GB/T 30431—2020）均采用分离度 R 来表征色谱柱的分离效能。对变压器油中溶解气体在线监测装置，不易获得峰宽数据，此时为方便描述未全分离色谱峰的分离程度时，也可采用分离度 θ 来表征色谱柱的分离效能。

分离度 R 等于相邻两组分色谱峰保留值之差与此两峰峰底宽度总和之半的比值，即有：

$$R = \frac{2(t_{R2} - t_{R1})}{y_1 + y_2} \qquad (1-6)$$

式中：t_{R1}、t_{R2} 分别为相邻两组分的保留值；y_1、y_2 分别为相邻两组分的峰底宽。

不同分离度 R 下的气相色谱流出曲线如图 1−9 所示。从图 1−9 可看出，组分的保留值与峰底宽采用同一计量单位时，如 R=1.0，两组分色谱峰稍有重叠；如 R=1.5，则两组分色谱峰基本上可以全分离。

分离度 θ 等于相邻的两个色谱峰中，小峰峰高 h_i 和两峰交点 m 的高度 h_m 之差与小峰峰高 h_i 之比值，见式（1−7）。θ 值常用于描绘未全分离色谱峰的分离程度。在色谱分析中，一般要求 θ>0.5。分离不完全色谱曲线如图 1−10 所示。

$$\theta = \frac{h_i - h_m}{h_i} \qquad (1-7)$$

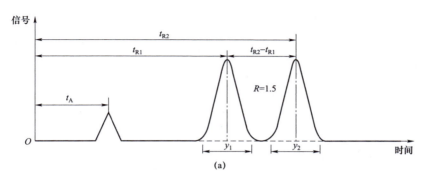

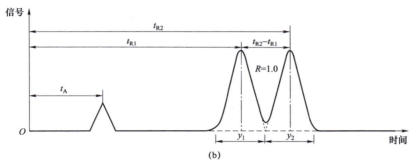

图 1-9　不同分离度 *R* 下的气相色谱流出曲线

（a）*R* = 1.5；（b）*R* = 1.0

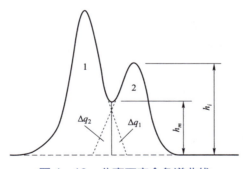

图 1-10　分离不完全色谱曲线

（4）灵敏度。灵敏度也称响应值、应答值，指单位量的物质通过检测器时所产生信号的大小。浓度型检测器中热导检测器（TCD）的灵敏度按式（1-8）计算，标准物质一般采用 10000μmol/mol 的甲烷气体。

$$S_{TCD} = \frac{AF_c}{W} \qquad (1-8)$$

式中：S_{TCD} 为 TCD 灵敏度，mV·mL/mg；A 为甲烷的峰面积算术平均值，mV·min；F_c 为载气流速，mL/min；W 为甲烷的进样量，mg。

（5）检测限 D。检测限又称为敏感度，指对检测器恰好产生能够鉴别的信号即 2～3 倍噪声信号（峰高 mV）时，单位是秒（s）或单位体积（mL）引入检测器的最小物质质量。质量型检测器中氢焰检测器的检测限按式（1-9）计算，《气相色谱仪》（JJG 700—2016）取 2 倍噪声信号，标准物质一般采用 100～1000μmol/mol 的甲烷气体。

$$D = \frac{2NW}{A} \tag{1-9}$$

式中：D 为 FID 检测限，g/s；N 为基线噪声，mV；W 为甲烷的进样量，g；A 为甲烷峰面积算术平均值，mV·s。

（6）最小检测量（W^0）与最小检测浓度（C^{0min}）。最小检测量是指使检测器恰能产生大于 2～3 倍噪声的色谱峰高的进样量（本书推荐采用 3 倍噪声）。最小检测浓度是指最小检测量 W^0 和进样量 V_0 的比值，即在一定进样量时色谱仪所能检知的最低浓度，其单位通常以 mg/kg 或 μL/L 表示。最小检测浓度分两类，一类是色谱仪对某气体的最小检测浓度，用 C_g^{0min} 表示，一类是色谱仪对油中溶解气体的最小检测浓度，用 C_l^{0min} 表示。

$$C_{gTCD}^{0min} = \frac{W_{TCD}^0}{V_0} \tag{1-10}$$

$$C_{gFID}^{0min} = \frac{W_{FID}^0}{V_0} \tag{1-11}$$

式中：C_{gTCD}^{0min} 为 TCD 最小检测浓度，μL/L；C_{gFID}^{0min} 为 FID 最小检测浓度，mg/kg。

《绝缘油中溶解气体组分含量的气相色谱测定法》（GB/T 17623—2017）对油中各类气体组分的最小检测浓度做了具体规定（见表 1-3）。若仪器的最小检测浓度不符合要求，则有可能检测不出溶解在油中的某种故障特征气体，从而影响对设备健康状况的准确判断，尤其对于油中 C_2H_2 气体而言尤为重要。因此，定期对气相色谱仪的最小检测浓度进行标定是非常有必要的。

表 1-3　　　　　　　　　　油中气体组分最小检测浓度　　　　　　　　　　（μL/L）

气体	最小检测浓度
H_2	2
烃类	0.1
CO	5
CO_2	10
空气	50

1）统算法。应用统算法计算气相色谱仪对油中某溶解气体的最小检测浓度，计算方法及步骤如下。

a. 气相色谱仪稳定后，在未进样的情况下，观察记录 0.5h 内基线起伏数的最大值，即整机噪声 N。

b. 进一标准气样，记录某气体组分的峰高，取相对严苛的 3 倍噪声信号，按照式（1-12）计算气相色谱仪对某气体的最小检测量：

$$W^0 = \frac{W \times 3N}{h} = \frac{V_0 \times C_{is} \times 3N}{h} \qquad (1-12)$$

式中：W^0 为气相色谱仪对某气体的最小检测量，μL；W 为所测某气体组分的进样体积，μL；h 为峰高，μV；N 为仪器整机噪声，μV；V_0 为标准混合气体进样量，L；C_{is} 为标准混合气体中某气体组分的浓度，μL/L。

c. 按照式（1-13）计算气相色谱仪对某气体的最小检测浓度：

$$C_g^{0min} = \frac{W^0}{V_0} \qquad (1-13)$$

式中：C_g^{0min} 为气相色谱仪对某气体的最小检测浓度，μL/L；W^0 为气相色谱仪对某气体的最小检测量，μL；V_0 为标准混合气体进样量，L。

d. 按照式（1-14）～式（1-16）计算气相色谱仪对油中某溶解气体的最小检测浓度：

$$C_l^{0min} = 0.929 \times \frac{P}{101.3} \times C_g^{0min} \times \left(K_i + \frac{V_g'}{V_1'} \right) \qquad (1-14)$$

$$V_g' = \frac{V_g \times 323}{273 + T} \qquad (1-15)$$

$$V_1' = V_1 \times [1 + 0.0008 \times (50 - T)] \qquad (1-16)$$

式中：C_l^{0min} 为气相色谱仪对油中某溶解气体的最小检测浓度（20℃、101.3kPa），μL/L；0.929 为油样中溶解气体浓度从 50℃ 校正到 20℃ 时的温度校正系数；P 为试验时的大气压力，kPa；C_g^{0min} 为气相色谱仪对某气体的最小检测浓度，μL/L；K_i 为 50℃ 下国产矿物绝缘油的气体分配系数；V_g' 为 50℃、试验压力下的平衡气体体积，mL；V_1' 为 50℃ 下的试油体积，mL；T 为试验时的室温，℃；V_g 为室温 T、试验压力下的平衡气体体积，mL；V_1 为室温 T 下的试油体积，mL；0.0008 为油的热膨胀系数。

e. 计算示例。采用统算法对 2020 年出厂的某厂家气相色谱仪进行了标定计算，该仪器装设有 2 个氢焰检测器、1 个热导检测器和 3 个填充柱，数据处理由计算机完成。由于实验室海拔很低，故式（1-14）中的 P 取 101.3kPa。基线稳定后，观测得氢焰检测器基线噪声为 8μV，热导检测器基线噪声为 15μV，计算气相色谱仪对某气体的最小检测量时 N 取值见表 1-4。标准混合气体各组分含量 C_{is} 见表 1-5。50℃下国产矿物绝缘油的气体分配系数 K_i 见表 1-6。室温 T 下的试油体积为 40.0mL。标准混合气体的进样量取 1.0×10^{-3}L，两次进样后的峰高值 h_i 见表 1-7。

表 1-4　　　　　　　　　　气相色谱仪基线噪声 N　　　　　　　　　　（μV）

气体	H_2	CH_4	C_2H_6	C_2H_4	C_2H_2	CO	CO_2
N	15	8	8	8	8	8	8

表 1-5　　　　　　　　　　标准混合气体各组分含量 C_{is}　　　　　　　　（μL/L）

气体	H_2	CH_4	C_2H_6	C_2H_4	C_2H_2	CO	CO_2
C_{is}	516	50.2	49.8	49.7	19.8	200	1010

表 1-6　　　　　　　50℃下国产矿物绝缘油的气体分配系数 K_i

气体	H_2	CH_4	C_2H_6	C_2H_4	C_2H_2	CO	CO_2
K_i	0.06	0.39	2.3	1.46	1.02	0.12	0.92

表 1-7　　　　　　　　　　标准混合气体各组分峰高　　　　　　　　　　（μV）

气体	H_2	CH_4	C_2H_6	C_2H_4	C_2H_2	CO	CO_2
h_{i1}	2578	21788	15914	19530	5844	5976	6748
h_{i2}	2462	21492	19334	19334	5688	5796	6616
h_i 平均值	2520	21640	17624	19432	5766	5886	6682

此次计算有 2 个变量：室温 T 和室温 T 时的平衡气体体积 V_g。根据实践经验，V_g 一般介于 1.0～5.0mL，按平衡气体中组分浓度最低情况选取 $V_g = 5.0$mL，实验室温度选取 20℃进行计算。标准混合气体（20℃和 101.3kPa）进样量取 1mL 时的 C_1^{0min} 的计算结果见表 1-8。从计算结果看，仪器除 C_2H_6 的油中最小检测浓度不满足要求外，其余的气体组分的油中最小检测浓度均符合《绝缘油中溶解气体组分含量的气相色谱测定法》（GB/T 17623—2017）的要求，仪器需要进一步提升。

表 1-8　　　标准混合气体进样量取 1mL 时 C_1^{0min} 的计算结果　　　（μL/L）

气体	H_2	CH_4	C_2H_6	C_2H_4	C_2H_2	CO	CO_2
C_1^{0min}	1.67	0.03	0.15	0.09	0.09	0.19	3.55

2）响应法。统算法在计算气相色谱仪对油中某溶解气体的最小检测浓度时，

忽略了振荡脱气装置的工作性能状态，实际上不同的振荡脱气装置的内部温度均匀性和准确度是存在差异的，而且目前市面上全自动的便携式色谱仪大多采用自动顶空或真空脱气的方式，进样量和平衡气体体积都不太一样，因此统算法就存在不适用的情况。针对此情况，可以采用响应法直接进行计算，计算方法及步骤如下：

按《变压器油中溶解气体组分含量分析用工作标准油的配制》（DL/T 1463—2015）或其他方法，配制分析用工作标准油，各气体组分浓度范围见表1-9。按照《绝缘油中溶解气体组分含量的气相色谱测定法》（GB/T 17623—2017）规定方法对工作标准油进行分析，并从谱图中获取各组分的峰高信号 h_i 和噪声信号 N_i，按式（1-17）计算气体各组分的油中最小检测浓度。

$$C_{i\min} = \frac{3N_i}{\bar{h}_i} \times C_{io} \qquad (1-17)$$

式中：$C_{i\min}$ 为101.3kPa 和 293K（20℃）时，油中组分的最小检测浓度，μL/L；N_i 为基线噪声，mV；$\bar{h}_i$ 为工作标准油中组分的平均峰高，mV；C_{io} 为工作标准油中组分的浓度，μL/L。

表1-9	工作标准油各气体组分浓度范围	（μL/L）

气体组分	浓度
H_2	2～5
C_2H_2	0.1～0.5
CO	5～50

应当注意，从物理意义上讲，敏感度和最小检测量往往易被混淆，而其实际含义是不相同的，并且其量纲单位也不相同。这是因为敏感度只和检测器的性能有关，而最小检测量不仅和检测器性质有关，而且和色谱峰的区域宽度成正比，即色谱峰越窄则色谱分析的最小检测量就越小。最小检测浓度除了和检测器的敏感度、色谱峰宽度成正比外，还和色谱柱允许的进样量有关，进样量越大，则检知的最小浓度就越低。

2. 便携式气相色谱仪

便携式气相色谱仪按进样方式分为自动进样和手动进样两类。手动进样的便携式气相色谱仪的脱气系统、气源系统和分析系统大多为分体设计和组合使用，结构以及测试流程与实验室用气相色谱仪相似，因此其性能指标可参照表1-2。

自动进样型便携式气相色谱仪的进样系统、脱气系统、分析系统为一体化设计，气源（空气和氢气）采用内置的自动发生装置，试油的进样、脱气和分

析均为全自动操作，结构以及测试流程与实验室用气相色谱仪有较大的不同；因此，在性能验收时需要用工作标准（参考）油样，并增加了油中溶解气体组分的测量范围和测量误差的技术要求，自动进样型便携式气相色谱仪的测量范围和测量误差限值见表 1−10。

表 1−10　自动进样型便携式气相色谱仪的测量范围和测量误差限值

气体组分	测量范围（µL/L）	测量误差限值
H_2	2～10	±2µL/L 或±30%
	10～2000	±3.0µL/L 或±15%
CH_4、C_2H_4、C_2H_2	0.1～10	±0.2µL/L 或±30%
	10～1000	±3.0µL/L 或±15%
C_2H_6	0.2～10	±0.4µL/L 或±30%
	10～1000	±3.0µL/L 或±15%
CO	5～100	±10µL/L 或±30%
	100～5000	±30µL/L 或±15%
CO_2	10～1000	±20µL/L 或±30%
	1000～15000	±300µL/L 或±15%
O_2	50～1000	±100µL/L 或±30%
	1000～20000	±300µL/L 或±15%
N_2	50～2000	±100µL/L 或±30%
	2000～30000	±300µL/L 或±15%
总烃	0.4～10	±0.8µL/L 或±30%
	10～4000	±3.0µL/L 或±15%

注　测量误差限值取两者较大值。

（四）仪器的维护

为提高气相色谱仪的检测灵敏度和使用寿命，气相色谱仪在使用过程中应定期开展维护和保养。

1. 进样系统

（1）应定期检查和更换色谱仪进样胶垫和标气瓶取气胶垫。

（2）进样口清洗方法：拧下进样口散热帽，用镊子取出衬管（如有），用丙酮冲洗净内部的油污，然后用蒸馏水冲洗至中性、烘干，按原样装回进样口；或按照制造厂规定的操作规程。

（3）注射器清洗方法：将针杆拔出，注入石油醚，将针杆插到有污染的位置反复推拉，排出污染物，将针杆拔出用滤纸擦拭干净；重复以上步骤直至清洗干净，然后用无水乙醇冲洗和吹干。

（4）进行油中溶解气体分析时，在进样前应将针头残油擦拭干净。

2. 气路系统

（1）更换气路部件后，应进行系统气密性检查。

（2）钢瓶气体的总压力低于 1MPa 时，应更换钢瓶。

（3）仪器长期未使用，开机前应先通气 1h 以上。

（4）气路管线上宜加装气体净化装置。

3. 热导检测器（TCD）

影响热导检测器灵敏度的因素有桥电流、载气、热敏元件的电阻温度系数、热导池块的几何因子以及池体温度等。

（1）在操作上提高热导检测器灵敏度的方法：

1）在允许的工作电流范围内加大桥电流；

2）用热导系数较大的气体（如 H_2、He）做载气；

3）当桥电流固定时，在操作条件许可的范围内，降低池体温度。

（2）使用热导检测器应注意事项：

1）整个系统不漏气，使用前应严格检漏。

2）通电前先通载气，断电后再断载气。通、断载气要慢，减少冲击振动，以防损坏热丝；不应在热导检测器气路中取载气以及分析过程中更换进样胶垫。

3）在满足检测灵敏度条件下，尽量减小桥电流，以延长热丝寿命。

4）热导池应放在恒温精度为 ±0.1℃ 的恒温箱内，且其温度不低于柱温，以防样品在池内凝结。

5）池体要洁净，以防出现怪峰和减小噪声。

6）电路连接良好，并有良好的接地。

7）色谱柱高温老化时，应关断热导池桥电流电源，并将柱子出口与热导池进口断开。

8）热导检测器的老化：通载气，将热导检测器温度升到制造厂规定的温度，不加桥电流，连续运行 4h 以上。

4. 氢焰检测器（FID）

氢焰检测器的灵敏度不仅受离子室结构的影响，而且受操作条件的影响，特别是受氢气流、载气流速和空气流速以及检测器温度的影响较大。

（1）在操作上提高氢焰检测器灵敏度的方法：

1）在一定范围内增加氢气和空气的流量，可提高灵敏度，但氢气流量过大有时反会降低灵敏度（一般可参考流量比 N_2：H_2：空气 = 1：1：10）；

2）将空气和氢气预混合，从火焰内部供氧可有效提高灵敏度；

3）收集极与喷嘴之间有合适的距离（一般为 5～7mm）；

4）维持收集极表面清洁。检测高分子量物质时适当提高离子室温度。

（2）使用氢焰检测器的注意事项：

1）离子头、收集极对地绝缘要好，避免引起竞争收集而造成灵敏度下降、线性关系差；

2）离子头必须洁净，不得沾染有机物，必要时可用苯、酒精和蒸馏水依次擦洗干净；

3）使用的气体必须净化，管道也必须干净，否则会引起基流增大、灵敏度降低；

4）防止色谱柱固定液流失（如保持柱温稳定，采用低蒸汽压的固定液），以免导致基流、噪声增大；

5）要使离子头保持适当温度，氢焰检测器温度应高于100℃后再点火，以免离子室积水造成漏电而使基线不稳；

6）样品水分太多或进样量太大时，会使火焰温度下降影响灵敏度，甚至会使火焰熄灭；

7）静电计在未接入离子头时，本身基线应稳定；

8）氢焰检测器长期不使用或点火后噪声大，可在通载气的情况下，将氢焰检测器温度设置在180℃运行8h以上进行老化。

（3）转化系统。

1）操作仪器时，在打开载气的同时也打开氢气，再启动仪器电源，在氢气的保护下对镍触媒进行加热，避免镍触媒中毒和提高对CO和CO_2的转化率，延长镍触媒的使用期。

2）仪器关机前，转化炉温度宜降到150℃以下时再关闭氢气。

3）镍触媒使用一段时间后会降低催化效率，其特征是在原操作条件不变时，CO、CO_2的峰高降低、峰宽加大，或同一瓶标准气体标定后的校正因子差异大，其中尤以CO_2峰最为明显。镍触媒催化效率下降主要是由于部分Ni被氧化成NiO的缘故，因为在反应中起催化作用的是Ni，须对其进行活化处理。活化反应的实质是对NiO进行脱氧，转化炉中毒失效后，可在360～400℃的温度范围内采取H_2还原；如果H_2还原无法恢复转化炉的性能，需进行转化炉镍触媒更换。

（4）分离系统。

1）拆装色谱柱后，应用检漏液进行试漏。

2）装色谱柱，应分清色谱柱的进口和出口，进口接进样口，出口接检测器。色谱柱的两头应用玻璃棉或不锈钢网塞好，进样口的玻璃棉宜定期更换。

3）色谱柱定期老化：将色谱柱接入色谱仪气路系统，色谱柱应与检测器断开；转化炉不加温，不通氢气和空气，色谱柱尾部放空，设定柱箱温度比操作温度高（10～20℃），通载气 4～16h 后，再接上检测器（密封件宜更换）；继续处理，直至性能稳定（基线平直）为止，然后恢复正常设置。色谱柱分离效果不好的情况下，可采用色谱柱在此最高使用温度低 20℃条件下进行高温老化；如仍然不理想，宜更换色谱柱。

第3节　油中溶解气体色谱分析方法

一、样品的采集、保存与运输

（一）取油样

1. 取样部位

通常，变压器可用来取油样的部位主要是下部取样阀和气体继电器的放气嘴，某些大型变压器还在变压器的中部和上部加装了取样阀。一般情况下，由于油流循环，油中气体的分布是均匀的，为安全考虑，应在下部取样。在确定取样部位时还应注意以下特殊情况。

（1）如遇故障严重、产气量大时，可在上、中、下部和气体继电器等多部位取样，以了解故障的区域与发展情况。

（2）当需要考查变压器的辅助设备如潜油泵、油流继电器等存在故障的可能性时，应设法在有怀疑的辅助设备油路上取样。

（3）当发现变压器底部有水或油样氢含量异常时，应设法在上部或其他部位取样。

（4）应避免在设备油循环不畅的死角处取样。

（5）应在设备运行中取样。若设备已停运或刚启动，应考虑油的对流可能不充分以及故障气体的逸散或与油流交换过程不够而对测定与诊断结果带来的影响。

2. 取样容器

理想的取样容器应满足下列要求：

（1）容器器壁不透气或吸附气体，最好是透明的，便于观察样品状况，器内无死角，不残存气泡。

（2）严密性好，取样时能完全隔绝空气，取样后不向外跑气或吸入空气。

（3）设计上能自由补偿由于油样随温度热胀冷缩造成的体积变化，使器内不产生负压空腔而析出气泡。

（4）材质化学性稳定且不易破损，便于保存和运输。

根据上述要求，国内外相关标准都推荐注射器为取样容器，一般选用容积为 100mL 的全玻璃注射器。

3. 取油样方法

（1）取油样一般注意事项要求：

1）取样阀中的残存油应尽量排除，阀体周围污物擦拭干净。

2）取样连接方式可靠，连接系统无漏油或漏气缺陷。

3）取样前应设法将取样容器和连接系统中的空气排尽。

4）取样过程中，油样应平缓流入容器，不产生冲击、飞溅或起泡沫。

5）对密封设备在负压状态下取油样时，应防止负压进气。

6）注射器取样时，操作过程中应特别注意保持注射器芯干净，防止卡涩。

7）注意取样时的人身安全，特别是从带电设备或从高处取样。

（2）全密封取样操作要点。

1）在变压器取样阀门装上带有小嘴的连接器，并在其小嘴上接一段软管；然后在注射器口套上一金属或塑料小三通，接上软管与取样阀相连。

2）取样时，先将"死油"经三通排掉，然后转动三通，使少量油进入注射器，再转动三通并压注射器芯，排除注射器内的空气和油。

3）正式取油样时，再次转动三通使油样在静压力作用下自动进入注射器。

4）待取到足够油样时，关闭三通和取样阀，取下注射器，用橡胶封帽封严注射器出口，最后贴上样品标签，做好记录。

（二）取气样

取气样容器仍用密封良好的玻璃注射器。取样前应用设备本体油润湿注射器。取气样时，可在变压器气体继电器的放气嘴上套一小段乳胶管，参照取油样的方法，用气样冲洗取样系统后，再正式取出气样（注意不让油进入注射器），最后用橡胶封帽封严注射器出口。对加装气体继电器导引装置和集气盒的设备，取样前应先把集气盒和连接管路内的存油先排尽，把气体继电器里的气体导引到集气盒中，再在集气盒上部放气嘴上套一小段乳胶管，参照取油样的方法进行气体取样。

（三）样品的保存和运输

（1）油样和气样应尽快分析。油样保存期不得超过 4d，气体继电器气样取样后应马上分析。

（2）油样和气样的保存都必须避光、防尘，确保注射器芯干净、不卡涩。

（3）运输过程中应尽量避免剧烈振动。空运时要避免气压变化。

二、振荡脱气法和样品分析

《绝缘油中溶解气体组分含量的气相色谱测定法》（GB/T 17623—2017）提供了两种脱气方法，分别为顶空取气法和真空取气法。其中真空取气法有水银真空脱气法、拓普勒泵多循环真空脱气法和活塞抽取的一次真空部分脱气法，拓普勒泵多循环真空脱气法对溶解度较大的气体通常可脱出 97%左右，对溶解度较小的气体脱气率接近完全，因此常被作为仲裁方法，但是无论是全真空脱气还是部分真空脱气，对装置的制造工艺和密封设计要求均很高，拓普勒泵多循环真空脱气法还需要使用有毒物质水银，目前较少使用。活塞抽取的一次或多次真空部分脱气法目前主要应用于便携式的油中溶解气体分析仪和变压器油中溶解气体在线监测装置。顶空脱气法又分为自动顶空脱气和机械振荡顶空脱气两种，其中机械振荡顶空脱气因装置简单、操作简便、测试结果的稳定性好被广泛应用于实验室，全自动顶空脱气的实验室色谱仪装置结构复杂、价格昂贵，目前在国内应用较少。本书主要介绍当前实验室应用最为广泛的机械振荡顶空脱气方法。

（一）油中溶解气体组分浓度表示方法

油中气体组分浓度表示方法常用的有两种：① 体积浓度，单位为μL/L；② 摩尔浓度，单位为μmol/L。由于温度、压力的变化对油中气体浓度有一定影响，浓度单位一般应标明温度和压力的状态，统一规定状态为 20℃、101.3kPa。但不同的浓度表示方法受温度和压力的影响并不相同，摩尔浓度与压力的变化几乎无关，只与温度变化（由于油体积的变化）有一些影响；体积浓度则与温度、压力的变化关系较大。因此，当油中气体的体积浓度不是规定状态时，应通过气体定律和油的热膨胀系数按下式换算为规定状态：

$$C_L = C_L' \frac{P_0 \times 293}{(273 + T)[1 + 0.0008(20 - T)]} \tag{1-18}$$

式中：C_L 为 20℃、101.3kPa 规定状态时油中气体浓度，μL/L；C_L' 为测试压力为 P_a、温度为 T 时油中气体浓度，μL/L；P_0 为压力系数，$P_0 = P_a/101.3$；0.0008 为油的热膨胀系数。

（二）分配定律

对油中气体而言，分配定律是指气体组分 i 在一定温度下的密闭系统内的气液相达到分配平衡（溶解平衡）时，气体组分 i 在气相的浓度和在液相的浓度间存在一定比例关系，其表示公式为：

$$C_{iL} = K_i C_{ig} \text{ 或 } K_i = C_{iL}/C_{ig} \tag{1-19}$$

式中：K_i 为气体组分 i 在分配平衡时的分配系数；C_{iL} 为平衡时组分 i 在液相的浓度（摩尔浓度）；C_{ig} 为平衡时组分 i 在气相的浓度（摩尔浓度）。

如果液相气体组分浓度以体积浓度表示，分配定律可表示为 $C_{iL} = K_i P_0 C_{ig}$，其中 P_0 为压力系数（$P_a \neq 101.3$kPa 时）。

1. 分配系数与溶解系数

对于油中气体，气体组分的分配系数就是气体组分在给定温度和压力（$P_0 = 101.3$kPa）下的溶解系数。溶解系数通常以体积浓度表示，又称为奥斯特瓦尔

德（Ostwald）系数或本生系数，但两者的计算条件不一样。奥斯特瓦尔德系数是指在特定温度（一般为20℃或50℃）和特定分压（101.3kPa）下，气液平衡时单位体积液体内溶解的气体体积数；本生系数则是指在特定温度、压力（一般为25℃，101.3kPa）下气液平衡时单位体积液体内溶解的气体体积数（折算为0℃，101.3kPa标准状态时的气体体积）。其中，国际上常用的是奥斯特瓦尔德系数。

2. 分配系数的测定

实测分配系数的常用方法有一次平衡法与二次平衡法。

（1）一次平衡法是在一密闭容器（如注射器）内放入一定体积的空白油和一定体积的含待测组分的气体，在恒温、恒压（$P_0 = 101.3$kPa）下使气液达到平衡，通过测定某组分 i 在气相中的起始浓度和平衡后浓度，则可由物料平衡原理，推导出计算某组分 i 的分配系数 K_i 的公式：

$$K_i = C_{i1} / C_{ig} = \frac{C_{ig}^0 - C_{ig}}{C_{ig}} r \qquad (1-20)$$

式中：K_i 为给定温度下某组分 i 的分配系数；C_{ig}^0 为某组分 i 在气相的起始浓度，μL/L；C_{ig} 为平衡下某组分 i 在气相的浓度，μL/L；r 为平衡时气相体积 V_g 与液相体积 V_1 的比值，即 V_g/V_1。

（2）二次平衡法也是在一密闭容器内放入一定体积的空白油和一定体积含待测组分的气体（不必测定其准确的起始浓度）。经气液平衡后，测定某组分在气相的浓度，然后排出全部气相中的气体，再充入一定体积的空白气体（如色谱用载气，体积与上次平衡时气相体积相同），经第二次平衡后，再测定某组分在气相的浓度。同样，由物料平衡原理，推导出计算某组分 i 的分配系数 K_i 的公式：

$$K_i = \frac{C_{ig}'}{C_{ig} - C_{ig}'} r \qquad (1-21)$$

式中：C_{ig}、C_{ig}' 分别为第一次平衡和第二次平衡时某组分 i 在气相的浓度。

上述方法在实际使用时应根据具体情况选用。一般来说，一次平衡法适合测定 K_i 较大的气体组分，而减少 r 值（即减少平衡时的气相相对体积）将有利于提高测定准确度；二次平衡法则适合较小 K_i 的测定，而增加平衡时气相的相对体积会有利于提高测定准确度。

（三）脱气操作

1. 振荡脱气流程

（1）试油体积调节。将100mL玻璃注射器B中油样推出部分，准确调节注射器芯至40.0mL刻度（V_1），立即用橡胶封帽将注射器出口密封。为了排除封帽凹部内空气，可用试油填充其凹部，或在密封时先用手指压扁封帽挤出凹部空气后进行密封。

（2）加平衡载气。加平衡载气如图1-11所示，取5mL玻璃注射器C，用氮气（或氩气）清洗1～2次，再准确抽取5.0mL氮气（或氩气），然后将注射器C内气体缓慢注入有试油的注射器B内。加入时注意不让加入气从橡胶封帽处漏掉。

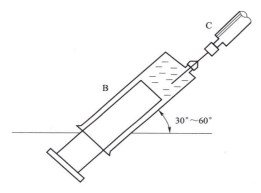

图1-11　加平衡载气示意图

（3）振荡平衡。振荡脱气装置如图1-12所示，将注射器B放入恒温定时振荡脱气装置内的振荡盘上，放置后，注射器头部要高于尾部约5°，且注射器出口在下部（振荡盘按此要求设计制造）。启动振荡脱气装置振荡操作按钮，连续振荡20min，然后静止10min。室温在10℃以下时，注射器B应适当预热后再进行振荡。

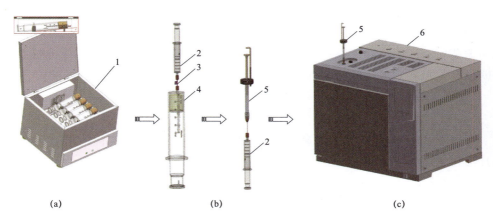

    （a）   （b）   （c）

图1-12　振荡脱气装置示意图

（a）装置整体；（b）注射器；（c）色谱仪

1—振荡脱气装置；2—注射器A；3—双头针；4—注射器B；5—注射器D；6—色谱仪

（4）储气玻璃注射器的准备。取 5mL 玻璃注射器 A，抽取少量试油冲洗器筒内壁 1～2 次后，吸入约 0.5mL 试油，套上橡胶封帽，插入双头针头，针头垂直向上。将注射器内的空气和试油慢慢排出，使试油充满注射器内壁缝隙而不致残存空气。操作过程中应注意防止空气气泡进入油样注射器 B 内。

（5）转移平衡气。将注射器 B 从振荡盘中取出，并立即将其中的平衡气体通过双头针头转移到注射器 A 内。室温下放置 2min，准确读其体积 V_g（精确至 0.1mL），以备色谱分析用。为了转移平衡气完全、不吸入空气，应采用微正压法转移，即微压注射器 B 的芯子，使气体通过双头针头进入注射器 A。不允许使用抽拉注射器 A 芯子的方法转移平衡气。注射器芯子应洁净，以保证其活动灵活。转移气体时，如发现注射器 A 因芯子被筒壁吸住而暂时卡涩时，可轻轻旋动注射器 A 的芯子。

2. 操作注意事项

（1）采用振荡脱气法取油样的注射器应特别注意保持注射器芯子洁净，灵活、不卡涩。所取油样应放置在能保持注射器洁净且能保持芯子自由热胀冷缩的特制油样盒内运送到分析室。如遇注射器油样在放置与运输过程中析出气泡，在试验时可不必排出气泡，仍留于油样中投入试验。

（2）振荡用空白气（载气）最好由一专用气瓶取用。如从色谱仪载气气路上装设分支取气，要注意取气过程中有无其他气路气体（如 H_2）串入的可能，以免造成误差。

（3）油样与加入气的最佳体积比为 8∶1，即油样 40.0mL，加入气 5.0mL。如果油样总含气量小于 1%，加入气量可适当增加，但平衡后的气相气体体积以不超过 5mL 为宜。

（4）振荡完毕后，对平衡气的转移动作应迅速，以免油样注射器从振荡脱气装置内取出在外放置过久使油温下降，以致破坏平衡状态，带来试验误差。如振荡完成后的油样平衡气来不及分析，就延迟气体转移操作，仍将油样注射器保存在恒温的振荡脱气装置内，待分析操作准备好时再行转移气体操作。

（四）样品分析

1. 仪器的标定

用 1mL 玻璃注射器 D 准确抽取已知各组分浓度 C_i 的标准混合气 0.5mL（或 1mL），在色谱仪已经稳定的情况下进样。从得到的色谱图上量取各组分的峰高 h_i（或峰面积 A_i），至少重复操作两次，并取其平均值 $\overline{h_i}$（或 $\overline{A_i}$），最后求出各组分的操作校正因子 f_s^h。

2. 试样分析

用注射器 D 从注射器 A 中准确取样品气 0.5mL（或 1mL），进样分析，从得到的色谱图上量取各组分的峰高 h_i（或峰面积 A_i），重复操作 2 次，取其平均

值 $\overline{h}_i$（或 $\overline{A}_i$），按下式计算样品气中组分含量：

$$C_{ig} = C_s \cdot \frac{\overline{h}_i}{h_s} = f_s^h \cdot \overline{h}_i \qquad (1-22)$$

（五）结果计算

1. 样品气和油样体积的校正

将在室温下的平衡气样体积 V_g 和试油体积 V_l 分别校正为 50℃下的体积：

$$V_g' = V_g \times 323 \div (273 + T) \qquad (1-23)$$

式中：V_g' 为 50℃下的平衡气体积，mL；V_g 为室温 T 时的平衡气体积，mL；T 为试验时的室温，℃。

$$V_l' = V_l \times [1 + 0.0008 \times (50 - T)] \qquad (1-24)$$

式中：V_l' 为 50℃下的油样体积，mL；V_l 为室温 T 时所取的油样体积，mL；0.0008 为油的热膨胀系数。

2. 油中溶解气体各组分浓度计算

$$X_i = 0.929 \times \frac{P}{101.3} \times C_{ig} \left(K_i + \frac{V_g'}{V_l'} \right) \qquad (1-25)$$

式中：X_i 为油中溶解气体组分 i 的浓度（20℃，101.3kPa），μL/L；C_{ig} 为样品气中组分 i 的浓度，μL/L；K_i 为组分 i 在 50℃时的分配系数；V_g' 为 50℃下的平衡气体积，mL；V_l' 为 50℃下的油样体积，mL；0.929 为油样中溶解气体浓度从 50℃状态校正到 20℃状态时的温度校正系数。

三、油中溶解气体分析用气相色谱仪进行检测流程

油中溶解气体分析用气相色谱仪常用的进样检测流程分为双次进样双柱并联双气路流程、一次进样双柱串联切换流程、双柱并联二次分流流程及双柱并联三检测器流程等。

（1）双次进样双柱并联双气路流程，如图 1-13 所示。色谱柱 1 用 GDX-502 3~4m 柱（或 2m 硅胶柱），由进样口 1 进样测定烃类气体。色谱柱 2 用 TDX-01 0.5m 柱（或活性炭柱），由进样口 2 进样测定 H_2、O_2（TCD）和 CO、CO_2（FID）。这一流程适用于一般档次的仪器，使用方便，缺点是由于需用二次进样，用气量大。

（2）一次进样双柱串联切换流程如图 1-14 所示，该流程为引进型仪器的通用流程（如 HP5890 I 型，SP-3430 型）。它由 13X 分子筛（2.5m）和 Porapak N 柱（3.6m）串联，并由一个六通阀切换，使二柱以串联/旁通两种方式使用。样品气一次进样后，由 Porapak N 柱阻留 CO_2 及 C_2 以上烃类气体，让 H_2、O_2、N_2、CH_4 及 CO 从分子筛柱分离流出检测后，再由切换阀将分子筛柱旁路 Porapak

N 柱内阻留的 CO_2 与 $C_2 \sim C_3$ 等烃类气体组分依次流出检测。这一流程适于仪器档次较高的自动分析仪器。

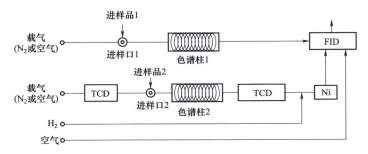

图 1-13　双次进样双柱并联双气路流程图

进样口 1—（FID）测 $C_1 \sim C_2$ 烃类气体；进样口 2（TCD）—测 H_2、O_2（N_2）；

进样口 2（FID）—测 CO、CO_2

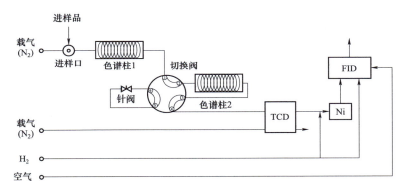

图 1-14　一次进样双柱串联切换流程图

（3）双柱并联二次分流流程如图 1-15 所示，这是国产仪器采用一次进样方式的改进型流程。此流程柱系统由活性炭和 GDX502 柱并联，样品气一次进样后随载气经一次分流器按一定分流比分别进入两个柱子，由活性炭柱分离 H_2、

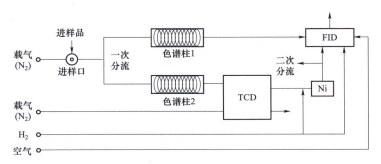

图 1-15　双柱并联二次分流流程图

O_2、CO、CO_2；同时，由 GDX 柱分离 C_1～C_3 烃类气体。通过两个柱的各组分出峰套叠适当，使分离良好便于定量。由于 CO_2 峰形大而拖尾，为定量方便，将 CO_2 转化为甲烷后经二次分流器把其中一部分排出大气，只让一部分流入检测器检出。

（4）双柱并联三检测器流程，如图 1–16 所示。一次进样，双柱并联、三检测器检测。FID1 测 C_1～C_2，TCD 测 H_2、O_2（N_2），FID2 测 CO、CO_2。此流程调试方便。

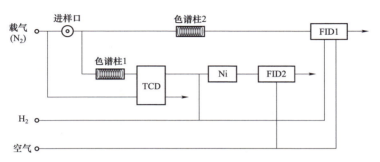

图 1–16　双柱并联三检测器流程图

第4节　油中溶解气体色谱分析误差来源分析

一、注射器的密封性

绝缘油中溶解气体分析共涉及三种不同规格的玻璃注射器，分别为取油样用的 100mL 注射器、转移平衡气体用的 5mL 注射器和进样用的 1mL 注射器。这些注射器一般用于液体注射，用于气体的储存和注射则会出现密封性不符合要求的情况。特别是 100mL 的玻璃注射器，一旦注射器密封性能不良，在样品运输过程中发生振动或脱气过程中发生振荡，外界的 O_2、N_2、CO_2 就非常容易通过注射器筒壁和芯子的结合面渗入油中，油中溶解系数较小的 H_2 和 CH_4 也相应通过结合面逸散到大气中，从而导致分析结果的波动性大（如 H_2、O_2、N_2、CO_2 等）。因此，要对 100、5、1mL 医用或专用玻璃注射器的气密性进行检查。

（1）100mL 注射器气密性的检查：日常定性检查可转动、拉动注射器，内芯应无卡涩。拉动注射器芯到中部位置，用胶帽堵住（或用手指堵住），另一只手拉动内芯，松开，内芯应可返回原位置。定量检查可用玻璃注射器取可检出氢气含量的油样，储存至少两周，在储存开始和结束时，分析样品中的氢气含量，以检验注射器的气密性。合格的注射器每周允许损失的氢气含量应小于

2.5%。

（2）5mL 和 1mL 注射器气密性的检查：针头用进样垫堵住，拉动内芯，松开，内芯应可返回原位置。

注射器使用前应清洗干净并烘干，注射器芯子应能自由滑动，无卡涩。

二、取样时可能产生的误差及处理方式

由于气相色谱法要分析的对象是绝缘油中的溶解气体，而不是绝缘油本身，因此取样方法是不同于一般的油质化验取样方法，通常取样时应注意以下事项。

（1）油样应能代表设备本体油，放油阀中残存的死油应尽量排除；从取样到分析的整个过程中，油中溶解气体应尽可能保持不变。

（2）取样连接的方式应可靠，尽量采用不使油中溶解气体逸散和空气混入的连接装置。

（3）取样时，注射器与连接管道中的空气要完全排去；如果取样过程中发现注射器中存在气泡，应该重新取样。如果取样后油样在运输过程中产生气泡，在检测前应当保留气泡进行测试。

（4）取样过程中，采用玻璃注射器全密封取样，油样应在静压下自动地流入注射器内，不能拉动注射器芯子，以免吸入空气或对油样脱气。取样后要求注射器芯子能自由活动，以免形成负压空腔对油样脱气。以往用试剂瓶取样，让油样直接流入瓶中，这种取样方法存在两个缺点：① 因试剂瓶中油样未装满，油中溶解气体会在气液两相重新分配，在油样冷却体积收缩时，上部产生一定的负压，油中溶解气体更易脱析出来，尤其是溶解度小的组分（如 H_2、CO、CH_4）；② 油往瓶中流的过程中会使气体逸散，使得分析结果偏小，因此，不应用试剂瓶采取色谱分析用油样。

（5）取样前应将放油阀和连接装置等处的污物擦拭干净，防止油样被污染，避免粉尘等颗粒物沾染注射器芯子，造成注射器芯子卡涩。

（6）在设备负压状态下取油样时，可能会有外部空气引入油箱内，特别是在冬季负荷较低时更应当注意。

（7）取样应在晴天进行。

（8）采取气样时应使用密封良好的玻璃注射器，取样前应用设备本体油润湿注射器，以保证注射器润滑和密封。

（9）所取油样和气样应尽快进行分析，油样保存期不得超过 4d，否则会因油中溶解气体逸散使分析结果偏低。在运输过程及分析前的放置时间内，必须保证注射器的芯子不卡涩。油样和气样都必须密封和避光保存，否则油样中的气体组分含量会发生变化。油样在运输过程中应避免剧烈振荡，以免造成油样脱气。

（10）在采取气体继电器中的气体时，也要用注射器，且在气体继电器动作后应立即采集气体继电器气样和本体油样并马上分析，以防故障气体回溶到油中和气体组分在注射器存留过程中的扩散损失。

三、脱气过程中可能产生的误差

从绝缘油中脱出溶解气体是色谱分析试验非常重要的一个环节，但由于使用的脱气方法种类繁多、脱气效率各异，造成色谱分析误差大。油中溶解气体分析普遍存在分析数据重复性差、实验室之间的可比性不高，主要是脱气这一环节造成的。

《绝缘油中溶解气体组分含量的气相色谱测定法》（GB/T 17623—2017）中，将机械振荡脱气法作为常规脱气方法。机械振荡脱气法属于部分洗脱法，它是基于顶空色谱法原理（分配定律），即在一个密闭容器里，加入一定量的油样和气体，在一定温度下，经过充分振荡，油中溶解的各种气体必然会逸出；当气、油两相间的分配达到动态平衡的状态时，分析气相中组分气体的含量，再根据道尔顿-亨利定律计算出油中原来溶解气体的浓度。该方法分析结果的准确性主要取决于所采用的奥斯特瓦尔德系数 K_i 的准确性，在实际工作中，为保证测试结果的重复性和再现性，必须首先保证脱气结果的重复性，在操作过程中需慎重、仔细，因为操作过程中的每个细小的环节都可能带来误差。常见的造成误差的因素有：

（1）振荡和取气用注射器密封不良。

（2）密封橡胶小帽反复多次使用，老化漏气。

（3）振荡时所用的永久性气体（氮气）纯度达不到要求，其中含有某些被分析的组分；吸取氮气所用的 5mL 注射器必须先以氮气进行清洗。

（4）振荡用 100mL 注射器或转移平衡气体的 5mL 注射器中存有上次油样，对下一次油样或气样产生污染。

（5）振荡完毕未能将脱出的气体及时取出，造成脱出气体中某些组分溶于油中。

（6）取气用的注射器未完全将空气排净，对气样造成污染。

（7）恒温定时振荡脱气装置温度控制装置的控温精度与定时精度应定期进行校验，因为不同温度下各气体组分的分配系数不同。

（8）所使用的注射器在洗净、烘干后，必须用注水称重法进行各刻度体积校准。

四、进样注射过程中可能产生的误差

目前用国产色谱仪进行绝缘油中溶解气体分析，仍然采用人工进样的方式，

即用注射器吸取适量气体，迅速地通过进样口，插入进样垫，然后打入色谱柱。此环节涉及注射器、进样垫的选择及进样技术等问题。进行绝缘油中溶解气体分析，由于大多数样品只根据一次进样所得数据为准，个别情况下才重复进样取平均值，因此对进样的重复性有一定的要求。《绝缘油中溶解气体组分含量的气相色谱测定法》（GB/T 17623—2017）中对气样（如标定气体）进样的重复性的规定为：两次相邻标定的重复性应在其平均值的±1.5%以内。

（一）注射器的影响

进样通常采用液体注射器，一般为 1mL 玻璃注射器。采用液体注射器具有简单、灵活的优点，缺点是定量误差大，因此使用中要选择气密性良好的注射器。

通常注射器均存在着一定的死体积，注射器体积越小，其死体积所占的比例越大；即使用同一注射器，若进样量不同，尽管注射器死体积的数值未变，但它所占的比例却随着进样量的减少而增加。在实际进样过程中，由于这种死体积和柱前压的存在，实际打入色谱柱的进样量往往会小于操作时给出的进样量，而且柱前压越高，这种差别越大。由于这种差别是无法避免的，因此，应设法把这个差异固定下来，减少其影响。通常在实际色谱分析试验过程中，无论是对被测气体样品，还是对外标气进行进样，均采用同一支注射器，并且进样量保持一致，保证进样操作过程一致，就可以基本消除上述误差。同时，由于注射器死体积的存在，在注射样品之前，应先抽出注射器芯子，反复以空气清洗注射器，使空气充满注射器死体积，然后进行取样。无论是对被测气体样品取样，还是对外标气取样，在取样前都按同样方法用空气清洗注射器，则死体积内的空气对两种气体的稀释作用是完全一致的，从而也可减少测量过程中的误差，并可避免混入其他气体。

（二）进样垫的影响

长期色谱分析的实践经验表明，进样垫在反复使用一定次数后，其密封性能会变差，导致进样时样品气体流失，这是造成色谱分析仪基线不稳定和造成色谱峰"假峰"现象的主要原因。同时，进样垫螺母要拧得松紧适度，以不漏气为宜，若拧得过紧，会使进样时进样区域压力过高，使针头弯曲变形，甚至会带出一部分样品；若拧不紧，则会造成色谱仪基线不稳、样品流失。

（三）进样操作的影响

色谱分析进样操作要求速度要快，力求时间短（特别是对出峰时间快的组分），否则会对柱效产生不良影响。进样操作和标定时进样操作一样，应做到"三快""三防"。

1. "三快"

（1）进针要快、要准。

（2）推针要快，针头一插到底，即快速推针进样。

（3）取针要快，进完样后稍停顿一下立刻快速抽针。

2. "三防"

（1）防漏出样气：注射器要进行严密性检查；进样口硅橡胶垫勤更换；防止柱前压过大冲出注射器芯；防止注射器针头堵死等。

（2）防样气失真：不要在负压下抽取气样，以免带入空气；减少注射器"死体积"的影响，如用注射器定量卡子、用样气冲洗注射器、使用同一注射器进样等。

（3）防操作条件变化：温度、流量等运行条件应稳定；标定与分析样品应使用同一注射器、同一进样量、同一仪器信号衰减挡等。

（四）进样量的影响

进样量的大小主要由色谱柱的柱效率和检测器的灵敏度来决定，进样量的大小对定性、定量结果产生直接的影响。

一般最大允许进样量应保持峰的区域宽度在该进样量范围内为常数，即保持峰高或峰面积与进样量呈线性关系。进样量太大会形成"超载现象"，则所得色谱谱图会出现平头峰或峰宽明显增大，不仅使柱效降低、保留值位移、各组分间分离情况变差，在峰拖尾的情况下，邻近低浓度组分会被掩盖或难以进行定量。进样量小可以克服以上各种弊端，有利于提高分析的准确度，并得到良好的分离，但在组分含量相差较大时，进样量小则微量组分难以检测。

另外，选择进样量的大小还应考虑所用色谱仪检测器的线性范围，这样才能保证定量准确且精度高。当进样量超过线性范围上限但又在检测器的动态范围之内时，虽然也能定量，但此时误差会明显增加，若超出动态范围，则无法进行定量。在实际色谱分析工作中，通常依据所用检测器的线性范围，通过反复试验的方法来确定合适的进样量，以减少因进样量选择不当而带来的误差。

五、定量计算过程中可能产生的误差

色谱法对组分含量进行定量计算的方法有归一化法、内标法和外标法等。绝缘油中溶解气体的色谱分析普遍采用外标法。用外标法对各组分进行定性和定量分析时，通过测量每个组分的保留时间对各组分进行定性，通过测量其色谱峰面积或峰高进行定量。

（一）仪器的标定

目前油中溶解气体定量分析大多采用外标法。影响色谱仪灵敏度的因素很多，为保证测试结果的准确性，标定时应注意以下几点。

（1）标定的准确性主要取决于进样重复性和仪器运行的稳定性。进标样操作应尽量排除各种疏忽与干扰，保证二次或二次以上的标定重复性在±1.5%以内。标定必须在仪器稳定状态下进行。一般来说，仪器每开一次机做分析就应标定一次，如果仪器稳定性较差，或者突然发生操作条件变化，还得增加标定次数；不同试验人员对同一瓶标准气体的标定的校正因子的再现性误差不应超过 5%，否则应查明原因。在具体试验工作中，每次标定后应抄录各气体组分的校正因子，如果发现当天标定的校正因子与历史同一瓶标气标定的校正因子偏差超过 5%，应查明仪器和人员操作是否存在问题，并及时解决，避免同一台变压器不同人的检测结果出现大幅的波动。

（2）标准气体的配制方法主要有重量法、分压法、体积法、渗透法、饱和法、电解法、指数稀释法、流量比混合法等，其中重量法是绝对测量法，其量值可以直接溯源到国际单位制，具有最高的准确度。《绝缘油中溶解气体组分含量的气相色谱测定法》（GB/T 17623—2017）规定所用的标准混合气体应是国家二级标准物质，因此采购或到货验收时，要检查供应商提供的标气有无国家二级标准物证书或证书的 GBW（E）编号涵盖所购标准气体的气体成分及浓度范围。

（3）在条件许可的情况下，若不同实验室均采用同一生产厂家配制的标气，可减少分析数据的误差，提高不同实验室间平行实验结果的可比性。

（4）对各组分的标定方法有区别。一般来说，氢、氧、氮的标定采用峰高定量的校正曲线法。但 H_2 浓度在 0.1% 以下，峰高与浓度呈线性关系；O_2、N_2 浓度在 30% 以下的峰高线性度也好，因此，可用单点校正的操作因子法，不必作校正曲线。对于烃类气体、CO 与 CO_2 等大多采用峰面积定量的操作因子法，因为峰面积与浓度的线性关系较好。对于使用混合标气来说，采用每一个组分的单点校正的定量操作因子，误差也较小。

（二）信号处理方式

随着电子计算机工业的迅猛发展，使色谱分析技术向"智能化"方向发展，利用计算机的工作站自动收集、处理色谱信号，降低了试验人员的专业技能。在实际工作中，当色谱图基线平直、峰形对称时，计算机自动测量峰高和峰面积是没有困难的；但在测量中有时会发生基线漂移或峰形交叠的情况，这时候计算机往往无法正常识别和定量，如果此时不对组分峰进行人工的重新定性和定量处理，就不可避免地带来较大测量误差。因此，在使用工作站时必须设置合理的色谱峰处理参数，并且定期用外标气样校验保留时间，否则仍会带来较大的误差。

六、仪器系统的误差

色谱仪的色谱柱、检测器及数据处理机在分析过程中都可能带来系统误差，如色谱柱活化时间不足或使用时间过长，使柱效降低；检测器灵敏度不高；数据处理系统分辨率低及温度控制不准；载气、助燃气等流量调节不稳；所选择操作条件不当等。

第2章　油中溶解气体在线监测原理

　　变压器油中溶解气体在线监测装置指可以在变压器运行工况下自动实现变压器油中溶解气体分析的监测仪器。相比离线检测装置，在线监测装置一方面可以更及时地获得油中溶解气体含量的变化情况，解决离线检测时间滞后的问题，另一方面可避免离线检测"现场取样、长距离运样、实验室测样"这一复杂耗时流程中存在的各种问题。采用在线监测装置极大地增强了油中溶解气体分析（Dissolved Gas Analysis，DGA）技术早期潜伏性故障预警能力，降低了变压器重大故障的发生概率，对提高电力系统供电可靠性和安全性意义重大。目前，所有 500kV 以上及部分重要的 220、110kV 电气等级油浸式变压器（电抗器）上均配置了油中溶解气体在线监测装置，且已形成一系列相关的国家、行业及企业标准。变压器油中溶解气体在线监测装置的气体检测方法主要有气相色谱法、光声光谱法、红外吸收光谱法、传感器阵列法等，近年也出现了基于拉曼光谱、光梳光谱等新型光学技术的油中溶解气体检测技术。本章将对在线监测装置的基本组成和分类、油气分离方法和气体检测原理、典型参数和现场校验要求、运维管理要求、典型问题及注意事项进行介绍。

第1节　在线监测装置基本组成和分类

　　与实验室仪器相比，变压器油中溶解气体在线监测装置实现了取油、油气分离和气体检测的全过程自动化，还具有数据传输、通信、远程控制等功能，因此相应地增加了油循环/油取样、油气分离、自动控制、通信等部分。在线监测装置基本组成如图 2-1 所示。

一、在线监测装置基本组成

1. 油循环/油取样

油循环/油取样部分主要是从变压器本体获取油样输送到油气分离部分，并

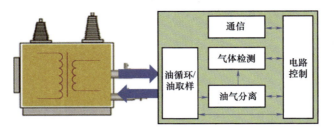

图 2-1 在线监测装置基本组成示意图

在完成油气分离后回充设备或排出在线监测装置，通常采用循环油泵实现。由于油中溶解气体分析只将油中气体分离后分析，不会对油的性能产生影响，可以直接回充设备，因此目前装置基本上采用油循环方式，不再将变压器油废弃。

2. 油气分离

油气分离部分主要实现油中溶解气体的脱出，是在线监测装置的关键技术之一，有多种实现方法。

3. 气体检测

气体检测部分采用色谱、光谱或传感器技术等化学物理方法将分离出的气体浓度信号转换为电信号，是在线监测装置的核心部件，也是装置分类的主要依据。

4. 自动控制系统

自动控制系统部分负责按照既定程序控制装置内部阀门、泵、电路、温度的启停，是系统运行的大脑。

5. 通信及后台监控系统

通信及后台监控系统部分负责接收上位机控制信号，以及向上位机发送检测结果等。

二、在线监测装置分类

基于不同的油循环/油取样原理、油气分离原理、气体检测原理衍生出多种类型的在线监测装置，如变压器油中溶解气体气相色谱监测仪、变压器油中溶解气体光声光谱监测仪等。此外，根据检测气体组分的不同，在线监测装置可以分为少组分和多组分两大类。

1. 少组分在线监测装置

少组分在线监测装置通常指监测氢气或乙炔气体的在线监测装置，采用渗透膜法脱气结合燃料电池等技术检测气体含量。少组分设备具有价格便宜、体积小、易于安装等优点，主要用于油量较少的重要设备或部件，或者用于较低电压等级设备。变压器内部的所有放电、过热故障都会有 H_2 产生，应用少组分氢气监测设备能低成本地实现故障预警。目前，少组分监测装置主要朝着响应速度更快、体积更小的方向发展。

2. 多组分监测设备

多组分监测设备指可监测 6 种及以上气体组分的在线监测设备，功能更加完善。由于价格较高，多组分监测设备目前主要用于重要的或价值较高的电力设备，目前正朝高灵敏度、更多功能、更智能的方向发展。

第 2 节　油气分离方法和气体检测原理

各类在线监测装置的区别主要体现在两个方面：① 油气分离，也称为脱气；② 气体检测（气体检测分为两类，一类直接测量混合气体中各组分浓度；另一类先分离混合气体，而后分别测量）。下面分别对油气分离方法和气体检测原理进行论述。

一、油气分离方法

目前应用的在线监测装置油气分离方法主要有动态顶空法、真空脱气法和渗透膜脱气法三类。

（一）动态顶空法

1. 顶空法脱气基本原理

顶空脱气方法与离线分析脱气原理一致，是建立一个油气两相共存的系统，通过一定的方法（静置、搅拌、吹气即鼓泡）使得油中溶解气体在气液两相达到分配平衡，通过测试气相中的各组分浓度，并根据平衡原理导出的奥斯特瓦尔德系数计算出油中溶解气体各组分的浓度。通常认为气室浓度为理论平衡浓度的 90%即可视为气液两相已达到平衡，平衡时间 τ 可用下式表示：

$$\tau = \frac{2.5}{(1/V_o + K_i/V_g)D_i} = \frac{2.5}{\left(\dfrac{1}{V_o} + \dfrac{K_i}{V-V_o}\right)D_i} \qquad (2-1)$$

式中：D_i 为气体扩散系数；V 为气体总体积；V_o 为油样体积；为 V_g 气室体积；K_i 为奥斯特瓦尔德系数。

由式（2-1）可知，在气体扩散系数恒定（温度、吹气速度一定）情况下，总体积 $V = V_o + V_g$，油样体积 V_o、气室体积 V_g 以及奥斯特瓦尔德系数 K_i 决定脱气速度。为使得平衡时间最短，可对 τ 求极值，此时 V_o/V 应满足：

$$\frac{V_o}{V} = \frac{1}{1+\sqrt{K_i}} \qquad (2-2)$$

从式（2-2）可以看到，对不同的气体组分，达到平衡时间最短的油气比不同。在仪器设计中，不用研究机构会综合考虑其他限制条件选择合适的油气比。在满足后续检测模块要求的基础上，油体积、气室体积越小，脱气越快。

动态顶空脱气气液溶解达到平衡时，气室内气体组分 i 的平衡浓度可表示为：

$$C_{gi} = \frac{U_{oi}}{(K_i + V_g/V_o)} = \frac{U_{oi}}{(K_i - 1 + V/V_o)} \qquad (2-3)$$

式中：U_{oi} 为油样中组分 i 的初始浓度。

从式（2-3）可以看出，油气比 V_o/V_g 越大，气体组分 i 的平衡浓度越大。

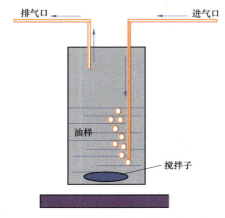

图 2-2　在线动态顶空脱气系统示意图

按照油气平衡采用的方法不同，顶空脱气分为静态顶空和动态顶空，在线监测装置中最典型的应用是结合搅拌的动态顶空脱气法，在线动态顶空脱气系统如图 2-2 所示。顶空气体吹入油样并与油样中的气体组分发生交换，最终顶空气体中被测组分与油样中被测组分达到溶解平衡，气体温度、吹气速度、顶空气体体积等都对脱气速度有影响。该模块正常工作条件下，在 20min 内即可到达油气平衡，是目前速度最快的油气分离方法之一。在有些产品中，吹扫气为过滤后的空气，因此采用动态顶空脱气后，油样返回变压器本体前需要进行净化处理，以避免水分等杂质混入变压器。

2. 影响油气分离的因素

（1）脱气温度。温度会影响分子的运动速率和气体在液体中的溶解度。在顶空油气分离系统中，温度对系统的影响体现为奥斯特瓦尔德系数（温度影响脱气速率和脱气率，一般固定脱气温度范围为 40~50℃）。此外，温度越高，分子热运动越剧烈，气体溶解度越小，在其他条件相同的情况下，脱气速率和脱气率越高。目前，相关国家标准只给出了 50℃下特征气体组分的奥斯特瓦尔德系数，因此目前脱气过程中一般将油温控制在 50℃。

（2）气体吹扫速度。气体吹扫速度对油气平衡时间的影响较复杂，流速过低则不能有效缩短平衡时间；吹扫速度过高则会导致吹入油中气体与液体接触时间过短，影响气体气液平衡，还会产生大量油泡，部分会随气流进入管路，污染气体管路及检测系统。

（3）气液比。对于油气分离部分，有两个参数最为关键：① 脱气速率，为降低检测周期，脱气速率应尽可能快；② 脱气平衡后组分气体浓度，对于同一油样，油气平衡后气体组分浓度应尽可能大，以提高低浓度油样的检测限。从上述原理分析可以看到，为提高脱气速率，气液比存在极值，但为提高平衡后气体组分浓度，则气液比越小越好。此外，还需要考虑脱气结构设计等因素对气液比的限制。

（二）真空脱气法

真空脱气法油气分离原理为：一定体积样品油被注入到脱气室后，在真空条件下从油中脱出特征气体，经脱气室转移到集气室。由于单次真空脱气的脱气效率较低，一般需要经过反复多次脱气和集气。

目前真空脱气装置主要为波纹管和真空泵。波纹管利用小型电动机带动波纹管反复压缩，多次抽真空而将油中溶解气体抽出来。其缺点是积存在波纹管空隙里的残油很难完全排出，将污染下一次检测时的油样。真空泵利用离线色谱分析中的抽真空脱气原理，使油进入脱气室，室内反复进入真空状态，破坏油气平衡，使气体大量挥发出来。真空泵脱气法通过反复抽取可抽取出大部分气体，但长期使用时真空泵效率逐渐变低。另外，油样中的气体含量对采用真空脱气法脱气效果及后续检测精度影响较大，如油中溶解气体太少会导致真空法脱出气体气量过少，无法进行后续检测。

图 2-3 所示为一种典型的真空脱气系统原理图。在电路控制下，真空和大气压使油缸活塞移动，典型体积的油样进入油缸进行脱气；充分脱气后，同样利用真空和大气使气缸活塞移动，使脱出的气体自动输送到自动进样系统，然后在线色谱分析系统进行气体组分分离和分析。

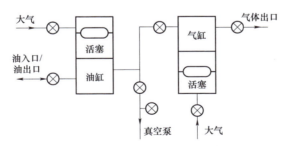

图 2-3　典型真空脱气系统原理图

（三）渗透膜脱气法

渗透膜脱气技术是通过具有选择透过性的渗透膜，在外力推动下对两组或多组溶质进行分离的方法。在渗透膜脱气过程中，溶解于变压器油中的故障特征气体经自由扩散会到达绝缘油表面，经由渗透膜逸出到达气室中；而变压器油始终保留在渗透膜隔离的油室中；直至气室内的故障特征气体浓度与油中溶解的故障特征气体浓度达到动态平衡。此时，通过测量气室中气体的浓度即可推断出油中溶解气体的浓度。

目前用于油气分离中较多的渗透膜为非多孔膜，受到普遍认可的非多孔膜油气分离机理模型是溶解—扩散模型。溶解—扩散模型的分离机理可以分为以下三步。

（1）上游吸附过程：高压侧或高化学浓度侧的气体溶解进入上游的高分子膜中。

（2）沿分压或浓度梯度扩散过程：气体在渗透膜中具有不同的溶解度以及溶解速率，因此在通过高分子膜时，不同的气体会被分离。

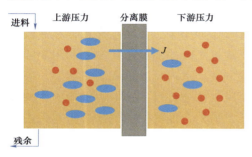

图 2-4　溶解—扩散模型分离机理示意图

（3）下游解吸附过程：在低压侧或低化学浓度侧的气体从高分子膜中解吸附。

溶解—扩散模型的分离机理可由图 2-4 表示。

采用溶解—扩散模型可对油中溶解气体的浓度进行计算。根据亨利定律将气体分压替换为气体浓度，可得如下关系式：

$$c_g = (9.87kc_0 - c_{g0})\left[1 - \exp\left(-\frac{10^5 HA}{Vd}t\right)\right] + c_{g0} \qquad (2-4)$$

式中：c_g 为时间 t 后气室中的气体浓度；k 为平衡常数；c_0 为油中溶解气体浓度；c_{g0} 为气室中气体的初始浓度；H 为气体在渗透膜中的渗透系数；A 为渗透膜与绝缘油的有效接触面积；t 为渗透时间；d 为渗透膜的厚度；V 为气室体积。

实际工程应用中，气室中通常充满了不含被测组分的背景气体，从而使得待测气体的初始浓度为 0，因此，可将式（2-4）改写为：

$$c_g = 9.87kc_0\left[1 - \exp\left(-\frac{10^5 HA}{Vd}t\right)\right] \qquad (2-5)$$

式（2-5）中，平衡常数 k 只与气体种类有关，而和渗透膜种类无关。在实际应用中，通常认为当气体的浓度达到极限值 90% 时，油气分离达到平衡状态，此时有：

$$t = \frac{2.3Vd}{10^5 HA} \qquad (2-6)$$

由式（2-6）即可计算出渗透膜的油气分离平衡时间的理论值。此外，气体在渗透膜中的渗透系数受温度的影响。一系列研究成果表明，气体的渗透系数随温度的变化遵循阿伦尼乌斯关系，即有：

$$H = H_0 \exp\left(-\frac{\Delta E_{\mathrm{P}}}{RT}\right) \qquad (2-7)$$

式中：H_0 为指前因子；ΔE_{P} 为气体分子的渗透活化能；R 为普适气体常数；T 为温度。

　　通过上述对渗透膜油气分离的机理介绍可以看出，在进行油气分离单元的渗透膜材料选型时，主要需要考虑变压器故障特征气体在渗透膜中的渗透系数，以此来选择平衡时间较短、故障特征气体有良好渗透率的渗透膜材料。在进行油气分离单元的设计时，也可以通过合理设计渗透膜组件的结构来达到缩短平衡时间的目的。在气室体积、渗透膜厚度、有效接触面积不变的前提下，平衡时间与渗透系数成反比例关系。因此，在研究中可采用平衡时间长短反映气体在渗透膜中的渗透系数大小，反之亦然。此外，由式（2－5）与式（2－7）能够计算脱气过程中即时气体浓度，从而可以在温度不同的情况下估算平衡后的气室浓度，结合实验室中测得的平衡时间等相关数据，即可得到实际工程应用场景中不同温度下的油气分离情况。

　　用于油气分离的高分子渗透膜需要对变压器油典型的分解气体具有良好的透过能力，即故障特征气体应在高分子渗透膜内具有较大的渗透系数。除此之外，高分子渗透膜材料还应具备良好的物理性能、化学性能及机械性能，如具有耐水、耐油、耐高温能力，具有一定的化学稳定性等。常用油气分离膜材料主要有以下几种。

　　（1）聚酰亚胺膜 PI（polyimide）：化学结构式为—C(＝O)—N—C(＝O)，分为芳香族和脂肪族两大类，用于油气分离膜的主要是芳香族聚酰亚胺。其选择渗透性较好，特别是对 H_2 的选择渗透性较好，但对其他组分的渗透能力一般，主要用于单氢组分进行检测的油中溶解气体在线分析装置中。

　　（2）聚四氟乙烯膜 PTFE（polytetrafluoroethylene）：化学结构式为—$(CF_2—CF_2)_n$—，是四氟乙烯的均聚物。使用温度范围宽，具有极低摩擦系数、良好的耐磨性、化学稳定性及多种优良性能，其优点是对油中溶解气体都具有渗透性，在变压器油中溶解气体在线分析系统中获得广泛应用。但其渗透系数均较低，导致脱气时间较长；此外，PTFE 表面张力较小，这使得大部分材料均无法黏附在 PTFE 渗透膜的表面来制备复合膜；同时，PTFE 具备较强的疏水性，且在熔融时会软化收缩，导致制成的膜孔隙率较低。

　　（3）四氟乙烯－全氟烷基乙烯基醚共聚物膜 PFA（polyfluoroalkoxy）：一种改性的聚四氟乙烯，与聚四氟乙烯相比，其抗断裂性更好，在一些早期的油中溶解气体在线分析系统上得到应用。但以 PFA 为材料的渗透膜通常平衡时间较

长，且其材质柔软，难以固定于支撑体上，因此难以满足实际的工程需求。

（4）聚全氟乙丙烯膜 FEP（fluorinated ethylene-propylene copolymerfep）：化学结构式为—[CF(CF$_3$)—CF$_2$(CF$_2$—CF$_2$)$_n$]$_m$—，是 C$_2$F$_4$ 和 C$_3$F$_6$ 的聚合物，由于是四氟化碳和六氟化碳聚合而成的，故又名 F46。同 PFA 膜一样，F46 是一种改性的聚四氟乙烯材料，具备良好的加工性能，弥补了 PTFE 加工较为困难的不足。但同时 FEP 具有黏度较大、耐磨性较差、尺寸稳定性较大等缺陷。

（四）三种在线油气分离技术比较

目前上述三种脱气方式在现场应用中都有使用，真空脱气法多用于气相色谱监测装置，动态顶空法多用于气相色谱法或光声光谱法监测装置，渗透膜法多用于基于传感器的监测装置。其中，渗透膜法具有结构简单、不需要控制、气液隔离、可持续分离等特点，随着未来新型材料的开发，将获得更多应用。三种在线油气分离技术特性比较见表 2-1。

表 2-1　　　　　　　　　三种在线油气分离技术特性比较

油气分离技术	脱气率	系统复杂度	脱气时间	成熟度	价格	适用范围
动态顶空法	高	一般	<1h	成熟	低	周期性监测
真空脱气法	高	复杂	<1h	成熟	高	周期性监测
渗透膜脱气法	一般	简单	>4h	一般	一般	连续监测

二、气体检测原理

气体检测方法可分为气相色谱法、光谱法、传感器法等，其中光谱法又分为光声光谱法、红外吸收光谱法、拉曼光谱法、光梳光谱、光纤气体传感技术等。其中，基于拉曼光谱、光梳光谱等新型光学技术的油中溶解气体检测技术目前发展还不成熟。

（一）气相色谱法

1. 在线色谱与实验室色谱的区别

基于气相色谱法的在线监测装置目前应用最多，该方法具有分析速度较快、分离效率高、样品用量少及灵敏度高等特点。目前存在的问题主要是色谱柱的老化、载气、标气的消耗增加维护量等问题。气相色谱在线监测装置与实验室色谱主要存在以下几个方面的区别：

（1）脱气部分。通常实验室色谱采用恒温振荡脱气，而在线色谱通常采用一体化设计，使用真空脱气、动态顶空脱气、渗透膜脱气等技术。

（2）载气。实验室色谱采用高纯氮气或氢气作为载气，在线色谱通常配置载气发生器，采用处理后的空气作为气相色谱的载气。

（3）传感器。实验室气相色谱仪为提高检测下限，采用氢焰检测器检测含碳有机物，一氧化碳、二氧化碳也使用甲烷化装置还原为甲烷再使用氢焰检测；在线色谱采用气体传感器、热导检测器、燃料电池等方法进行气体检测。此外，在线色谱的使用环境比实验室色谱更恶劣，因此对环境适应性、稳定性、抗电磁干扰性等方面要求更加严格，目前能长期稳定运行的仪器还是较少。

2. 相关产品

目前应用较广泛的仪器包括 ZF－3000、TROM－600、MAG2000 等。其中，ZF－3000 型应用动态顶空脱气技术和高灵敏度微桥式检测器，实现对变压器油中 7 种气体组分含量全检测，同时配置载气发生器，系统不需要载气瓶。此外，通过选装含气量检测单元，实现包括 O_2、N_2 共计 9 种气体检测，测量精度高、重复性好；最新检测周期小于 1h；甲烷、乙烯、乙烷、乙炔 4 种气体检测灵敏度达到 $0.5\mu L/L$，氢气达到 $1\mu L/L$，一氧化碳达到 $5\mu L/L$，二氧化碳达到 $25\mu L/L$。国外的 SERVERON TM8、Calisto9 型仪器也采用气相色谱原理，但通常采用高纯氦气作为载气，检测的精度和重复性更好一些。

（二）光声光谱法

1. 基本原理

光声光谱（photoacoustic Spectroscopy，PAS）是一种量热的技术，其原理为：光射入密闭并装有待测气体的光声池中，待测气体吸收特定波长的光跃迁到激发态，部分激发态分子与基态分子发生碰撞，吸收的光子能量通过无辐射弛豫转变为分子间的平动动能，从而使得气体温度上升；气体在密闭的环境下，温度升高导致压强增大，若对光源进行周期性调制即可使得气体压强呈现周期性变化（即产生声波）；在光声池内的传声器（又称微音器）感应这一变化并使其转变为电信号，输出到锁相放大器内进行处理，得到的光声信号频率与光的调制频率相同；压力波的强度与气体分子的浓度成比例，通过检测吸收不同波长而产生的压力波的强度可得到不同气体组分的浓度。气体光声光谱检测原理如图 2－5 所示。

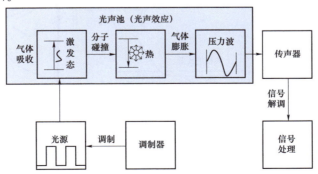

图 2－5　气体光声光谱检测原理图

根据量子力学理论，气体分子吸收一个频率为 υ 的光子后，从基态 E_0 跃迁至激发态 E_1，两个能级之间的能量差为：

$$E_1 - E_0 = h\upsilon \qquad (2-8)$$

式中：h 为普朗克常量，$h = 6.62607015 \times 10^{-34} J \cdot s$。

由于激发态不稳定，随即释放能量回到基态。释放能量的方式有：

（1）辐射出一个频率为 υ 的光子，辐射退激；

（2）诱发光化学过程，即光化学反应；

（3）与处于基态 E_0 的同类其他气体分子发生碰撞，并使其他气体分子跃迁至激发态 E_1，即体系内能量的转移；

（4）与气体中任意分子发生碰撞，经过无辐射弛豫过程而转变为相互碰撞的两个分子的平移动能，即加热。

物质正是由于这种无辐射弛豫过程，把吸收的电磁波部分或全部地转化为热能而使热能增加、温度提高。如果入射光的强度周期性变化，且调制速率小于无辐射弛豫过程的速率，那么光学调制过程就可以产生相应的温度调制过程。而根据气体定律，封闭的光声腔内的温度调制过程会产生相同频率的周期性压力变化，即压力波。传声器可以检测到这种来自上述过程（4）的压力波。

基于上述基本原理，光声光谱检测技术主要涉及光声信号激发［包括红外辐射光源、斩光器、滤光片（组）、光声池］、微弱光声信号检测（包括传声器、锁相放大器）、信号处理系统几个方面，其中以光声信号激发及检测最为关键。光声光谱气体检测系统如图 2-6 所示。

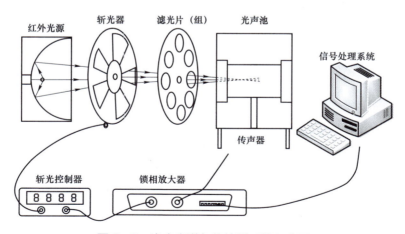

图 2-6　光声光谱气体检测系统示意图

（1）光声信号激发。

1）红外光源。在光声光谱检测系统中，红外光源是产生光声效应的"激励源",它在待测气体样品吸收光谱上的辐射强度直接决定着光声信号的强度和检测信噪比,因此是系统中的关键组件之一。依据辐射源本身特性和工作方式等可以分为不同类型的红外辐射源。按辐射源本身特性划分,红外光源可以分为非相干光源和相干光源。

a. 非相干光源。一般来说,非相干光源(典型的热辐射红外光源)的光谱范围较宽,配合滤光片组可实现多气体组分的检测。常见的非相干光源包括白炽光源和弧光灯源等。白炽光源的辐射近似于一定温度下的黑体辐射,其辐射光谱及强度与它自身的温度相关。常见的人造白炽光源包括钨丝灯和合金电阻丝等。常用的合金电阻丝可以直接暴露于空气之中,表面通常涂覆有金属/非金属氧化物以改善光谱特性,工作温度一般不超过 1500℃,被广泛应用于气体光谱分析领域。典型的白炽光源(MIRL17-900)的光谱分布如图 2-7 所示,其光谱范围较宽,从 1~15μm 均有辐射。

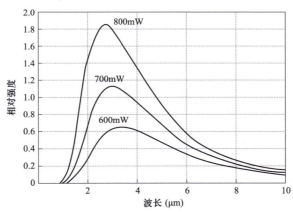

图 2-7　白炽光源光谱分布示意图

b. 相干光源。相干光源即激光光源,具有单色性好、方向性强、辐射功率高等特点,凭借这些特点,红外激光器广泛应用于气体光声检测领域。常见用于气体光声检测的激光光源主要有气体激光器(主要包括 CO 激光器和 CO_2 激光器)、铅盐二极管激光器、量子级联激光器、周期性反转铌酸锂晶体振荡器、光学参量振荡器、差频发生激光器等。红外激光器凭借其单色性好、辐射功率高等优点在气体光声检测中具有突出的优势。由于光声信号的强度与样品气体吸收的红外光功率成正比,因此高功率的激光器可获得更高的检测信噪比;多气体组分的光声检测中,良好的单色性意味着更好的选择性,从而避免组分间交叉影响而造成的检测灵敏度降低。然而,激光光源也有其不足:与非相干光源相比,激光光源通常只能实现线调谐或很窄范围内的连续调谐,对多种气体的检测有很大的局限性;而在较宽的光谱范围内可调谐的红外激光器价格极其昂贵，这也限制了激光光源在气体光声检测中的应用。

2）光声池。在光声光谱检测系统中，光声池是光声效应的发生场所，是气体光声光谱检测系统中的核心组成部分。光声池设计的好坏直接关系到整个光声光谱检测系统的稳定性和检测灵敏度的高低。光声池中的光声腔可以工作在非共振或共振两种模式下。

从光源和光声池角度来看，光声信号激发的方式包括以下两种：① 采用红外热辐射光源结合滤光片和机械斩光器产生窄带调制光束，作为信号激发光源，调制频率在 Hz～kHz 级，光声池采用共振或非共振式；② 采用激光（包括 DFB 激光器、QCL 激光）作为光源，采用光源控制技术产生脉冲光束作为信号激发光声信号，调制频率通常在 kHz 级，光声池通常采用共振型。

（2）微弱光声信号检测。气体光声检测系统中，传声器是检测光声腔内声压信号的组件。声压信号通常极其微弱（μPa 级），这就要求声压检测装置具有极高的灵敏度才能实现微弱信号检测。

1）电容式传声器。电容式传声器凭借其体积小、灵敏度较高、线性度较好等优点在气体光声检测中得到了广泛应用。电容式传声器主要包括驻极体型和外加偏置电压型两种。两种传声器的工作原理基本相同，由于驻极体本身能够提供极化电压而使得传声器的电路得以简化，从而实现小型化和低造价。它们的基本工作原理是通过声压变化引起电容变化实现的，即声压引起极板间距的变化导致电容发生变化，电容的变化形成电信号输出，从而实现压力信号和电信号的转换。从其基本原理来看，要提高传声器的灵敏度，需增大极板表面积或者减小极板间距。然而，当极板表面积增大或者极板间距减小到一定的程度时，灵敏度将不会进一步提高。这是因为：如果靠减小极板间距来实现灵敏度的提高，那么当气隙减小到一定程度后，弹性薄膜将由于粘滞效应不能自由移动，导致灵敏度受限；如果利用弹性薄膜柔韧性的增加来提高灵敏度，那么当弹性薄膜的柔韧性提高到一定程度后，传声器响应的动态范围将大大降低；而如果通过增大极板面积来提高灵敏度，那么传声器的尺寸将大大增加，光声腔的尺寸同时需要随之增大，结果是声压信号的幅值也相应减小，从而导致实际气体光声光谱检测系统中的检测灵敏度没有提高。因此，目前电容式传声器在可以提高灵敏度的参数的设计上提高的空间已经十分有限，这也限制了该类型的传声器在气体光声光谱检测系统中的进一步的发展。

2）悬臂式传声器。悬臂式传声器作为一种新型的传声器得到了发展，它的灵敏度比以往的电容式传声器提高了近 100 倍。相对于电容式传声器，悬臂式传声器具有更高的灵敏度、更好的线性度和更大的动态响应范围。由于电容式传声器依靠弹性薄膜受到压力变化产生振动，薄膜受到压力时径向受到拉伸，导致响应不是严格线性。不同于电容式传声器的弹性薄膜，悬臂式传声器只有一端被固定。悬臂式传声器的主要材料为硅，厚度在 5～10μm，气隙在 5～30μm；极薄的硅材料悬臂结构将随着周围气压的变化而发生形变，当压力发生变化时，悬臂结构仅仅产生弯曲形变而不会被拉伸。因此在相同的压力下，悬臂结构自由端的位移响应幅度会比电容式传声器中被绷紧的弹性薄膜中间点的位移响应幅度高出近两个量级。悬臂结构的位移响应幅度在数十微米范围内时，都是非常严格的线性，动态范围也非常大。因此，这种灵敏度极高的传声器将是进一步提高气体光声光谱检测系统灵敏度的一个很好的选择。悬臂结构的振动幅度由相应的光学系统所测量，光学测量方法又分为基于迈克尔逊干涉技术的测量方法和基于法布里－珀罗（Fabry-Pérot）干涉（F－P 干涉）的测量方法。

　　a. 迈克尔逊干涉为双光路双光束干涉，干涉臂分为测量臂和参考臂，结构复杂、元件较多。同时由于采用激光光源（窄谱光），激光强度噪声引起的自噪声大；采用空间光耦合与分立光学零件构成干涉仪，膜片的振动读取结构复杂，抗振动特性差；线性动态范围小，易出现静态工作点漂移。

　　b. 法布里－珀罗干涉为单光路多光束干涉，测量臂与参考臂共光路结构简单、易于制作，为多光束干涉，干涉条纹锐利。声波响应膜片与读取光学系统耦合结构简单，传声器易于与光声池结构匹配。

　　2. 相关产品

　　目前，依据光声信号激励光源的不同，出现了 2 类基于光声光谱原理的设备：一类是基于红外热辐射光源的设备，如 Transfix 及后续型号 DGA900、TOTUS G9 等；另一类是基于全激光器光源的设备，如 iPDMD－3000 等。

　　（1）Transfix 是典型的基于红外热辐射光源的光声光谱仪器，信号激发光源采用红外热辐射光源＋红外滤光片＋机械斩波器，信号检测采用双电学麦克风，脱气方式采用动态顶空技术。该装置可以检测 9 种气体（7 种故障气体及氮气、氧气）及水分，其中氢气、氧气、氮气采用非光学方法检测，其余组分采用光声光谱技术检测。该装置甲烷、乙烷、乙烯、一氧化碳的检测灵敏度达到 2μL/L，乙炔达到 0.5μL/L，二氧化碳达到 20μL/L，精确度达到±5%。

　　（2）iPDMD－3000 型监测仪器，脱气采用改进的顶空脱气技术即动态顶空负压油气分离装置，信号激发光源采用自主研发与生产的窄线宽半导体激光器，激光调制频率选用亚超声波频段，光声池采用共振型。对于微音信号的检测，采用定制化高灵敏度数字亚超声波电学传声器。装置最低检测周期为 1h，对于乙炔检测灵敏度达到 0.1μL/L，甲烷、乙烯、乙烷达到 0.5μL/L，一氧化碳和二氧化碳稍差为 25μL/L，重复性为±3%。

　　（三）红外吸收光谱法

　　1. 基本原理

　　光吸收原理如图 2－8 所示。根据比尔－朗伯特（Beer-Lambert）定律，当

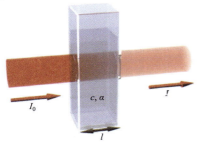

图 2-8　光吸收原理图

一束频率为 υ、强度为 I_0 的激光通过某一气体样品，输出光强 I 可表示为：

$$I(\omega)=I_0(\omega)\exp[-\sigma(\omega)LC] \qquad (2-9)$$

式中：$\sigma(\omega)$ 为吸收系数；L 为吸收光程长；C 为吸收气体的浓度。

直接吸收光谱法原理简单，不需要标定，可以从测量得到的光谱吸收率信号表明气体对于激光强度吸收的强弱。基于这一基本原理，又分为很多技术路线，如傅里叶变换红外吸收光谱法、非分光红外吸收光谱法（non dispersive infra red，NDIR）等。

（1）傅里叶变换红外吸收光谱是一种在物质检测领域广泛应用的光学检测技术，采用不同的样品池及附件可以实现对气体、液体及固体的测量。该技术的缺点是在测量气体时需要很长的光程，否则检测灵敏度将较低。

（2）非分光型传感器摒弃了复杂的分光系统，而是采用体积较小且能集成在光强传感器上的窄带滤光片实现的。非分光型传感器的光源发出连续的宽谱红外光，红外光不需分光全部入射待测气体，经待测气体吸收后到达探测器端，在进入探测器之前需要经窄带滤光片滤光，根据待测气体的需求选取合适的窄带滤光片的中心波长；红外光经滤光片后，特定波长的红外光才能进入探测器的通道，通过比较气体样品输入输出前后的光强，即可反演被测组分气体浓度。

基于红外吸收光谱的监测仪器通常包括红外光源、干涉仪、气体吸收池、光强传感器等关键部件。

2. 相关产品

基于红外吸收光谱的气体检测装置在实验室化学检测领域应用广泛，近年来在油中溶解气体监测中也出现了一些产品。

（1）CoreSense M10 系统采用傅里叶变换红外光谱法检测气体，系统采用分体式油气分离模块直接与变压器连接，仪器本体则通过气体管路、电路再与油气分离模块相连。采用渗透膜脱气技术结合取样热泵强制对流形成油循环，油样采集无死区。该设备可实时、连续地检测油中的水分和 9 种气体（7 种故障气体加 C_3H_6 和 C_3H_8），实现对变压器运行状态的监护。其中氢气采用传感器检测，其他组分采用红外吸收光谱法检测，其对于乙炔的检测灵敏度达到 0.5μL/L，甲烷达到 1μL/L，乙烯和乙烷达到 2μL/L，丙烯和丙烷达到 10μL/L，精准度达到 ±5%，测量重复性 $RSD \leqslant 0.5\%$。

（2）SITRAM MultiSense 系列产品采用非分光近红外气体传感器技术，可检测气体组分中的甲烷、乙烷、乙烯、乙炔、一氧化碳、二氧化碳 6 种气体，氢气采用微电子传感器，水分采用电容式传感器。整个装置体积小、质量轻，只有计算机机箱的约 1/2，但检测灵敏度相对较差，在 5～25μL/L 之间。

（3）国内 HKIM－1000 型产品采用激光吸收光谱技术，乙炔、甲烷的最低检测限值达到 0.1μL/L，乙烯、乙烷达到 0.5μL/L，一氧化碳、二氧化碳达到 10μL/L。该系统的优点是每种气体都采用激光器，可以有效避免各组分直接的交叉干扰；缺点是某些波段激光器价格昂贵，导致整个装置成本高昂。

（四）拉曼光谱法

拉曼散射（也称拉曼效应）由印度科学家拉曼于 1928 年发现，拉曼散射原理如图 2-9 所示。图 2-9 中，气体分子中的电子吸收能量为 $h\upsilon$ 的入射光的光子后（其中 h 为普朗克常数，υ 为入射光频率），由基态跃迁至虚态。虚态不是稳定能态，一部分电子随即返回基态，释放出能量为 $h\upsilon$ 的光子，即产生频率不发生变化的瑞利散射光；另一部分电子返回振动激发态，释放出能量为 $h(\upsilon-\Delta\upsilon)$ 的光子，其中 $\Delta\upsilon$ 表示频率的变化量，即产生频率发生变化的拉曼散射光（斯托克斯线）。$\Delta\upsilon$ 对应着分子本身某种振动模式的基频，反映了分子内部的结构信息，与入射光的频率无关；

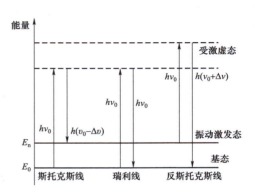

图 2-9　拉曼散射原理图

依据拉曼频移 $\Delta\upsilon$ 位置（仅与分子结构及其能级有关，具有特异性）及其强度（与待测物浓度、激发光作用强度、激光与待测物作用路径、检测效率、信号收集角度有关）可同时定性与定量分析多种不同物质。拉曼光谱法具有特有的优点：单激光即可实现对已知和未知多种特征物及其同位素的同时检测；具有实现原位检测的可行性。但同时由于拉曼散射效应非常弱，比吸收效应低 4 个数量级，目前对于变压器油中溶解气体的检测灵敏度还不足。

日本研究者 Somekawa Toshihiro 等人提出一种基于拉曼光谱技术的变压器油中溶解气体 C_2H_2 原位检测方法，检测下限为 3700μL/L。国内重庆大学陈伟根教授团队搭建了镀银石英玻璃管的拉曼光谱检验平台，对 7 种混合气体中乙炔的检测下限达到了 5μL/L。进一步还采用 Pd 表面增强技术来增加拉曼散射截面积，提升检测灵敏度；但其检测灵敏度仍然不能满足行业应用需求，同时检测的仍然是气体组分，拉曼光谱原位检测的优势未能发挥出来。如图 2-10 所示为拉曼光谱原位检测平台，平台使用英国雷尼绍（Renishaw）公司的 inVia 显微拉曼光谱仪实现气体的共聚焦拉曼检测，它配有高稳定性研究级德国 Leica 显微镜，光谱分辨率为 1cm^{-1}，空间纵向分辨率为 2μm。采用一台功率为 500mW 的 532nm 固体连续激光器作为激发光源，并通过一支 50 倍的长焦物镜进行激光聚焦和信号收集，其较高的空间分辨率能避免入射窗片所产生拉曼信号的干扰。采用一根长度为 5m，内径为 2mm 的厚壁石英玻璃管制成气体样品池，其内壁镀有一层很薄的银，气体样品池两端采用了内径为 1.5mm 的蓝宝石玻璃片（蓝宝石基本没有荧光效应，可消除荧光信号对气体拉曼信号的覆盖）。高灵敏镀银石英玻璃管气体样品池的原理类似于用于液体拉曼检测的液相光纤，而液相光纤能将拉曼信号强度提高 1000 倍以上。由于银层的反射作用和石英玻璃管的约束作用，入射光在管内能形成很大的功率密度。该气体样品池能显著提高气体拉曼信号的强度，有效克服气体拉曼检测灵敏度低的问题。同时，系统采用 Pd 表面拉曼增强（surface-enhanced raman scattering，SERS）技术来提高气体分子拉曼微分横截面，以提高检测灵敏度。不同浓度下 C_2H_2 气体的拉曼特征峰如图 2-11 所示。

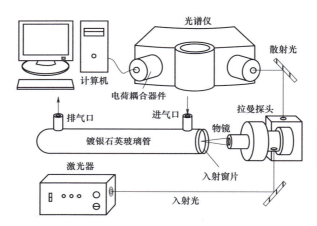

图 2-10 拉曼光谱原位检测平台示意图

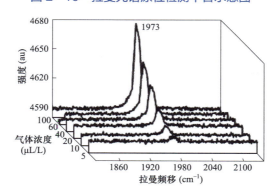

图 2-11 不同浓度下 C_2H_2 气体的拉曼特征峰示意图

（五）光梳光谱法

光学频率梳（optical frequency comb，OFC）简称"光梳"，是一种由"锁

模激光器"产生的超短脉冲（飞秒 $1e^{-15}$ s 量级）的新型激光光源。其光谱由一系列均匀间隔且具有相干稳定相位关系的频率分量组成。光梳是继超短脉冲激光问世之后，激光技术领域的又一重大突破。如图 2-12 所示是由光梳产生的激光光谱图，因其光谱像梳子，因此被称作光梳。目前主要应用于高精度测量，如对精密光频测量、绝对距离测量等，在光学领域被称为光尺。当采用光梳光谱作为光源测量气体吸收谱线，一次测量可以得到其频率覆盖范围内多种气体的吸收谱线信息（一个光梳相当于多个具有相近频率的激光器），具有光谱覆盖范围宽、分辨率高、灵敏度高和测量速度快等优点。

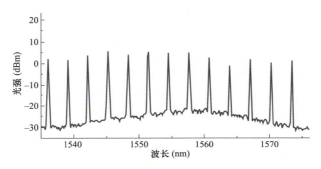

图 2-12　光梳产生的激光光谱示意图

2008 年，美国国家标准与技术研究院（national institute of standards and technology，NIST）的 I.Coddington 等人研制出双光梳傅里叶光谱分析系统，如图 2-13 所示。信号光梳的一路光通过气室后与本地光梳进行拍频，信号光梳的另外一路光直接与本地光梳进行拍频。通过比较这两个信号可以获得吸收相位谱。更进一步，NIST 的 G.B. R ieker 等人在 2014 年采用双光梳光谱技术完成在开放空间测量大气中的温室气体浓度测量，5min 内，CO_2 和 CH_4 的测量精度分别小于 $1\mu L/L$ 和 $3nL/L$。

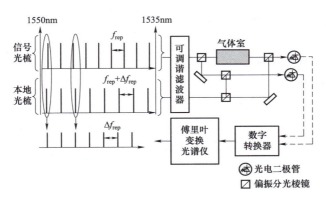

图 2-13　双光梳傅里叶光谱分析系统示意图

光梳光谱检测气体的原理本质上与红外吸收光谱法类似，是基于吸收光谱的检测方法，区别是光源不同、对光强变化的检测技术不同。目前，光梳光谱的主要问题是高质量光梳的获得、控制及检测技术均很复杂，且各部件价格昂贵，但光梳技术正处于高速发展阶段，未来将在电力行业得到更多的研究和应用。

（六）光纤气体传感技术

用于气体测量的光纤技术相当丰富，各种光纤气体测量装置种类很多，根据传感原理可以分为传光型光纤传感器（如吸收式光纤气体传感器）和传感型气体传感器［如折射率（光程）变化型光纤气体传感器、渐逝场型光纤气体传感器等］。光纤气体传感器本质与红外吸收法一样，都是基于比尔朗伯定理，是研究最多、接近于实用化的一种气体传感器，它采用普通的多模光纤。

（1）吸收式光纤气体传感器利用了气体在石英光纤透射窗口（0.8～1.7μm）内的吸收峰作为测量依据，由于气体吸收产生的光强衰减，所以得到气体的浓度信息。变压器油中溶解气体（如 CO、CH_4、C_2H_2、CO_2）在石英光纤透射窗口都有泛频吸收线，在这一波段发光器件和接收器件都是比较理想的光电转换器件。用这种方法可以对大多数的气体浓度进行较高精度的测量。气室的结构简单可靠是吸收式光纤气体传感器的一大特点，而且只需要调换光源和探测装置，对准其他的吸收谱线，就可以用同样的系统检测不同的气体。

（2）折射率（光程）变化型光纤气体传感器利用了某些材料的体积或折射率对气体敏感的特性，用这种材料做光纤的包层或把这种材料涂附于光纤的表面，通过测量折射率变化引起的光纤波导参数（如有效折射率、双折射和损耗）的变化，采用光强检测或干涉测量手段可以得到气体浓度的信息。原理上是利用气体引起的折射率或光程的变化引起干涉，形成如 Michelson 干涉仪、Mach-Zehnder 干涉仪等，通过测量干涉仪输出的光强的变化来得到气体的浓度。这类光纤气体传感器结构简单、成本低廉。但是由于敏感材料、镀膜技术的限制、膜污染等问题的存在，限制了这种技术的发展。华北电力大学研制的光纤光栅氢气传感器即属于这一类型的传感器。

目前，光纤气体传感器技术在油中溶解气体监测领域的研究和应用还不多。

（七）传感器法

1. 半导体传感器

与普通的金属材料和绝缘材料不同，半导体材料的电导率低，介于金属材料和绝缘材料之间。半导体材料的电阻率会随着环境温度提高而变小，这是由于半导体材料中的载流子数目会随着温度的升高而迅速增加。材料电阻率与其参量的关系式为：

$$\rho = 1/nqv \qquad (2-10)$$

式中：ρ 为电阻率；n 为载流子浓度；q 为载流子电量；v 为载流子的移动速度。

以 n 型金属氧化物半导体气敏材料为例，其气敏机理为：当气敏元件放置于空气中时，空气中的 O_2 会吸附在气敏材料的表面，这个过程有物理吸附和化学吸附两个过程。根据环境温度的不同，O_2 可以 3 种不同的形式存在于气敏元件表面。此时，气敏材料导带中的大量自由电子被吸附氧占据，材料粒子表面附近形成了耗尽层，晶界处形成了势垒，这使材料中的自由电子浓度降低，电阻率会增大，宏观表现为电阻增大；当气敏元件接触到还原性的气体时，气体与吸附氧发生氧化还原反应，自由电子会重新回到导带中，耗尽层宽度变小，势垒高度变小，宏观表现为电阻减小。

油中溶解气体检测用传感器由涂有一层金属氧化膜（目前最常用的是 SnO_2）的圆筒状的陶瓷作为骨架，加热器穿过陶瓷骨架内部使整个陶瓷骨架保持恒温，外部采用金属网作为保护。传感器具体测量气体种类的选择性由加入氧化膜中的催化剂（如铂、锌、铟、金、铝等）加以控制。

国内重庆大学对采用半导体传感器检测油中溶解气体做了大量研究工作，对 SnO_2 或 ZnO_2 内添加不同种类和含量的金属催化剂后传安琪的灵敏度和选择性开展了深入的研究，研制出可分别测量 H_2、CO、CH_4、C_2H_4、C_2H_2、C_2H_6 等 6 种气体的 MQ 系列传感器。但总体而言，目前的半导体传感器主要应用于氢气的检测。

近年来，随着纳米技术的发展，研究者提出了采用烧结陶瓷工艺制作的纳米级颗粒构成的 SnO_2 气敏元件，选择性和灵敏度都获得一定的提高。

半导体金属氧化物气体传感器目前存在的问题主要有：电阻值波动较大，由于制造工艺、材料的纯度、配比精度、成型一致性、烧结温度、老化方法及操作等因素的影响，使得气体元件阻值分散性大，互换性差；选择性差，由于在检测气体时，往往还存在着其他的干扰气体，使气敏元件发生交叉响应，影响精度；灵敏度低，难以达到要求。半导体传感器结构及实物如图 2－14 所示。

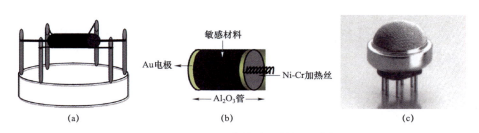

图 2－14　半导体传感器结构及实物

（a）基座结构示意图；（b）传感器管芯结构示意图；（c）实物图

2. 催化燃烧型传感器

催化燃烧型气体传感器是利用催化燃烧的热效应原理，由检测元件和补偿元件配对构成测量电桥；在一定温度条件下，可燃气体在检测元件载体表面及催化剂的作用下发生无焰燃烧，载体温度升高，通过它内部的铂丝电阻也相应升高，从而使平衡电桥失去平衡，输出一个与可燃气体浓度成正比的电信号。该类传感器主要用于可燃性气体的检测，具有输出信号线性好、指数可靠、价格便宜的优点。该类传感器的缺点是不具有选择性，得到的是可燃气体的总量值，同时灵敏度也较差，是一种低成本检测技术。

（八）不同气体检测技术对比

不同气体检测技术对比见表 2-2。

表 2-2 　　　　　　　　　不同气体检测技术对比

气体检测技术	优点	缺点	成熟度	装置价格
气相色谱法	检测气体种类多； 精度高	消耗载气； 需定期标定； 需定期更换色谱柱	成熟	中
光声光谱法	检测气体种类多； 灵敏度高； 不需要载气	多组分气体之间存在交叉干扰； 温度、气压、噪声影响检测精度	较成熟	中
红外吸收光谱法	检测气体种类多； 维护量小； 不需要标定； 不需要载气	样品需求量较大； 背景信号对红外吸收信号有影响，检测下限高	一般	高
拉曼光谱法	不需要脱气，可直接检测油中溶解气体组分	检测灵敏度不够	实验室研究	很高
光梳光谱法	一个光梳产生多个相邻谱线，可同时检测多种气体，光谱精度高，稳定性好	高质量光梳的获得、控制及检测技术均很复杂	实验室研究	很高
光纤光谱法	结构简单； 可实现远距离检测	可检测气体种类有限； 灵敏度较低	一般	中
传感器法	体积小，结构简单，易于集成应用	选择性相对较差； 灵敏度较低； 传感器一致性差	一般	低

第3节　在线监测装置典型参数和现场校验要求

一、典型参数要求

（一）油样/气样获取方式要求

1. 油样采集方式

宜采用循环油工作方式，也可采用非循环油工作方式。

（1）循环油工作方式：采集油样应能代表本体油样状态；取样方式和回油不影响被监测设备的安全运行；应符合不污染本体油、循环取样不消耗油的要求。

（2）非循环油工作方式：采集油样应能代表本体油样状态；取样方式不影响被监测设备的安全运行；分析完的油样不回注被监测设备，应单独收集处理；单次排放油量不大于 200mL，收集油的容器应具有油量监测功能，对满油进行就地及远程告警。

2. 油气分离

油气分离部分实现油中溶解气体与变压器油的分离，分离方法可采用动态顶空脱气、真空脱气、渗透膜脱气等方法。

（二）装置检测性能要求

1. 检测范围和测量误差

检测范围和测量误差主要考核装置检测气体组分的量程和准确性。

根据对装置测量误差限值要求的严格程度不同，将测量误差性能定为 A 级、B 级和 C 级。750kV 及以上变电站多组分装置检测范围和测量误差要求见表 2-3，500kV 及以下变电站多组分装置检测范围和测量误差要求见表 2-4，少组分装置检测范围和测量误差要求见表 2-5。

表 2-3　750kV 及以上变电站多组分装置检测范围和测量误差要求

检测参量	检测范围（μL/L）	测量误差限值
H_2	2~20*	±2μL/L 或 ±30%
	20~1000	±30%
C_2H_2	0.2~5*	±0.2μL/L 或 ±30%
	5~10	±30%
	10~50	±20%
CH_4、C_2H_6、C_2H_4	0.5~10*	±0.5μL/L 或 ±30%
	10~150	±30%
CO	25~100*	±25μL/L 或 ±30%
	100~1500	±30%
CO_2	25~100*	±25μL/L 或 ±30%
	100~7500	±30%
总烃	2~10*	±2μL/L 或 ±30%
	10~150	±30%
	150~500	±20%

* 在各气体组分的低浓度范围内，测量误差限值取两者较大值。

表2-4 500kV 及以下变电站多组分装置检测范围和测量误差要求

检测参量	检测范围（μL/L）	测量误差限值（A 级）	测量误差限值（B 级）	测量误差限值（C 级）
H_2	5～20*	±2μL/L 或±30%	±3μL/L 或±30%	±4μL/L 或±30%
	20～2000	±30%	±35%	±40%
C_2H_2	0.5～5*	±0.5μL/L 或±30%	±1μL/L 或±30%	±1.5μL/L 或±30%
	5～10	±30%	±35%	±40%
	10～200	±20%	±30%	±40%
CH_4、C_2H_6、C_2H_4	0.5～10*	±0.5μL/L 或±30%	±1μL/L 或±30%	±2μL/L 或±30%
	10～600	±30%	±35%	±40%
CO	25～100*	±25μL/L 或±30%	±30μL/L	±40μL/L
	100～3000	±30%	±35%	±40%
CO_2	25～100*	±25μL/L 或±30%	±30μL/L	±40μL/L
	100～15000	±30%	±35%	±40%
总烃	2～10*	±2μL/L 或±30%	±3μL/L	±4μL/L
	10～150	±30%	±35%	±40%
	150～2000	±20%	±30%	±40%

* 在各气体组分的低浓度范围内，测量误差限值取两者较大值。

表2-5 少组分装置检测范围和测量误差要求

检测参量	检测范围（μL/L）	测量误差限值（A 级）	测量误差限值（B 级）	测量误差限值（C 级）
H_2	5～50*	±5μL/L 或±30%	±10μL/L 或±30%	±15μL/L 或±30%
	50～2000	±30%	±35%	±40%
C_2H_2	0.5～5*	±0.5μL/L 或±30%	±1μL/L 或±30%	±1.5μL/L 或±30%
	5～10	±30%	±35%	±40%
	10～200	±20%	±30%	±40%
CO	25～100*	±25μL/L 或±30%	±30μL/L	±40μL/L
	100～3000	±30%	±35%	±40%
复合气体（H_2、CO、C_2H_4、C_2H_2）	5～50*	±5μL/L 或±30%	±10μL/L 或±30%	±15μL/L 或±30%
	50～2000	±30%	±35%	±40%

* 在各气体组分的低浓度范围内，测量误差限值取两者较大值。

（1）对于新建装置，750kV 及以上变电站装置应符合表 2-3 要求；500kV 及以下变电站装置应符合表 2-4 要求，其中 500kV 变电站装置应符合表 2-4 中 A 级要求，330kV 及以下变电站装置应符合表 2-4 中 B 级要求；少组分装置应符合表 2-5 中 B 级要求。

（2）对于运行中装置，750kV 及以上变电站装置应符合表 2-3 要求；500kV 变电站装置应符合表 2-4 中 B 级要求；330kV 及以下变电站装置应符合表 2-4 中 C 级要求。

（3）实验室检验时，按照全部气体组分评定；运行中装置现场校验时，按照氢气、乙炔和总烃评定。

（4）若产品说明书中标称的检测范围超出表 2-3～表 2-5 中规定的，应按照说明书中的指标检验。

2. 最小检测浓度

装置对关键组分乙炔、氢气的最小可检测浓度：750kV 及以上变电站装置油中乙炔最小检测浓度不大于 0.2μL/L，油中氢气最小检测浓度不大于 2μL/L；500kV 及以下变电站装置油中乙炔最小检测浓度不大于 0.5μL/L，油中氢气最小检测浓度不大于 5μL/L。

3. 测量重复性

测量重复性用于测试连续检测的稳定性：对于多组分监测装置，配制总烃不小于 50μL/L 的油样，对相同油样连续监测分析次数不少于 8 次，取连续 6 次测量结果，重复性以总烃测量结果的相对标准偏差 RSD 表示，按照式（2-11）计算。应符合以下要求：750kV 及以上变电站装置的测量重复性不大于 3%；500kV 及以下变电站装置的测量重复性不大于 5%。若计算结果中总烃相对标准偏差合格，同时应关注甲烷、乙烷、乙烯、乙炔的浓度和 RSD 情况。

$$RSD = \sqrt{\frac{\sum_{i=1}^{n}(C_i - \overline{C})^2}{n-1} \times \frac{1}{\overline{C}}} \times 100\% \qquad (2-11)$$

式中：RSD 为相对标准偏差；n 为测量次数；C_i 为第 i 次测量结果；$\overline{C}$ 为 n 次测量结果的算术平均值；i 为测量序号。

4. 最小检测周期

最小检测周期用于测试连续检测的最短周期：多组分在线监测装置的最小检测周期不大于 2h，少组分在线监测装置的最小检测周期不大于 12h。

5. 响应时间 T90

响应时间用于测试气体浓度突增后的 90% 响应能力：对于油中氢气和总烃，750kV 及以上变电站装置的响应时间不大于 2h，500kV 及以下变电站装置的响应时间不大于 3h。

6. 交叉敏感性

交叉敏感性用于测试在大浓度组分影响下的抗干扰能力：一氧化碳含量大于 1000μL/L、氢气含量小于 50μL/L 时，氢气检测误差符合前述检测范围和测量误差的要求；乙烷含量大于 150μL/L、二氧化碳含量大于 5000μL/L、其他烃类含量小于 10μL/L 时，甲烷、乙烷、乙烯、乙炔检测误差符合前述检测范围和测量误差的要求。

二、现场校验要求

（一）试验项目

装置现场校验试验项目应满足如下要求。

（1）现场校验试验项目应包括测量误差试验和测量重复性试验，在必要时还需进行最小检测浓度试验。

（2）现场校验时，测量误差试验应测取 2～3 个测试点（低浓度、中低浓度和中浓度），至少应包含低浓度和中低浓度测试点。

（3）可采用以下两种方式：① 配制一定气体组分含量的油样进行试验，与实验室气相色谱仪检测结果进行比对；② 被监测设备油样中同时含有 7 种特征气体时，采集设备本体油样进行试验，与实验室气相色谱仪检测结果进行比对，作为其中一个测试点。

（二）现场校验方法

1. 工作原理

（1）采用参考油样对变压器油中溶解气体在线监测装置的性能指标进行现场校验。参考油样是指配制的用于在线监测装置性能测试的已知浓度油样，其组分含量采用实验室气相色谱分析方法定值。

（2）现场校验工作原理如图 2-15 所示，参考油样储存装置中的油样经过管路进入在线监测装置，设定为最小检测周期工作模式连续进行油样检测分析。

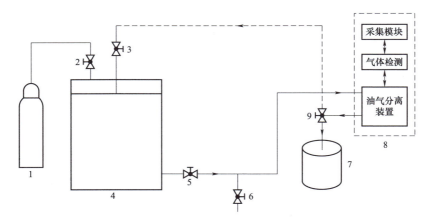

图 2-15 变压器油中溶解气体在线监测装置现场校验工作原理图

1—压缩空气气瓶或空气泵（增压用）；2—进气阀门；3—参考油样储存装置回油阀门；4—参考油样储存装置；
5—参考油样储存装置出油阀门；6—取样阀门；7—油桶；8—在线监测装置；9—阀门

（3）如采用不回油方式，图 2-15 中虚线不连接，在线监测装置废油排入油桶中；如采用循环回油方式，图 2-15 中虚线连接，回油进入储油装置中。采用循环回油方式时，宜在测试过程中从取样阀门处取样，用便携式色谱仪对参考油样浓度重新进行定值；否则宜采用不回油方式。

2. 校验接口及连接管路

现场校验接口应布置于装置机箱内部，采用独立通道不占用检测用进油和回油接口。现场校验接口采用标准的 ϕ6mm 接头，连接管路采用外径 ϕ6mm 金属管或耐油高分子聚合管。变压器油中溶解气体在线监测装置的接入不应使被监测设备或邻近设备出现安全隐患，并满足如下要求：

（1）油样采集与油气分离部件应能承受油箱的正常压力，取油接口和电磁阀耐受压力不小于 0.6MPa；

（2）对变压器油进行处理时产生的正压与负压不应引起油渗漏；

（3）不应破坏或降低被监测设备的密封性；

（4）不应使气体、水分或其他杂质进入被监测设备中。

3. 配制参考油样

参考油样浓度范围见表 2-6。配制好的参考油样应储存在全密封储油装置内，置于阴凉处保存。参考油样配制且定值后宜在 48h 内使用，否则在使用前应重新进行定值。

表 2-6　　　　　　　　　　　参 考 油 样 浓 度 范 围　　　　　　　　　　　（μL/L）

气体组分	油样 1（低浓度）		油样 2（中低浓度）	油样 3（中浓度）
	750kV 及以上	500kV 及以下		
H_2	2～20	5～20	50～100	100～200
C_2H_2	0.2～1.0	0.5～1.0	1～5	5～20
$\Sigma C_1 + C_2$	2～10	2～10	50～100	100～200
CO	25～100	25～100	300～600	600～1000
CO_2	25～500	25～500	1000～3000	3000～5000

（三）人员要求

了解变压器油中溶解气体在线监测装置的工作原理、技术参数和性能指标，掌握在线监测装置的操作程序和使用方法，掌握变压器油取样和气相色谱分析技术。

（四）安全要求

（1）为保证人身和设备安全，现场校验应严格遵守电力安全工作规程的相关要求。

（2）应在良好的天气下进行，雷电、雨、雪、大雾等恶劣天气条件下避免户外测试。风力大于 5 级时，不宜在户外进行测试工作。

（3）现场校验时，应与设备带电部位保持足够的安全距离。

（4）现场校验时，要防止误碰误动设备，避免踩踏管道及其他二次线缆。

（5）现场校验时，应将高压气瓶垂直放置于平整地面上并采取固定装置固定，储油装置放置在平整地面上，防止倾倒。

（6）现场校验前，在监控方面，应切断装置与上位机的网络连接或将系统设置为调试状态等，测试数据应进行标识或屏蔽，保障测试数据不上传监控系统或不影响设备运行状态的判断。

（7）现场校验时，应确保监测装置的进、出油管与被监测设备有效隔离。测试前应认真检查油管路与设备的连接情况，关闭设备出油和回油管的阀门，并对管路出口进行封堵，避免参考油样流入设备。

（8）现场校验后，应排尽装置油管路内的残油和空气，对油管路进行充分清洗，避免测试油样残留管路污染设备本体油。

（五）现场校验步骤

（1）切断在线监测装置与上位机的网络连接或将系统设置为调试状态等。

（2）将在线监测装置主机正常关机，关闭在线监测装置总电源开关。

（3）关闭被监测设备侧的出油和回油阀门。

（4）断开在线监测装置箱体侧的进油管和出油管连接头，用堵头分别封堵与被监测设备相连接的出油管和回油管。

（5）按图 2－15 所示，将盛有参考油样 1 的全密封储油装置与在线监测装置进行连接，连接前用参考油样排尽连接管路里的空气。

（6）启动在线监测装置，用参考油样对在线监测装置油循环回路进行清洗，清洗油量应不小于循环回路总体积的 2 倍，必要时脱气室可抽真空或用载气进行吹扫。取两次监测值计算重复性，重复性应符合《绝缘油中溶解气体组分含量的气相色谱测定法》（GB/T 17623—2017）要求：油中溶解气体浓度大于 $10\mu L/L$ 时，两次测定值之差应小于平均值的 10%；油中溶解气体浓度小于等于 $10\mu L/L$ 时，两次测定值之差应小于平均值的 15% 加两倍该组分气体最小检测浓度之和。否则，宜增加监测次数直到满足要求为止。监测值重复性满足要求后，选取最后一次监测值作为比对数据。

（7）将参考油样 1 更换为参考油样 2 并按步骤（5）和步骤（6）完成分析。

（8）将参考油样 2 更换为参考油样 3 并按步骤（5）和步骤（6）完成分析。

（9）必要时进行测量重复性试验。设备本体油样中总烃大于 $20\mu L/L$ 时，可采用本体油样进行测量重复性试验。

（10）参考油样校验完毕，排尽装置油循环回路内的残油和空气，然后用空白油对油循环回路进行充分清洗，清洗的油样应排入油桶。

（11）将在线监测装置侧进油管与被监测设备重新连接，开启设备侧出油阀门，以被监测设备内的变压器油对监测装置油循环回路进行清洗至少 2 次，清洗的油样应排入油桶。清洗后以设备本体油样进行复测比对，取设备内油样离线检测，并与油色谱在线监测数据比对。

（12）将在线监测装置侧出油管与被监测设备重新连接，开启设备侧回油阀门。

（13）恢复在线监测装置与监控系统的网络连接，将在线监测装置恢复到正常运行状态。

（六）现场校验后调整装置

（1）参考油样校验完毕，对三个油样油色谱在线监测数据进行绝对误差和相对误差的计算，并进行准确度分级。如果准确度等级不符合使用要求，可对在线监测装置进行硬件维修或参数调整，参数调整一般根据油样校验获得的斜率、截距修改设置。

（2）采取硬件维修的方式进行调整的，重复现场校验步骤（5）～步骤（9）。只采取参数设置方式调整的，参数调整后复算在线监测值，并重新复测 1 个参考油样。

（七）现场校验合格要求

（1）氢气、乙炔和总烃的测量误差：750kV 及以上变电站装置应符合表 2–3 要求，500kV 变电站装置应符合表 2–4 中 B 级要求，330kV 及以下变电站装置应符合表 2–4 中 C 级要求。必要时可另行制定要求。

（2）测量重复性：750kV 及以上变电站装置应不大于 3%，500kV 及以下变电站装置应不大于 5%。

（八）现场校验周期

（1）750kV 及以上变电站的装置，校验周期为 1 年；其他宜不大于 2 年。

（2）必要时。

第 4 节 在线监测装置运维管理要求

一、入网检测要求

新产品、改型产品或产品初次进入电网应用时，应进行入网检测试验。试验合格后，方可入网应用。入网检测需由具有 CNAS（中国合格评定国家认可委员会）和 CMA（中国计量认证）资质的检测机构出具的检测报告，有效期三年。检测机构需对送检合格装置制作样品资料档案，内容包括样品外观、型式

以及内部结构、主要部件、主要元器件等信息。

二、到货验收要求

所有新建（改、扩建）项目在线监测装置应依据相关管理规定进行到货抽检，按照标准要求进行逐台检验；检验不合格的运维单位不予验收，可根据相关规定启动退换货程序。到货验收按照交接试验要求做，相关检测项目及要求见表2-7。

表2-7 相关检测项目及要求

序号	检验项目	依据标准	条款	入网检测	交接试验（到货验收）	定期试验（现场校验）
1	结构和外观检查	Q/GDW 1535	5.3	●	●	●
2	基本功能检验	Q/GDW 1535	5.4	●	●	●
3	绝缘电阻试验	Q/GDW 1535	5.6.1	●	*	*
4	介质强度试验	Q/GDW 1535	5.6.2	●	*	*
5	冲击电压试验	Q/GDW 1535	5.6.3	●	○	○
6	电磁兼容性能试验	Q/GDW 1535	5.7	*	○	○
7	低温试验	Q/GDW 1535	5.8.2	*	○	○
8	高温试验	Q/GDW 1535	5.8.3	*	○	○
9	恒定湿热试验	Q/GDW 1535	5.8.4	*	○	○
10	交变湿热试验	Q/GDW 1535	5.8.5	*	○	○
11	振动试验	Q/GDW 1535	5.9.1	*	○	○
12	冲击试验	Q/GDW 1535	5.9.2	*	○	○
13	碰撞试验	Q/GDW 1535	5.9.3	*	○	○
14	防尘试验	Q/GDW 1535	5.10.1	*	○	○
15	防水试验	Q/GDW 1535	5.10.2	*	○	○
16	测量误差试验	Q/GDW 10536	7.4	●	●	●
17	最小检测浓度试验	Q/GDW 10536	7.5	●	●	*
18	测量重复性试验	Q/GDW 10536	7.6	●	●	*
19	最小检测周期试验	Q/GDW 10536	7.7	●	●	○
20	响应时间试验	Q/GDW 10536	7.8	●	○	○
21	交叉敏感性试验	Q/GDW 10536	7.9	●	○	○
22	数据传输试验	Q/GDW 10536	7.10	●	●	*
23	数据分析功能检查	Q/GDW 10536	7.11	●	●	○

注 1. ●—规定必须做的项目；○—规定可不做的项目；*—必要时。

2. Q/GDW 1535 指《变电设备在线监测装置通用技术规范》（Q/GDW 1535—2015）。

3. Q/GDW 10536 指《变压器油中溶解气体在线监测装置技术规范》（Q/GDW 10536—2021）。

对于 750kV 及以上变电站的在线监测装置，应在现场进行试验；500kV 及以下变电站的在线监测装置，可在现场或实验室进行试验，若在实验室进行交接试验，安装至现场后应进行抽检，抽检比例不小于 25%。

三、定期校验（现场校验）要求

定期试验是现场运行单位或具有资质的检测单位对现场已安装运行的油色谱在线监测装置性能进行检测评估的试验，即现场校验，相关检测项目及要求见表 2−7。

电气检验对于 750kV 及以上电压等级用装置校验周期为 1 年，其他为 2 年。

四、安装要求

（1）装置的安装位置在符合安全原则下宜就近安装。油取样接口应设置在循环油回路上，避免安装于死油区；装置若安装在变压器本体取油阀处，应通过三通阀过渡；应安装现场校验接口；采用循环油工作方式时，进油口与回油口应各自安装独立的阀门；采用非循环油工作方式时，分析完的油样不允许回注主油箱，应单独收集处理。

（2）油取样管路安装前及安装过程中应采取两级密封防护，确保全密封不漏油。油路管道应有进油、出油等明显标识，不能影响变压器的正常维护，并不能影响正常的离线取油样。

（3）油中溶解气体在线监测装置的连接管路应采用紫铜管或不锈钢管，外面包裹硬质保护管，硬质保护管与取样管路采取同轴固定方式。在气温较低地区使用的装置，应配置管路加热装置。

（4）油中溶解气体在线监测装置的接入允许带电操作时，应排空外接油路中的空气，避免变压器本体中带入气泡。

五、运维要求

（1）装置采样周期、对时设置、通信设置等主要参数及报警设定值应纳入定值管理，严格履行审批手续。特高压、330～750kV、220kV 及以下变压器（电抗器）油中溶解气体在线监测装置数据采集周期应分别不大于 4、8、12h。

（2）严格按照变电站现场运行规程等开展油中溶解气体在线监测系统监视，发现在线监测装置告警时，应立即开展分析并手动缩短检测周期，在确保安全的前提下尽快开展离线油中溶解气体分析。如经过数据告警检查后确认在线监测系统发生误告警，运维单位应及时取消该告警信息，查明原因并处理；如经检查后确认检测数据正常，应严格按照相关规定规范开展异常处置。

（3）运维单位应定期开展油中溶解气体在线监测装置例行巡视和专业巡

检，定期开展设备维护。

（4）运维单位应定期对油中溶解气体在线监测数据进行备份，备份周期不大于 1 次/年。

（5）对性能严重下降，维修后仍不满足使用要求或单次维护维修价格超过规定的装置，应纳入改造、退运计划。运维单位每半年统一报送退运计划，并作为维保费用参考标准。

（6）定期开展装置运行绩效评价工作。评价内容包括告警正确率、漏告警次数、全年累计故障次数、全年进站维修次数、运维单位投诉情况等。编写油中溶解气体在线监测装置运行绩效年度评价报告。

第 5 节　在线监测装置典型问题及注意事项

目前广泛应用的油中溶解气体在线监测装置主要有基于气相色谱技术和光声光谱技术两类，本节主要对这两类在线监测装置运行中的典型问题进行梳理。

一、气相色谱在线监测装置典型问题

1. 色谱柱污染

色谱柱是待测气样中各组分进行分离的场所，也是整个色谱仪的核心。如果色谱柱长期使用，反复进样，一些杂质包括油蒸气会吸附在色谱柱上，导致基线不稳。另外，由于进样时可能会有油蒸气或其他杂质进入，色谱柱使用一段时间后会出现分离效率下降，导致拖尾和基线漂移等现象。

2. 气路系统故障

（1）气瓶减压阀及管路漏气。由于载气通常安装于油色谱在线监测柜内，柜内控温不精确，四季、昼夜温差大、湿度波动大时，气瓶减压阀、管路发生泄漏风险高；一旦泄漏，会使得系统失去载气，无法进样和测量。

（2）六通阀故障。六通阀是色谱系统最常用的进样工具，其操作频繁，如不能切换则无法进样。六通阀故障可能是因为本体卡涩，但更多是因为控制电路或继电器故障导致无法控制六通阀旋转。

3. 脱气系统故障

（1）油泵故障，油泵的主要作用是获取油样，并在脱气检测完成后将油样注回变压器。油泵故障会导致油循环停止，检测的油样不具有代表性。该故障通常的原因是控制继电器或光耦等元件由于过电流、过电压而损坏。

（2）脱气膜故障，早期的高分子渗透膜通常采用多孔板框结构支撑，而高分子渗透膜机械性能较差，如受到大油压冲击会发生破损，使得油样进入气路，污染气体系统。渗透膜损坏的原因：① 本身质量不合格；② 油管路油压过大导致渗透膜破坏。目前多采用毛细管或陶瓷骨架的膜管结构，机械强度有所增强，存在的问题主要是长期运行脱气使膜污染，导致脱气能力下降。

（3）真空脱气系统故障：对于采用真空脱气的装置，在长期使用后脱气系统密封磨损，真空度下降，一方面会造成脱气率下降，另一方面会使得外部气体渗入系统，二者都会影响检测结果。

4. 控制与通信故障

由于电子元件在恶劣的外部环境下运行稳定性难以得到保障，通信时需通过多个关卡进行数据传输，因此，控制与通信故障在油色谱在线监测装置中最为常见。据统计，超过40%的装置故障与这两方面有关。

5. 装置管路密封故障

变压器运行中取样口密封容易发生渗漏油，甚至影响变压器的本体运行安全。载气系统与油路系统的隔离不好也可能导致油气互窜，使变压器进气或者色谱柱进油等出现问题。

二、光声光谱法在线监测装置典型问题

1. 光声池污染

油蒸气、水分、气体中其他杂质等物质通过气体管路进入光声池会导致长期运行后光声池产生污染。产生污染的原因主要是动态顶空脱气过程中，吹气产生的油泡未完全过滤干净而进入气体管路。油蒸气污染直接的影响是导致光声信号强度变小，同时油中溶解的气体会影响下次测量。针对这一问题，仪器厂家的措施主要有两项：① 减少脱气过程中油泡的产生；② 加强过滤，增长过滤装置的寿命或定时更换过滤装置。

2. 光源光强衰减

光源光强衰减是指红外热辐射光源在长期工作后，辐射的红外光功率会发生衰减。产生光强衰减的主要原因是热辐射光源通常由灯丝产生，而灯丝材料在长期高温下会产生损耗，使得光强减弱。光强衰减会使得光声信号减小，导致检测结果偏小，检测灵敏度下降。目前仪器厂家的解决办法是监测光源的光强变化，对结果进行修正，并在光源光强衰减至一定程度后更换光源。

3. 不能检测红外谱段无吸收气体

油中溶解的双原子气体（如氢气、氧气和氮气）在近红外和中红外谱段均无吸收，红外吸收类检测方法无法检测。因此，基于光声光谱的检测装置需要另外配置专用的传感器以检测氢气、氧气和氮气，增加了系统的复杂度。

4. 交叉干扰影响检测准确性

油中溶解气体主要为烃类气体，各组分在红外光谱区气体吸收光谱相互重

71

叠，在同一谱段 2 种甚至 3 种气体组分都具有吸收峰，获得的光声信号为几种组分共同作用的结果，影响检测灵敏度提高。此外，水分在整个红外谱段都具有吸收，会对检测准确性产生影响。目前主要采用多频段检测和多参量联立解析计算方法，消除多气体组分交叉干扰的影响和背景信号的干扰，但如不同组分之间浓度差别较大会导致准确性降低。

三、其他共性问题

1. 离线、在线测试涨幅不一致问题

在一些应用中，运维人员发现相比离线测试，在线测试气体浓度涨幅较慢。可能原因为：大部分在线监测装置出厂调试采用的标油基本为固定含气量的油，根据多点数值进行校准；而现场新变压器和运行变压器的含气量存在差异，部分厂家未监测含气量变化并依据其进行参数自动调整和校准，按照固定算法进行计算得到的数据会与实际值有偏差。

2. 油蒸气污染

油蒸气污染是指油蒸气通过气体管路进入色谱柱、光声池等核心部件，并附着在光声池壁、窗片、色谱柱内壁等部件上。产生污染的原因主要是脱气过程中，吹气产生的油泡未完全过滤干净而进入气体管路。

第3章　基于油中溶解气体分析技术的设备缺陷识别及故障诊断

本章主要介绍油中溶解气体的产生原理、故障诊断与分析步骤、异常识别方法、故障类型判断方法、故障严重程度判断方法，对气体继电器气样分析、带油补焊等典型问题进行探讨，总结故障处理的对策与措施，并简介相关前沿技术。

第1节　油中溶解气体的产生原理

一、变压器油的分解

变压器油是由许多不同分子量的碳氢化合物分子组成的混合物。变压器油分子中含有甲基（$CH_3 \cdot$）、亚甲基（$CH_2 \cdot$）和次甲基（$CH \cdot$）化学基团，并由 C—C 键键合在一起。电或热故障可以使某些 C—H 键和 C—C 键断裂，伴随生成少量活泼的氢原子和不稳定的碳氢化合物的自由基，这些氢原子或自由基通过复杂的化学反应迅速重新化合，形成 H_2 和低分子烃类气体，如 CH_4、C_2H_6、C_2H_4、C_2H_2 等，也可能生成碳的固体颗粒及碳氢聚合物（X–蜡）。油的氧化还会生成少量的 CO 和 CO_2，长时间的累积可达显著数量。

C—H 键（338kJ/mol）最弱，最容易断裂使化合物发生脱氢反应，主要重新化合成 H_2 而积累。C—C 键的断裂需要较高的温度（较多的能量），然后迅速以 C—C 键（607kJ/mol）、C＝C 键（720kJ/mol）和 C≡C 键（960kJ/mol）的形式重新化合成低分子烃类气体，依次需要越来越高的温度和越来越多的能量。一般情况下，H_2 约在 140℃开始生成，CH_4 和 C_2H_6 约在 300℃开始生成，C_2H_4 约在 500℃开始生成，C_2H_2 的生成温度在 800～1200℃，而且周围的油温较低才可以使其以稳定的化合物形式累积起来。因此，大量 C_2H_2 是在电弧的弧道中产生的，电弧通道的温度在几千℃，而其周围的油温低于 400℃（高于 400℃油

基本汽化）。在较低的温度下（低于 800℃）也会生成 C_2H_2，但量极少。油炭化生成炭粒的温度在 500～800℃，当油中有电弧后或热点温度很高时会观察到油中有炭粒。

二、固体绝缘材料的分解

固体绝缘材料指的是纸、层压纸板和木块等，属于纤维素绝缘材料。纤维素是由很多葡萄糖单体组成的长链状高聚合碳氢化合物$(C_6H_{10}O_5)_n$，其中的 C—O 键及葡萄糖甙键的热稳定性比油中的 C—H 键还要弱，高于 105℃时聚合物就会裂解，高于 300℃时就会完全裂解和炭化。聚合物裂解，在生成水的同时，还会生成大量的 CO 和 CO_2、少量低分子烃类气体，以及 2-糠醛及其系列化合物。

CO 和 CO_2 生成量不仅随温度增加，而且随油中 O_2 含量和纸中水分含量的增加而增加。

三、气体的其他来源

1. H_2

H_2 的来源较多，如油中含有的水可以与金属（如铁、铝）作用生成 H_2；在温度较高、油中有溶解 O_2 时，设备中某些油漆（醇酸树脂）在某些不锈钢的催化下，可能生成大量的 H_2；试验证明金属表面未干透的清漆在电场作用下也能生成极少量的 H_2，或者金属镍（六边形晶格）与油中的环己烷催化反应也可生成微量的 H_2（不锈钢中的镍分散在铁晶格中，不能催化油中环己烷）；新的不锈钢中也可能在氢气氛退火过程中吸附 H_2 或焊接时产生 H_2。

通常运行设备油中 H_2 含量低于 150μL/L，但有些设备（尤其是互感器和套管）由于制造工艺不良或油质不稳定，H_2 含量高的现象时有发生，有时会超过 150μL/L。有些设备甚至在投运后不久 H_2 含量即高达数百 μL/L，运行 3 个月后逐渐趋于稳定。这类设备一般都是固体材料吸附 H_2 的解析，达到稳定后就不再增加，属非缺陷产气特征。

也有一些设备注油后将各种气体含量已滤到很低的程度，而设备未投运；数月后其油中 H_2 的含量发生明显变化，有些在 20～80μL/L 之间，有的超过 100μL/L。由于设备未带电运行，既不属于缺陷产气，也不属于正常运行下的产气，只有两种可能：① 固体材料（如储油柜不锈钢波纹管等）真空脱气不彻底，吸附 H_2 的解析；② 水与金属发生的电化学反应产生的 H_2。前一种情况一般数月可趋于稳定，而第二种情况则可持续增长。

水和铁在有氧和无氧环境下分别会发生如下反应：

$$Fe + H_2O \longrightarrow FeO + H_2 \qquad (3-1)$$

$$2Fe + H_2O + O_2 \longrightarrow Fe_2O_3 + H_2 \qquad (3-2)$$

水和金属铝的反应式为：

$$4Al + 6H_2O \longrightarrow 2Al_2O_3 + 6H_2 \tag{3-3}$$

2. 乙炔

油中乙炔的来源有几个途径：如出厂前注入的油中含有微量乙炔；出厂电气性试验时有缺陷的变压器或金属毛刺产生小的火花放电产生乙炔；滤油机残油中含有乙炔；滤油机因故障（如加热管开裂或金属研磨发热等原因）使油中碳碳键断裂而产生乙炔；有载调压变压器切换开关油室的油向变压器主油箱渗漏，分接选择器的极性选择器极性转换时形成电火花，会造成变压器本体油中出现乙炔；带油补焊时油因过热而产生烃类气体（含少量乙炔）等。新变压器安装投运前一定要做色谱分析，建立基准数据，滤油后一定要静止超过 24h 后取样。大型变压器投运前要进行局部放电（简称"局放"）和感应耐压试验，要在试验 24h 以后取样进行色谱分析，如果分析数据与电气试验前没有明显变化，表明变压器正常。依据相关预防性试验标准或状态检修规程要求，通常投运后的第 1、4、10、30 天各进行一次色谱分析，若特征组分含量无明显增长，则按周期进行监督；如果电气性试验后油中出现乙炔（或已有乙炔的有明显增加的），说明变压器在试验时产生了放电，该变压器存在缺陷。

3. 碳氧化合物

油中 CO 含量通常与设备运行年限有关。CO_2 含量变化的规律性不强，除与运行年限有关外，还与变压器的结构、绝缘材料的性质、运行负荷以及油保护方式等都有关系。

由于制造工艺或所用绝缘材料性质等原因，新投运变压器运行初期往往会有 H_2、CO、CO_2 增加较快的现象，但达到一定的含量后便会趋于稳定或增长缓慢，这种现象一般都是固体材料吸附的气体解析所致。

4. 空气

正常情况下，变压器油中溶解的气体主要是氮气和氧气（包括少量的氩气及其他一些成分），它们主要来自油中溶解的空气。常温常压（25℃、101.3kPa）下，空气在油中的饱和含量一般在 10%～12%（体积比）之间，这与油的化学组成和性质及油的吸气特性有关。空气中 N_2 占 78%，O_2 为 21%，其他气体占约 1%，在油中溶解的空气中 N_2 约为 O_2 的 2 倍。

油中的总含气量与设备的密封方式、油的脱气程度等因素有关。一般开放式变压器的油中含气量都可以达到饱和程度，可达 10%左右；充氮保护的变压器油中含气量在 6%～9%之间（主要是对 N_2 的溶解）；隔膜密封的变压器主要取决于其密封性和油的脱气程度，密封性好、脱气良好的可以达到 1%以下，一般可在相当长时间里将油中含气量维持在 3%以下，密封性稍差的一般能维持在 3%～8%之间。

变压器油中溶解的另一些组分如 CO_2 等，有时可能是空气或其他原因由外

界带入（如新安装的变压器在运输时充入 CO_2 未排净，或充氮变压器氮气中含有其他杂质气体等）。

气体的来源还包括：注入的油本身含有某些气体；设备故障排除后，器身中吸附的气体未经彻底脱除，又慢慢释放到油中；冷却系统附属设备（如潜油泵）故障产生的气体也会进入到变压器本体油中；设备油箱带油补焊会导致油分解产气；有些改型的聚酰亚胺型绝缘材料与油接触也可生成某些特征气体；油在阳光照射下也可以生成某些特征气体等。

鉴于变压器的吸湿器（尤其是开放式变压器）吸入大气对油的溶解吸收的影响，在分析判断时应注意附近有无大型化工厂、电石厂、大型冶金厂，其释放（排放）到大气中大量的化学气体对空气造成污染，变压器处于常年风、季节风的上风口或下风口及扩散区，大气中的污染物是否含有较高浓度的 C_2H_2 等特征性气体组分被吸入溶解在变压器油中，油中溶解气体分析数据从结构上是否与某些故障性质或特征相吻合。

四、气体在油中的溶解和扩散

油、纸绝缘材料分解产生的气体在油里经对流和扩散，不断地溶解在油中。油的温度、油流的流动、分子量大小等都会对扩散速率有影响。此外由于有些空间的隔离、堵塞等结构，即使产生气体，也无法监测或仅有很少量扩散到可监测部位，这种实例也很多，例如独立的出线筒、死油区等。

当产气速率大于溶解速率时，会有一部分聚集成游离气体进入气体继电器或储油柜中。因此，气体继电器或储油柜内有集气时，检测其中的气体，同样有助于对设备内部状况做出判断。

1. 气体的逸散与损失

开放式变压器的储油柜液面与空气接触，根据分配定律，当油中含气量都已达到饱和状态时，油中溶解的各种气体组分不断在液气两相间进行分配与交换，特征气体组分不断从油中释放到大气中，大气中 N_2 和 O_2 不断地溶入油中，从而造成特征气体组分不断向大气中逸散，而油中气体浓度逐渐降低（在不产生的情况下）。不同气体的逸散损失率也不一样，溶解度小的气体（如 H_2、CO）其逸散损失率就大，而溶解度大的气体其逸散损失率就相对小些。

故障发生使产气速率大于逸散损失率时，油中溶解的特征气体组分含量呈增长的趋势；这也正是在制定其绝对产气速率注意值国家标准时，开放式变压器的数值只有密封式变压器的一半的原因，也是油中溶解气体含量分析数据比上次分析结果有明显降低的原因。

2. 气体的隐藏特性

全密封变压器的密封胶垫将油相与大气隔绝，使得逸散损失现象难以发生。

其分析结果的降低除了由取样时死油排放不足以及分析误差引起外，另外还与负荷和油温有很大的关系。在不同温度下，固体材料所吸附的气体和油中溶解的气体达到不同比例的动态平衡，从宏观上表现为当油温高时，固体材料所吸附的气体向油中进行解析，而温度低时，油中化合物类气体又被固体材料所吸附，这一过程便是气体的隐藏特性。其中，最大隐藏量一般不超过其最大值的 13%，这也和绝缘材料的用量及性质有关。

3. 溶解气体的解析

气体的解析（也称回溶），是指固体材料及固体绝缘材料所吸附的某些气体在固相与液相中的一种平衡与分配的过程。如在某些设备处理工艺过程中，不锈钢部件吸附较高浓度的 H_2，注油后 H_2 由高浓度（不锈钢件）向低浓度（油）介质中扩散的过程。发生严重故障的油中烃类气体含量很高的变压器，即使在对油进行真空脱气处理后，由于固体材料所吸附的特征气体组分解析需要一定的时间和过程，真空滤油很难将其处理掉；当设备重新投运后，由于油温升高的原因，使其固相的吸附指数降低，而从高浓度的固体材料向低浓度的油中进行扩散分配，逐渐达到平衡。其最大解析量一般不超过其原来最大值的 10%～13%，这和绝缘材料的用量、材料性质及密度有一定的关系。这也是处理后重新投运的变压器不易进行产气速率考核的原因。解析达到平衡的时间一般为 1～3 个月，和油温高低有关，油温高时解析就快些，油温低时解析达到平衡的时间就会长些。

对于故障处理后的变压器，投运前也要进行一次色谱分析，以建立起基准数据，即处理后的残留量。投运一定时间后，若故障特征组分的量低于残留量与最大解析量之和，则表明故障已排除，反之则说明故障仍存在。其计算方式为：某组分 i 处理前的最大浓度为 C_{iL}，处理后的残存浓度为 C'_{iL}，那么运行后无故障时允许的 i 组分最高含量要小于 C_{iL} 与（10%～13%）× C_{iL} 之和。在进行故障诊断时，为了不致造成误判，要充分考虑气体的解析问题。

五、油中溶解故障特征气体的分析意义

变压器绝缘材料分解所产生的可燃和非可燃气体多达 20 余种，选择哪几种油中溶解气体作为检测分析对象，对准确、有效分析诊断变压器故障类型、故障能量、故障程度及故障发展趋势极其重要。油中溶解气体的检测种类可多达 12 种（除常用的气体外还包括丙烷、丙烯和异丁烷等），但相关研究表明，C_3（丙烷、丙烯和丙炔）对于故障类型诊断的补充功能并不显著。《变压器油中溶解气体分析和判断导则》（DL/T 722—2014）中将 H_2、CO、CO_2、CH_4、C_2H_4、C_2H_6、C_2H_2 作为对判断充油电气设备内部故障有价值的气体，称为特征气体，将 CH_4、C_2H_4、C_2H_6、C_2H_2 四种烃类特征气体含量的总和称为总烃，并将 O_2、N_2 作为推荐检测气体。

油中各种溶解气体的分析意义见表 3−1。

表 3−1　　　　　　　　　　　油中各种溶解气体的分析意义

被分析的气体组分		分析意义
推荐检测气体	O_2	了解绝缘油脱气程度和设备密封（或漏气）情况。严重过热时也会因极度消耗而明显减少
	N_2	在进行 N_2 测定时，可了解 N_2 饱和程度，与 O_2 的比值可更准确地分析 O_2 的消耗情况。在正常情况下，由 N_2、O_2、CO 及 CO_2 之和还可计算出油的总含气量
必测气体	H_2	与甲烷之比可以判断并了解过热故障点温度，或了解是否有局放和受潮情况
	CH_4	了解过热故障点温度
	C_2H_4	
	C_2H_6	
	C_2H_2	了解有无放电现象或存在温度极高的过热故障点
	CO	了解固体绝缘的老化情况或内部平均温度是否过高
	CO_2	与 CO 结合，可判断固体绝缘是否存在热分解

第 2 节　故障诊断与分析步骤

如何通过油中溶解气体检测数据快速、准确地对设备运行状态进行正确判断与分析，对现场处置具有十分重要的意义。通过经验总结，建议可按以下步骤开展故障诊断与分析工作。

（1）判定有无故障：即异常识别，结合产气速率分析。

（2）判断故障类型：如高、中、低温过热；电弧放电、火花放电和局放等。

（3）进一步诊断故障严重程度：如热点温度、发展趋势以及油中溶解气体饱和水平和达到气体继电器报警所需时间等。

（4）给出处置建议。

第 3 节　异 常 识 别 方 法

为了识别故障，建议同时采用产气速率和气体含量的注意值。注意值是指特征气体的含量或增量需引起关注的值，不是划分设备状态等级的标准。当超过注意值时，按本章第 7 节"一、特殊情况下的检测"缩短检测周期，并结合其他判断方法进行综合分析。在异常识别时，相间比较及同类型设备的横向比较往往有很好的识别效果。

在判断设备是否存在故障及故障的严重程度时，应根据气体含量的绝对值、增长速率以及设备的运行状况、结构特点、外部环境等因素进行综合判断。有时设备内并不存在故障，而由于其他原因，在油中也会出现上述气体，要注意这些可能引起误判断的气体来源，还应重点关注故障的性质发生改变的情况。

油中溶解气体分析并不是万能的异常识别方法，有些发展速度非常快的故障，以及虽然绕组变形很严重但是并未伴随发生放电或过热等情况，是无法通过油中溶解气体提前识别和预警的。

一、气体含量注意值

1. 新设备投运前油中溶解气体含量要求

新设备投运前油中溶解气体含量应符合表 3-2 的要求，而且投运前后的两次检测结果不应有明显的区别。

表 3-2　　　　　　　新设备投运前的油中溶解气体含量要求　　　　　　　（μL/L）

设备	气体组分	含量	
		330kV 及以上	220kV 及以下
变压器和电抗器	H_2	<10	<30
	C_2H_2	<0.1	<0.1
	总烃	<10	<20

在以往标准中，"0" 表示 "未检出数据"，是因为把含量低于 0.1μL/L 的含量作为痕量，基线不稳时很难判断。随着测试技术的发展和检测精度的不断提高，为避免判断时出现麻烦，根据经验，新标准中将此类含量要求统一表示为 "<0.1μL/L"，不再采用 "0" 表示。

2. 运行中设备油中溶解气体的注意值

运行中设备油中气体含量超过表 3-3 所列数值时，应引起注意。

表 3-3　　　　　　　运行中设备油中溶解气体含量注意值　　　　　　　（μL/L）

设备	气体组分	含量	
		330kV 及以上	220kV 及以下
变压器和电抗器	H_2	150	150
	C_2H_2	1	5
	总烃	150	150
	CO	（见本章第 4 节中 CO_2/CO 部分）	
	CO_2	（见本章第 4 节中 CO_2/CO 部分）	

注　表中所列数值不适用于从气体继电器取出的气样（见本章第 6 节）。

二、气体增长率注意值

气体的增长率（产气速率）与故障能量大小、故障点的温度以及故障涉及的范围等有直接关系，还与设备类型、负荷情况和所用绝缘材料的体积及其老化程度有关。判断设备故障严重程度时，还应考虑到气体的逸散损失。值得注意的是，气体的产生时间可能仅在两次检测周期内的某一时间段，因此产气速率的计算值可能小于实际值。产气速率的计算方式如下。

（1）绝对产气速率，即每运行日产生某种气体的平均值，按下式计算：

$$\gamma_a = \frac{C_{i2} - C_{i1}}{\Delta t} \times \frac{m}{\rho} \qquad (3-4)$$

式中：γ_a 为绝对产气速率，mL/d；C_{i2} 为第二次取样测得油中某气体浓度，μL/L；C_{i1} 为第一次取样测得油中某气体浓度，μL/L；Δt 为两次取样时间间隔中的实际运行时间，d；m 为设备总油量，t；ρ 为油的密度，t/m³。

（2）相对产气速率，即每运行月（或折算到月）某种气体含量增加值相对于原有值的百分数，按下式计算：

$$\gamma_r = \frac{C_{i2} - C_{i1}}{C_{i1}} \times \frac{1}{\Delta t} \times 100\% \qquad (3-5)$$

式中：γ_r 为相对产气速率，%/月；C_{i2} 为第二次取样测得油中某气体浓度，μL/L；C_{i1} 为第一次取样测得油中某气体浓度，μL/L；Δt 为两次取样时间间隔中的实际运行时间，月。

对运行中的变压器和电抗器，油中溶解气体绝对产气速率的注意值见表3-4；总烃的相对产气速率注意值为10%（对总烃起始含量很低的设备，不宜采用此判据）。

表3-4　　　运行中设备油中溶解气体绝对产气速率注意值　　　（mL/d）

气体组分	密封式	开放式
H_2	10	5
C_2H_2	0.2	0.1
总烃	12	6
CO	100	50
CO_2	200	100

注　1. 对乙炔小于 0.1μL/L、总烃小于新设备投运要求时，总烃的绝对产气速率可不做分析（判断）。

2. 新设备投运初期，CO 和 CO_2 的产气速率可能会超过表中的注意值。

对气体含量有缓慢增长趋势的设备，使用气体在线监测装置可随时监视设备的气体增长情况。

三、注意值的应用原则

1. 气体含量注意值

（1）气体含量注意值不是划分设备内部有无故障的唯一判断依据。当气体含量超过注意值时，应按本章第7节"一、特殊情况下的检测"缩短检测周期，结合产气速率进行判断；若气体含量超过注意值但长期稳定，可在超过注意值的情况下运行；气体含量虽低于注意值，但产气速率超过注意值，也应按本章第7节"一、特殊情况下的检测"缩短检测周期。

（2）对 330kV 及以上电压等级设备，当油中首次检测到 C_2H_2（不小于 0.1μL/L）时应引起注意。

（3）当产气速率突然增长或故障性质发生变化时，应视情况采取必要措施。

（4）影响油中 H_2 含量的因素较多（见本章第1节"三、气体的其他来源"），若仅 H_2 含量超过注意值，但无明显增长趋势，也可判断为正常。

（5）注意区别非故障情况下的气体来源（见本章第1节"三、气体的其他来源"），结合其他手段进行综合分析。

2. 产气速率注意值

产气速率的注意值是判断有无故障的重要原则，但其往往不如气体含量注意值那样被大家所重视，常常被认为只有在设备的气体含量超过注意值时才需要关注其产气速率的注意值。在标准修订过程中，曾有专家提议将产气速率的注意值放到气体含量注意值之前，以强调其重要性。多方考虑后保留原有顺序，但应用原则中增加说明"若气体含量超过注意值但长期稳定，可在超过注意值的情况下运行；另外，气体含量虽低于注意值，但产气速率超过注意值，也应按'特殊情况下的检测'缩短检测周期。"

必须注意，某些非故障原因也会使设备油中存在一定量的故障特征气体，有时这种非故障原因所产生的特征气体浓度甚至远远超过表 3-3 所示的注意值。因此，判定设备内部有无故障时，应特别注意防止这些非故障气体的干扰而造成错误判断。在实际判定工作中，首先应将油中溶解气体分析结果的几项主要指标（总烃、乙炔、氢气）与表 3-3 所列的注意值做比较。当油中溶解气体含量任一主要指标超过表 3-3 所列出的数值时应引起注意。但是《变压器油中溶解气体分析和判断导则》（DL/T 722—2014）推荐的注意值是指导性的，它不是划分设备是否正常的唯一判据，不应当作"标准"机械执行。最终判定设备有无故障还应根据追踪分析，考察特征气体的增长速率。有时即使特征气体含量基值较高（超过注意值），也不能立即判定有故障，而必须与历史数据比较。如果没有历史数据，则需确定一个适当的周期进行追踪分析。一般来说，仅仅根据一次分析结果就判定为故障，甚至采取内检维修或限制负荷等措施，是不经济的。实际判断时，是把分析结果的绝对值某一项指标超过表 3-3 的注意值，且产气速率超过注意值时，判定为存在故障。

将气体含量绝对值与表 3-3 比较时必须注意，对于故障检修后的设备（特别是变压器和电抗器），即使修后已将油进行了真空脱气处理，但是由于油浸绝缘纸中会吸附气体（特别是吸附的残油），而残存的油中溶解的故障特征气体将释放至已脱气的油中，在追踪分析初期，往往发现故障特征气体的增长明显。这时，有可能误判断为故障还未消除或者怀疑有新的故障产生。因此，即使检修时油已充分脱气，在修后的两三个月内，如果特征气体产气速率比正常设备快些，则应对设备内部纤维材料中的残油所溶解的残气进行估算。其估算步骤及公式推导如下。

（1）绝缘纸中浸渍的油量 V_1 的计算公式为：

$$V_1 = V_P \left(1 - \frac{d_1}{d} \right) \qquad (3-6)$$

（2）绝缘纸板中浸渍的油量 V_2 的计算公式为：

$$V_2 = V_B \left(1 - \frac{d_2}{d} \right) \qquad (3-7)$$

式中：d_1 为绝缘纸的密度，取 0.8；d_2 为纸板的密度，取 1.3；d 为纤维素的密度，取 1.5；V_P 为设备中绝缘纸的体积，L；V_B 为设备中绝缘纸板的体积，L；V_P 和 V_B 可由制造厂家提供。

（3）设备内部绝缘纸和纸板中浸渍的总油量 V 的计算公式为：

$$V = V_1 + V_2 \qquad (3-8)$$

（4）设备修理前油中气体组分 i 的浓度已知，即为 C_i（μL/L），则纸和纸板中残油所残存的组分 i 气体总量计算公式为：

$$G_i = V C_i \times 10^{-6} \qquad (3-9)$$

（5）当设备装油量为 V_0 时，则修复并运行一段时间之后，上述残气 G_i 再均匀扩散至体积为 V_0 的油中，其浓度表达式为：

$$C_i' = \frac{G_i}{V_0} \times 10^6 = \frac{V G_i}{V_0} \qquad (3-10)$$

（6）将式（3-8）和式（3-9）代入式（3-10），即得：

$$C_i' = \frac{C_i}{V_0} \cdot \left[V_P \left(1 - \frac{d_1}{d} \right) + V_B \left(1 - \frac{d_2}{d} \right) \right] \qquad (3-11)$$

因此，设备故障修复后，油中气体分析所得的各组分浓度应分别减去 C_i' 值，才是设备修复后油中气体的真实浓度。

四、特高压大型充油设备的气体周增量

对于油量 50t 以上的高电压等级充油设备来说，按照本节气体增长率注意值 0.2mL/d 进行计算时，会遇到乙炔每月增量注意值不足 0.1μL/L 的情况。为此，同时也考虑油色谱离线检测数据和在线监测数据的对应，对这类设备补充了气体周增量等增量的计算。

特高压大型充油设备的油中溶解气体增量包括周增量 ΔC_w、日增量 ΔC_d、4h 增量 ΔC_{4h} 和 2h 增量 ΔC_{2h}，采用以下方式计算：

$$\Delta C = C_{i2} - C_{i1} \tag{3-12}$$

式中：ΔC 为周、日、4h 或 2h 增量，μL/L；C_{i2} 为对应特征气体的最新测量数据，μL/L；C_{i1} 为对应特征气体参比值，μL/L。

（1）油色谱离线检测数据周增量计算：C_{i1} 取之前第 7 天或大于 7d 时间间隔的最近一次离线测试数据；对于新投运或检修滤油后重新投运不足 7d 的设备，C_{i1} 取新投运后或检修滤油后的第一次离线测试数据。

（2）油色谱在线监测数据周增量计算：C_{i1} 取本条数据时间戳小时值前 336h（不含）～前 168h（含）时间之间的在线数据（剔除奇异值后）的算术平均值。

（3）油色谱在线监测数据日增量计算：C_{i1} 取本条数据时间戳小时值前 48h（不含）～前 24h（含）时间之间的在线数据（剔除奇异值后）的算术平均值。

（4）油色谱在线监测数据 4h 增量和 2h 增量计算：对于数据采集周期为 4h 时，4h 增量的参比值 C_{i1} 取 4h 前（含）的 4 个剔除奇异值后的在线数据的算术平均值；对于数据采集周期为 2h 时，2h 增量的参比值 C_{i1} 取 2h 前（含）的 4 个剔除奇异值后的在线数据的算术平均值，同时也计算每 4h 增量；对于数据采集周期为 1h 时，4h 增量的参比值 C_{i1} 取 4h 前（含）的 4 个剔除奇异值后的在线数据的算术平均值，2h 增量的参比值 C_{i1} 取 2h 前（含）的 4 个剔除奇异值后的在线数据的算术平均值。当剔除奇异值后出现所取数据的时间相较当前数据时间超过 24h 的情况时，该数据不列入参比值计算。

（5）首次投运或中断后恢复监测时的气体增量计算：装置首次投运或中断一段时间后恢复运行时，若周增量的参比值或日增量的参比值在相应时间段内完全没有数据时，不进行气体增量计算，若相应时间段内有数据则应进行气体增量计算；若 2h 前（含）或 4h 前（含）的在线监测数据存在，即从第 2 个数据开始，应立即进行气体 2h 或 4h 增量计算，无须等足 4 个数据再计算。以上情况下，若在线监测数据与最新离线检测数据偏差较大，应由专家团队跟进分析。

采用上述方法进行分析和统计，已积累了大量的量化的故障识别经验，提出了试行的注意值和停运值。

第4节 故障类型判断方法

一、特征气体法

根据本章第 1 节所述的基本原理，不同的故障类型产生的主要特征气体和次要特征气体可归纳为表 3-5，由此可推断设备的故障类型。

三比值法应用方便、判断直观，尤其对已发展到一定程度的局部过热和局放故障容易明确等，已成为目前使用最广泛的判断方法，但对一些初始故障和极低能量的油纸局放和火花放电等的判断容易出现偏差，特别是对少油设备应用比值法更应警惕。此外，还有很多其他的故障类型判断方法可参考使用。实践证明，特征气体法是从产气原理出发的，应用特征气体法判断更为深化有效。例如，油纸局放主要特征气体是 H_2、CH_4、CO，火花放电以 C_2H_2 为明显增长气体，这两种极低能量放电形式用比值法较难判断，更适合应用特征气体法。

表 3-5　　　　　　　　　　不同故障类型产生的特征气体

故障类型	主要特征气体	次要特征气体
油过热	CH_4、C_2H_4	H_2、C_2H_6
油和纸过热	CH_4、C_2H_4、CO	H_2、C_2H_6、CO_2
油纸绝缘中局放	H_2、CH_4、CO	C_2H_4、C_2H_6、C_2H_2
油中火花放电	H_2、C_2H_2	
油中电弧	H_2、C_2H_2、C_2H_4	CH_4、C_2H_6
油和纸中电弧	H_2、C_2H_2、C_2H_4、CO	CH_4、C_2H_6、CO_2

注　1. 油过热：至少分为两种情况，即中低温过热（低于 700℃）和高温以上过热（高于 700℃）。如温度较低（低于 300℃），烃类气体组分中 CH_4、C_2H_6 含量较多，C_2H_4 比 C_2H_6 少甚至没有；随着温度增高，C_2H_4 含量增加明显。

　　2. 油和纸过热：固体绝缘材料过热会生成大量的 CO、CO_2，过热部位达到一定温度，纤维素逐渐炭化并使过热部位油温升高，才使 CH_4、C_2H_6 和 C_2H_4 等气体增加。因此，在涉及固体绝缘材料的低温过热初期，烃类气体组分的增加并不明显。

　　3. 油纸绝缘中局放：主要产生 H_2、CH_4。当涉及固体绝缘时产生 CO，并与油中原有 CO、CO_2 含量有关，当能量较大时也会出现 C_2H_4。

　　4. 油中火花放电：一般是间歇性的，以 C_2H_2 含量的增长相对其他组分较快而总烃含量不高为明显特征。

　　5. 电弧放电：属高能放电，产生大量的 H_2、C_2H_2 以及相当数量的 CH_4 和 C_2H_4。涉及固体绝缘时，CO 含量显著增加，纸和油可能被炭化。

二、三比值法

三比值法是在热动力学和实践的基础上总结得出的，利用五种气体（CH_4、

C_2H_4、C_2H_6、C_2H_2、H_2）的三对比值（C_2H_2/C_2H_4、CH_4/H_2、C_2H_4/C_2H_6）的编码组合来进行故障类型判断的方法，一般在特征气体含量超过注意值后使用。表 3-6 和表 3-7 给出了三比值法编码规则和三比值法故障类型判断方法，它是在 IEC 60599 推荐的三比值法的基础上，根据国内的实践经验对编码组合和故障类型进行了细化。

比值的大小也可辅助判断故障，过热以 $C_2H_2/C_2H_4<0.1$ 和 C_2H_4/C_2H_6 值由小至大为过热温度升高的特征。

表 3-6　　　　　　　　三 比 值 法 编 码 规 则

气体比值范围	比值范围的编码		
	C_2H_2/C_2H_4	CH_4/H_2	C_2H_4/C_2H_6
<0.1	0	1	0
≥0.1~<1	1	0	0
≥1~<3	1	2	1
≥3	2	2	2

表 3-7　　　　　　　　三比值法故障类型判断方法

编码组合			故障类型判断	典型故障（参考）
C_2H_2/C_2H_4	CH_4/H_2	C_2H_4/C_2H_6		
0	0	0	低温过热（<150℃）	纸包绝缘导线过热，注意 CO 和 CO_2 的增量和 CO_2/CO 值
	2	0	低温过热（150~300）℃	分接开关接触不良；引线连接不良；导线接头焊接不良，股间短路；铁心多点接地，矽钢片间局部短路等
	2	1	中温过热（300~700）℃	
	0、1、2	2	高温过热（>700℃）	
	1	0	局放	高湿、气隙、毛刺、漆瘤、杂质等引起的低能量密度的放电
2	0、1	0、1、2	低能放电	不同电位之间的火花放电，引线与穿缆套管（或引线屏蔽管）之间的环流
	2	0、1、2	低能放电兼过热	
1	0、1	0、1、2	电弧放电	线圈匝间、层间放电，相间闪络；分接引线间油隙闪络，选择开关拉弧；引线对箱壳或其他接地体放电
	2	0、1、2	电弧放电兼过热	

三、其他比值的辅助判断

1. CO_2/CO 或（CO/CO_2）

当故障涉及固体绝缘时，可能会引起设备油中 CO 和 CO_2 含量的明显增长。

但是，固体绝缘的正常老化过程与故障情况下的劣化分解，表现在油中碳的氧化物的含量上，尚未发现明显的界限。

《变压器油中溶解气体分析和判断导则》（DL/T 722—2014）中对 CO_2/CO 提供了经验判据，并对 CO 和 CO_2 产气速率提出了注意值。根据大量变压器油中气体分析结果，可以得出以下判断经验。

（1）随着油和固体绝缘材料的老化，CO 和 CO_2 会呈现有规律的增长，当增长趋势发生突变时，应与其他气体的变化情况进行综合分析，判断故障是否涉及固体绝缘。

（2）由于 CO_2 较易溶解于油中，而 CO 在油中的溶解度小、易逸散，因此 CO_2/CO 一般是随着运行年限的增加而逐渐变大的。当故障涉及固体绝缘材料时，一般 $CO_2/CO<3$，最好是用 CO_2 和 CO 的增量进行计算；当 $CO_2/CO>7$ 时，认为绝缘可能老化，也可能是大面积低温过热引起的非正常老化。

（3）对变压器投运后 CO 含量的增长情况，有下列规律：

1）随着变压器运行时间增加，CO 含量虽有波动，但总的趋势是增加；

2）变压器自投入运行后，CO 含量开始增加速度快，而后逐渐减缓，正常情况下不应发生陡增；

3）不同变压器（如生产厂家不同、年代不同）投运初期 CO 含量差别很大。

据此提出经验式（3–13），不满足时应引起注意。

$$C_n \leqslant C_{n-1} \times 1.2^{2/n} \quad (n \geqslant 2) \tag{3–13}$$

式中：C_n 为运行 n 年的 CO 年平均含量，μL/L；n 为运行年数。

（4）对变压器油中 CO_2 气体分析结果，有以下经验式（见式3–14），不满足时应引起注意。

$$C \leqslant 1000(2+n) \tag{3–14}$$

式中：C 为运行 n 年的 CO_2 年平均含量，μL/L；n 为运行年数。

日本田村等人的实验研究表明，固体绝缘分解产生 CO 和 CO_2 的速度，即 CO/CO_2 的比值，不仅取决于局部过热温度范围及其作用时间，而且还与固体绝缘的含水量成反比［见图 3–1（a）］，且与温度和作用时间成正比［见图 3–1（b）］。温度一定而含水量越高时，分解 CO_2 越多；反之，温度一定而纤维含水量越低时，分解 CO 就越多。也即含水量低时，CO/CO_2 比值高。由图 3–1（a）可知，当含水量一定且较低（0.4%）时，在低温区域（低于 80℃）和高温区域（高于 160℃）时，CO/CO_2 均大于 0.33。因此，在变压器运行温度范围内，按 $CO/CO_2 \geqslant 0.33$ 判断固体绝缘过热是不可靠的；对固体绝缘热分解的判断应综合 CO 和 CO_2 的绝对值及 CO/CO_2 比值进行仔细分析，甚至应该与油中微水含量分析相结合进行综合判定。

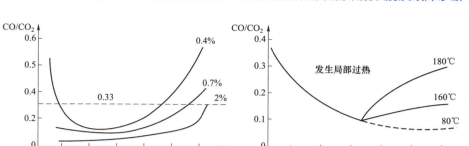

图 3-1　CO/CO_2 比值变化曲线

（a）CO/CO_2 比值与加热温度及纤维含水量的关系；（b）CO/CO_2 比值与运行时间及局部温度的关系

必须指出，上述统计规律只适用于缓慢发展故障；对于快速发展故障，由于 CO 难以溶于油中，所以往往绝对值较小，CO/CO_2 的值也较小。值得注意的是，油中溶解气体分析在判断过热故障是否涉及固体绝缘的准确性上一直没有得到很好的解决。通过长期的故障总结，当发生涉及固体绝缘故障时，绝缘的深度和厚度、故障的部位、绝缘材料的性质都会影响 CO 和 CO_2 的变化特征。

对判断固体绝缘老化而言，与用纸的抗张强度和纸绝缘聚合度相比，用 CO 和 CO_2 判断绝缘老化的不确定性更大。针对这种情况，目前在利用绝缘油开展对固体绝缘老化诊断方法上，国内外普遍采用油中 2-糠醛含量检测。实践证明，油中 2-糠醛含量检测对固体绝缘介质老化判断是有效的。油中 2-糠醛含量与绝缘纸聚合度有较好的对应关系，可实现在不停电条件下的方便取样与检测。最新的研究表明，甲醇在固体绝缘老化前期和中期比 2-糠醛更灵敏，可有效辅助 2-糠醛对固体绝缘的老化程度进行判断。

2. C_2H_2/H_2

有载分接开关切换时产生的气体与低能放电的情况相似，假如某些油或气体在有载分接开关油箱与主油箱之间相通，或各自的储油柜之间相通，这些气体可能污染主油箱的油，并导致误判断。

当特征气体超过注意值时，若 $C_2H_2/H_2>2$（最好用增量进行计算），认为是有载分接开关油（气）污染造成的。这种情况可通过比较主油箱和切换开关油室的油中气体含量来确定。气体比值和 C_2H_2 含量取决于有载分接开关的切换次数和产生污染的方式（通过油或气），因此 C_2H_2/H_2 不一定大于 2。

3. O_2/N_2

测定油中溶解气体总量和 O_2 含量对于判断设备缺陷和不正常运行状态是有一定作用的。如前所述，正常运行的变压器油中溶解气体组成主要是 O_2 和 N_2。在胶囊/隔膜密封式变压器中，O_2 是制造和安装时残留于油纸绝缘油中的，当其溶解均匀之后，从理论上来说，运行设备油中 O_2 因绝缘材料的劣化或降解而被消耗，应不断减少。330kV 及以上电压等级设备在投运前，通常油中气体含量会被控制在 1%以内。若设备密封完好,在运行过程中,运行油中总气量和 O_2 含量很低。当总气量和 O_2 含量明显增长时,若不考虑取样、脱气和分析过程中的偶然误差,那么可能是隔膜或附件(如潜油泵)密封不良所致。如果总气量明显增长,但 O_2 含量却很低,则设备内部很可能有故障,此时应特别注意油中氢、烃类故障特征气体的分析结果。

在充氮密封变压器中,油面空间与隔膜密封式有某些不同,即当负荷和环境温度变化而使油温变化时,充入的 N_2 对油的溶解度要变化,但是,这不会造成油中 O_2 含量有太明显的改变。当总气量和 O_2 明显增加时,可能是氮封系统密封不良或防爆膜龟裂,应查明其原因。

开放式变压器油面长期与空气接触,在相应的油温下,空气中会有一部分 O_2 溶于油中,由于对油的溶解度存在差异,通常油中 O_2 所占的比例也比空气中 O_2 占的比例要大些。

无论哪种密封方式的变压器,当内部存在慢性热故障时,分解气体将使油中总气量增加;同时由于故障热源处的氧化过程将加速 O_2 消耗,并且对油溶解度很高的故障特征气体还会从油中置换出部分 O_2。由于很难通过油来补充氧,就会使油中 O_2 含量不断降低。实践证明,故障越严重或存在的时间越长,油中 O_2 含量就越低,特征气体的总量就越高。

《变压器油中溶解气体分析和判断导则》(DL/T 722—2014)中也提出了用 O_2/N_2 比值的辅助判断方法。认为一般在油中溶解有 O_2 和 N_2,O_2/N_2 比值接近 0.5。运行中,由于油的氧化或纸的氧化降解都会造成 O_2 的消耗,O_2/N_2 比值会降低。负荷和保护系统也会影响 O_2/N_2 比值。对开放式设备,当 $O_2/N_2<0.3$ 时,一般认为出现了 O_2 被过度消耗,应引起注意;对密封良好的设备,由于 O_2 的消耗,O_2/N_2 比值在正常情况下可能会低于 0.05。

当油中总气量和 O_2 含量都很低,而氢烃类气体并不高时,对于开放式变压器可能是吸湿器阻塞不畅,对于氮封变压器可能是输氮管路阻塞或氮气袋中缺少氮气。在此类情况下,轻瓦斯气体继电器可能在温度和负荷降低时动作报警。在特征气体完全溶于油中的缓慢性变压器故障中,为了尽可能可靠地估算达到油中溶解气体饱和释放所需时间,正确地测定变压器油中 O_2 和 N_2 的含量也是很重要的。

第 5 节　故障严重程度判断方法

一、故障部位温度的估算

1978 年,日本学者研究并提出了纯油分解时三比值 C_2H_4/C_2H_6、C_3H_6/C_3H_8、C_2H_4/C_3H_8 与温度的关系,结果如图 3-2 所示。由图 3-2 可知,在 400℃以下时,上述比值变化不大;超过 400℃时,比值与温度成直线关系急剧上升。由此导出 400℃以上时三个比值与裂解温度（℃）的关系为：

$$T = 322\log\left(\frac{C_2H_4}{C_2H_6}\right) + 525 \qquad (3-15)$$

$$T = 260\log\left(\frac{C_3H_6}{C_3H_8}\right) + 525 \qquad (3-16)$$

$$T = 322\log\left(\frac{C_2H_4}{C_3H_8}\right) + 525 \qquad (3-17)$$

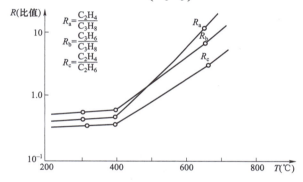

图 3-2　纯油裂解产气三组分比值与温度的关系曲线

式（3-15）～式（3-17）仅仅是根据纯油热裂解而得出的，它不涉及固体绝缘热分解的情况。1980 年，日本的月冈和大江等人又发表了油纸绝缘热分解产气的 C_2H_4/C_2H_6、C_3H_6/C_3H_8、C_2H_4/C_3H_8 三比值与温度的关系，结果如图 3-3 所示。

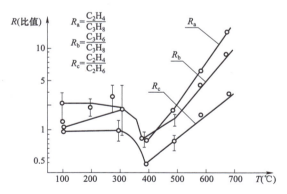

图 3-3　油纸绝缘裂解产气三组分比值与温度的关系曲线

由于所分析的气体对象不包括 C_3，因此，实际工作中可以应用改良三比值法对热点温度进行估算。故障实例证明，这种估算一般是比较符合实际的。对于油温高于 400℃的局部过热，也可应用式（3-15）进行估算。

《矿物油浸变压器产生气体的 IEEE 解释指南》（IEEE C57.104—2019）中提

到矿物油中溶解气体浓度随温度和故障类型的相对百分比如图3-4所示。

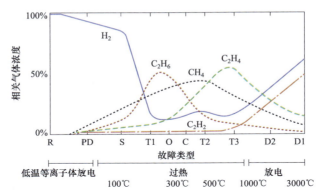

图3-4 矿物油中溶解气体浓度随温度和故障类型的相对百分比

R—金属催化反应；PD—局放；S—杂散气体；T1—低温过热；O—油纸过热；

C—绝缘纸炭化；T2—中温过热；T3—高温过热；D1—高能放电；D2—低能放电

图3-4中溶解气体浓度随温度和故障类型的相对百分比的曲线图是基于实际故障数据的总结，其应用价值高于哈斯特曲线，但也存在一定的局限，主要是对于多类缺陷复合的情况无法有效分离，仍需综合分析。该图公认的应用方法主要是估算故障部位的温度：

（1）CH_4、C_2H_6、C_2H_4 和 C_2H_2 曲线表明烃类气体有各自生成的依赖温度范围。其中 C_2H_6、C_2H_4、C_2H_2 的依赖温度依次升高，CH_4 的依赖温度范围较大。因此可通过对比不同烃类气体的相对比例估计故障点温度区间。例如一组过热故障数据中 CH_4 大于 C_2H_4，表明故障点温度约在 500℃以下，故障类型为中低温过热。另一组过热故障数据中 C_2H_4 显著大于 CH_4，表明故障点温度达到 700℃以上，故障类型为高温过热。

（2）一组多时间点的数据序列中，每个时间点的数据均可匹配在图中的横坐标位置，可据此分析故障点温度变化趋势。例如一个数据序列从 CH_4 大于 C_2H_4，逐渐变为 C_2H_4 大于 CH_4，数据在图中匹配到的位置将逐步右移，表明缺陷温度在不断升高。

二、油中气体饱和水平和饱和释放所需时间的估算

一般情况下，气体溶于油中并不妨碍变压器正常运行。但是，如果油被溶解气体所饱和，就会有某些游离气体以气泡形态释放出来；这是危险的，特别是在超（特）高压设备中，可能在气泡中发生局放，甚至导致绝缘闪络。因此，即使对故障较轻而正在产气的变压器，为了不发生气体饱和释放，应根据油中气体分析结果估算溶解气体饱和水平，以便预测气体继电器可能动作的时间。

在故障气体完全溶解于油的慢性变压器故障中，如果全部溶解气体的分压力总和（包括 O_2、N_2）相当于外部气体压力（饱和压力）的话，油将达到饱和状态，据此可以在理论上估算气体进入气体继电器所需时间。一般饱和压力相当于 1bar（1 个标准大气压），即 101.3kPa，为简化计算，这里不将气压换算到 kPa，仍按 1bar 考虑。这时油中溶解气体饱和水平可由式（3－18）近似计算：

$$Sat\% = 10^{-4} \sum \frac{C_i}{K_i} \qquad (3-18)$$

式中：C_i 为气体组分 i（包括 O_2、N_2）的浓度，$\mu L/L$；K_i 为气体组分 i 的奥斯特瓦尔德常数。

同理可以导出式（3－19）来估算溶解气体达到饱和所需的时间：

$$t = \frac{1 - \sum \dfrac{C_{i2}}{K_i} \times 10^{-6}}{\sum \dfrac{C_{i2} - C_{i1}}{K_i \Delta t} \times 10^{-6}} \qquad (3-19)$$

式中：C_{i1} 为 i 组分第一次分析值，$\mu L/L$；C_{i2} 为 i 组分第二次分析值，$\mu L/L$；Δt 为两次分析间隔的时间，月；K_i 为 i 组分的奥斯特瓦尔德常数。

为了可靠地估算油中气体饱和水平和达到饱和的时间，准确测定油中 O_2 和 N_2 的含量是很重要的。如果没有测定 N_2 的含量，则可近似地取 N_2 的饱和分压为 0.8bar。这时，对故障设备而言，O_2 往往被消耗，其分压接近 0。因此，氢烃类及碳的氧化物的饱和分压等于 $1-0.8=0.2bar$，则式（3－19）可表达为：

$$t = \frac{0.2 - \sum \dfrac{C_{i2}}{K_i} \times 10^{-6}}{\sum \dfrac{C_{i2} - C_{i1}}{K_i \Delta t} \times 10^{-6}} \qquad (3-20)$$

应用式（3－17）～式（3－19）时，应注意以下问题：

（1）严格地讲上述关系仅适用于静态平衡状态，由于运行中铁心振动和油泵运转等影响，变压器多数出现动态平衡状态。因此，油中气体释放往往出现在溶解气体总分压略低于 1bar（一般在 0.9～0.98bar 之间）的情况下；

（2）由于实际上故障发生往往是非等速的，因而在加速产气的情况下，估算出的时间可能比实际油中气体达到饱和的时间长；所以在追踪分析期间，应随时根据最大产气速率进行估算，并修正报警。必须注意，报警时间要尽可能提前。

三、回归分析的应用

考察故障特征气体增量与负荷（电流）之间的关系，如果故障特征气体增量与负荷关系大，则为电流型故障；反之，若故障特征气体增量与负荷没有关系，在排除其他组部件故障的前提下，则为电压型故障。

回归分析就是考核过热性故障特征气体增量与负荷（电流）之间的关系。如果故障特征气体增量与负荷关系大，为漏磁回路或导电回路过热的可能性比较大；反之，若故障特征气体增量与负荷没有关系，那么引起过热故障的原因是非导电导磁回路的可能性比较大。换言之，对于诊断过热性故障是在电路或磁路时，可通过调整变压器的运行方式（如低负荷或空载运行）考核热性故障特征气体增量的变化，空载运行时气体增量继续增加，则为电压型故障，不增加则为电流型故障。

然而对于放电性故障，气体的产生与电压有关。无论是电弧放电、火花放电还是局放，若变压器带电，故障大多会继续下去，也会继续产生与其故障相对应的特征气体；但这些和磁路过热时的产气特征有明显的本质区别，在诊断故障时要根据产气特征区别对待。

第6节　其他典型问题的探讨

一、在气体继电器中的游离气体上的应用

当变压器的气体继电器动作时，可以使用气液平衡法判断故障。其方法是在分析气体继电器中游离气体浓度的同时，分析油中溶解气体；通过对两个分析结果的比较，可以判断游离气体与溶解气体是否处于平衡状态，从而可以推定故障及所持续时间长短。

1. 计算方法

首先要把游离气体中各组分的含量值，利用各组分的分配系数 k_i 计算出平衡状况下油中溶解气体的理论值，再与从油样检测中得到的溶解气体组分的含量值进行比较。计算式为：

$$C_{oi} = k_i \cdot C_{gi} \tag{3-21}$$

式中：C_{oi} 为油中溶解气体组分 i 含量的理论值，μL/L；C_{gi} 为继电器中游离气体组分 i 的含量值，μL/L；k_i 为气体组分 i 在绝缘油中的分配系数，μL/L。

2. 判断方法

（1）如果理论值和油中溶解气体的实测值近似相等，可认为气体是在平衡条件下释放出来的。这里有两种可能：① 特征气体各组分含量均很低，说明设备是正常的，但应进一步分析继电器报警原因；② 特征气体各组分含量较高，则说明设备存在较缓慢地产气的潜伏性故障。

（2）如果理论值明显高于油中溶解气体的实测值，说明设备内部存在产气较快的故障。

（3）判断故障类型的方法原则上与油中溶解气体相同，但是应将游离气体

含量换算为平衡状况下的溶解气体含量，然后计算比值。

（4）当气体继电器和本体油中未发现特征气体异常时，可进一步分析气样中的 O_2、N_2 含量，判断气体来源。

实践证明，这个平衡比较法是有一定效果的。因此，若气体继电器动作，有条件时，须同时取油样和游离气样进行分析比较。

3. 注意事项

应用这一平衡比较法时应该注意，当故障发展缓慢时，产气慢，气体易溶于油中，这时应用该方法的效果是比较理想的。然而，一般故障往往是加速发展的，当其发展到能量大、产气很快时，部分气体来不及溶解于油中，就会进入气体继电器内，这时油中溶解气体远远没有饱和，显然这是不平衡条件下释放出气体。这时，以游离气体浓度为依据诊断故障比以溶解气体为依据诊断故障更为重要。此外，奥斯特瓦尔德系数受温度等参数的影响较大，开放式变压器的气体逸散损失，取样不慎时气体发生泄漏，或取样不及时造成某些气体（如乙炔）对油的回溶等均有造成较大误差的可能。因此，应用该判断方法时必须考虑这些因素。

二、变压器带油补焊问题

1. 问题描述

变压器渗漏油比较常见，一般大多发于运行时间较长的变压器，如因橡胶密封垫在电和机械应力以及热的作用下发生老化而失去弹性，甚至发生龟裂而渗油，也有的变压器因质量问题或工艺问题有砂眼存在而渗油，也有从阀件处及焊缝处渗漏油的。因此，早些年有些采取了带油补焊堵漏，目前已很少用这种方式进行处理。

带油补焊将导致焊点附近油的大量裂解，从而产生大量的热故障特征气体溶入油中，很容易给人以假象，误判为变压器存在高温过热故障。因此，在进行带油补焊前一定要先进行油色谱分析，了解油中气体浓度情况；带油补焊后待气体扩散均匀（约 24h 以后，自然循环的可时间再长些）应当再次进行色谱分析，比较因补焊引起气体的增长情况，以免造成误判。

2. 案例分析

某变压器油箱下部砂眼电焊补漏引起油色谱检测数据异常示例见表 3-8。

表 3-8　某变压器油箱下部砂眼电焊补漏引起油色谱检测数据异常示例　　（μL/L）

试验日期	气体含量							
	H_2	CO	CO_2	CH_4	C_2H_4	C_2H_6	C_2H_2	总烃
2002.05.16	23.5	69	77	43.9	60.0	9.1	0.61	113.1
2003.03.25	50.4	790	1235	113.8	179.7	32.0	1.32	326.8

续表

试验日期	气体含量							
	H_2	CO	CO_2	CH_4	C_2H_4	C_2H_6	C_2H_2	总烃
2003.04.07	43.0	1290	2155	118.5	187.0	33.4	1.33	340.3
2003.04.30	33.4	809	1762	133.4	423.0	63.0	6.23	726.0
2003.05.03	213.0	852	1802	213.0	514.5	91.8	10.80	999.7
2003.05.08	180.8	756	1540	304.2	536.0	87.0	8.78	936.0
2003.05.11	173.5	749	1570	299.4	541.0	89.6	8.86	930.0

从表 3-8 中的油色谱检测数据可以看出，该变压器 2002 年 5 月 16 日正常，到 2003 年 3 月 25 日总烃超标，到 2003 年 5 月 3 日达到最大值，而且 C_2H_2 浓度也比较高，接近总烃量的 1%，呈现电路油中裸金属高温过热特征。经检测，铁心接地电流仅 10mA，排除了铁心多点接地的可能性。经查询，该变压器在 2003 年 3 月大修期间，曾于 3 月 23 日对油箱下部砂眼漏油点进行电焊补漏，并于 4 月底投运。投运前，因潜油泵未开，焊点又处于死油区位置，气体扩散不均匀，看似有递增趋势；投运后，随着油的流动，气体扩散逐步达到均匀后浓度不再增加，也排除了电路中存在高温过热故障的可能性。因此次带油焊接前没有及时取样分析，没有建立基准数据，几乎造成误判，以至于进行多次色谱分析而造成不必要的人力和财力的浪费，并且延误投运。通过此例，足以说明在进行带油补焊前后进行色谱分析及建立基准数据的必要性。

类似本例的补焊不只此一例，也有的在焊前和焊后都没有及时取样分析，后来在周期分析时突然发现总烃严重超标，进行多次跟踪分析以及潜油泵的分组交叉排查，造成不必要的经济损失。

3. 注意事项

（1）在进行带油补焊工作时，应根据施焊部位的不同，采取相应的安全防范措施，如：焊点距离阀件及有橡胶密封垫的部位较近时，应使用湿毛巾或湿棉纱对其防护，以免因焊接时热量的传导引起密封部件的损坏与老化。

（2）焊接应间歇性进行，连续焊接持续时间不要太长，以减轻对橡胶密封垫的影响。

（3）焊接时一定要注意不可将箱体焊漏，尤其是对较薄弱的地方需更加小心。

第 7 节　故障处理的对策与措施

一、特殊情况下的检测要求

（1）当设备出现异常情况时（如变压器气体继电器动作、差动保护动作、

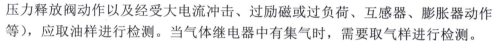

压力释放阀动作以及经受大电流冲击、过励磁或过负荷、互感器、膨胀器动作等），应取油样进行检测。当气体继电器中有集气时，需要取气样进行检测。

（2）当怀疑设备内部有下列异常时，应根据情况缩短检测周期进行监测或退出运行。在监测过程中，若气体含量增长趋势明显，须采取其他相应措施；若在相近运行工况下，检测 3 次后气体含量稳定，可适当延长检测周期，直至恢复正常检测周期。

1）过热性故障：怀疑主磁回路或漏磁回路存在故障时，可缩短到每周一次；当怀疑导电回路存在故障时，宜缩短到至少每天一次。

2）放电性故障：怀疑存在低能放电时，宜缩短到每天一次；当怀疑存在高能放电时，应进一步检查或退出运行。

二、不同故障类型的处理原则

根据变压器油中溶解气体的色谱分析数据并结合以往历史数据，一旦准确判断出变压器存在有内部故障，则需根据故障的类型、严重程度、故障特征气体增长情况、发展趋势，给出明确、准确、科学合理的指导性分析意见。

1. 需跟踪分析的故障

如需跟踪分析才能确定的故障发展情况的，则需通过预判故障性质制订合理的跟踪分析周期，在跟踪周期内应能确保变压器不致因故障的进一步发展而损坏（但突发的电弧放电例外，除非已判明固体绝缘严重劣化，有可能短期内由其他故障演变为电弧放电性故障的有预警先兆）。制订跟踪分析周期的原则是先密后疏，一开始周期短些，防止周期过长引起故障的恶化造成不必要的损失；当跟踪 2~3 个周期后，若故障特征气体增长缓慢，可适当延长跟踪周期。

2. 电弧放电性故障

对于判明有可能在短期内演变为电弧放电的故障，应立即停电检查，因为电弧放电是突发性的，绝大多数电弧放电是没有预警时间的，在放电之前油中各组分气体含量正常。电弧放电持续时间短，能量却很巨大，几乎可以瞬间把设备摧毁。

3. 火花放电

对于较强的火花放电，并且涉及固体绝缘，当 CO、CO_2 浓度很高、增长较快，C_2H_2 和 H_2 增长速率也超标的情况下，可以预测在不久的将来这种情况会发展为电弧放电。低压绕组因油道堵塞、散热不好，大电流发热不能及时散掉，致使低压绕组长期在低温过热状态下运行，加速其绝缘老化，此时总烃可能不太高，而 CO、CO_2 浓度很高，增长迅速，产气速率超标数倍，$CO_2/CO>10$，油中 2-糠醛含量也超标 2 倍以上，表明固体绝缘已严重劣化甚至炭化，已丧失应有的机械强度；若继续运行下去，固体绝缘会因电磁振荡力发生脆裂，导致

低压绕组匝（层）间短路而演变为电弧放电。对以上两种情况，都应引起足够的重视，注意有可能演变为电弧放电的先兆特征。而对于外部原因（如出口短路造成单相接地、雷击造成内部耦合过电压）诱发的突发性故障，以及内部绝缘薄弱到一定程度突然激发的放电一般是没有先兆特征的。

4. 高温过热

对于高温过热故障，一旦查明且继续发展，特征气体组分增量又严重超标的情况下，也应当立即停电处理。若故障在电路而又无法停电情况下，应降负荷运行，加强跟踪分析；若故障在磁路且短期不好处理（如铁心内部环流），则应立即停电检查，防止铁心严重烧损；若是铁心多点接地，在接地电流不是非常大的情况下可采取适当措施，在接地引线中串入一大功率阻值适当的电阻以限制接地电流；对于死接地点，在大电流冲击不能排除其故障的情况下，可临时断开正常的接地线，让该接地点代为接地，阻断外部环流通道，但这也只是临时应急措施且存在一定风险，时机合适时还是要停电处理。

5. 中、低温过热

一般中、低温过热性故障可进行跟踪分析，其周期刚开始可根据情况定为两周一次，若发展缓慢可变为 $1\sim3$ 个月一次。涉及固体绝缘加速老化或劣化时，如 CO、CO_2 浓度很高、增长迅速、产气速率超标数倍，$CO_2/CO>10$，油中 $2-$ 糠醛含量也超标 2 倍以上，即使总烃增长缓慢，也应尽早停电处理，防止绝缘劣化到一定程度时演变成绕组匝间、层间短路引发电弧放电。

6. 局部放电

局部放电性故障大多是电晕放电，是电场击穿气泡时的放电，对设备的危害性不大，跟踪分析周期一般 2 周或 1 个月一次（视具体情况而定），短期内（1 个月）一般不会危及变压器安全运行。因此，从安全经济角度出发，对此类故障和不涉及固体绝缘劣化的一般中、低温过热性故障，应继续跟踪分析，一般不要盲目地建议进行吊罩（心）检查或停运；应改善冷却和散热条件，对电路过热性故障限制负荷运行，以减缓故障的发展，待避开用电高峰后根据故障发展情况选择合适的时机再做处理，以减少不必要的停电损失。

7. 其他辅助措施

具体采用哪种故障处理措施，需要对故障性质、严重程度、发展趋势及油中气体饱和水平等进行综合分析诊断，还应结合相关带电检测以及常规电气试验，对故障的性质、部位以及危害程度进行进一步的诊断与分析。切不可在特征组分刚超出注意值时就建议吊罩（心）检查修理，或进行真空滤油脱气处理。绝大多数判断为有故障的设备仍需进行油中溶解气体跟踪分析，以考察故障发展趋势，其跟踪分析的周期要视故障性质及严重程度、发展快慢而定。判断故障时推荐的其他试验项目见表 3-9。

表 3 - 9　　　　　　　　　　　　判断故障时推荐的其他试验项目

变压器的试验项目	油中溶解气体分析结果	
	过热性故障	放电性故障
绕组直流电阻检测	√	√
铁心绝缘电阻和接地电流检测	√	√
空载损耗和空载电流测量或长时间空载试验	√	√
改变负载（或用短路法）试验	√	
油泵及冷却器检查试验	√	
有载分接开关油箱渗漏检查		√
绝缘特性（绝缘电阻、吸收比、极化指数、tanδ、含水量）试验		√
局放（可在变压器停运或运行中测量）检测		√
绝缘油中 2 - 糠醛含量检测	√	
工频耐压试验		√
油箱表面温度分布和套管端部接头温度检测	√	

注　打"√"表示推荐。

第 8 节　前　沿　技　术

虽然绝缘油中溶解气体分析技术是目前设备运行与维护人员现场使用最为频繁且公认为最为准确、快捷判断充油类高压电气设备内部故障的诊断方法，但无论是 Doernerburg 比值、Rogers 比值、改进的 Rogers 比值，还是 DL/T 722、IEC 60599 和 CIGRE（国际大电网会议）等提出的油中溶解气体故障诊断方法，都还不能完全对实际设备故障一一做出判断与解释，故障判断的准确度和精度也较为粗略。因此，国内外研究人员为了弥补现有绝缘油故障诊断方法的不足，相继引用了人工智能（AI）、粗糙集（RST）、人工神经网络（ANN）、支持向量机（SVM）、人工鱼群算法（IAFSA）、人工免疫系统（AIS）、深度信念网络（ReLU - DBN）、数据融合等智能方法，通过大数据分析、数字建模等途径，对现有绝缘油中气体诊断方法进行补充和完善，进一步优化油中溶解气体分析判断比值，提高故障诊断的正确率及复合故障诊断精度。但目前这些先进的绝缘油智能诊断方法仅停留在理论研究阶段，技术尚不完全成熟，尚未得到国内外专家及现场技术人员的广泛认可和推广，所以本书没有对油中气体智能诊断方法进行详细介绍。

随着泛在电力物联电网和坚强智能电网的建设，相信更加成熟的绝缘油智能诊断系统将会得到更为广泛的应用。

第4章　放电类故障案例分析

本章共收录变压器及电抗器放电类典型故障案例 36 例，其中高能放电类故障 22 例、低能放电类故障 14 例。以油中溶解气体色谱分析为主线，结合带电检测及高压电气试验数据，分别针对高能放电、低能放电故障进行分析和总结。

第1节　高　能　放　电

高能放电（电弧放电）故障通常在线圈的匝间、层间出现，表现形式通常是击穿，也有分接开关飞弧、引线断裂及对地闪络等其他故障形式，其特点是生成气体的速度较快，能量密度较大，经常表现为绝缘纸（板）穿孔、烧焦或炭化，金属材料变形或熔化烧毁等，严重时会造成设备烧损或爆炸事故。发生高能放电故障（特别是发生匝间、层间等变压器纵绝缘故障）时，一般没有明显前兆，暴露出来时就是突发性故障，很难通过油中溶解气体色谱分析法进行提前识别和预警。

由于高能放电类故障以突发性故障居多，因此即使有些案例故障发生前的油色谱检测数据不充分，但也纳入到了本章节中，以反映高能放电油中溶解气体色谱特征。高能放电类故障包括了三大类问题，具体如下。

（1）【案例 4-1】～【案例 4-9】为绝缘纸（板）、围屏、垫块等成型绝缘件缺陷引起的高能放电。产生该类缺陷的原因包括围屏间存有异物、绝缘纸老化或受损等造成绝缘油和固体绝缘件的绝缘能力下降、绝缘垫块内部分散性缺陷等。

（2）【案例 4-10】～【案例 4-15】为电/磁屏蔽、软连接线、分接开关等连接不可靠引起的高能放电。产生该类缺陷的原因包括地脚螺栓连接松动、软连接线与壳体及夹件间距离不够、分接开关触头接触不良等。

（3）【案例 4-16】～【案例 4-22】属于外部原因或其他原因导致的短路类突发故障，由于这类故障发展很快，一般没有明显前兆，难以通过油中溶解气体分析数据进行提前预警。产生该类缺陷的原因包括受短路电流冲击造成绕组变形和内部绝缘受损、水分经套管底部或箱体焊缝进入绕组端部及出线位置、雷电波浸入变压器内部造成绕组变形和损坏以及调压绕组挡位抽头与分接选择器的引线间放电等。在故障发生后，可以通过对油中气体色谱分析来诊断变压器故障的性质和严重程度。

高能放电故障中，油色谱特征主要表现为氢气和乙炔异常快速增长，油中甲烷、乙烯也出现相对较大增长，总烃含量通常较高，一般乙炔占总烃的 20%～70%，氢气占氢烃总量的 30%～90%。发生突发性高能放电故障时，故障发展很快，生成的气体来不及完全溶于油，大部分迅速上升并聚集在气体继电器里，气体继电器中的氢气、乙炔等组分通常高达几千 $\mu L/L$。当故障涉及固体绝缘时，往往一氧化碳和二氧化碳会出现明显增长（一般 $CO_2/CO<3$）；但受到绝缘的深度、厚度、故障的部位及其他因素影响，也有部分案例一氧化碳和二氧化碳无明显增长。高能放电三比值编码为"1"开头，但采用三比值法判断时，若计算值在边界值附近，易出现误判现象，需要综合特征气体法等进行判断。

针对高能放电类故障，建议运维单位综合应用油色谱离线检测数据和油色谱在线监测数据，通过产气速率、特征气体法和三比值法等分析研判有无故障、故障性质和严重程度，并根据判断结论果断采取相应措施。

（1）当油中溶解气体检测数据异常时，进行多部位取样分析，提高判断准确率，并通过产气速率、特征气体、三比值、平衡判据、与历史数据以及三相之间比较等进行全方位分析。同时，结合带电检测等手段进行定位和诊断分析，必要时停电进行全面电气试验，判别故障严重程度并及时处理。

（2）怀疑设备内部存在局部受潮时，应结合设备含气量横向和纵向比较情况，分析密封失效可能原因。同时，应尽量避免设备在温度较低的情况下长时间停电。

（3）当轻气体继电器动作时，内部如有气体，应及时取气体继电器自由气体与本体油样，同时进行分析比较，判断自由气体与溶解气体是否处于平衡状态。当油中乙炔等出现突增，且诊断分析为电弧放电时，设备宜紧急停运；即使此时气体继电器未动作，也应对气体继电器取油样/气样进行分析。

（4）变压器经受出口（近区）短路电流冲击或雷电波浸入，不管是否引起变压器跳闸或瓦斯告警，都应在最短的时间内开展带电检测和取本体油样（包括气体继电器取油/取气）进行油色谱化验。当色谱分析特征气体异常（特别是乙炔明显变化）或带电检测存在异常局放信号时，应在最短的时间内将主变压器（简称"主变"）退出运行，及时开展全面电气试验（详细参照表 3-15），多角度综合分析，判别绕组是否变形和绝缘是否受损。

【案例 4-1】高电压等级变压器绝缘纸老化或存在杂质导致的高能放电故障

一、缺陷/故障基本信息

某高电压等级变压器型号为 OSFPS-JT-1000000（自耦三相风冷强迫油循环三绕组铜线无励磁调压、额定容量为 1000000kVA），2013 年 1 月投运。

缺陷情况简述：2019 年 2 月 27 日，对主变进行取油检测，油中溶解气体分析发现油中乙炔含量超标，达到 6.74μL/L。28 日重复取油样检测，乙炔含量为 6.87μL/L，相对前一天已有增长趋势。通过对比分析油色谱离线检测数据和在线监测数据，虽然油色谱在线监测数据显示的乙炔绝对值与离线色谱检测数据存在差异，但反映的数据趋势是一致的。

二、检查及试验情况

（一）油色谱检测数据及特征分析

变压器油中乙炔、氢气增长明显，总烃也存在增长，三比值编码为 101，结合特征气体法初步分析，判断为高能放电。3 月 5 日凌晨（局放试验后），在本体底部取油进行油色谱检测，乙炔含量增长到 28.17μL/L，证明局放试验过程加剧了内部放电故障。3 月 6 日，油色谱检测显示本体油中乙炔含量已达 118.51μL/L，为特征气体逐步扩散导致的油样乙炔含量增加。主变油中溶解气体离线检测数据及主变乙炔油色谱在线监测数据分别见表 4-1 和图 4-1、图 4-2。

表 4-1 主变油中溶解气体离线检测数据 （μL/L）

试验日期	气体含量							
	H_2	CO	CO_2	CH_4	C_2H_4	C_2H_6	C_2H_2	总烃
2018.12.05	8.72	188.39	406.61	2.73	0.24	0.52	0	3.49
2019.02.27	38.49	300.55	546.33	7.22	4.01	1.52	6.74	19.51
2019.02.28	39.39	277.73	477.93	7.29	4.15	1.58	6.87	20.54
2019.03.03	37.06	263.01	441.54	7.081	4.012	1.577	6.55	19.22
2019.03.05（局放试验 12h 后）	76.93	254.34	391.03	13.49	10.10	2.03	28.17	53.76
2019.03.06（局放试验 24h 后）	222.69	277.64	405.91	33.98	34.15	4.40	118.51	200.00
2019.03.24（滤油后）	0	0.81	0	0.57	0.03	0.46	0.15	1.27
2019.03.29（局放试验 17h 后）	75.43	9.48	77.03	11.76	12.61	1.43	38.21	64.01
2019.03.29（局放试验 24h 后）	82.45	13.21	32.73	14.06	15.33	3.17	46.75	79.31

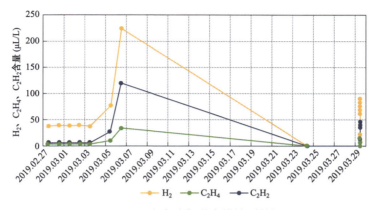

图 4-1　主变油色谱离线检测数据

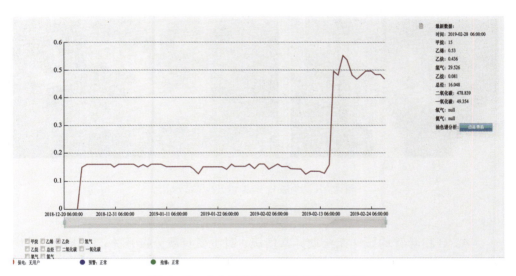

图 4-2　主变乙炔油色谱在线监测数据

（二）其他试验情况

3月4日，采用低压双端加压的感应耐压方式，对 B 相进行局放试验。低压施加电压与放电量关系见表 4-2。

表 4-2　　　　　　　　　　低压施加电压与放电量关系

低压施加电压（kV）	B（pC）	Bm（pC）	持续时间（min）
15	260	1300	40
22	2100	11000	30
35	200000	250000	10

3月5日，加压时对主变进行铁心高频电流、超高频及超声检测。在B相中压侧升高座下部检测到超声波局放异常信号；铁心接地电流检测到高频电流信号，B相中压套管法兰处检测到超高频信号，但A相中压套管未检测到超高频信号。A、C相局放试验过程中未发现异常放电信号；将中压A、C相分别接地，中性点悬空，低压升压至10kV（B相中压为0.4倍额定电压），B相中压出现局放量异常增长现象，证明放电来源于中压绕组端部。

（三）现场检查情况

3月9～10日，对主变进行排油并同步对本体充干燥空气。3月11日，技术人员进入变压器内部进行检查，内检中发现1号主变中压220kV B相套管下部均压球松动，有顺时针90°的旋转范围，压紧均压球的弹簧受力没有达到紧固要求。中压B相套管处理前后对比如图4-3所示。

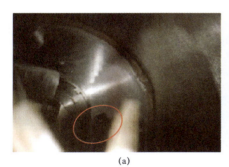 

(a)   (b)

图4-3　中压B相套管处理前后对比

（a）处理前；（b）处理后

A、C相套管均压球无松动异常情况。对主变有载分接开关、高压侧套管均压球、低压均压球、器身、引线等部位进行检查，无异常。

3月28日，更换套管并对1号主变内检处理后，进行长时感应带局放试验，试验采用标准的低压双端加压的感应耐压方式。低压施加电压与放电量关系见表4-3。分别对A、C相采用标准加压方式进行局放试验，A、C相均未出现异常放电信号。对主变进行了局放试验后，在本体底部取油进行油色谱检测，乙炔含量达到14μL/L，证明内部仍存在放电缺陷。

表4-3　　　　　　低压施加电压与放电量关系

低压施加电压（kV）	B（pC）	Bm（pC）	持续时间（min）
10	600	700	180
17	1700	1700	150

3 月 31 日，开展长时感应耐压带局放试验以及超声、特高频局放试验。4 月 1 日，在本体底部取油进行油色谱检测，乙炔含量达到 100μL/L，证明内部放电缺陷在不断加剧。综合脉冲电流、超声、超高频检测手段以及中性点支撑加压方式，判断故障点在 B 相，排除调压绕组、高压和中压绕组端部及引线位置。通过试验数据分析，内部有放电产生的大面积爬电。

现场对该变压器进行了拆解，并对 B 相绕组进行了吊圈更换。变压器 B 相靠近高压绕组上部尾端引线出头处、靠近中压引线出头处、B 相高压对中压围屏处发现明显炭黑（见图 4-4 和图 4-5）。利用内窥镜检查 B 相绕组内部，发现靠近高压尾端第 7 层和第 15 层线圈绝缘外部有明显放电痕迹，第 7 层和第 15 层放电点位置分别如图 4-6 和图 4-7 所示。

图 4-4　高压绕组近中压引线出头处炭黑　　图 4-5　高压对中压围屏处炭黑

图 4-6　第 7 层放电点位置　　图 4-7　第 15 层放电点位置

（四）返厂检查情况

2019 年 6 月 5 日，对故障的 B 相绕组开展了厂内解体检查，检查情况如图 4-8 所示。解体后发现，高压绕组内径侧第一层硬绝缘筒被烧穿［见图 4-8（a）、（b）］，对应线圈内侧下半部第 23、24 饼（第 42 挡）内撑条有烧蚀痕迹（面对高压侧引线向左偏 6 挡）［见图 4-8（c）］，且解开内撑条后发现线圈的铜材质由于放电导致外露［见图 4-8（d）］。该部位为高压绕组内屏段到连续段的过渡位置，且处于强油导向进油口上方。

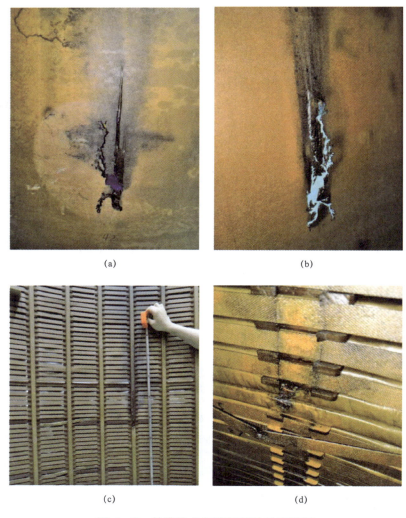

（a）　　　　　　　　　　　　　　　（b）

（c）　　　　　　　　　　　　　　　（d）

图 4-8　故障的 B 相绕组解体检查情况

（a）绝缘筒放电痕迹（靠近高压侧）；（b）绝缘筒放电痕迹（靠近中压侧）；
（c）高压侧线圈内撑条（灼烧痕迹）；（d）高压侧内撑条解开后线圈漏铜

对烧穿部位硬绝缘筒上、中、下位置解剖后，发现中、下部位置绝缘筒纸板内部存在爬电痕迹（外表面无爬电痕迹），且绝缘纸存在疑似 X-蜡析出物，如图 4-9～图 4-11 所示。

(a)

(b)

图 4-9　绝缘筒解剖检查情况

（a）解剖前外观；（b）解剖后存在爬电

图 4-10　解剖后疑似 X-蜡　　　　图 4-11　绝缘筒下部情况

三、缺陷/故障原因分析

分析放电原因，存在以下两种可能性：

（1）根据硬绝缘筒解剖情况，部分纸板内部存在爬电现象，但对应位置的外部没有爬电现象，绝缘纸板内部存在疑似 X–蜡析出物或缺陷。在变压器初期运行中，缺陷不至于引起绝缘放电；但在变压器长期运行过程中，绝缘纸发生老化，绝缘纸承受主绝缘，缺陷在长期电场作用下扩大，到达一定程度后，缺陷发生局放直至产生电弧，变压器油纸绝缘在电弧放电情况下发生裂解，产生乙炔等放电产物，导致变压器乙炔气体超标。随着放电程度的不断加剧，绝缘筒缺陷放电逐步发展至绝缘筒外部导致绝缘筒击穿，并在线圈纵绝缘方向发展，导致绝缘筒在纵绝缘方向被电弧灼伤。

（2）放电位置位于强油导向进油口的上方，油流系统带来的金属杂质在油流循环系统中被带入线圈本体与高、中压侧绝缘第一层绝缘筒之间，运行中油流系统的导流作用使杂质处于不稳定的状态，在电场作用下放电，产出乙炔等放电特征产物，导致乙炔超标。在局放试验过程中，油流系统停止工作，杂质处于相对固定位置，在电场作用下杂质对绝缘筒放电，并发展至绝缘筒内部导致击穿，并在线圈纵绝缘方向发展，导致绝缘筒电弧灼伤。

四、后续处理情况

由厂家修复绝缘受损的变压器。

五、小结及建议

（1）在线监测数据中乙炔突增应引起重视，及时进行取样并进行离线色谱分析确认。

（2）分相开展局放试验的同时进行油色谱跟踪有助于定位故障。

（3）对现场正在修复的变压器油路系统的清洁度应进行严格控制，确保油路系统无杂质。

（4）若解体发现 X–蜡，建议增加双光电子显微镜进行元素测试（采用放大倍数 100～200，特征透明无定形），辅助分析故障情况。

【案例 4–2】 高电压等级变压器纸板间存在杂质导致的高压围屏高能放电故障

一、缺陷/故障基本信息

某高电压等级变压器型号为 ODFPSZ–250000，2007 年 6 月出厂，2007 年 7 月投运。

缺陷情况简述：该设备自投运以来稳定运行，油色谱及例行试验数据均未见异常。2017 年 12 月 8 日，B 相主变油中溶解气体离线检测数据出现乙炔并超过注意值，含量由 0 突增至 4.37μL/L，此后未见增长，并缓慢降至 1.9μL/L 左右。2018 年 11 月 27 日，该设备停电检修，B 相主变局放试验不合格。后返厂解体发现，因靠近高压绕组内侧两层围屏间搭接处存在杂质，导致沿面的电弧放电。

二、检查及试验情况

（一）油色谱检测数据及特征分析

11 月 25、29 日取油开展油色谱分析，乙炔有明显增长，其他烃类气体也有一定增长，判断由于局放试验过程加剧故障发展导致乙炔增长。三比值编码为 100，判断为设备内部存在电弧放电故障。2017 年 10 月 10 日，在线监测装置（周期每 7 天 1 次）试验数据首次出现乙炔，含量由 0 突增至 6.15μL/L，超过注意值，此后未见增长。局放试验后，油色谱在线监测数据乙炔由试验前的 1.746μL/L 上涨至 14.604μL/L，表明局放试验过程造成了放电故障扩大；但油色谱离线检测数据局放试验前后未见明显变化。一氧化碳和二氧化碳含量未见明显变化。

油中溶解气体离线检测数据见表 4-4 和图 4-12，油中溶解气体在线监测数据见表 4-5 和图 4-13。

表 4-4　　　　　　　　　　油中溶解气体离线检测数据　　　　　　　　（μL/L）

试验日期	气体含量							
	H_2	CO	CO_2	CH_4	C_2H_4	C_2H_6	C_2H_2	总烃
2017.06.13	7.92	327.52	1444.19	10.95	1.49	2.61	0	15.04
2017.09.05	9.81	373.95	1496.75	11.28	1.28	2.72	0	15.28
2017.12.08	36.99	440.09	1587.85	17.84	5.25	5.36	4.37	32.82
2018.03.22	25.87	384.42	1436.27	15.44	4.93	4.31	3.16	27.84
2018.06.14	22.08	391.21	1913.65	17.01	5.08	3.75	3.26	29.10
2018.09.04	18.95	375.45	1599.54	17.51	4.58	5.96	2.16	30.21
2018.11.15	22.92	409.21	1499.32	16.46	4.27	3.76	1.82	26.31
2018.11.25	22.86	434.19	1639.80	17.23	4.65	5.02	1.92	28.82
2018.11.29（局放试验后 12h）	23.92	415.03	1615.05	18.99	5.07	6.61	2.09	32.76

（二）其他试验情况

2018 年 11 月 27~29 日，该变压器直流电阻、绝缘电阻、介质损耗因数和电容量等例行试验项目结果均未见异常。11 月 28 日，开展现场感应耐压带局放试验，C 相主变局放量符合规程要求（小于 100pC）；B 相主变试验电压上升至 $0.92U_m/\sqrt{3}$ 时（规程要求试验电压为 $1.5U_m/\sqrt{3}$），局放量严重超标（20000pC），分析确认 B 相主变局放试验不合格。

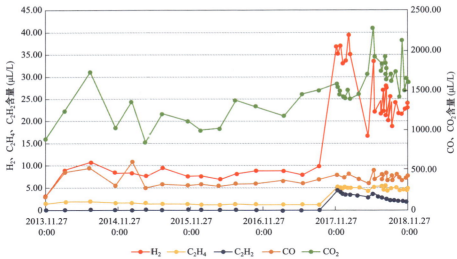

图 4-12　主变油色谱离线检测数据

表 4-5　　　　　　　　　　　油中溶解气体在线监测数据　　　　　　　　　　　（μL/L）

试验日期	气体含量							
	H₂	CO	CO₂	CH₄	C₂H₄	C₂H₆	C₂H₂	总烃
2018.05.25	33.800	416.000	1213.000	23.300	4.090	6.360	5.640	39.390
2018.06.14	32.000	390.000	1352.000	21.600	4.710	5.540	4.890	36.740
2018.09.04	21.619	406.270	1384.300	15.084	3.513	4.110	2.288	24.995
2018.09.25	21.035	390.683	1197.090	14.991	2.934	3.81	2.005	23.740
2018.11.15	20.489	384.360	1211.440	14.972	2.887	3.749	1.862	23.470
2018.11.28（局放试验前）	19.254	384.138	1347.430	14.936	3.003	3.738	1.746	23.423
2018.11.29（局放试验后12h）	44.704	394.693	1494.610	18.442	3.342	7.783	14.604	44.171

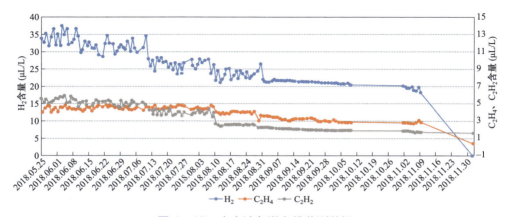

图 4-13　主变油色谱在线监测数据

（三）现场检查情况

2018 年 11 月 30 日，主变排油后进箱检查，铁心表面、引线表面、器身表面、套管与引线连接处以及油箱内壁、开关等均未发现异常情况。

（四）返厂检查情况

在进行器身绕组解体检查时，发现紧贴高压绕组内径侧第一道纸板之间发现明显放电痕迹，随后在高压绕组内径侧表面发现有对应位置放电。中压绕组轻微松动，器身内部绝缘件受污染。纸板放电位置和高压绕组内径侧对应放电位置分别如图 4-14 和图 4-15 所示。

 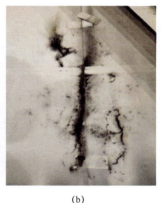

(a)　　　　　　　　　　　(b)

图 4-14　纸板放电位置

（a）位置 1；（b）位置 2

(a)　　　　　　　　　　　(b)

图 4-15　高压绕组内径侧对应放电位置

（a）位置 1；（b）位置 2

继续解体主变低压绕组、吊出旁柱器身解体检查调压绕组及励磁绕组，未发现其他放电点，可判断紧贴高压绕组内径侧第一道纸板处存在放电故障，造成变压器局放超标。

三、缺陷/故障原因分析

紧贴高压绕组内径侧第一道纸板（总厚度 4mm，由两张 2mm 纸板叠装），2mm 纸板过渡处有 80mm 搭接，在纸板之间存在台阶油隙（见图 4-16），油隙之间有杂质后，在电场作用下形成局放，也是在 2017 年 10 月首次发现乙炔产生的原因。发生放电后，纸板之间在高压场强作用下形成放电通道，纸板自身绝缘强度虽然下降，但未完全击穿。局放试验过程中，随着电压升高，原故障缺陷区域电场场强增加，在接近高压绕组中部高场强位置区域的局放对纸板击穿（沿面的电弧放电），因此油色谱在线监测数据乙炔突增。

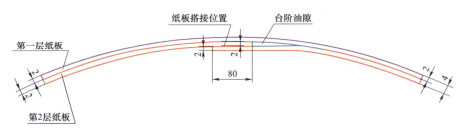

图 4-16　纸板放电位置台阶油隙示意图

故障发生可能原因：变压器整体导油系统油路中，在焊接连接之间长时间的振动和油流作用下，有异物在强油导向回路中随油流进入器身内部；或者是此处的纸板本身存在缺陷，纸板内部夹层中有杂质，缺陷随着纸板绝缘性能下降而暴露出来。

四、后续处理情况

对设备生产厂家在 2006～2008 年期间设计生产的同类型产品进行排查，其他产品运行情况良好，未出现同样故障，认为该设备故障为偶发性故障，A、C 相发生同类型故障的可能性较低。

五、小结及建议

（1）监测人员应加强重视程度，通过油色谱在线监测装置关注特征气体含量增长趋势，若监测到特征气体含量发生跳变，应记录跳变的时间并合理调整在线监测周期。在线监测发现数据异常时，应及时汇报并开展离线色谱分析对比。

（2）开展在线监测和离线检测综合分析，应在多个部位取油样分析，提高判断准确率。当离线数据和在线数据趋势差别较大时，应进行复测，尽快确认缺陷情况。

（3）在进行油中溶解气体检测数据分析的同时，可参考其他电气试验和带电检测数据，多角度综合分析判断故障情况。

【案例 4-3】 220kV 变电站 2 号主变绕组引线绝缘包扎破损导致的高能放电故障

一、缺陷/故障基本信息

某 220kV 变电站 2 号主变型号为 SFPS7-120000/220，1993 年 3 月出厂，1993 年 11 月投运。

缺陷情况简述：2016 年 9 月 21 日，主变例行绝缘油试验发现油中氢气、乙炔、总烃含量超标，判断设备内部存在局放性故障。为判断数据准确性，于 9 月 28 日继续取样监视，油中各组分含量略有增长，判断故障没有急速发展趋势。10 月 13 日大修期间吊罩检查，发现 110kV 侧 A 相绕组引出线中部包扎带损坏，引线有破股烧损现象。

二、现场检查及试验情况

（一）油色谱检测数据及特征分析

主变离线油色谱检测数据见表 4-6，油中各组分含量增长缓慢，三比值编码为 120，结合特征气体法综合判断设备内部存在电弧放电故障。

表 4-6　　　　　　　　主变离线油色谱试验数据　　　　　　　（μL/L）

取样时间	取样性质	色谱分析数据							
		H_2	CH_4	C_2H_6	C_2H_4	C_2H_2	总烃	CO	CO_2
2016.09.21	例行	236.4	243.6	94.8	89.3	12.6	440.3	546.9	6853.2
2016.09.28	监视	244.1	248.7	92.1	88.5	12.8	442.1	538.7	6748.6

（二）其他试验情况

除油色谱试验数据异常外，其他试验数据合格。

（三）现场检查情况

吊罩后发现 110kV 侧 A 相绕组引出线中部包扎带损坏，引线有破股烧损现象。绕组引出线检查情况如图 4-17 所示。

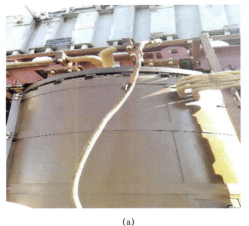　　　　　　　

(a)　　　　　　　　　　　　　　　　　(b)

图 4-17　绕组引出线检查情况

(a) 绝缘包扎破损图 1；（b）绝缘包扎破损图 2

三、缺陷/故障原因分析

2014 年，主变经历过电压冲击不良工况。在过电压作用下，绕组引出线绝缘包扎松动，在长期运行电场力作用下，绝缘包扎松动处破损，造成绝缘距离减小，运行中 A 相绕组引线对套管法兰处存在轻微局放。

四、后续处理情况

对主变绕组引线烧损处进行铜焊接，修复破损部位，并重新绝缘包扎绕组引线，保证引线完好。主变恢复后试验数据全部合格，投运后跟踪检测未见异常。

五、小结及建议

（1）当油色谱检测数据异常时，进行多部位取样，通过产气速率、特征气体、三比值、与历史数据以及三相之间比较等进行全方位分析。

（2）结合带电检测等手段进行定位和诊断分析，必要时停电进行全面电气试验，判别故障严重程度并及时处理。

【案例 4-4】高电压等级电抗器内部柱间连线屏蔽管的绝缘件缺陷或异物导致的高能放电故障

一、缺陷/故障基本信息

某高电压等级电抗器 2016 年 5 月出厂，2020 年 6 月 24 日投运。

缺陷情况简述：2020 年 6 月 24 日高压电抗器（简称"高抗"）投运，6 月 26 日油色谱离线检测出油中乙炔含量为 0.50μL/L。10 月 5 日晚，油中溶解气体在线监测显示乙炔在 4h 内由 1.5μL/L 突增至 5μL/L，停运后离线检测乙炔含量为 7.93μL/L。检查发现，A 柱和 X 柱之间下部柱间连线均压管外表面绝缘纸板与其下部支撑垫块间存在高能放电故障。

二、现场检查及试验情况

（一）油色谱检测数据及特征分析

停运后现场检查气体继电器内无气体，对高抗本体上、中、下部多点取油，均显示油中乙炔含量超过运行注意值，较最近一次 10 月 4 日离线数据 0.90μL/L 显著增长，且总烃、氢气、乙烯均有所增长，一氧化碳、二氧化碳未见明显增长，三比值结果为 102，判断高抗内部存在电弧放电。高抗本体油中溶解气体离线检测数据见表 4-7。

表 4-7　　　　　　高抗本体油中溶解气体离线检测数据　　　　　　（μL/L）

试验日期及取样位置	气体含量							
	H_2	CO	CO_2	CH_4	C_2H_4	C_2H_6	C_2H_2	总烃
2020.06.25 下部	0.50	27.50	6.90	4.60	0	1.00	0	1.5
2020.06.26 下部	0	38.20	6.90	9.00	0	0	0.50	0.5
2020.06.29 下部	0.60	88.30	16.00	7.40	0	0	0.80	1.4
2020.09.24 下部	0.90	385.60	63.70	6.60	0	0.90	1.00	2.8
2020.10.03 下部	1.50	383.90	70.00	8.40	1.40	1.00	0.90	4.8
2020.10.04 下部	1.60	381.90	71.40	10.10	1.20	1.40	0.90	5.1
2020.10.05 下部	2.40	376.30	71.20	15.20	2.00	0	3.40	7.8
2020.10.06 下部	5.90	372.50	74.60	25.40	4.40	2.10	7.93	20.3
2020.10.07 下部	6.00	374.80	74.10	26.60	3.70	2.30	8.30	20.3
2020.10.31 下部	0	25.90	6.60	5.40	0	0	0	5.4

分析故障前 10 月 3～5 日的在线数据变化趋势发现，10 月 5 日晚，油色谱在线监测乙炔由 1μL/L 左右突增至 5μL/L，故障迅速发展。设备停运后，在线监测显示乙炔持续增长，最终稳定在 8μL/L 左右，与离线检测结果基本一致。高抗本体油中溶解气体在线监测数据见表 4-8 和图 4-18。

表4-8　　　　　　　　　高抗本体油中溶解气体在线监测数据　　　　　　（μL/L）

试验日期	气体含量							
	H_2	CO	CO_2	CH_4	C_2H_4	C_2H_6	C_2H_2	总烃
2020.06.24（20:30）	0	6.1	27.2	0	0	0.9	0.6	1.5
2020.06.24（22:30）	5.5	5.9	26.4	0	0	0.7	0	0.7
2020.06.25（8:30）	7.3	6.3	26.1	0	0	0	0.7	0.7
2020.06.25（16:30）	4.2	6.3	27.7	0.6	0	1.0	0	1.6
2020.06.26（18:30）	8.3	8.0	44.7	0.7	0	0	0.9	1.6
2020.06.29（22:30）	7.4	16.3	91.4	0	0	0.9	1.0	1.9
2020.08.04（0:30）	8.7	49.9	321.8	0.9	0	0	1.0	1.9
2020.09.02（8:30）	7.6	63.5	401.2	0.9	0	0.9	0.8	2.6
2020.09.30（8:30）	8.1	69.5	385.9	1.0	0.9	1.0	0.6	3.5
2020.10.02（2:30）	8.4	69.8	380.7	1.3	1.0	0.8	1.2	4.3
2020.10.04（10:30）	8.6	72.1	382.9	1.8	1.6	0.9	1.1	5.4
2020.10.05（14:30）	7.5	71.8	381.6	1.1	1.6	0	0.9	3.6
2020.10.05（16:30）	11.3	72.4	380.2	1.3	2.1	1.1	1.0	5.5
2020.10.05（18:30）	14.7	71.0	376.1	2.2	2.1	1.9	1.5	7.7
2020.10.05（20:30）	15.2	71.2	376.3	2.4	2.0	0	3.4	7.8
2020.10.05（22:30）	20.5	69.4	363.9	3.8	3.5	0	5.0	12.3
2020.10.06（0:30）	22.5	72.3	373.3	5.1	3.1	1.3	7.0	16.5
2020.10.06（6:30）	30.9	75.9	381.7	5.3	4.8	1.9	8.8	20.8
2020.10.07（6:30）	26.8	74.6	372.8	5.9	4.1	1.4	7.8	19.2
2020.10.07（18:30）	26.6	74.1	374.8	6.0	3.7	2.3	8.3	20.3
2020.10.31	4.7	0	26.6	0	0	0	0	0
2020.11.04	3.3	6.0	50.8	0	0	0.8	0	0.8

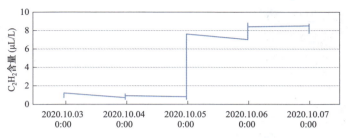

图 4-18　高抗乙炔油色谱在线监测数据

（二）其他试验数据及特征分析

因设备紧急停运且为保证人身安全，未开展现场检测工作。

（三）返厂检查情况

返厂后检查发现，A 柱和 X 柱之间下部柱间连线均压管外表面绝缘纸板与其下部支撑垫块间有放电发黑痕迹，如图 4-19 所示。放电痕迹一端呈现典型树状爬电痕迹，另一端呈现烧熔痕迹，其他未见明显异常。A 柱和 X 柱之间下部引线均压管外表放电、烧蚀痕迹如图 4-20 所示。

10 月 14～15 日，对已发现的 A 柱、X 柱柱间连线外表面绝缘纸板与支撑垫块间放电位置解体发现，支撑垫块与均压管之间的 1mm 绝缘纸板表面呈现典型树状放电痕迹，绝缘纸板内侧有发黑痕迹。拆除支撑支架、支撑垫块及绝缘纸板，均压管外包绝缘表面有发黑痕迹，剥开外包 2 层绝缘纸后，发黑痕迹消失。现场检查情况如图 4-21 所示。

图 4-19　绝缘纸板与支撑垫块间放电发黑痕迹

115

图 4-20 A 柱和 X 柱之间下部引线均压管外表放电、烧蚀痕迹

（a）树状放电痕迹；（b）烧蚀痕迹

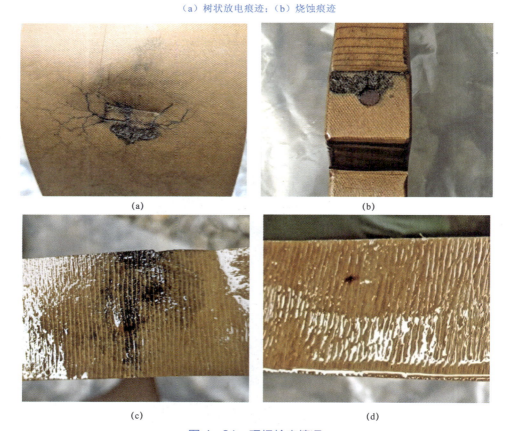

图 4-21 现场检查情况

（a）均压管外绝缘烧蚀；（b）支撑垫块绝缘烧蚀；（c）第 1 层纸包绝缘放电；（d）第 2 层纸包绝缘放电

对支撑垫块的烧蚀部分进行分层解体，除第一层发现放电痕迹外，第二层以后均未发现放电痕迹，烧蚀深度约为 5mm。第一层的正、反面放电痕迹如图 4−22 所示。

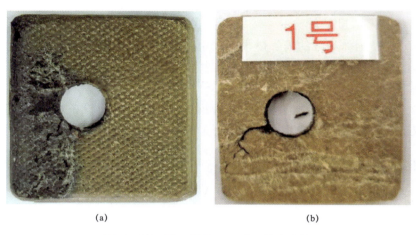

(a)　　　　　　　　　　　　　　(b)

图 4−22　第一层的正、反面放电痕迹

（a）第一层的正面；（b）第一层的反面

对支架的烧蚀部分进行分层解体，在烧蚀位置的内部发现长约 120mm 的放电路径，如图 4−23 所示。

图 4−23　支架烧蚀部分内部放电路径

三、缺陷/故障原因分析

高抗的放电缺陷可能是由于柱间连线屏蔽管的弧形支撑垫块、副绝缘纸板及铆接螺杆存在绝缘缺陷或异物导致，绝缘缺陷诱发高能放电是乙炔异常增长的主要原因。

四、后续处理情况

设备完成修复并出厂。

五、小结及建议

（1）涉及固体绝缘的局部烧损，油中一氧化碳和二氧化碳含量不一定会出现明显的增长，因此油中一氧化碳和二氧化碳增长不明显时，不能直接认定设备缺陷不涉及固体绝缘。

（2）当油中乙炔出现突增且诊断分析为电弧放电时，设备宜紧急停运，同时为保证人身安全，不应开展现场检测工作。

【案例 4-5】 220kV 变压器内部铁心金属绑带绝缘件缺陷导致的高能放电故障

一、缺陷/故障基本信息

某 220kV 变电站 2 号主变 2006 年 1 月出厂。

缺陷情况简述：2010 年 2 月 26 日，主变轻瓦斯告警。现场检查发现气体继电器集气盒内有瓦斯气体，色谱分析存在异常，乙炔、氢气含量超标。2 月 28 日主变停电。

二、现场检查及试验情况

（一）油色谱检测数据及特征分析

主变轻瓦斯发信后，为观察缺陷情况，未第一时间将主变停电。2010 年 2 月 26～28 日，每 12h 对主变进行一次油色谱检测。根据油色谱跟踪情况分析，故障后主变油中乙炔、总烃含量仍有增长趋势，但速度逐渐放缓，为故障时气体扩散可能性较大。主变油中溶解气体离线检测数据见表 4-9。

表 4-9　　　　　　　主变油中溶解气体离线检测数据　　　　　　（μL/L）

试验日期及取样位置	气体含量							
	H_2	CO	CO_2	CH_4	C_2H_4	C_2H_6	C_2H_2	总烃
2010.02.19 下部	4.1	441.0	1312	8.3	0.90	0.7	0	9.9
2010.02.26（下午）下部	16.2	517.0	3396	11.5	1.50	3.4	5.1	21.5
2010.02.26（下午）气体继电器	288729.0	196420.0	1355	872.0	0.93	34.1	471.1	1378.1
2010.02.27（凌晨）下部	23.2	486.0	1359	12.3	1.50	5.4	9.2	28.4

试验日期及取样位置	气体含量							
	H_2	CO	CO_2	CH_4	C_2H_4	C_2H_6	C_2H_2	总烃
2010.02.27（中午）下部	25.5	504.6	1354	14.0	1.70	6.6	11.4	33.7
2010.02.27（中午）中部	21.7	479.5	1301	12.4	1.60	5.6	9.4	29.0
2010.02.28（上午）下部	42.8	492.0	1396	15.2	1.90	8.5	15.3	40.9
2010.02.28（上午）中部	39.3	457.0	1343	14.2	2.00	7.8	14.2	38.2
2010.02.28（下午）下部	48.6	478.0	1302	15.8	2.00	8.9	16.0	42.7
2010.02.28（下午）中部	44.8	449.0	1279	14.8	1.8	8.2	14.9	39.7
2010.03.01 下部	48.9	460.0	1253	15.6	1.6	8.3	15.1	40.6
2010.03.01 中部	48.3	480.0	1286	16.5	1.6	9.0	16.3	43.4
2010.03.01 上部	56.3	511.0	1332	16.9	1.8	9.5	17.0	45.2

（二）其他试验情况

主变常规试验结果无异常。局放试验结果显示，该主变高、中压绕组局放量正常，主、纵绝缘应无异常。综合分析试验结果，主变可能发生了内部暂时放电缺陷，缺陷发生后快速消失。放电导致油中气体含量上升，轻瓦斯告警，随后气体在油中扩散导致油中乙炔等气体含量缓慢上升。主变主、纵绝缘应无异常，放电可能由磁屏蔽、金属环、铁心柱绑带、均压球等部位缺陷造成。

（三）返厂检查情况

返厂吊罩检查发现，主变 C 相铁心下部一根铁心柱金属绑扎带绝缘件上存在沿面放电痕迹，绑带接地线烧断，放电绝缘件及绑带接地线分别位于铁心两侧。返厂检查情况如图 4-24 所示。

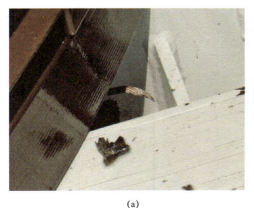

(a)   (b)

图 4-24 返厂检查情况（一）

（a）一根铁心柱绑带接地线烧断；（b）绑带一端绝缘件有明显沿面放电

 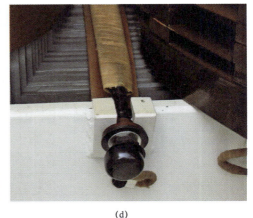

(c)   (d)

图 4-24 返厂检查情况（二）

（c）绝缘件断裂；（d）正常绑带

此外，其他绑带也出现绝缘件断裂现象，可初步判断该绝缘件质量或安装工艺不良。根据吊罩检查情况可判断，该主变一根铁心柱绑带绝缘件上发生了沿面放电，导致该金属绑带在铁心两侧各有一个接地点，感应电流将绑带接地线烧断，此后故障电流消除。

三、缺陷/故障原因分析

（1）主变铁心金属绑带绝缘件存在质量或安装不良缺陷，在运行中，由于主磁通在绑带上产生的感应电压将该绝缘件沿面击穿，形成了沿面放电。

（2）放电导致绑带在铁心两侧各有一个接地点，主磁通通过该闭合回路感应出较大电流，使绑带接地线很快烧断，此后故障电流消除。

（3）油色谱检测数据显示变压器内部发生了电弧放电故障，应为绝缘件上放电时造成。油中乙炔出现后增长趋势逐渐放缓，最终趋于稳定，说明故障并未持续，与吊罩检查结果一致。

（4）试验显示主变绕组无变形，主、纵绝缘无缺陷，吊罩检查未发现其他缺陷部位。综合判断，主变轻瓦斯发信、油色谱异常为绑带绝缘件击穿造成。

四、后续处理情况

在完成缺陷处理后，主变按标准工艺进行真空注油及热油循环，经足够静置时间后进行试验，全部试验合格后投运。

五、小结及建议

（1）通过色谱分析判断设备故障时，首先应排除非故障原因，在不同部位取油样测试，将本体油实测值与注意值及历史数据进行比较，综合产气速率、特征气体、三比值、平衡判据等进行全方位分析。

（2）当轻气体继电器动作时，内部如有气体，此时气体浓度较高，应结合气体继电器气体含量对故障进行辅助分析判断。

（3）可参考其他电气试验和带电检测数据，综合分析判断故障情况。

【案例4-6】 220kV变电站1号主变铜箔首尾交错处绝缘纸受损导致的高能放电故障

一、缺陷/故障基本信息

某220kV变电站1号主变型号为SFSZ11-180000/220，2002年5月出厂，2002年7月投运，冷却方式为油浸风冷（ONAF）。

缺陷情况简述：在2014年6月4日的色谱例行检测中，发现油中乙炔含量为62μL/L，超过运行注意值（不大于5μL/L）；相比2013年12月18的例行检测数据，油中氢气、乙炔和总烃均有显著增长，总烃产气速率高达338%/月，判断主变内部存在电弧放电故障，且可能涉及固体绝缘。

二、检查及试验情况

（一）油色谱检测数据及特征分析

在2014年6月4日的色谱例行检测中，发现油中乙炔为62μL/L，超过运行注意值（不大于5μL/L），相比2013年12月18的例行检测数据，油中氢气、乙炔和总烃均有显著增长，总烃产气速率高达338%/月。有载分接开关油中的乙炔含量不高，与主变本体相当，基本排除有载分接开关渗漏的可能性。通过产生的特征气体来看，氢气、乙炔和乙烯占主要成分，甲烷和乙烷也较高；三比值编码为102，判断为设备内部存在电弧放电故障。6月5日的油中一氧化碳和二氧化碳数据明显高于6月4日，判断故障可能涉及固体绝缘。油中溶解气体离线检测数据见表4-10。

表4-10　　　　　　　　油中溶解气体离线检测数据　　　　　　　（μL/L）

试验日期及取样位置	气体含量							
	H_2	CO	CO_2	CH_4	C_2H_4	C_2H_6	C_2H_2	总烃
2013.12.18 本体	4.6	106	2515	7.8	0.8	2.4	0	11
2014.06.04 本体	71.0	115	2568	35.0	100.0	19.0	62	216
2014.06.05 本体中部	145.0	328	2702	66.0	112.0	18.0	69	265
2014.06.05 本体下部	158.0	360	2831	65.0	113.0	18.0	71	267
2014.06.05 有载分接开关	15051.0	376	—	1016.0	191.0	131.0	68	1406

（二）其他试验情况

2013 年 6 月将主变停电进行高压试验，结果各项高压试验数据合格。

（三）现场检查情况

无。

（四）返厂检查情况

主变返厂后吊心检查 绕组外部引线、调压开关、铁心、磁屏蔽等部件未发现异常。拆除主变上铁轭、压板、上部绝缘至静电屏后，在 A 相高压绕组上部静电屏上发现了烧蚀痕迹（见图 4-25），静电屏铜编丝带沿圆周方向已经烧断（见图 4-26），B、C 两相上部均未发现可见异常。

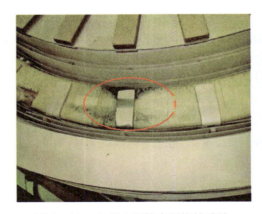

图 4-25　A 相高压静电屏烧蚀痕迹

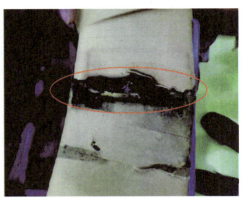

图 4-26　静电屏铜编丝带烧断

解剖静电屏后可以看出，烧蚀位于屏蔽铜箔交错处（见图 4-27）。同时，骨架上有紫蓝色痕迹，包扎铜箔的绝缘皱纹纸上也有明显的紫蓝色痕迹（见图 4-28），绝缘皱纹纸上存在明显的硫腐蚀产物硫化亚铜沉积现象。

图 4-27　铜箔交错处烧蚀痕迹

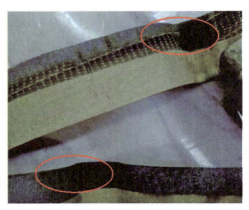

图 4-28　绝缘皱纹纸烧蚀痕迹

　　拔出三相绕组，并单独分离出来。经外观检查，A 相高压绕组与静电屏相邻的部分有轻微污染，其他所有线圈外观完好、绝缘件外观完好。

　　为了进一步检查硫腐蚀情况，拆解检查了高压 A 相第一饼组合导线，发现该扁铜线表面呈紫蓝色，与之相邻的第一层绝缘纸也呈明显的紫蓝色。导线外侧绝缘纸与油直接接触面颜色很深，而与相邻导线接触面颜色很浅。继续拆解高压 B、C 相绕组导线，发现了与 A 相相同的现象。检查三相高压绕组上部第 17 饼导线，铜线和绝缘纸也有轻微变色。下部导线和绝缘纸正常，无异常颜色。检查三相中、低压绕组导线外观正常，无异常颜色。高压 A 相绕组拆解检查情况如图 4-29 所示。

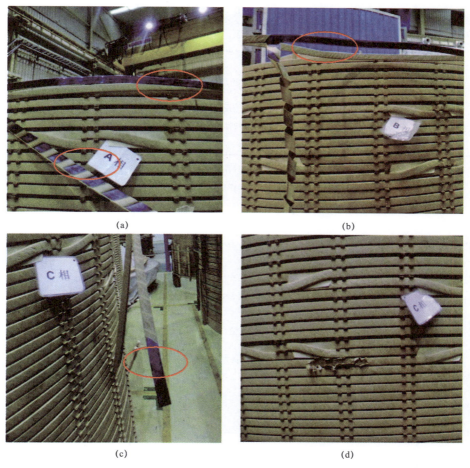

(a)　　　　　　　　　　　　　　　　(b)

(c)　　　　　　　　　　　　　　　　(d)

图 4-29　高压 A 相绕组拆解检查情况（一）

（a）A 相绕组导线绝缘纸硫化亚铜沉积；（b）B 相绕组导线绝缘纸硫化亚铜沉积；
（c）C 相绕组导线绝缘纸硫化亚铜沉积；（d）绕组中部导线绝缘纸轻微变色

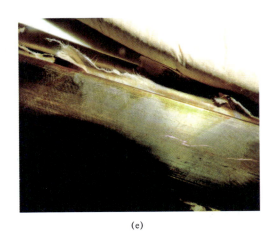

(e)

图 4-29　高压 A 相绕组拆解检查情况（二）

（e）绕组下部导线绝缘纸无异常颜色

将高压绕组导线和变色绝缘纸取样，送有色金属研究院分析检测中心进行成分分析，检验结果如图 4-30 所示。成分分析检测结果表明：铜线表面及其绝缘纸含有极高的硫和铜元素，属于典型的硫腐蚀现象。

	检验结果 Results		
分析元素	分析单位	1#	2#
C	%	6.99	15.17
O	%	2.54	12.29
S	%	7.33	8.70
Cu	%	83.14	63.84

电子探针测试

（以下空白）

图 4-30　高压绕组导线和变色绝缘纸成分分析检验结果

三、缺陷/故障原因分析

早期尼纳斯变压器油中存在二苄基二硫醚，油品中的二苄基二硫醚与铜线反应，生成硫化亚铜（Cu_2S）。一部分硫化亚铜吸附在铜导线表面，另一部分渗透进绝缘纸，使绝缘纸绝缘性能减低。虽然在 2008 年加入了钝化剂减缓硫腐蚀，但在较高的温度下以及钝化剂下降到一定浓度时，将无法完全阻止硫腐蚀继续发生。在温度越高、与油接触面越多的部位，腐蚀越严重。高压绕组首段和静电屏是线圈温度最高的区域，腐蚀程度最严重；线圈高度越低的部位，其温度越低，硫腐蚀程度越轻；中、低压绕组是自粘换位导线，外表有一层漆保护，不易被腐蚀。

静电屏铜箔首尾端间歇性短路放电，放电产生的高温烧蚀铜箔、绝缘纸和油，导致油和纸分解产生乙炔等气体。因此，缺陷原因可能是由于硫化亚铜的腐蚀造成铜箔首尾交错处之间的绝缘纸受损，但也不能排除是厂家制造工艺、铜箔纸质量原因。

四、后续处理情况

更换故障线圈，并向变压器油内加入 200mg/kg 金属钝化剂。

五、小结及建议

（1）早期尼纳斯变压器油中存在二苄基二硫醚，油品中的二苄基二硫醚与铜线反应，生成硫化亚铜（Cu_2S），易引起硫腐蚀发生；在温度越高、与油接触面越多的部位，腐蚀越严重。建议对早期尼纳斯变压器油增加油中腐蚀性硫和总硫含量油化项目的测定。

（2）结合特征气体三比值法以及一氧化碳和二氧化碳的增长情况，可以有效诊断设备内部故障的性质。

（3）加装主变油色谱在线监测装置，可以及时发现主设备的潜伏性故障。

【案例 4-7】 高电压等级变压器绝缘件结构及局部缺陷导致的电弧放电故障

一、缺陷/故障基本信息

某高电压等级变压器型号为 OSFPSZ-360000，额定容量为 360000kVA，2011 年 1 月投运，冷却方式为强迫油循环导向风冷（ODAF）。

缺陷情况简述：2020 年 7 月 9 日，在主变本体中下部取油样进行油中溶解气体色谱分析，测试发现乙炔含量严重超过注意值，乙烯、氢气含量明显增长。7 月 11 日 1 时 28 分，该主变由运行转冷备用。制造厂重新干燥、安装该主变，复装完成后进行局放试验，发现局放量严重超标。后经解体检查发现主压板表面存在放电通道。

二、检查及试验情况

（一）油色谱检测数据及特征分析

7 月 9~11 日，对主变本体进行了 3 次取油样分析，绝缘油击穿电压、水

分测试结果均合格，油中溶解气体检测结果均显示乙炔、乙烯、氢气含量明显增长且乙炔含量严重超过注意值（1μL/L）。三比值编码均为102，结合特征气体法判断主变内部存在电弧放电故障。油中溶解气体离线检测数据见表4-11。

表4-11　　　　　油中溶解气体离线检测数据　　　　　（μL/L）

试验日期及取样位置	气体含量							
	H_2	CO	CO_2	CH_4	C_2H_4	C_2H_6	C_2H_2	总烃
2020.03.17 下部	14.7	253.8	790.4	6.3	0.7	1.2	0	8.2
2020.06.15 下部	41.8	278.7	681.5	9.9	1.2	0	0	11.1
2020.07.09 下部	99.3	364.2	1438.9	30.1	20.2	2.9	29.6	82.8
2020.07.10 下部	86.1	355.8	1604.9	32.5	21.1	4.8	25.2	83.6
2020.07.10 中部	92.1	390.8	1510.6	29.1	19.2	3.2	27.4	78.9
2020.07.11 中部	85.7	329.8	1285.0	26.3	18.9	4.3	21.3	70.6
2020.07.11 下部	104.9	397.1	1530.0	30.3	21.3	4.9	24.5	81.0
2020.07.12 中部	85.7	329.8	1285.0	26.3	18.9	4.3	21.3	70.6
2020.07.12 下部	104.9	397.1	1530.0	30.3	21.3	4.9	24.5	81.0

（二）其他试验情况

（1）测试结果显示，该主变绕组绝缘电阻、铁心绝缘电阻、夹件绝缘电阻、铁心-夹件绝缘电阻、绕组介质损耗（简称"介损"）及电容量、直流电阻、电压比试验、套管试验、频率响应（简称"频响"）法绕组变形试验结果均合格。

（2）制造厂对该主变进行重新干燥、安装，复装完成后常规试验均合格，进行长时感应耐压带局放试验时，B相电压升高到 $1.1U_m/\sqrt{3}$ 时（规程要求 $1.5U_m/\sqrt{3}$），2min 后 Bm 局放量达到 70 万 pC，判断 B 相中压绕组存在贯穿性缺陷。

（三）现场检查情况

无。

（四）返厂检查情况

（1）检查发现 Bm 引线对应位置的上压板侧面有放电产生的炭黑痕迹，引线夹持件与主压板配合位置衰面有放电痕迹；对应 Bm 引线表面发现引线电缆外包绝缘皱纹纸放电击穿，与主压板侧面之间的纯油隙大约 22mm。上压板侧面及引线电缆外包绝缘放电痕迹如图 4-31 所示。

（2）拆掉的引线夹持件表面存在爬电痕迹；拆掉上夹件，拿开小压板后，主压板表面和小压板下表面对应位置存在放电痕迹；拆除主压板，其下部第一道绝缘纸圈边缘对应 Bm 出头位置局部有炭黑斑点，绝缘纸圈下表面也存在少量斑点。引线夹持件及第一道绝缘纸圈边缘放电痕迹如图 4-32 所示，主压板和小压板放电痕迹如图 4-33 所示。

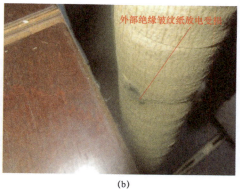

（a）　　　　　　　　　　　　　　　（b）

图 4-31　上压板侧面及引线电缆外包绝缘放电痕迹

（a）上压板侧面放电痕迹；（b）引线电缆外包绝缘放电痕迹

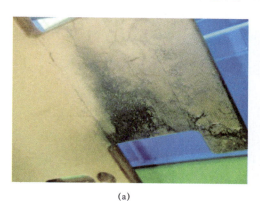
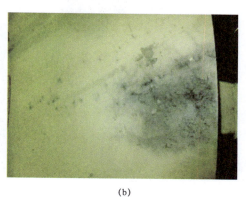

（a）　　　　　　　　　　　　　　　（b）

图 4-32　引线夹持件及第一道绝缘纸圈边缘放电痕迹

（a）引线夹持件放电痕迹；（b）第一道绝缘纸圈边缘放电痕迹

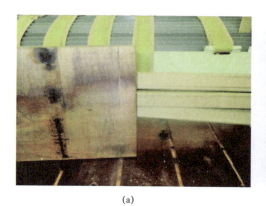

（a）　　　　　　　　　　　　　　　（b）

图 4-33　主压板和小压板放电痕迹

（a）小压板放电痕迹；（b）主压板放电痕迹

（3）中压 Bm 出头外包成型绝缘件表面有放电产生的炭黑斑点，如图 4-34 所示。

图 4-34　Bm 出头外包绝缘件炭黑斑点

三、缺陷/故障原因分析

变压器长时感应耐压试验中，B 相在试验电压升到 1.1 倍时即发生了油隙-沿面-油隙的贯穿性放电，起始放电电压较低（低压侧施加的试验电压是 36.8kV，高压 B 相首端感应电压是 $1.1U_m/\sqrt{3}$，中压 Bm 首端感应电压是 $1.0U_m/\sqrt{3}$），Bm 侧局放量剧增。说明变压器在运行电压状态下，Bm 引线侧已经长期存在放电，且形成累积效应，最终在试验电压下发生耐压击穿。

通过对器身解体检查，发现绝缘结构的上部端绝缘尺寸偏小，且绝缘结构紧凑、复杂，线圈端部至上铁轭的空间内场强比较集中，而且局部场强较高，对绝缘结构的材质和绝缘性能有较高的要求，方可满足绝缘性能。检查发现在主压板下部的绝缘端圈垫块表面有多处放电痕迹。

中压 Bm 首端出线位置的放电，与绝缘距离、层压压板的材质或者压板的局部缺陷有关。主压板下绝缘端圈表面的放电点，是由于局部场强比较集中，变压器在运行状态或者试验状态下，存在能量较高的局放，导致绝缘端圈垫块表面多处有放电形成的炭化痕迹。

层压木板的绝缘性能要低于绝缘纸板，且层压木板由于其内部可能存在的杂质、异物和空腔问题，绝缘性能具有一定的分散性，较不稳定。检查发现 B 相高压侧主压板侧面存在空腔和结合不严密，内部出现缺陷。

四、后续处理情况

故障变压器返厂进行大修，同时加强对同型号设备的排查和运行跟踪：

（1）加强同型号、同批次变压器排查，缩短周期进行绝缘油取样分析。

（2）调整同型号、同批次变压器在线油色谱装置采样周期，确保不发生同类故障。

五、小结及建议

（1）在日常运维检修过程中，应加强主变油色谱在线监测装置维护和校验，确保其可用性和准确性，充分发挥在线监测装置的告警作用，及时发现主设备的潜伏性故障。

（2）离线色谱仪应定期进行校准，确保离线数据的准确性，同时定期进行在线监测和离线检测数据的比对。

（3）通过色谱分析判断设备故障时，首先应排除非故障原因，在不同部位取油样测试，将本体油实测值与注意值及历史数据进行比较，综合产气速率、特征气体、三比值、平衡判据等进行全方位分析。同时可参考其他电气试验和带电检测数据，综合分析判断故障情况。

【案例 4-8】 高电压等级电抗器 C 相绝缘垫块内部分散性缺陷导致的高能放电故障

一、缺陷/故障基本信息

某高电压等级电抗器 C 相型号为 BKD-100000，2016 年 1 月出厂，2016 年 12 月 19 日投运。

缺陷情况简述：2017 年 8 月 24 日，电抗器 C 相因气体超标引起重瓦斯跳闸后退出运行；现场对相高抗进行外观检查，未发现异常；油中溶解气体色谱试验表明乙炔、氢气、总烃含量远大于注意值，判断为电弧放电。

二、检查及试验情况

（一）油色谱检测数据及特征分析

电抗器投运后至重瓦斯动作前后，绝缘油中溶解气体离线检测数据见表 4-12。2017 年 8 月 24 日，油中溶解气体色谱试验显示，乙炔、氢气、总烃含量远大于注意值，各组分特征气体含量明显增长，相对产气速率远大于 10%/月，绝对产气速率均超过注意值。三比值编码均为 102，乙炔和乙烯是总烃中的主要成分，其次是乙烷，综合判断电抗器内部存在电弧放电故障。故障前后绝缘油中一氧化碳和二氧化碳含量增长趋势发生突变，且 CO_2/CO 增量小于 3，判断故障可能涉及固体绝缘。电抗器油色谱离线检测数据如图 4-35 所示。

129

表4-12　　　　　　　　　油中溶解气体离线检测数据　　　　　　　　（μL/L）

试验日期	气体含量							
	H₂	CO	CO₂	CH₄	C₂H₄	C₂H₆	C₂H₂	总烃
2016.12.19（投运第1天）	2.8	9.8	89.9	0.20	0.2	0.4	0	0.8
2016.12.22（投运第4天）	1.0	10.8	105.9	0.33	0.2	0.2	0	0.7
2016.12.28（投运第10天）	1.7	21.0	116.0	0.40	0.1	0.2	0	0.7
2017.01.19（投运1个月）	3.4	30.6	191.7	0.60	0.2	0.2	0	1.0
2017.03.16（常规取样）	3.8	51.0	248.2	0.90	0.2	0.2	0	1.3
2017.08.24（重瓦斯动作，上部）	671.8	402.1	830.4	108.50	133.6	19.8	295.2	557.1
2017.08.24（重瓦斯动作，下部）	552.7	374.9	911.0	97.60	104.3	16.2	261.8	479.9
2017.08.25（上部）	512.0	326.4	941.9	87.70	123.5	34.4	255.2	500.8
2017.08.25（下部）	495.4	307.8	1023.1	81.80	112.0	31.9	232.8	458.5

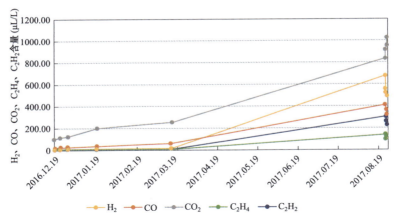

图4-35　电抗器油色谱离线检测数据

（二）其他试验情况

故障发生后，对电抗器进行了直流电阻、阻抗测试、绝缘电阻、直流泄漏测试、介损及电容量、绕组变形等试验项目，试验数据均符合标准要求，初步判断故障电抗器主绝缘无明显异常。

（三）现场检查情况

8月26日，对该电抗器进行现场排油内检，现场检查情况如图4-36所示。

通过解体检查，发现故障位置集中在电抗器线圈绝缘围屏、绕组围屏与旁轭隔板间绝缘垫块、旁轭相间隔板以及上铁轭屏纸板上。初步判断故障原因为电抗器线圈与旁轭之间绝缘隔板和绝缘垫块制造质量不良导致。

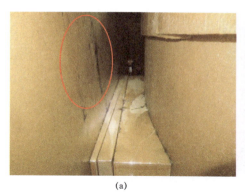
(a)

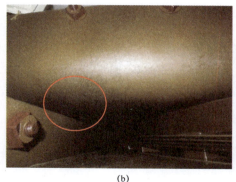
(b)

图 4-36　现场检查情况

（a）绕组围屏与旁轭隔板间有放电点；（b）上铁轭处有放电点

（四）返厂检查情况

9 月 27～28 日，进行电抗器返厂解体检查，重点对铁轭上部引线、上夹件、上部绝缘屏蔽、上部绝缘隔板、上部角环、绕组两侧相间隔板、绕组外侧绝缘围屏等组部件拆除工作进行了旁站监督。通过解体拆除下来的受损绝缘材料，与之前内检发现的放电痕迹进行了一一验证。解体过程中发现了更为隐蔽的新放电痕迹，具体情况如下。

1）绝缘垫块。绝缘垫块位置如图 4-37 所示。

内检时发现该处垫块有放电痕迹，解体时将该处垫块取下进行检查，绝缘垫块上放电通道如图 4-38 所示。

图 4-37　绝缘垫块位置

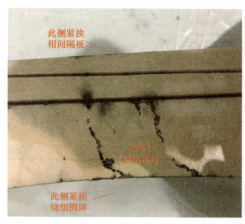

此侧紧挨
相间隔板

内壁有
放电通道

此侧紧挨
绕组围屏

图 4-38　绝缘垫块上放电通道

此类绝缘垫块都是由 1～2mm 厚的绝缘材料粘连而成，放电从侧面观察能够发现放电基本维持在粘连最上层绝缘材料的水平面上，将最上层绝缘材料剥离后能够发现贯穿通道，如图4-39和图4-40所示。

图4-39　绝缘垫块上贯穿通道

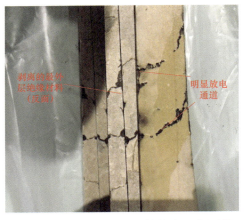

图4-40　剥离后绝缘垫块上贯穿通道

2）上铁轭绝缘围屏。上铁轭绝缘围屏位置如图4-41所示。

上铁轭的绝缘围屏拆下后分为三层，最内层为靠近绕组放电痕迹最为严重，最外层为靠近铁轭其上贴有铝箔并且接到上夹件并接地（地屏），放电通道至铝箔层即结束。上铁轭绝缘围屏结构及各层放电痕迹如图4-42～图4-45所示。

图4-41　上铁轭绝缘围屏位置

图4-42　上铁轭绝缘围屏结构

3）相间隔板。相间隔板上有放电痕迹，其位置如图4-46所示。

检查发现只有最靠近绕组的这一块隔板上存在放电痕迹且放电痕迹只在单面存在（靠近绕组面），且从上向下看发现隔板顶部边缘有两处放电痕迹，与上铁轭绝缘围屏两处放电点相对应。相间隔板上的放电通道和放电痕迹如图4-47和图4-48所示。

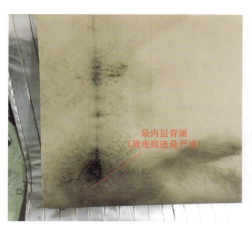

图 4-43　最内层背面放电痕迹

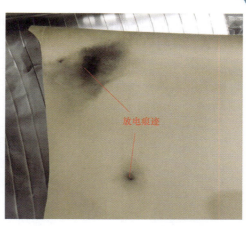

图 4-44　中间层放电痕迹

图 4-45　最外层铝箔放电痕迹

图 4-46　相间隔板位置

图 4-47　相间隔板上的放电通道

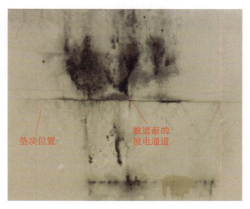

图 4-48　相间隔板上的放电痕迹

4）绕组绝缘围屏。此次解体，在拆除了绕组围屏上腰带后，在腰带遮蔽的位置又发现明显且较严重的放电痕迹。绕组绝缘围屏共有两层，放电痕迹存在于内层围屏外侧和外层围屏的内外两层，绕组围屏上放电痕迹如图4-49所示。拆除围屏后并未在绕组上发现放电痕迹。

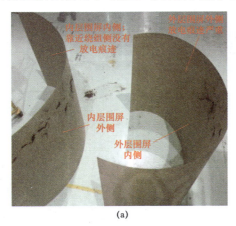 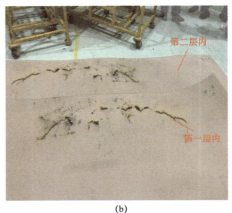

（a） （b）

图4-49 绕组围屏上放电痕迹

（a）放电痕迹1；（b）放电痕迹2

图4-50 完整的放电通道

通过返厂解体检查，在电抗器内部绝缘垫块、旁轭绝缘第一层绝缘挡板、器身围屏最外层和第二层纸板、左侧上铁轭屏蔽处发现放电痕迹。其中一条放电通道通过相间隔板直达上铁轭，上铁轭的绝缘围屏拆下后分为三层，最内层为靠近绕组放电痕迹最为严重，最外层为靠近铁轭其上贴有铝箔并且接到上夹件并接地（地屏），放电通道至铝箔层即结束。另一条放电通道经由绝缘垫块，直达线圈外绕组绝缘围屏。绕组绝缘围屏共有两层，放电痕迹存在于内层围屏外侧和外层围屏的内外两层，拆除围屏后并未在绕组上发现放电痕迹。综合分析电抗器现场解体情况，初步判断完整的放电通道如图4-50所示。

三、故障原因分析

分析电抗器C相故障后现场试验情况、电抗器油色谱相关数据、现场内检情况以及返厂解体检查等情况，导致电抗器发生故障的直接原因为电抗器内器身围屏与相间隔板间的绝缘垫块、旁轭绝缘第一层相间隔板、器身围屏最外层和第二层纸板、左侧上铁轭屏蔽处发生击穿放电所致。

通过查阅电抗器故障前后设备的故障录波，电抗器在发生故障时未遭受过电压冲击，排除外部因素导致电抗器故障的可能性；内部绝缘裕度仿真计算结果表明绝缘设计安全裕度都符合要求，排除设计过程中设计安全裕度不足而引起内部绝缘击穿的可能性；设备使用材料与技术规范书规定一致，产品质量控制过程无失控环节，出厂试验项目齐全且试验数据合格，排除制造过程中质量工艺控制不严导致电抗器故障的可能性。

对故障位置和正常位置的相间隔板、绝缘垫块、围屏进行取样分析，检测结果无异常，排除外购绝缘纸板材质问题、受潮等因素。但在检测过程中发现，对于放电通道内局部材质缺陷，由于放电造成了材料的破坏，已无法进行检测。同时，使用的绝缘垫块是由绝缘纸板热压加工而成，热压、机加等加工过程均在厂内进行，生产过程无质量控制，成品无有效检测措施，内部制造缺陷无有效管控，导致绝缘垫块质量难以得到保证，内部存在分散性缺陷。

因此，造成电抗器 C 相故障的主要原因为：电抗器内绝缘垫块在厂内加工时，热压、机加等生产过程无质量控制措施，生产的成品也无有效检测措施，造成绝缘垫块内部分散性缺陷管控失效；运行中绝缘垫块内分散性缺陷形成放电通道，导致内部产生高能量电弧放电。

四、后续处理情况

该电抗器发生重瓦斯动作后，紧急调运一台同型号电抗器进行更换，于 2017 年 9 月 17 日重新投运，于投运第 1、4、10、20、30 天分别取油样进行色谱分析，结果均正常。

五、小结及建议

（1）油在线监测装置未能及时发出告警信息，建议定期对油在线监测装置进行现场校验及运行维护，提高在线监测数据的可靠性，及时发现主设备的潜伏性故障。

（2）利用绝缘油色谱实验数据判断设备故障，应首先排除非故障原因，在不同部位取油样测试，利用本体油实测值与注意值及历史数据比较，结合产气速率、特征气体、三比值、平衡判据等综合进行分析。

（3）若气体继电器动作，应及时进行气体继电器气体中自由气体的分析判断，气体继电器气样应先折合至油中理论值再进行三比值计算和判断。同时参考其他电气试验和带电检测数据，多角度综合分析判断故障情况。

（4）建议设备生产厂家加强对制造过程所使用绝缘垫块等材料的生产过程质量控制，采用成品检测方法，有效管控内部制造缺陷。

【案例4-9】 高电压等级电抗器上压圈绝缘材料中杂质或气泡导致的高能放电故障

一、缺陷/故障基本信息

某高电压等级电抗器 A 相型号为 BKD－100000，2010 年 6 月出厂，2010年 10 月 19 日投运。

缺陷情况简述：2011 年 12 月 27 日，在线监测装置两次发出该高抗乙炔超标告警（乙炔含量分别为 3.49μL/L 和 13.29μL/L），之后离线取样检测发现乙炔含量为 64.61μL/L；12 月 28 日再次取油样，结果显示乙炔含量为 95.65μL/L，乙炔含量呈快速增加趋势。2011 年 12 月 28 日转检修，随后将乙炔异常的电抗器返厂进行检查、修复。

二、检查及试验情况

（一）油色谱检测数据及特征分析

1. 油色谱离线检测数据

2011 年 12 月 27 日 18 时 30 分，取油样进行色谱试验显示高抗乙炔含量为 64.61μL/L；12 月 28 日 0 时 10 分，再次取油样进行色谱试验显示乙炔含量为 95.65μL/L，乙炔含量呈较快发展趋势。

2. 油色谱在线监测数据

2011 年 12 月 27 日 14 时 18 分，在线监测装置发出该高抗乙炔超标告警（3.49μL/L）；18 时 18 分，在线监测装置再次发出乙炔超标告警（13.29μL/L），乙炔含量呈较快上升趋势。离线油中溶解气体色谱试验和油色谱在线监测数据趋势反映一致。

（二）现场检查情况

故障高抗返厂检查，检查发现：高压出线装置、零相进入套管尾部引线及支架、铁心夹件绝缘情况、铁轭屏蔽及底脚屏蔽接地引线状况、油箱底部清洁度等均正常；高抗上压板局部有发黑痕迹，通道长约 150mm，上铁轭夹件撑板表面有少量炭化物，在高压侧器身上端零相出头与夹件间的绝缘纸板表面发现一定量的炭化物及放电痕迹。

三、故障原因分析

解体检查发现放电点位于上部端圈靠近中性点出线位置，放电通道在压圈绝缘纸板第二层，初步判断放电原因为上压圈绝缘材料中的杂质或气泡等缺陷形成了空腔。高抗在运行过程中，由于受到强电场作用，在空腔部位产生放电，随着运行时间的加长，故障逐步扩大。当内部压力积累到一定程度，将绝缘纸板撑破释放到油中，出现高抗轻瓦斯动作及油色谱分析乙炔严重超标的故障。定性此次故障原因为高抗内部绝缘材料的制造工艺不良。

四、后续处理

对该高抗进行返厂解体修复，同时调运其他变电站关键技术参数相同的备用高抗进行更换，2012 年 2 月 8 日更换工作完成。

五、小结及建议

（1）结合油中溶解气体色谱离线检测数据和油色谱在线监测数据，通过产气速率、特征气体法和三比值法等分析判断有无故障、故障性质和严重程度。

（2）若乙炔出现突增且诊断分析为电弧放电，设备宜紧急停运。

【案例 4-10】 高电压等级电抗器内部螺栓松动及绝缘纸杂质导致的电弧放电产气缺陷

一、缺陷/故障基本信息

某高电压等级电抗器 A 相型号为 ODFPS-70000，2008 年 5 月出厂，2009 年 11 月 25 日投运。

缺陷情况简述：2014 年 3 月 24 日，A 相高抗离线油色谱测试氢气为 9μL/L、乙炔为 0μL/L；2014 年 4 月 4 日，油色谱离线测试氢气为 103μL/L、乙炔为 28.2μL/L；因氢气、乙炔均快速增长，2014 年 4 月 4 日 23 时 20 分，申请将该高抗由运行转检修。

二、检查及试验情况

（一）油色谱检测数据及特征分析

通过产生的特征气体增长情况看，氢气、乙炔和乙烯占主要成分，甲烷和乙烷也较高；三比值编码为 101，综合判断为设备内部存在电弧放电故障。油中溶解气体离线检测数据见表 4-13 和图 4-51。

（二）其他试验情况

测试结果显示，该电抗器绕组绝缘电阻、铁心绝缘电阻、夹件绝缘电阻、铁心-夹件绝缘电阻、绕组介损及电容量、直流电阻、电压比试验、套管试验、频响法绕组变形试验结果均合格。

表4-13　　　　　　　　　　油中溶解气体离线检测数据　　　　　　　　　（μL/L）

试验日期	气体含量							
	H_2	CO	CO_2	CH_4	C_2H_4	C_2H_6	C_2H_2	总烃
2013.12.19	9	326	2110	10.8	0.9	1.7	0	13.4
2014.02.26	9	326	1183	11.4	0.9	2.1	0	14.4
2014.03.24	9	463	1770	28.6	16.9	7.6	0	86.3
2014.04.04	103	488	1408	28.0	19.7	8.2	28.2	90.5
2014.04.05	112	455	902	26.3	17.9	7.3	31.7	83.2

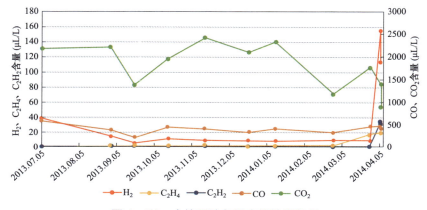

图4-51　电抗器油色谱离线检测数据

（三）现场检查情况

2014年4月6日，对该高抗进行现场放油、进罩检查，发现高抗面向中性点左侧地脚螺栓松动，高抗运行中振动加剧，引起悬浮放电造成油色谱异常，对该设备高压、中性点内部连接回路及其他可见部位检查无异常。现场检查情况如图4-52所示。

（四）返厂检查情况

解体前对器身入炉干燥，析出器身变压器油，冷却至室温后进行器身解体：

（1）上铁轭及夹件、铁心大饼、各处等电位连接线、螺栓紧固件等未见明显异常。上铁轭、铁心大饼和等电位连接线如图4-53～图4-55所示。

（2）下铁轭靠近中心主柱两侧存在过热痕迹，如图4-56所示。该处漏磁较大，可能存在油流不畅，长期运行出现油泥等杂质的沉淀，出现轻微过热现象。

（3）下铁轭绝缘屏蔽板和旁轭绝缘隔板接触区域存在明显放电痕迹，两处放电位置的大小、分布、形状基本对应，放电纸板位置如图4-57所示。

1）放电位置1：下铁轭绝缘屏蔽纸板。第一层绝缘屏蔽纸板存在带状分布的放电痕迹（见图4-58），放电已发展至第二层屏绝缘蔽纸板（见图4-59）。

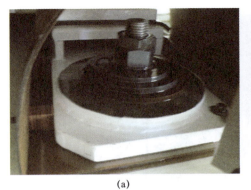
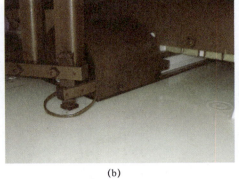

(a)　　　　　　　　　　　　　　　　(b)

(c)

图 4-52　现场检查情况

（a）地脚螺栓安装位置；（b）正常安装的地脚螺栓；

（c）拆掉螺钉及绝缘垫圈后的放电痕迹

图 4-53　上铁轭

图 4-54 铁心大饼

图 4-55 等电位连接线

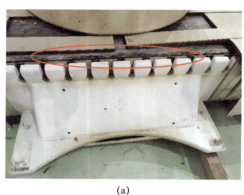

(a)

(b)

图 4-56 下铁轭过热痕迹

(a) 现场图 1；(b) 现场图 2

2）放电位置 2：旁轭绝缘隔板。第二层隔板边缘位置存在带状分布的放电痕迹（与放电位置 1 对应），两侧的绝缘隔板有轻微放电波及的痕迹。该处放电痕迹沿纸板表面有树枝状爬电痕迹，剖开纸板表面内部无放电痕迹。旁轭绝缘隔板放电痕迹如图 4-60 所示。

（4）线圈解体。线圈各处检查未见异常。

（5）油箱检查。对油箱内部进行检查，发现地脚紧固螺栓表面明显发黑，其余各处无明显异常。

图 4-57　放电纸板位置

1—放电位置 1；2—放电位置 2

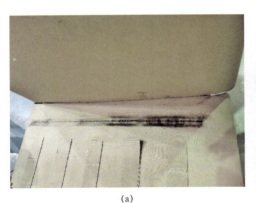

(a)

(b)

图 4-58　下铁轭第一层绝缘屏蔽纸板放电痕迹

（a）放电痕迹；（b）细节图

图 4-59　下铁轭第二层绝缘屏蔽纸板放电痕迹

141

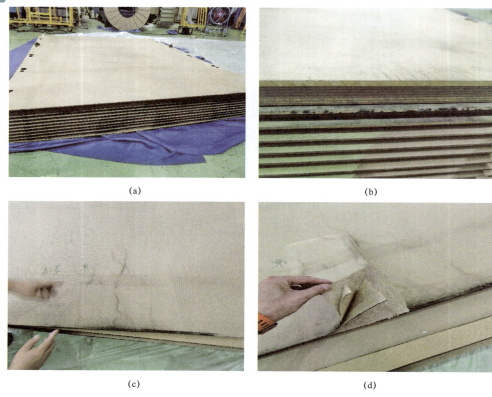

图 4-60　旁轭绝缘隔板放电痕迹

（a）旁轭绝缘隔板；（b）纸板边缘放电痕迹；（c）纸板表面放电痕迹；（d）解剖面放电痕迹

三、缺陷/故障原因分析

结合该电抗器色谱检测数据，阶段一：投运至 2014 年 3 月前油色谱未见异常，3～4 月，油中乙炔突增至 28.21μL/L；阶段二：2014 年 4 月现场排油内检，发现一处螺栓松动放电痕迹。处理后，截至 2019 年 9 月，油中乙炔缓慢增长至 16μL/L。

高抗运行中长期存在振动，内部出现螺栓松动情况，同时油中的杂质运行中在下铁轭局部以及绝缘隔板处（放电位置 1 和 2 接触的油隙位置）沉积：① 引起下铁轭靠近中心主柱漏磁较大处存在轻微过热痕迹；② 螺栓松动处存在间歇性放电和绝缘纸板处局放，导致阶段一乙炔出线突增，后期排油内检后消除了螺栓松动缺陷，同时对绝缘纸板处的杂质起到了一定的"缓解作用"，但该处缺陷仍然存在；后期阶段二的发展过程有所减弱，油中乙炔的产气速率显著下降。

四、后续处理情况

将高抗 A 相退出运行，将做完相应试验和调试的高抗备用相更换至 A 相位

142

置投入运行，该高抗退出后运回原制造厂进行解体大修，大修合格后返回至备用相基础安装就位。

五、小结及建议

（1）加强在线监测装置建设与维护。及时完成在线监测装置升级换代工作，提高在线监测装置检测精度，确保在运装置精度均满足 A 级要求。

（2）在线监测装置乙炔突增应引起重视，及时进行取样并进行离线色谱分析确认。

（3）若油中乙炔出现突增且诊断分析为电弧放电，设备宜紧急停运。

【案例 4-11】 220kV 3 号主变低压侧引线软连接与升高座距离不足导致的高能放电故障

一、缺陷/故障基本信息

某 220kV 变电站 3 号主变型号为 SFPSZ10-180000/220，2008 年 5 月出厂，2008 年 7 月 1 日投运。

缺陷情况简述：2020 年 5 月 25 日 18 时 59 分 24 秒，3 号主变本体重瓦斯保护动作，主变三侧断路器跳闸。故障发生后，3 号主变乙炔含量由 0.14μL/L 上升到 12.1μL/L，超过运行注意值（不大于 5μL/L）。经检查，此次故障原因为主变 10kV 套管 C 相下侧软连接对油箱外壳放电。故障发生前，中压侧线路和 10kV Ⅲ段母线均发生接地现象。

二、现场检查及试验情况

（一）油色谱离线检测数据及特征分析

3 号主变本体重瓦斯保护动作后，本体和气体继电器气样的气体色谱检测数据见表 4-14，故障发生后，3 号主变乙炔含量由 0.14μL/L 上升到 12.01μL/L。本体下部油中溶解气体的三比值编码为 201，中部油样三比值编码为 101，将气体继电器气样换算到油中理论值再计算三比值编码为 102，综合判断设备内部存在电弧放电故障。

表 4-14　　　　　本体和气体继电器气样色谱检测数据　　　　　（μL/L）

试验日期及取样位置	气体含量							
	H_2	CO	CO_2	CH_4	C_2H_4	C_2H_6	C_2H_2	总烃
2020.05.25 本体下部	38.79	120.08	1480.99	7.14	2.92	1.28	11.36	22.7
2020.05.25 本体下部	41.17	123.93	1479.88	7.41	3.05	1.28	12.01	23.75

续表

试验日期及取样位置	气体含量							
	H_2	CO	CO_2	CH_4	C_2H_4	C_2H_6	C_2H_2	总烃
2020.05.26 本体中部	52.87	142.46	1439.64	7.86	3.14	1.32	7.37	19.69
2020.05.26 本体下部	40.05	159.71	1111.30	7.38	3.44	1.25	15.69	27.76
2020.05.26 本体中部	52.42	119.62	1262.75	8.37	4.06	1.31	19.86	33.60
2020.05.26 气体继电器气样	6439.50	892.62	1593.16	969.09	3844.03	381.04	1353.48	6547.64
2020.05.26 气体继电器气样	6532.10	675.51	1559.67	539.67	2869.12	421.89	2869.64	6700.32
2020.05.26 气体继电器气样理论折算	391.93	81.06	1434.90	210.47	4188.92	970.35	2927.03	88296.77
2020.06.05 本体下部（缺陷处理后）	0	16.64	171.09	0.78	0.37	0.41	0	1.56

（二）油色谱在线监测数据及特征分析

3号主变本体油中溶解气体在线监测数据如图4-61所示。从图4-61可以看出，主变的在线监测装置在本体出现故障后，油中乙炔无响应，说明在线监测装置性能异常或已严重劣化。

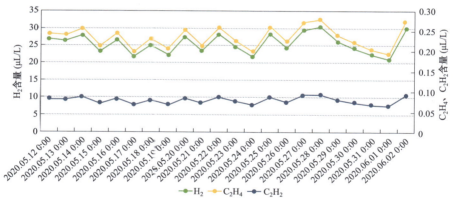

图4-61 3号主变本体油中溶解气体在线监测数据

（三）其他试验数据及特征分析

故障发生后，对3号主变进行了直流电阻、绝缘电阻、介损及泄漏电流、短路阻抗、铁心夹件绝缘、变比、绕组频响等多项试验，试验数据未见异常。

（四）现场检查情况

5月29日拆除附件后，打开10kV手孔发现C相套管下侧软连接与10kV升高座间有放电痕迹。10kV三相软连接内侧与升高座间距离分别为1.5、2mm和不足1mm。现场检查情况如图4-62~图4-65所示。

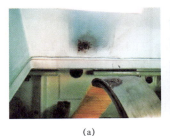

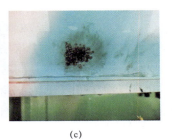

(a)　　　　　　　　　　　(b)　　　　　　　　　　　(c)

图 4-62　10kV C 相套管下侧软连接与升高座间放电位置

（a）软连接与升高座位置；（b）软连接放电位置；（c）升高座放电位置

图 4-63　C 相与升高座间隙　　　　　　图 4-64　A 相与升高座间隙

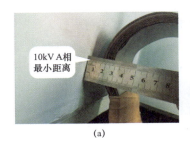
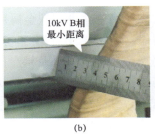

(a)　　　　　　　　　　　(b)　　　　　　　　　　　(c)

图 4-65　处理前 10kV 三相软连接内侧与升高座间距离

（a）A 相；（b）B 相；（c）C 相

5 月 30 日吊开钟罩，对变压器器身、有载分接开关、绕组、铁心、夹件以及各侧出线引线进行外观检查，使用内窥镜对线圈内部进行检查，均未见异常。

三、缺陷/故障原因分析

结合现场检查、吊罩及内窥镜检查、电气试验和保护动作等情况综合分析如下。

（1）110kV 线路故障为主变内部放电的诱发因素。主变 220kV 及 110kV 侧中性点接地运行，中压侧线路发生单相接地故障后，产生的零序电流（12.8kA）主要流过 3 号主变。同时，由于电磁感应原理，该主变低压绕组也产生零序电流。由于低压侧为三角形联结，低压侧零序电流只在绕组中流通，但其产生的电动力会对低压绕组产生一定冲击，进而与低压绕组连接的低压引线产生振动。

（2）主变低压侧软连接与升高座距离不足为主变内部放电的直接原因。主变 10kV 套管下侧软连接过长、绝缘包扎长度不足、软连接与升高座距离过小。在主变遭受故障电流冲击等外力作用下，软连接与升高座距离缩短，导致绝缘击穿放电，油中故障气体持续聚集，约 19s 后，引发主变轻瓦斯报警和重瓦斯动作。

综上所述，该主变 10kV 套管下侧软连接存在设计问题和制造工艺不良隐患，在电网异常波动时，C 相软连接对油箱外壳放电为此次主变跳闸原因。

四、后续处理情况

对该主变内部 10kV 软连接及升高座放电部位进行打磨、重新包裹并加强绝缘，并制定以下整改措施：

（1）强化新主变的厂内验收工作。将主变内部裸金属部位使用绝缘皱纹纸半叠不少于 2 层包扎的要求纳入技术规范补充协议。厂内验收时严格落实检查有无遗漏、未包扎的部位。杜绝主变内部裸金属部位未经包扎入网运行。

（2）落实隐患排查工作。利用 1 个月的时间，对全部在运主变验收时采集的照片进行排查，梳理出裸金属部位间以及裸金属部位对箱体间距离较小的变压器，结合主变大修工作进行治理。凡主变维护工作中涉及打开手孔的工作，必须对器身内部裸金属包扎和引线与箱体距离进行检查核实。

（3）加强新投运主变的现场验收工作。对涉及主变内部工作的套管安装、引线连接等工作，必须落实责任人随工验收。对引线靠近箱体部位进行测量，并保留图片。

五、小结及建议

（1）对于突发性故障，由于故障产生的气体来不及充分溶解在油中，这时候不适合直接用设备本体油样的气体浓度计算三比值编码分析诊断故障类型。应以气体继电器里的气体浓度换算为油中理论值再计算三比值编码来分析诊断故障类型，同时进行油中理论值与实际测试值比较。

（2）应加强油中溶解气体在线监测装置的定期现场校验和日常维护，如果发现性能下降或不满足运行要求，应及时处理，同时应加强监测人员的重视程度。通过油色谱在线监测装置关注特征气体含量增长趋势，发现数据异常时，应及时开展离线色谱对比。

（3）开展在线监测和离线色谱综合分析，在不同部位取样。当离线数据和在线数据趋势差别较大时，应进行复测，并参考其他电气试验和带电检测数据，多角度综合分析判断故障情况，尽快确认缺陷情况。

【案例 4 – 12】110kV 变电站 2 号主变铜缆与夹件直接接触导致的高能放电故障

一、缺陷/故障基本信息

某 110kV 变电站 2 号主变型号为 SFSZ7 – 31500/110,1990 年 5 月出厂,1992 年 8 月投运。

缺陷情况简述：2018 年 7 月 22 日中午，2 号主变发轻瓦斯告警。2 号主变绕组压紧工艺不良，抗短路能力较差，在变压器遭受短路冲击后，容易发生绕组变形故障，致使变压器绝缘受损，发生放电故障，属于家族性缺陷。2018 年 7 月 22 日中午，主变所在地区发生雷暴雨天气，110kV 2 号主变轻瓦斯告警，12 时 50 分 51 秒，故障跳闸，最大故障电流为 26.35×80A（电流互感器变比 400/5），约为 2.1kA。

二、检查及试验情况

（一）油色谱检测数据及特征分析

2 号主变本体轻瓦斯告警，检修人员立即赶赴现场，对主变气体继电器气样、气体继电器油样及本体油样取气、取油进行色谱分析，油中溶解气体在线监测数据见表 4–15。根据表 4–15 中数据可知，主变轻瓦斯告警后，气体继电器游离气中、气体继电器油中乙炔和氢气含量很高，主变本体绝缘油（底部阀门取油）中乙炔和氢气含量相比之前正常运行中的特征气体有了较大程度增长，特别是乙炔已超过注意值并快速增长，C_2H_2/总烃约为 25%，H_2/氢烃约为 33%。本体油中一氧化碳和二氧化碳未见增长，说明故障可能未涉及固体绝缘。根据三比值法进行分析，气体继电器气样折算后三比值编码为 212（但非常接近三比值边界值），气体继电器油三比值编码为 112，轻瓦斯告警后的本体绝缘油色谱故障编码为 102，综合判断变压器内部可能存在电弧放电现象。对比 22 日和 23 日凌晨两次油色谱试验结果可知，油中特征气体含量无增长趋势，说明放电现象为非持续性的放电。

表 4-15　　　　　　　　　油中溶解气体在线监测数据　　　　　　（μL/L）

试验日期及取样位置	气体含量							
	H_2	CO	CO_2	CH_4	C_2H_4	C_2H_6	C_2H_2	总烃
2018.07.22 气体继电器气样（轻瓦斯告警后）	68008.130	12620.240	11424.36	650.353	24.460	2.382	73.696	750.891
2018.07.22 气体继电器油样	4848.201	1579.195	11843.71	210.397	40.535	6.412	81.554	338.898
2018.07.22 主变本体油（轻瓦斯告警后）	36.502	1416.258	12662.63	21.784	26.876	6.299	18.011	72.970
2018.07.23（0:15）主变本体油（主变转检修前）	33.507	1381.365	12472.15	20.033	25.183	5.862	17.364	68.442
2018.06.14 主变本体油	4.775	1612.126	14034.54	20.880	23.521	6.980	0.635	52.016

（二）其他试验情况

根据色谱结果，立即申请 2 号主变停电进行诊断试验，于 7 月 23 日 0 时 30 分转检修。检修人员对 2 号主变进行了诊断性试验，包括绝缘电阻、绕组连同套管介损及电容量测试、直流电阻测试、短路阻抗和绕组变形测试等，诊断试验数据见表 4-16。

表 4-16　　　　　　　　　　诊 断 试 验 数 据

1. 绝缘电阻			
绕组绝缘电阻	高压侧对中、低压侧及地	中压侧对高、低压侧及地	低压侧对高、中压侧及地
R_{15}（MΩ）	3500	950	2500
R_{60}（MΩ）	9500	1180	4400
吸收比	2.7	1.24	1.76
铁心绝缘电阻（MΩ）	1350		
项目结论	不合格		
2. 绕组连同套管介损及电容量（反接法）			
绕组介损及电容（三绕组）	高压侧对中、低压侧及地	中压侧对高、低压侧及地	低压侧对高、中压侧及地
试验电压（kV）	10	3/5/6	10
介损 tanδ（%）	0.507	0.664/0.740/0.905	0.555

续表

电容量（pF）	10330	14470/14480/14480	14260
20℃时介损 $\tan\delta$（%）	0.2369	0.3103/0.3458/0.4229	0.2593
电容量变化率（%）	− 3.7279	0.3467/0.4161	0.2813
项目结论	不合格		

　　根据表 4−16 的试验数据可知，2 号主变中压侧绝缘电阻值（R_{15}、R_{60}）偏低，吸收比偏低，中压侧绝缘不合格；在进行绕组连同套管介损及电容量测试中，中压侧对高、低压侧及地升压过程中发生击穿；后采用 3、5、6kV 电压测量主变中压侧介损和电容量，但电压加至 6.5kV 时便发生放电击穿。分析试验数据，电容量没有明显变化，但介损随着电压的升高有明显的变化。在发生故障后主变继续运行时，主变中压侧 A、B 相和 C 相线端电压约为 20kV，而介损试验电压加至 6.5kV 即击穿；同时结合油色谱试验结果，2 号主变发生轻瓦斯告警后，不同时间取的油色谱试验结果无明显变化，表明主变为非持续性放电。

　　现场进行的直流电阻测试、短路阻抗和绕组变形测试、变比、有载分接开关过渡过程等试验均合格。

　　综合线路保护动作信息、绝缘油色谱、绝缘电阻、介损及电容量试验结果综合分析，2 号主变中压侧中性点附近发生绝缘故障。分析为线路 B 相发生接地故障，2 号主变中性点电压升至相电压，中性点绝缘缺陷导致击穿，此时线路 B 相接地与中性点接地故障构成回路，线路保护动作；同时，主变内部因故障产生电弧，绝缘油分解产生大量气体，主变轻瓦斯动作。

（三）现场检查情况

　　无。

（四）返厂检查情况

　　7 月 23 日上午，检修人员对 2 号主变本体进行了放油处理，将本体油位降至上夹件以下，可露出部分夹件与引出铜缆。随后将中压侧 A、B、C、O 相套管进行了拆除，对套管引出铜缆进行了检查。检查发现，A、B、C 三相套管内引出铜缆绝缘完好，O 相套管内引出铜缆与夹件存在明显放电迹象，铜缆表面白布带已有部分区域变黑，夹件部分存在烧损痕迹，如图 4−66 和图 4−67 所示。由于 2 号主变 35kV 侧为中性点非直接接地系统，线路发生单相接地故障时，中性点电压升高为相电压，同时中性点套管引出铜缆与夹件直接接触，在长期的故障运行过程中，绝缘击穿造成放电，由此验证了此前的试验判断。

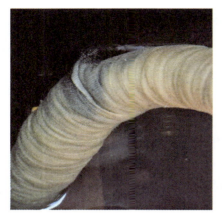

图4-66　铜缆表面放电痕迹　　　　图4-67　夹件表面放电痕迹

将35kV O相套管铜缆放电受损部分外绝缘进行剥离，发现铜缆表面绝缘纸与白布芗已经炭化，如图4-68所示。铜缆线芯部分受损，如图4-69所示。

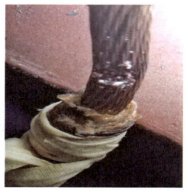

图4-68　绝缘纸炭化　　　　图4-69　铜缆线芯受损

对受损铜缆进行清洁，用绝缘皱纹纸（见图4-70）对铜缆表面进行包扎，绝缘皱纹纸表面用白布带进行缠绕（见图4-71），并利用绝缘纸板制作绝缘套筒（见图4-72），用白布带缠绕放置在铜缆底部，确保铜缆修复部分绝缘良好。

处理好后，发现中性点套管引出线较A、B、C三相引线偏长，套管安装后绝缘电阻依然偏低，判断为中性点套管引出线与上夹件直接接触所致。为确保中性点套管铜缆与夹件有足够的距离，检修人员将套管引出线在瓷套管内绕1圈处理，使铜缆长度缩小，并将铜缆绕圈部位放置在套管瓷套内部，防止铜缆直接接触夹件，增强了绝缘强度。

图 4-70　绝缘皱纹纸

图 4-71　白布带包扎

图 4-72　绝缘套筒

三、缺陷/故障原因分析

7 月 24～25 日，对 2 号主变本体油进行真空滤油后，本体油中各特征气体均降至注意值以下，真空滤油后油色谱试验结果见表 4-17。

表 4-17　　　　　　　　真空滤油后油色谱试验结果　　　　　　　　（μL/L）

试验项目	气体含量							
	H_2	CO	CO_2	CH_4	C_2H_4	C_2H_6	C_2H_2	总烃
过滤后本体油	0	8.465	1405.761	1.071	5.528	1.956	2.342	10.897

在主变修后，取油进行了主变绝缘油色谱试验，试验结果见表 4-18。由表 4-18 可知，修后油色谱试验结果合格。

表 4-18　　　　　　　　油 色 谱 试 验 结 果　　　　　　　　（μL/L）

试验项目	气体含量							
	H_2	CO	CO_2	CH_4	C_2H_4	C_2H_6	C_2H_2	总烃
主变修后绝缘油	0.782	70.891	2424.191	2.487	7.093	2.182	3.564	15.326

主变绝缘处理注油静置 24h 后进行了交流耐压、局放试验等试验，均合格。考虑主变运行达 28 年，在局放试验时未在 $1.5U_m/\sqrt{3}$ 电压下进行激励，直接在 $1.3U_m/\sqrt{3}$ 的电压下进行测量，2 号主变修后试验结果合格，但需重点关注中压侧运行情况。对 2 号主变进行交流耐压和局放试验后，进行了本体油色谱试验，结果显示特征气体含量无明显变化。7 月 26 日该主变投入运行，7 月 27 日取油

进行了本体油色谱试验，本体油中特征气体含量相比试验后无明显变化，表明主变运行正常。

四、后续处理情况

2号主变制造时间是 1990 年 5 月，受当时制造工艺、材料技术等的限制，变压器抗突发短路能力低下，发生近区短路等不良工况时对变压器威胁较大。目前，该区域电网中有 5 台该批次的主变，抗突发短路能力已不能够满足要求；因此，有必要举一反三，对老旧变压器抗短路能力进行评估、核算，并采取必要的治理措施。

五、小结及建议

（1）加强主变油色谱在线监测建设，利用在线监测装置的告警作用，及时发现主设备的潜伏性故障。

（2）通过色谱分析判断设备故障时，首先应排除非故障原因，在不同部位取油样测试，利用本体油实测值与注意值及历史数据比较，综合产气速率、特征气体、三比值、平衡判据等进行全方位分析。

（3）瓦斯报警或动作后，应取气体继电器气样进行色谱分析，并结合设备本体油色谱检测数据对故障设备进行综合诊断分析。

（4）油中溶解气体分析的同时，结合其他电气试验和带电检测数据辅助分析，多角度综合分析判断故障情况。

【案例 4-13】220kV 变电站 1 号主变真空有载分接开关触头三相短路导致的电弧放电故障

一、缺陷/故障基本信息

某 220kV 变电站 1 号主变型号为 SSZ-180000/220，2014 年 10 月出厂，2015 年 11 月 30 日投运。有载分接开关型号为 ZVMDⅢ550Y-126/C-10193W。

缺陷情况简述：2018 年 7 月 29 日 11 时 39 分 40 秒，地调主站端 AVC（自动电压控制）调压装置动作，对 1 号主变进行调挡；11 时 39 分 49 秒，该 1 号主变比率差动保护、有载分接开关重瓦斯保护、本体重瓦斯保护动作跳开三侧断路器，主变停运，最大故障相电流为 922.24A。解体检查发现，由于真空有载分接开关 E1 转换开关触头接触压力不足导致切换开关三相短路故障。

二、检查及试验情况

（一）油色谱在线监测数据及特征分析

检查 1 号主变油色谱在线监测装置 7 月 28 日 18 时数据，未发现异常（乙炔含量为 0μL/L，注意值为 5μL/L；总烃 0.77μL/L，注意值为 150μL/L）；7 月 29 日 18 时数据发现异常（乙炔含量由 0μL/L 突增至 69.54μL/L，注意值为 5μL/L）。主变油中溶解气体在线监测数据见表 4−19 和图 4−73。

表 4−19　　　　　　　　　主变油中溶解气体在线监测数据　　　　　　　　　（μL/L）

试验时间	气体含量							
	H_2	CO	CO_2	CH_4	C_2H_4	C_2H_6	C_2H_2	总烃
2018.07.07 14:00	62.2	17.2	376.3	0.61	0	0	0	0.61
2018.07.08 14:00	63.9	20.1	336.5	0.64	0	0	0	0.64
2018.07.25 18:00	0	277.0	570.1	1.03	0	0	0	1.03
2018.07.26 18:00	0	195.8	454.3	0.93	0.15	0	0	1.08
2018.07.27 18:00	63.7	14.1	345.3	0.71	0	0	0	0.71
2018.07.28 18:00	71.6	24.5	416.9	0.77	0	0	0	0.77
2018.07.29 18:00	0	1967.1	658.9	13.53	23.7	1.99	69.54	108.76

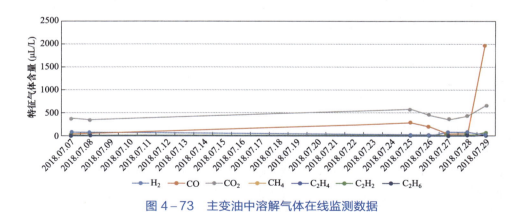

图 4−73　主变油中溶解气体在线监测数据

（二）油色谱离线检测数据及特征分析

故障后，对变压器取本体油和气体继电器气样开展离线色谱分析。检查发现油中乙炔含量超标（88.99μL/L），总烃超标（162.29μL/L），氢气含量超标

（367.93μL/L），C₂H₂/总烃约为 54%，H₂/氢烃约为 68%。本体油样三比值编码分别为 202 和 102，此时三比值计算值位于高能放电与低能放电的边界值附近，容易出现误判。气体继电器气样折算到绝缘油中浓度，计算三比值编码为 102，综合判断变压器内部存在电弧放电故障。

真空有载分接开关油色谱异常：乙炔含量达到 1292.9μL/L，总烃含量达到 4150.19μL/L，C₂H₂/总烃约为 31%，H₂/氢烃约为 55%，氢气含量达到 4981μL/L，三比值编码为 101，表现为电弧放电故障特征。

油中溶解气体离线检测数据见表 4-20。

表 4-20 　　　　　　　　　油中溶解气体离线检测数据 　　　　　　　　（μL/L）

试验日期及取样位置	气体含量							
	H₂	CO	CO₂	CH₄	C₂H₄	C₂H₆	C₂H₂	总烃
2018.07.29 本体	367.93	10.0	2387.00	45.00	27.00	1.30	88.99	162.29
2018.07.29 气体继电器气样	C	5785.0	1881.00	971.00	899.00	18.00	1402.00	3281.00
2018.07.29 气体继电器气样理论折算	0	694.2	1730.52	378.69	1312.54	41.40	1430.04	3162.67
2018.07.30 本体	362.00	15.0	2380.00	45.80	31.00	4.50	90.50	171.80
2018.07.30 真空有载分接开关	4981.00	306.0	1988.00	545.00	1395.00	916.00	1292.90	4150.19

（三）其他试验数据及特征分析

跳闸后开展绝缘电阻和直流电阻测试，高、中、低压侧绝缘电阻试验正常（高压侧对中、低压侧及地 2.12GΩ，中压侧对高、低压侧及地 1.40GΩ，低压侧对高、中压侧及地 2.88GΩ）；中、低压侧直流电阻试验正常（中压侧直流电阻不平衡率 0.28%，低压侧直流电阻不平衡率 0.56%，注意值为 2%）。真空有载分接开关油耐压击穿电压为 34.6kV。

（四）返厂检查情况

2018 年 8 月 7～15 日，有载分接开关和变压器本体解体。解体检查发现：开关最终停留在双数挡；切换开关 B 相 K1 转换开关、单双主触头和 A 相双数、C 相双数主触头烧损，A 和 C 相双数 KB 接触板有烧损；B 相波形异常，B 相 K1 转换开关形成开路，转换开关动触头安装孔有压痕；分接选择器 B、C 相 9 挡、K 挡静触头烧损，C 相 8 挡静触头烧损，B、C 相动触头烧损；A、B、C 三相导电环不同程度烧损，中心绝缘柱变形，U2、V1、V2、W1 导线末端有烧损，其中 V1、V2、W1 与 U2 末端对应处绝缘破损、导体有烧损痕迹。返厂检查情况如图 4-74 所示。

图 4-74　返厂检查情况

（a）B 相单数主触头烧损且与 A 相双数拉弧，双数主触头烧损；（b）C 相单、双数主触头烧损痕迹；
（c）C 相 K1 转换开关右侧动触头与过渡电阻 R_2 连接线断裂；（d）C 相 K1 转换开关公共端与
V1 真空管联结线断裂；（e）A 相导电板 KB 与 C 相导电板 KB 烧熔；（f）坚固件检查无松动

1. 波形检查

B 相 K1 转换开关单→双和双→单方向波形无触发现象，即此支路为断路；真空管单→双和双→单方向波形正常。出厂配置的过渡电阻 $R_1 = R_2 = 2.9\Omega$，过渡电阻测量结果符合要求。

2. 开关解体检查

（1）B 相 K1 转换开关动触头有烧损痕迹，动触头与弹簧接触安装孔有压痕，如图 4-75 所示。

图 4-75　B 相 K1 转换开关动触头烧损、动触头与弹簧接触安装孔有压痕

（2）分接选择器 B、C 相 9 挡、K 挡位置有烧损痕迹，如图 4-76 所示。

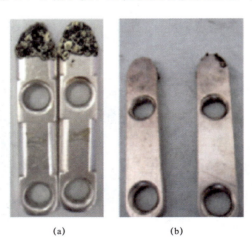

(a)　　　　　　　　　(b)

图 4-76　分接选择器 B、C 相 9 挡、K 挡位置

(a) 9 挡位置；(b) K 挡位置

（3）分接选择器 B、C 相动触头烧损，中心绝缘柱变形，如图 4-77 所示。A 相双数、B、C 相单双数导电环有不同程度烧损，单数传动杆与动触头有喷弧，如图 4-78 所示。

（a）　　　　　　　　　　　（b）

图 4-77　B、C 相分接选择器动触头

（a）B 相；（b）C 相

（a）　　　　　　　　　　　（b）

图 4-78　分接选择器及导电环烧损情况

（a）分接选择器；（b）导电环

（4）分接选择器 U2、V1、V2、W1 末端有轻微烧损，其中，V1、V2、W1 与 U2 末端对应处绝缘破损，导体烧损。

3. 测量转换开关弹簧力

拆下三相 K1 转换开关中的弹簧测量弹簧力 P，测试数据见表 4-21。

表 4-21　　　　　　　　　　转换开关弹簧力测试数据　　　　　　　　　　（N）

试验项目		弹簧长度 x（mm）	A 相（P_1/P_2）	B 相（P_1/P_2）	C 相（P_1/P_2）
K1 转换开关	前弹簧	11.5/10.5	75.2/92.3	71./90.3	76.2/93.8
			73.8/90.5	71.5/90.8	74.5/91.6
	后弹簧	11.5/10.5	14.8/19.6	14.2/18.8	15.4/20.1
			15.2/19	12.6/17.7	15.6/20.2

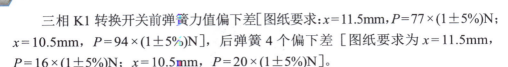

三相 K1 转换开关前弹簧力值偏下差[图纸要求: $x=11.5$mm, $P=77\times(1\pm5\%)$N; $x=10.5$mm, $P=94\times(1\pm5\%)$N], 后弹簧 4 个偏下差[图纸要求为 $x=11.5$mm, $P=16\times(1\pm5\%)$N; $x=10.5$mm, $P=20\times(1\pm5\%)$N]。

4. 变压器本体检查

检查发现变压器 B、C 相分接引线受损。主变解体检查情况如图 4-79 所示。

图 4-79 主变解体检查情况

三、缺陷/故障原因分析

此次故障的直接原因是 K1 转换开关触头接触压力不足所致。由于转换开关 K1 的接触压力不足, 造成转换开关 K1 动、静触头轻微烧损。随着切换次数的增多, 转换开关 K1 动、静触头接触面烧损加大, 触头接触压力变得更小, 最终导致转换开关 K1 动、静触头无法接触, 使转换开关 K1 和 V1 真空管构成的导电支路断路。B 相单数主触头直接拉弧(由于转换开关 K1 和 V1 真空管回路断开, 主触头断开时其两端有较高的恢复电压 $U=2.9\Omega\times452$A$=1310$V, 因此产生拉弧现象), 引起 A 相双数触头和 B 相单数触头相间短路, 分接选择器流过大的短路电流, 短路电流流过 A 相 U2 导线, 此时 V1、V2、W1 导线与 U2 导线末端裸露位置对应处绝缘层被击穿, 导电环与传动杆喷弧, 引起三相短路。此时转换开关正在由单数切换到双数, 切换完成后, 短路电流流过双数触头, 所以切换开关三相主触头均有烧损。由于烧损迅速, 产生大量气体, 油室内压剧增, 开关头盖爆破, 变压器重瓦斯动作。

转换开关触头接触压力不足的原因有两方面: ① 拆下的弹簧力值偏小; ② 转换开关动触头安装孔到圆角处有压痕, 致使弹簧压缩量比理论值小, 施加在动触头上的力就变小。

四、后续处理情况

（一）组织排查在运变压器

安排对 2012 年 4 月～2015 年 1 月期间生产的 ZVMD 和 ZVM 型真空有载分接开关进行排查。根据排查结果，配合变压器厂对该批真空有载分接开关进行吊心检修。检修完成前，与调度协调，尽量停止对该批有载分接开关进行挡位切换操作。

（二）优化 AVC 控制策略

有载分接开关运行 5 年以下，操作次数超过 3000 次；运行 5～10 年，操作次数超过 4000 次；运行 10 年以上，操作次数超过 5000 次，以上三种类型有载分接开关不允许通过 AVC 调挡。如运行中其他调压手段已使用完毕，电网电压仍需调整时，需通过调度下令，监控员手动远方操作进行调挡，以最少的操作次数保证电压合格。AVC 调挡次数设置为每天 6 次（原则上每天不超过 6 次，特殊时期可以调整），每次间隔时间不小于 3min，连续调节三次 AVC 将自动闭锁。

五、小结及建议

（1）通过油色谱在线监测装置关注特征气体含量增长趋势，在线监测发现数据异常时，应及时汇报并开展离线色谱对比。

（2）瓦斯报警或动作后，应取气体继电器气样进行色谱分析，并结合设备本体油色谱检测数据对故障设备进行综合诊断分析。

（3）油中溶解气体分析的同时，结合其他电气试验数据辅助分析，多角度综合分析判断。

【案例 4－14】110kV 变电站 1 号主变无励磁分接开关触头接触不良导致的电弧放电烧损故障

一、缺陷/故障基本信息

某 110kV 变电站 1 号主变型号为 SFSZ8－31500/110，1997 年 9 月出厂，1998 年 1 月投运。

缺陷情况简述：2014 年 6 月 27 日 14 时，当地出现雷、雨、大风天气；14 时 30 分，110kV 变电站 35kV 用户线路发生故障，导致 1 号主变近区短路，突发轻瓦斯信号。后对设备解体发现，35kV 无励磁分接开关 A 相因触头接触不良导致动、静触头严重烧损。

二、检查及试验情况

2014 年 6 月 27 日 15 时，油化专业人员到现场进行检查，当时主变尚在运行，其上层油温 58℃，主油箱油位刻度为 6.2，副油箱油位在中位；查看主变屏主变本体发轻瓦斯信号，其主变有载分接开关气体继电器内无气体，而本体气体继电器有一小半气体，保护正常。

（一）油色谱检测数据及特征分析

因安全距离不足，本体气体继电器气体未能取样，只从主变本体上部和下部分别取油样进行了色谱分析，油中溶解气体离线检测数据 1 见表 4−22。经 2014 年 6 月 27 日两次取样复测确认，乙炔含量已达 29.97μL/L，较 2014 年 3 月 14 日数据增长了 2997%，严重超标，C_2H_2/总烃约为 28%，H_2/氢烃约为 40%。三比值编码为 102，判断设备内部存在电弧放电故障。

表 4−22　　　　　　　油中溶解气体离线检测数据 1　　　　　　　（μL/L）

试验日期	气体含量							
	H_2	CO	CO_2	CH_4	C_2H_4	C_2H_6	C_2H_2	总烃
2014.06.27	68.19	830.16	4761.30	14.72	54.31	2.30	29.97	101.30
	72.34	862.99	4735.56	14.77	54.36	3.88	27.83	100.84

根据色谱试验结果，立即将主变退出了运行。为了确定结果的准确性，再次对主变取样进行色谱分析，油中溶解气体离线检测数据 2 见表 4−23。

表 4−23　　　　　　　油中溶解气体离线检测数据 2　　　　　　　（μL/L）

试验日期	气体含量							
	H_2	CO	CO_2	CH_4	C_2H_4	C_2H_6	C_2H_2	总烃
2014.06.27	72.57	876.73	5480.35	15.33	57.95	2.27	29.96	105.51
	78.68	876.96	5289.42	15.78	57.36	3.92	29.83	106.89

（二）其他试验数据及特征分析

待退出主变重瓦斯信号连接片和轻瓦斯信号连接片，在底部取样阀处检查本体是否带有负压引起轻瓦斯动作。经检查，本体无负压，排除了本体带真空引起轻瓦斯动作的可能。6 月 28 日开展绕组绝缘电阻、绕组直流电阻、短路阻抗测试、变比测试、频响测试等试验，具体分析如下。

1. 绕组直流电阻测试

绕组直流电阻测试结果见表 4−24。

表 4－24   绕组直流电阻测试结果

中压绕组直流电阻				
挡位	AmOm	BmOm	CmOm	相间差（%）
1	322（kΩ）	84.35（mΩ）	84.86（mΩ）	4×10^8
2	316（kΩ）	82.58（mΩ）	83.07（mΩ）	4×10^8
3	319（kΩ）	80.48（mΩ）	80.96（mΩ）	4×10^8
4	325（kΩ）	78.39（mΩ）	78.89（mΩ）	4×10^8
5	316（kΩ）	76.59（mΩ）	77.10（mΩ）	4×10^8

高、低压侧直流电阻测试均合格，35kV 中压侧 A 相绕组直流电阻无法测出，超仪器量程，故改用电桥测试。发现 35kV 中压侧 A 相绕组直流电阻均在 310kΩ 左右，较 B、C 两相误差达 4×10^8%，判断 35kV 中压侧 A 相绕组发生明显断线故障。

2. 变比试验

变比测试结果见表 4－25。

表 4－25   变 比 测 试 结 果

中压侧比低压侧							
挡位	额定变比	AB/ab	BC/bc	AC/ac	误差（%）		组别
					AB/ab	BC/bc	AC/ac	
4	2.064	2579.2	2.0578	2.0577	—	−0.30	−0.31	11

变比测试结果与直流电阻测试结果反映一致，高压对低压侧变比测试均合格，35kV 中压侧由于 A 相绕组断线导致中压对低压侧变比测试结果不合格。

3. 低电压短路阻抗试验

高压对低压侧短路阻抗无异常；高压对中压侧、中压对低压侧短路阻抗测试结果与直流电阻测试结果反映一致，由于 35kV 中压侧 A 相绕组断线导致短路阻抗无法测出。

4. 中压侧频响试验

中压绕组频响测试文件及编号见表 4－26，测试结果如图 4－80 所示，各频段相关系数见表 4－27。

变压器及电抗器油中溶解气体分析技术及典型案例分析

表 4 - 26　　　　　　　　　中压绕组频响测试文件及编号

文件	测量时间	型号
MVOA02	2014.06.28 13:50	SFSZ8 – 31500/110
MVOB02	2014.06.28 13:53	SFSZ8 – 31500/110
MVOC01	2014.06.28 13:55	SFSZ8 – 31500/110

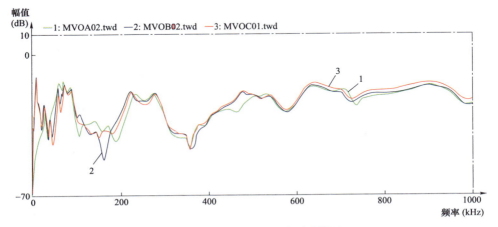

图 4 - 80　　中压绕组频响测试结果

表 4 - 27　　　　　　　　　各 频 段 相 关 系 数

相关系数	低频段	中频段	高频段
R_{21}	0.200	0.845	1.139
R_{31}	0.148	1.083	1.086
R_{32}	1.314	1.328	2.069

　　中压绕组：低频段中压绕组 Am 相与 Bm、Cm 相相比频响波形一致性差，中、高频段中压绕组 Am 相与 Bm、Cm 相相比频响波形一致性稍好。根据此次频响测试结果判断，中压绕组频响波形与直流电阻测试结果反映基本一致，但不能排除其变形的可能性。

　　根据以上试验结果分析，该主变中压侧 A 相整个回路中（含绕组）存在断线故障，且断线位置可能是：① 套管引出点至绕组首（尾）端的出线连接触点脱焊；② 主绕组；③ 绕组至分接开关部分；④ 分接开关动、静触头部分。

（三）返厂检查情况

　　根据该变压器运行情况及试验结果分析，该变压器曾遭受近区短路冲击，变压器油乙炔含量严重超标，变压器中压侧回路可能发生了断线故障。经研究决定对主变吊罩，检查主变绕组及绝缘状况。

162

2014 年 7 月 11 日对该 110kV 1 号主变进行吊罩（心）检查工作。吊罩发现 1 号主变 35kV 无励磁分接开关 A 相动静触头严重烧损（见图 4−81），且无励磁分接开关下方低压绕组引流排、木质绝缘杆、变压器底盆内散落有大量熔融的金属颗粒（见图 4−82）。而其他设备元件状况正常，其绕组无变形情况。

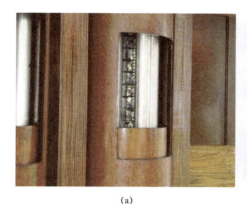 

（a）　　　　　　　　　　　　　　　　　　（b）

图 4−81　35kV 无励磁分接开关 A 相动静触头严重烧损

（a）整体图；（b）局部细节图

图 4−82　无励磁分接开关下方散落有大量熔融的金属颗粒

三、缺陷/故障原因分析

（1）分接开关在变压器运行中长期通过负载电流，又长时间浸泡在高温的变压器油中，可能在触头上出现氧化膜及油污，使触头弹簧压力降低、触头接触不良。

（2）运行中出现分接引线的丝头与分接开关的触柱连接松动，从而导致开关接触不良。特别是由于材料和制造工艺不良，触环中的盘型弹簧弹性降低较快而造成接触不良的故障较多。

（3）分接开关的机械强度相对较弱，是抗短路的薄弱点，在故障电流电动力作用下可使动、静触头移位甚至脱离接触，导致接触不良。

一旦分接开关接触不良，势必造成放电，严重时引起电弧放电烧毁分接开关，产生特征气体和断线故障。

四、后续处理情况

主变大修后，更换了新的 35kV 转换开关，经试验正常后投入运行；投运后色谱跟踪分析正常，设备正常运行。

五、小结及建议

（1）如果发生近区短路等故障，不管主变是否停运、气体继电器是否发信号，一定要在最短的时间口取油样进行色谱分析（包括本体油样色谱分析和气体继电器气体分析）。当色普分析发现特征气体特别是乙炔含量明显变化时，要在最短的时间内将主变退出运行。

（2）主变停运后，应及时对主变开展绕组变形、短路阻抗、直流电阻、变比、变压器油等试验；结合历来运行工况进行综合分析，确定设备状况。

（3）通过油色谱在线监测装置关注特征气体含量增长趋势，在线监测发现数据异常时，应及时汇报并开展离线色谱分析对比。

（4）真空有载分接开关要严格按照设备本体油色谱检测周期开展油中溶解气体分析。

【案例 4-15】220kV 变电站 2 号主变分接开关动、静触头虚接导致的高能放电故障

一、缺陷/故障基本信息

某 220kV 变电站 2 号主变型号为 SFPSZ8-120000/220，1993 年 1 月出厂，1993 年 8 月投运，2001 年 4 月进行现场标准大修。

缺陷情况简述：2015 年 9 月 17~24 日，2 号主变计划停电进行保护更换，检修专业人员结合 2 号主变停电安排了变压器消除缺陷等任务；2015 年 9 月 22 日，2 号主变油色谱分析发现油中乙炔达到 9.5μL/L。

二、检查及试验情况

（一）油色谱检测数据及特征分析

该变压器自投运至 20□5 年 9 月 22 日之前，高压试验及油色谱分析均未发

现异常。油中溶解气体离线检测数据见表 4-28 和图 4-83。

表 4-28　　　　　　　　　油中溶解气体离线检测数据　　　　　　　　（μL/L）

试验日期	气体含量							
	H_2	CO	CO_2	CH_4	C_2H_4	C_2H_6	C_2H_2	总烃
2015.05.19	3	278	2013	13.6	8.1	5.4	0	30.1
2015.08.18	5	312	2316	13.1	10.9	6.7	0	35.7
2015.09.22	34	238	5678	25.3	25.0	7.9	9.5	67.7

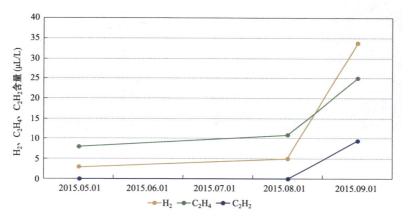

图 4-83　主变油色谱离线检测数据

根据油中各气体组分含量及变化情况分析，乙炔超过注意值。三比值编码为 102，判断设备内部存在电弧放电故障。

（二）其他试验情况

2015 年 9 月 24 日，现场直流电阻测试发现，高压 B 相 17 分接直流电阻偏差达到 149.8%。根据对该主变异常情况的判断，于 2015 年 9 月 26 日对该变压器进行了局放试验和耐压试验。B 相试验数据见表 4-29。

表 4-29　　　　　　　　　　B 相 试 验 数 据　　　　　　　　　　（pC）

试验电压	B 相 1 分接	B 相 7 分接	B 相 17 分接
$0.3U_m$	—	—	700000
$1.1U_m$	70	70	—
$1.3U_m$	100	100	—

2015 年 9 月 28 日复测直流电阻，B 相 17 分接挡位基本不通。在高压感应耐压试验施加电压过程中，试验人员听到变压器内部有放电声响，声响部位集中在有载分接开关附近。

（三）现场检查情况

2015 年 9 月 28 日，2 号主变现场排油，进入变压器内部检查，检查情况如下。

（1）分接开关处于 1 分接位置时。检查发现分接开关分接选择器 B 相动触头上部烧损（见图 4-84），静触头完好；9 分接位置的静触头烧损（见图 4-85）。

图 4-84 分接选择器 B 相动触头上部烧损　　图 4-85 9 分接位置静触头烧损

（2）调整分接开关至 9 分接位置，B 相动、静触头处于烧损吻合状态，因此，该位置 9 分接位置为故障发生的初始位置。±8 分接开关分接选择器的 9 挡与 17 挡为同一个位置，只是调压绕组极性相反。B 相动、静触头如图 4-86 所示。

(a)　　　　　　　　　　　　　　　(b)

图 4-86 B 相动、静触头

（a）现场图 1；（b）现场图 2

（3）烧损铜屑等金属碎末散布情况。检查 9 分接静触头固定条形板，发现有一定程度变形（外弧）。

（四）返厂检查情况

2015 年 10 月 28 日，对变压器进行了解体检查，检查发现以下问题。

（1）上铁轭弯曲（见图 4–87），且个别夹件上的压钉螺母松动。

（2）三相高压绕组外围屏绝缘纸板纵向串动，高于绕组部分被压板压坏。

（3）部分绝缘件松动。

（4）调压绕组外撑条开裂、起层、脱落，如图 4–88 所示。

图 4–87　上铁轭弯曲

图 4–88　调压绕组外撑条开裂、起层、脱落

三、缺陷/故障原因分析

分接开关静触头固定条形板变形，是造成 B 相动、静触头虚接放电、烧损的主要原因。

该变压器有载分接开关为德国某公司 1992 年生产。分接选择器静触头固定在条形板上，条形板上、下两端固定。当条形板向外变形后，中间部位静触头与动触头距离最大；因此 A、C 相虽然非正常接触，但还有相当面积的接触，而处于中间位置的 B 相动静触子间可能完全虚接。发现异常前，变压器处于 7 分接位置，怀疑运行中调整分接头时经过 9 分接位置时，由于 B 相动静触头的虚接产生了弧光放电，将触头烧损后，开关继续动作，调整到 7 分接位置后继续运行。

四、后续处理情况

有载分接开关生产厂家多年前已经对此型号产品进行了改进，在条形板的中部加装了一个固定环，确保在各触头受力时，条形板不会向外变形。

经厂家技术人员检查确认，此分接开关只更换分接选择器即可。新变压器除铁心和有载分接开关外，其余材料、组部件全部更换。

五、小结及建议

（1）测试不同分接下的直流电阻和开展局放试验可有效辅助分析此类问题。

（2）通过油色谱在线监测装置关注特征气体含量增长趋势，在线监测发现数据异常时，应及时汇报并开展离线色谱分析对比。

（3）在线监测和离线色谱综合分析，在不同部位取样，当离线数据和在线数据趋势差别较大时，应进行复测，并参考其他电气试验、带电检测数据，多角度综合分析判断故障情况，尽快确认缺陷情况。

【案例 4-16】110kV 变电站 1 号主变中压侧 B 相绕组匝间短路导致的高能放电故障

一、缺陷/故障基本信息

某 110kV 变电站 1 号主变型号为 SSZ10-31500/110，2004 年 12 月 1 日出厂，2005 年 6 月 19 日投运。

缺陷情况简述：2020 年 5 月 20 日，当地恶劣天气造成 35kV 线路异物短路，1 号主变 A 套差动保护动作跳闸，重合闸未成功，主变再次跳开。故障造成 1 号主变中压侧绕组变形。解体后发现中压 B 相发生匝间短路故障。

二、检查及试验情况

（一）油色谱检测数据及特征分析

2020 年 5 月 20 日，在主变差动保护动作后的油色谱结果显示，总烃含量 156.70μL/L，乙炔含量 76.35μL/L，均超过注意值。由于气体在变压器内部扩散，5 月 21 日，油色谱结果显示总烃未超过注意值、乙炔含量有所降低。5 月 22 日，局放试验后油色谱结果显示，烃类气体有所增长，与局放试验结果相符，一氧化碳和二氧化碳含量未见明显变化，三比值编码为 102，判断主变内部存在电弧放电故障；特征气体法判断为电弧放电故障。油中溶解气体离线检测数据见表 4-30，主变本体下部油中溶解气体检测数据如图 4-89 所示。

表 4-30　　　　　　　　　油中溶解气体离线检测数据　　　　　　　（μL/L）

试验日期	取样位置	气体含量							
		H_2	CO	CO_2	CH_4	C_2H_4	C_2H_6	C_2H_2	总烃
2019.09.04	下部	6.00	207.00	1128.00	4.88	2.98	0.99	0	8.85
2020.03.18	下部	8.52	303.00	1400.00	6.28	4.08	1.44	0	11.80
2020.05.21 0:05	下部	98.17	342.69	1385.29	31.87	45.07	3.41	76.35	156.70
2020.05.21 11:30	下部	106.65	327.28	1305.44	28.35	33.72	2.77	52.36	117.20
2020.05.22 11:10	中部	106.65	327.28	1305.44	28.35	33.72	2.77	52.36	117.20
2020.05.22 11:10	下部	143.99	339.22	1294.56	32.32	37.64	2.98	58.53	131.47
2020.05.22 20:45	下部（局放试验后）	145.27	336.79	1288.29	34.06	41.47	3.39	61.36	140.28
2020.05.23 11:00	下部（局放试验后）	151.33	345.96	1308.90	34.98	42.25	3.52	62.39	143.14
2020.05.23 11:00	中部（局放试验后）	153.84	351.48	1262.19	34.25	40.89	3.62	60.66	139.42

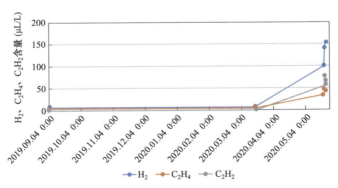

图 4-89　主变本体下部油中溶解气体检测数据

（二）其他试验情况

1 号主变绕组直流电阻测试、介损及电容量试验、短路阻抗试验、变比测量均未见异常。但 1 号主变夹件对地绝缘电阻测量为零，夹件绝缘不合格；主变局放试验局放量超标；绕组变形试验显示中压绕组可能存在明显变形。试验数据详见表 4-31～表 4-33。

表 4-31　　　　　　　　　　　主变绝缘电阻试验数据　　　　　　　　　　　（MΩ）

测试内容	试验日期及部位				
	2018.11.02		2020.05.21		2020.05.22
	R''_{15}	R''_{60}	R''_{15}	R''_{60}	—
高压侧—中、低压侧及地	11400	13300	9700	12500	—
中压侧—高、低压侧及地	5760	7710	3800	5200	—
低压侧—高、中压侧及地	6650	8920	3000	4800	—
铁心—地	10800		2600		—
夹件—地	9250		0		0
结论	合格		夹件绝缘不合格		夹件绝缘不合格

表 4-32　　　　　　　　　　2020 年（红色）与 2018 年（绿色）
主变中压侧绕组变形试验数据对比

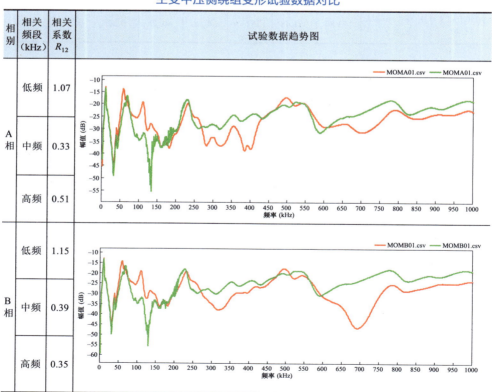

相别	相关频段（kHz）	相关系数 R_{12}	试验数据趋势图
A相	低频	1.07	
	中频	0.33	
	高频	0.51	
B相	低频	1.15	
	中频	0.39	
	高频	0.35	

相别	相关频段（kHz）	相关系数 R_{12}	试验数据趋势图
C相	低频	1.12	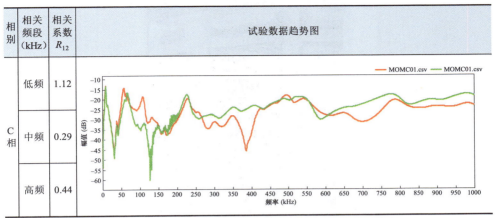
	中频	0.29	
	高频	0.44	

注　结论：中压绕组 A、B、C 相可能存在明显变形现象。

表 4-33　　　　　　　　主 变 局 放 试 验 数 据　　　　　　（pC）

电压相别	A 相	B 相	C 相
$1.1U_m/\sqrt{3}$	26	29	25
$1.3U_m/\sqrt{3}$	606	1040	590
$1.5U_m/\sqrt{3}$	980	2340	920

（三）返厂检查情况

2020 年 6 月 15 日，解体检查发现该 1 号主变中压侧 B 相绕组存在匝间短路，如图 4-90 所示。

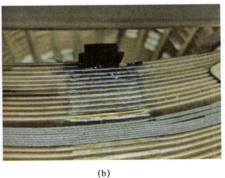

(a)　　　　　　　　　　　　　　　　(b)

图 4-90　1 号主变中压侧 B 相绕组存在匝间短路（一）

（a）外径侧；（b）端部

(c)

图 4-90　1 号主变中压侧 B 相绕组存在匝间短路（二）

（c）内径侧

三、缺陷/故障原因分析

5 月 20 日晚，35kV 线路异物短路（1 号 1 杆～1 号 2 杆间建筑用薄膜及铁丝造成，短路点距变电站约 2.2km），1 号主变电流互感器流过很大的故障电流（最大瞬时值 5280A），造成 1 号主变 A 套差动保护动作跳闸（线路保护电流速断时限 0.15s，差动保护动作时限 0s，故主变差动保护先于线路保护动作）。故障电流造成 1 号主变中压侧绕组变形，内部绝缘受损（因该变电站 10kV 线路曾多次出现短路故障，对主变有累积影响）。

主变在第一次故障电流冲击下，内部已出现故障；试送 1 号主变，15s 后主变第二次跳闸，增加了主变的故障程度。

四、后续处理情况

检修后运至现场进行交接试验，试验合格后投运，现场运行正常。

五、小结及建议

（1）在进行油色谱检测数据分析的同时，参考其他试验（如变压器直流电阻、变形等）数据，多角度综合分析判断可有效检出和定位此类问题。

（2）一旦变压器经受出口短路电流冲击，不管是否引起变压器跳闸，都应尽快判别绕组是否变形和绝缘是否受损。要尽快取油样进行油色谱化验，并应进行全面电气试验，以排除绕组绝缘损坏的可能。

（3）在线监测和离线色谱综合分析，在不同部位取样，当离线数据和在线数据趋势差别较大时，应进行复测。

【案例 4-17】110kV 变电站 2 号主变中压绕组匝间短路导致的高能放电故障

一、缺陷/故障基本信息

某 110kV 变电站 2 号主变型号为 SSZ11-50000/110，2013 年 7 月 16 日投运。

缺陷情况简述：2014 年 7 月 29 日，主变遭受短路电流冲击；2015 年 1 月 15 日，开展绝缘油中溶解气体离线检测，发现乙炔含量为 10.80μL/L，三比值编码为 102，表明该变压器内部发生电弧放电故障。后经解体确认，A 相中压绕组发生了电弧放电。

二、检查及试验情况

（一）油色谱检测数据及特征分析

2015 年 1 月 15 日，开展绝缘油中溶解气体离线检测时，发现 110kV 2 号主变油中乙炔含量为 10.80μL/L。三比值编码为 102，初步判断该变压器内部发生高能量的电弧放电故障；特征气体法判断为电弧放电故障。油中特征气体组分中一氧化碳和二氧化碳也有明显增长，且 $CO_2/CO<3$，判断该故障大概率涉及固体绝缘。油中溶解气体离线检测数据见表 4-34 和图 4-91。

表 4-34　　　　　　　　　油中溶解气体离线检测数据　　　　　　　　（μL/L）

试验日期	气体含量							
	H_2	CO	CO_2	CH_4	C_2H_4	C_2H_6	C_2H_2	总烃
2013.08.15（投运 30d）	7.86	72.10	39.04	1.19	0	0	0	1.19
2014.01.15（定期检测）	2.11	56.06	232.93	2.21	0.32	0.29	0	2.82
2014.07.09（定期检测）	17.19	220.86	—	4.03	0.48	0.40	0	4.91
2015.01.15（定期检测）	65.33	373.28	612.09	12.58	7.84	1.00	10.80	32.22
2015.01.16（跟踪检测）	58.88	343.16	567.46	11.96	7.52	1.05	10.26	30.79

续表

试验日期	气体含量							
	H_2	CO	CO_2	CH_4	C_2H_4	C_2H_6	C_2H_2	总烃
2015.01.19 （跟踪检测）	74.53	407.05	672.59	14.08	8.85	1.11	11.94	35.98
2015.01.20 （跟踪检测）	64.93	360.90	566.84	11.97	7.40	1.07	10.01	30.45

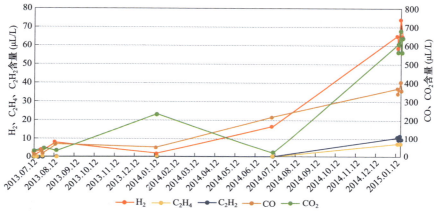

图 4-91　主变油色谱离线检测数据

（二）其他试验情况

2015 年 1 月 22 日，进行停电检查试验。现场对 2 号主变进行了铁心、夹件的绝缘电阻，绕组直流电阻，变压器变比，套管连同绕组的介损，泄漏电流测试等试验项目。该主变 35kV 绕组各分接直流电阻测试数据见表 4-35。

表 4-35　　　主变 35kV 绕组各分接直流电阻测试数据

挡位	AmO（mΩ）	BmO（mΩ）	CmO（mΩ）	误差（%）
1 挡	49.18	41.82	41.96	16.60
2 挡	47.80	40.45	40.61	17.10
3 挡	46.45	38.97	39.17	18.01
4 挡	47.89	40.59	40.85	16.93
5 挡	49.28	41.92	42.18	16.55

变比测量结果合格，高、低压侧直流电阻测量合格，可以排除 B、C 相故障和 A 相绕组整体断匝的可能。比较表 4-35 中数据可知，35kV 侧 A 相直流电阻明显偏大，且各分接三相不平衡率皆超过 16%，符合调压绕组匝数变化规律，排除调压绕组和分接开关的切换开关部分发生故障的可能，故障部位极有可能在主绕组和分接开关的静触头处。故障部位分析：① 分接开关静触头接触不良，造成 A 相直流电阻偏大；② 35kV 绕组引线与套管导电杆的焊接不良；③ 35kV 绕组根部与引线的焊接不良；④ 变压器主绕组导线焊接点开焊或断股。由于变压器 35kV 绕组是 12 股导线并绕结构，恰恰 A 相直流电阻增加值在 17%左右，因此判断 A 相绕组 12 股导线断 2 股的可能性最大。

（三）现场检查情况

2014 年 7 月 29 日，主变中压绕组 A 相绕组在 35kV Ⅱ段电压互感器炸裂事故中遭受短路电流冲击，中压侧低电压负序电压动作值分别为 U_{ab} 87.891V、U_{bc} 98.586V、U_{ca} 46.565V；中压侧复压过电流Ⅰ段 1 时限动作值分别为 A 相 4.349A、B 相 4.345A、C 相 4.335A，整定电流为 0.92A，整定时间为 1.5s。

2015 年 1 月 23 日，对主变进行放油检查。套管与绕组引线焊接部位、分接开关到调压绕组各连接点以及变压器内部可见部位，未发现积炭、发黑、过热或异常。从分接开关的 K 点处解除调压绕组，直接对三相主绕组的直流电阻进行测量，A 相电阻值仍然明显偏大，不平衡率为 19.67%。结合现场检查及试验分析：故障点应位于 A 相绕组，与 A 相绕组 12 股导线断 2 股造成的直流电阻增加数值数据相近。

（四）返厂检查情况

2015 年 1 月 29 日，对变压器绕组进行解体检查，逐步拆除调压绕组和高压绕组，未发现异常。当拆除至中压 A 相绕组时，发现中压 A 相绕组围屏内侧有明显的灼烧点。拆除围屏后，在中压侧 A 相绕组底部出线处发现有明显的放电痕迹和积炭。继续对中压侧 A 相绕组进行解体，发现中压绕组底部出线出有 2 股断股。返厂检查情况如图 4-92 所示。

三、缺陷/故障原因分析

该变压器中压绕组导线采用纸包铜扁线，12 根并绕，换位形式为不等距换位。在电压互感器炸裂事故中，短路电流冲击造成了主变中压 A 相绕组断股。此外，中压 A 相绕组底部出线可能在绕组绕制过程中弯折不当，长期磨损造成匝绝缘受损，引起匝间绝缘薄弱。当变压器受到外力冲击时，虽然 35kV 出线断路器跳闸时变压器未发生运行故障，但此时短路电流可达到额定电流的 20～30 倍，因而铜耗将达额定电流时的几百倍，绕组温度迅速上升。短路电流产生的机械应力和瞬间高温使绕组发生一定的形变，造成匝间短路，从而引起中压绕组 A 相绕组相邻两匝各有一股绕组断股故障。

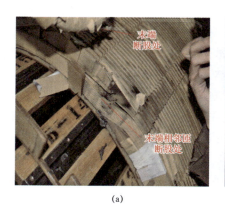

(a)

(b)

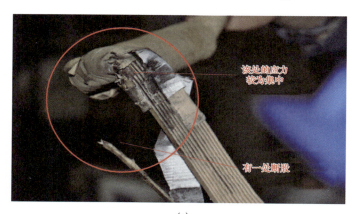

(c)

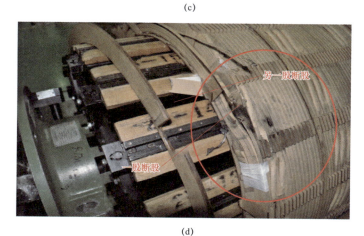

(d)

图 4-92　返厂检查情况

（a）中压绕组底部出线处；（b）末端断股处；（c）末端断股细节图；（d）中压绕组 2 股断股

四、后续处理情况

更换设备。因变压器绕组换位处的应力较集中，受力情况复杂，所以变压器制造厂家应改进焊接工艺、提高焊接质量，适当增加其抗弯和拉伸强度，提升抗短路能力。

五、小结及建议

（1）变压器经受出口（近区）短路电流冲击，不管是否引起变压器跳闸，都应尽快取油样进行油色谱化验；必要时进行全面电气试验，判别绕组是否变形和绝缘是否受损。

（2）在进行油色谱检测数据分析的同时，参考其他试验（如变压器直流电阻、变形等）数据，多角度综合分析判断可有效检出和定位此类问题。

（3）在线监测和离线色谱综合分析，在不同部位取样，当离线数据和在线数据趋势差别较大时，应进行复测。

【案例 4-18】220kV 变电站 1 号主变中压 A 相绕组饼间烧损导致的高能放电故障

一、缺陷/故障基本信息

某 220kV 变电站 1 号主变型号为 SFSZ9-120000/220，2005 年 11 月出厂。

缺陷情况简述：2014 年 1 月 31 日，气温 0～4℃、空气湿度 100%并伴有大雾。站内两台主变高、中压侧均并列运行，1 号主变中性点接地运行。当日上午 9 时，110kV 母线侧支持瓷柱发生对地闪络，110kV 母线母差保护动作，1 号主变轻瓦斯、重瓦斯保护动作，110kV 下母及 1 号主变失压；故障录波图显示短路电流约 7000A，短路持续 60ms。离线油色谱发现油中乙炔、总烃和氢气快速增长且超标，三比值法判断内部存在电弧放电故障。解体前，变压器中压 A 相局放量超标。返厂解体检查发现，中压绕组 A 相饼间发生电弧放电故障部分线圈烧毁。

二、检查及试验情况

（一）油色谱检测数据及特征分析

2014 年 1 月 31 日，1 号主变跳闸后，分别于当日 11 时和 16 时左右和 2 月 2 日上午 9 时，对该主变三次取油样色谱分析。色谱分析结果显示乙炔含量较大，且随着时间的推移，特征气体逐步扩散，油样氢气含量也缓慢增加。三比值编码为 101，故障类型判断为电弧放电；特征气体法判断为电弧放电。油中溶解气体离线检测数据见表 4-36 和图 4-93。

表 4-36 油中溶解气体离线检测数据 （μL/L）

试验日期	气体含量							
	H_2	CO	CO_2	CH_4	C_2H_4	C_2H_6	C_2H_2	总烃
2013.12.05	345.93	134.65	985.58	35.24	0.43	4.11	0.14	39.92
2014.01.31（11:00）	390.00	159.88	775.55	40.71	6.39	4.06	12.29	63.45
2014.01.31（16:00）	387.53	156.15	915.01	42.96	9.94	4.10	23.88	80.88
2014.02.02（9:00）	441.39	170.69	795.13	48.69	15.86	4.14	40.77	109.46

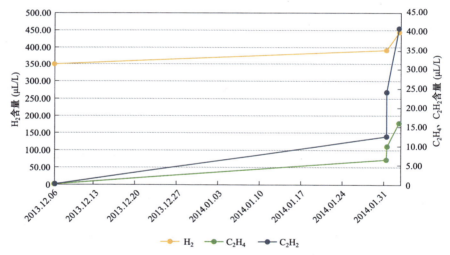

图 4-93 主变油中溶解气体离线检测数据

（二）其他试验情况

变压器高、中、低压绕组变形测试结果显示，变压器高、低压侧未发现绕组变形。中压 A 相绕组存在轻度变形。中压绕组变形幅频响应曲线如图 4-94 所示（蓝、绿、红分别代表 A、B、C 相）。

主变直流电阻、电压比、中性点耐压等项目试验未发现异常。主变 A 相局放试验时，当低压侧升压至 6kV，中压侧放电量达到 3800pC；当试验电压升至 15kV 时，放电量达到 4000pC 左右，A 相中压绕组局放量严重超标。初步判断 A 相中压绕组存在匝间非接触性绝缘损伤。

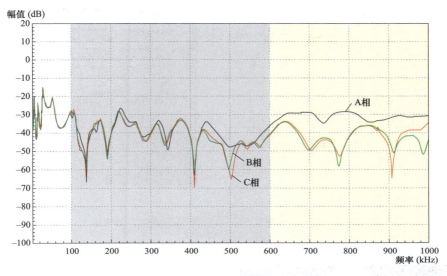

图 4-94　中压绕组变形幅频响应曲线图

（三）现场检查情况

无。

（四）返厂检查情况

变压器器身、铁心及结构件均无异常，三相调压绕组及 B、C 相高、中、低压绕组均无异常。

变压器 A 相高压绕组局部燕尾垫块倾斜，其余位置无异常。A 相中压绕组中部 2 处绝缘烧损，临近烧损部位的线饼区域，从中部往上 25 饼、中部往下 15 饼发生变形，同时故障点对应围屏纸筒处熏黑，如图 4-95 所示。

中压绕组出头示意图及故障点 1 放大图如图 4-96 所示，故障点 1 位于 16～18 撑条间隔间，线圈中部向上 1～2 饼（55、54 饼），引线绝缘、导向角环烧黑。继续拆解故障点 1 处线圈，发现 55 饼上表面从内径侧向外数第 11 根导线及绝缘烧损，54 饼下表面内径侧向外数第 5 根导线及绝缘烧损，如图 4-97 和图 4-98 所示。

图 4-95　A 相中绕组烧损部位

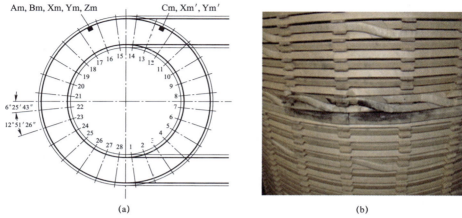

(a)　　　　　　　　　　　　　　　　(b)

图 4-96　中压绕组出头示意图及故障点 1 放大图

(a)中压绕组出头示意图；(b)故障点 1 放大图

图 4-97　故障点 1 处 55 饼上表面　　　　图 4-98　故障点 1 处 54 饼下表面

　　故障点 2 放大图如图 4-99 所示，故障点位于 10～12 撑条间隔，线圈中部向上 2～3 饼（54、53 饼），两饼间绝缘烧毁，并且第二饼导线的上表面、第三饼导线的下表面烧出凹坑，故障点周围有导线烧损形成的铜粒。继续拆解故障点 2 线圈，发现 54 饼上表面由外向内数 3～8 根导线及绝缘烧损，线饼倒饼变形，如图 4-100 所示。53 饼下表面由外向内数 4～9 根导线及绝缘烧损，导线烧熔，如图 4-101 所示。中压绕组内径侧对应故障点 2 处撑条熏黑，如图 4-102 所示。

三、缺陷/故障原因分析

　　（1）环境雾霾、空气湿度较大为诱发事故的原因。该变电站地势低洼、水汽大。事故当日出现严重雾霾天气，湿度饱和，恶劣的天气诱发母线侧支持瓷柱对地闪络，致使 1 号主变中压绕组遭受短路电流冲击。

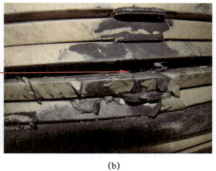

(a)　　　　　　　　　　　　　　(b)

图 4-99　中压绕组出头及故障点 2

（a）中压绕组出头；（b）故障点 2

图 4-100　故障点 2 处 54 饼上表面　　图 4-101　故障点 2 处 53 饼下表面

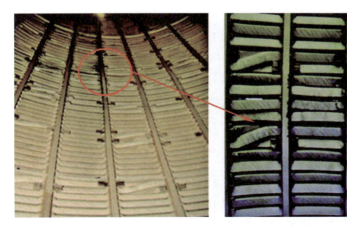

图 4-102　中压绕组内径侧对应故障点 2 处撑条熏黑

（2）主变抗短路能力严重不足为事故发生的根本原因。根据该主变的抗短路能力校核报告，其中压侧抗短路能力为第Ⅰ挡（安全系数最小），极不可靠；中压侧抗短路能力约 4200A，当时事件发生时，单相短路电流约 7000A，主变抗短路能力不足导致了该三变损坏。

四、后续处理情况

重新更换三相中压绕组，采用半硬自粘换位导线；同时将 A 相高压圈倾斜油隙垫块调整垂直，恢复由于拔包导致的 A 相低压脱节线饼。

五、小结及建议

（1）气体继电器动作，应及时取气体继电器油样/气样进行分析。

（2）变压器经受出口短路电流冲击，不管是否引起变压器跳闸，都应尽快取油样进行油色谱化验；必要时应停电进行全面电气试验，尽快判别绕组是否变形和绝缘是否受损，以排除绕组绝缘损坏的可能。

（3）在进行油色谱检测数据分析的同时，参考其他试验（如变压器直流电阻、变形等）数据，多角度综合分析判断可有效检出和定位此类问题。

（4）在线监测和离线色谱综合分析，在不同部位取样，当离线数据和在线数据趋势差别较大时，应运行复测。

【案例 4－19】220kV 变电站 1 号主变油箱吊罩点与加强筋的焊接不严、雨水渗入匝间短路导致的电弧放电故障

一、缺陷/故障基本信息

某 220kV 变电站 1 号主变型号为 SFPZ7－90000/220，1999 年 3 月出厂，2000年 8 月投运，冷却方式为强迫油循环导向风冷。

缺陷情况简述：2005 年 3 月 22 日，1 号主变两套差动保护动作，高、中压侧断路器跳闸，本体和有载分接开关气体继电器无气体。

二、检查及试验情况

（一）油色谱检测数据及特征分析

油中溶解气体离线检测数据见表 4－37。分析油色谱检测数据发现，故障过程中乙炔、氢气含量增加很快，乙炔和总烃相对产气速率分别为 1314%/月和 15.68%/月，计算三比值编码为 102，结合特征气体综合判断为电弧放电。

表 4-37　　　　　　　　　　油中溶解气体离线检测数据　　　　　　　　（μL/L）

试验日期	气体含量							
	H_2	CO	CO_2	CH_4	C_2H_4	C_2H_6	C_2H_2	总烃
2004.12.22	58.72	755.36	1410.31	69.82	59.27	14.56	0.17	143.82
2005.01.10	56.29	745.46	1502.83	62.46	61.80	15.30	0.12	139.68
2005.02.22	63.24	820.09	1631.29	70.81	56.82	20.21	0.19	148.03
2005.03.22（上部，故障后）	100.08	835.13	1815.20	74.34	75.99	18.51	14.14	182.96
2005.03.22（中部，故障后）	102.18	835.90	1861.93	72.85	74.20	17.98	12.81	177.84
2005.03.24（下部，故障后）	65.88	670.95	1726.00	70.73	70.42	17.04	9.99	168.18

（二）其他试验情况

其他电气试验数据见表 4-38，介损值、泄漏电流值增长了 7.96～17.25 倍，判断变压器内部绝缘整体受潮。

表 4-38　　　　　　　　　　1 号主变其他试验数据

试验项目		试验日期				
		2001.05.10	2002.05.14	2003.06.03	2004.04.01	2005.03.22（故障后）
本体介损 tanδ（%）	G-DE	0.120	0.220	0.120	0.260	2.092
	D-GE	0.300	0.120	0.150	0.100	1.995
本体电容量（pF）	G-DE	11690	11557	11517	11456	11920
	D-GE	16980	17062	17025	16981	17640
泄漏电流（μA）	G-DE	10	3	8	2	20
	D-GE	8	5	6	1.3	28
直流电阻（Ω，75℃）	A-0	0.8828	0.9082	0.9536	0.9095	1.0066
	B-0	0.8761	0.9085	0.9593	0.9108	1.0070
	C-0	0.8825	0.9017	0.9524	0.9135	1.0072
	a-b	0.1022	0.1049	0.1042	0.1051	—
	b-c	0.1022	0.1048	0.1044	0.1048	—
	c-a	0.1022	0.1050	0.1042	0.1048	—

试验项目		试验日期				
		2001.05.10	2002.05.14	2003.06.03	2004.04.01	2005.03.22（故障后）
绝缘电阻（MΩ）	G－DE	50/20	5000	5000	5000	5000
	D－GE	30/15	5000	5000	5000	5000
铁心绝缘电阻（MΩ）		2500	2500	2500	2500	2500

（三）现场检查情况

无。

（四）返厂检查情况

3月23日，在拆除变压器附件的过程中，发现变压器绕组端部等位置存有大量水分；220kV绕组B相下部有匝间短路、烧损现象；油箱220kV侧B相套管升高座下侧焊接缝处出现15cm左右的裂缝；箱体出现裂缝的外部为变压器油箱吊罩点的加强筋，加强筋有轻微外鼓现象。返厂检查情况如图4－103所示。

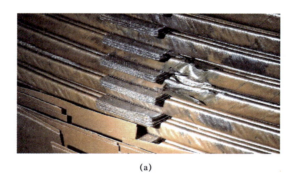

(a)

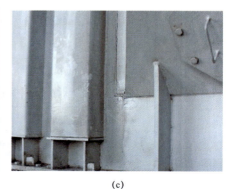

(b)   (c)

图4－103　返厂检查情况

（a）220kV绕组B相下部匝间短路、烧损；（b）焊接缝处出现裂缝（c）加强筋轻微外鼓

三、缺陷/故障原因分析

变压器油箱 220kV 侧 B 相套管下侧油箱吊罩点与加强筋的焊接处焊接不严，有砂眼孔，由于雨水从砂眼孔中渗入，设备长期运行中，加强筋箱体内存满水；到了冬天，由于气温较低，主变的负荷小、温升低，使加强筋箱体内的水结冰膨胀，将主变箱体的焊缝胀裂，加强筋内的水进入变压器本体，导致变压器的绝缘强度降低，最终造成变压器 220kV B 相匝间短路、差动保护动作跳闸的事故。

四、后续处理情况

对绕组烧损的部位进行了更换处理，并将变压器按照出厂的程序进行了烘干、试验、喷漆等处理，各项数据合格后运回变电站。6 月 27 日，变压器安装完毕并投运。

五、小结及建议

（1）当油色谱检测数据异常时，进行多部位取样，通过产气速率、特征气体、三比值并与历史数据以及三相之间比较等进行全方位分析。

（2）结合带电检测等手段进行定位和诊断分析，必要时停电进行全面电气试验，判别故障严重程度并及时处理。

【案例 4-20】高电压等级变压器高压套管顶部密封失效导致的绕组匝间短路高能放电故障

一、缺陷/故障基本信息

某高电压等级变压器型号为 ODFPS-500000，2010 年 7 月出厂，2010 年 11 月投运，冷却方式为强迫油循环风冷（OFAF）。

缺陷情况简述：2014 年 4 月 16 日，主变差动保护动作，保护报文显示故障相为 C 相；故障录波器录波显示主变高压侧 C 相电流幅值明显变大，并出现零序电流。跳闸后进行离线油色谱试验，发现 C 相油色谱检测数据异常，乙炔含量严重超标，三比值编码为 102，A、B 相数据未见异常；油色谱在线监测数据与离线检测数据基本吻合。高压侧对中压侧套管连同绕组直流电阻测试不合格，套管底部局放信号明显。经解体检查，确认为套管顶部密封失效导致的绕组匝间短路高能放电故障。

二、检查及试验情况

（一）油色谱检测数据及特征分析

2014 年 3 月 5 日，1 号主变 C 相油色谱试验合格。2014 年 4 月 17 日，对 1 号主变 C 相取 2 份油样分别进行绝缘油色谱试验，试验数据显示乙炔含量严重超标。三比值编码为 102，判断为电弧放电，特征气体法判断为电弧放电。1 号主变 C 相油中溶解气体离线检测数据见表 4-39 和图 4-104，1 号主变 C 相油中溶解气体在线监测数据见表 4-40。油色谱在线监测数据与离线检测数据基本吻合。

表 4-39　　　　1 号三变 C 相油中溶解气体离线检测数据　　　　（μL/L）

试验日期	气体含量							
	H_2	CO	CO_2	CH_4	C_2H_4	C_2H_6	C_2H_2	总烃
2014.03.05	54.62	73.7	380.40	3.30	0.22	0.76	0	4.28
2014.04.17	215.67	145.0	293.76	33.93	29.89	2.59	77.52	143.93

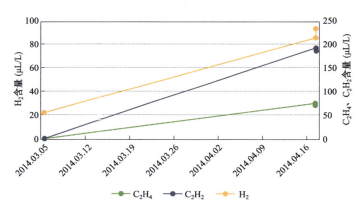

图 4-104　1 号主变 C 相油中溶解气体离线检测数据

表 4-40　　　　1 号三变 C 相油中溶解气体在线监测数据　　　　（μL/L）

试验时间	气体含量							
	H_2	CO	CO_2	CH_4	C_2H_4	C_2H_6	C_2H_2	总烃
2014.04.16 8:00	23.3	57.3	232	4.3	0.37	0.56	0	5.23
2014.04.17 10:00	163.0	104.0	223	37.6	26.90	1.53	69.2	137.93
2014.04.17 12:00	154.0	99.0	224	36.9	29.60	1.39	67.7	132.89

（二）其他试验情况

现场对主变 C 相开展电气试验，发现高压侧对中压侧套管连同绕组直流电阻严重超过 2% 的误差限值（直流电阻测试数据见表 4-41），但中压侧对低压侧及低压侧未见明显异常。在局放试验过程中，高压套管底部出现明显局放信号，判断放电的部位位于套管与本体结合部位向外 50cm 处（移动超声波局放探头确定）。

表 4-41　主变 C 相高压侧对中压侧套管连同绕组直流电阻测试数据　　　（mΩ）

测试部位	档位	测试值及油温	换算至出厂油温值	出厂值及油温	误差
高压-中压抽头 A-AM	1 挡	258.5，21℃	267.08	248.0，29.5℃	+7.69%
	2 挡	259.1，20℃	268.75	249.9，29.5℃	+7.54%
	3 挡	260.8，19℃	270.52	251.7，29.5℃	+7.48%
	4 挡	262.4，18℃	273.25	253.5，29.5℃	+7.79%
	5 挡	264.0，18℃	276.00	255.3，29.5℃	+8.11%

（三）现场检查情况

2014 年 4 月 16 日，RCS-978GC 主变保护装置纵差工频变化量差动保护、分相差比例差动保护动作，CSC-326C 主变保护分差变化量、分相差比例差动保护动作，且两套主变保护报文显示故障相均为 C 相。故障录波器录波显示主变高压侧 C 相电流幅值明显变大，并出现零序电流，判断为主变区内 C 相故障。

（四）返厂检查情况

拆除主变 C 相 A 柱高压绕组后，发现明显的线圈匝间短路，如图 4-105 所示；同时高压套管存在多处疑似故障点，可能为电弧放电故障后的波及点，如图 4-106 所示。

(a)　　　　　　　　　　　　　　(b)

图 4-105　主变 C 相高压绕组匝间短路点

（a）细节图；（b）整体图

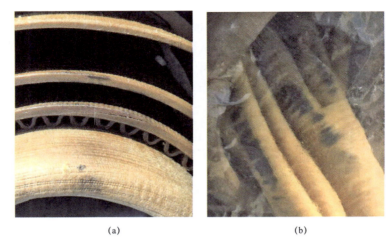

（a）   （b）

图 4-106　主变 C 相高压套管疑似故障点

（a）细节图 1；（b）细节图 2

三、缺陷/故障原因分析

主变 C 相高压套管顶部均压环固定方式存在设计缺陷。该意大利 P&V 套管顶部"将军帽"采用四颗不锈钢沉头螺栓固定，套管顶部均压环也同时使用这四颗螺栓固定。套管顶部结构如图 4-107 所示，套管头部实际密封面如图 4-108 所示。

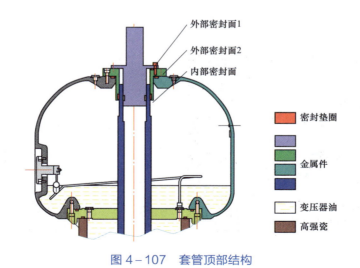

外部密封面1

外部密封面2

内部密封面

密封垫圈

金属件

变压器油

高强瓷

图 4-107　套管顶部结构

图 4-108　套管头部实际密封面

　　变压器运行中会产生振动，在风力作用下均压环也会发生振动，长时间振动导致固定螺栓松动，进而使"将军帽"与套管储油柜之间的一级密封失效。水分通过失效的一级密封进入套管导电杆，因套管底部未密封，水分直接进入变压器高压绕组出线处，引起变压器匝间短路。

四、后续处理情况

　　套管顶部一级密封的固定方式改为二级密封固定，二级密封有 6 颗螺栓，交叉使用其中 3 颗螺栓用于固定均压环，改造前后的套管顶部结构如图 4-109 所示。改造之前，对均压环进行了抗风能力计算，并在螺栓的选型上，考虑了振动和风摆的因素，可以满足运行要求。在新采购的套管均压环固定方式上改变此类设计，改为套管顶部重新设计六颗固定螺栓（采用非贯通螺孔）。

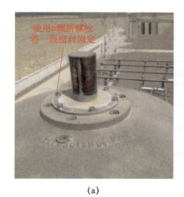

(a)　　　　　　　　　　　　　　　(b)

图 4-109　改造前后的套管顶部结构

（a）改造前；（b）改造后

五、小结及建议

（1）通过油色谱在线监测装置关注特征气体含量增长趋势，若特征气体含量发生跳变，应记录跳变的时间并设置合理的在线监测周期。

（2）在线监测和离线色谱综合分析，在不同部位取样，当离线数据和在线数据趋势差别较大时，应进行复测。在开展主变定期油色谱测试时，应纵向、横向比较氢气数据。

（3）在进行油色谱检测数据分析的同时，参考变压器直流电阻等电气试验数据，多角度综合分析判断可有效检出和定位此类问题。

（4）对套管加装单氢检测、油压监测、相对介损测试等在线监测装置，同时结合红外测温等手段，实时监测套管运行工况；必要时对套管进行取样检测。

【案例 4-21】110kV 变电站 1 号主变调压绕组与分接线间短路导致的电弧放电故障

一、缺陷/故障基本信息

某 110kV 变电站 1 号主变型号为 SZ11-63000/110，2009 年 9 月 30 日投运。

缺陷情况简述：2017 年 11 月 11 日 3 时左右，110kV 变电站 10kV 侧线路发生单相接地故障，6 时左右故障全部恢复；7 时 13 分，1 号主变由 9 挡到 10 挡调挡过程中，调挡至 9C 区段时，本体重瓦斯动作，变压器跳闸。

二、检查及试验情况

（一）油色谱检测数据及特征分析

油中溶解气体离线检测数据见表 4-42 和图 4-110，主要增长组分是乙炔、乙烯，且气体继电器取气样折合油中理论值远高于变压器下部取样油中各故障气体油色谱离线检测数据。三比值编码为 102，结合特征气体法，判断为电弧放电故障。气体继电器中氢气、乙炔很高，且气体继电器气样气体理论折算值远大于本体油中气体含量，表明电弧放电故障具有突发性特征，这是由于该类故障发展很快，气体来不及完全溶于油中，大部分进入气体继电器。

表4-42　　　　　　　油中溶解气体离线检测数据　　　　　　（μL/L）

试验日期	气体含量							
	H$_2$	CO	CO$_2$	CH$_4$	C$_2$H$_4$	C$_2$H$_6$	C$_2$H$_2$	总烃
2015.04.02	5.60	124.50	203.40	0.84	0.12	0	0	0.96
2016.03.24	29.68	196.16	446.02	2.35	2.68	4.35	0	9.38
2017.03.07	37.58	362.36	980.04	3.58	0.63	0.62	0	4.86
2017.11.11	20.90	415.30	919.40	10.30	17.90	3.80	33.00	65.00
2017.11.11 （气体继电器气样）	3326.70	695.94	822.70	1376.38	1415.11	19.53	4776.32	7587.33
2017.11.11 （油中理论值）	199.60	83.51	756.88	536.79	2066.16	44.92	4565.84	7213.71

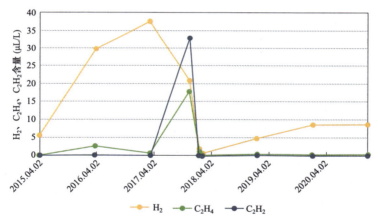

图4-110　主变油中溶解气体离线检测数据

（二）其他试验情况

（1）主变短路阻抗试验。A相短路阻抗与B、C两相偏差严重超标，短路阻抗试验数据见表4-43。

表4-43　　　　　　　短 路 阻 抗 试 验 数 据

测量部位	短路阻抗			误差（%）
	AO	BO	CO	
高压—低压	10.23683	16.29717	16.27808	13.97008

（2）所有挡位直流电阻试验。高压 A 相 1～4 挡及 14～17 挡直流电阻与 B、C 相偏差超标，直流电阻试验数据见表 4－44。

表 4－44　　　　　　　　直 流 电 阻 试 验 数 据

测量绕组	分接位置	AO（mΩ）	BO（mΩ）	CO（mΩ）	三相不平衡率（%）
高压	1	262.2	279.9	280.8	7.09
	2	257.9	275.4	276.0	7.02
	3	257.7	270.7	269.2	5.04
	4	257.0	266.5	266.6	3.74
	5	257.1	261.8	261.8	1.83
	6	255.3	257.2	257.2	0.74
	7	252.2	252.7	251.8	0.36
	8	246.5	248.2	248.4	0.77
	9	241.4	242.5	241.8	0.46
	10	247.0	248.1	247.8	0.45
	11	251.6	252.6	251.8	0.40
	12	253.2	257.1	256.1	1.54
	13	253.9	261.5	260.9	2.99
	14	253.5	266.0	265.6	4.93
	15	253.8	270.4	270.1	6.54
	16	258.3	275.0	274.6	6.47
	17	262.8	279.4	279.2	6.32
低压	—	ab	bc	ca	—
		3.442	3.474	3.461	0.93

（三）现场检查情况

11 月 14 日，现场放油进入器身检查，发现 A 相高压绕组调压绕组部分已经损坏，在变压器器身底部可见绝缘纸碎片散落，调压绕组已经发生变形损坏。现场检查情况如图 4－111 所示。

（四）返厂检查情况

11 月 28 日，吊罩和解体检查，发现 A 相高压绕组调压绕组坍塌，变形严重；A 相调压绕组 9 挡和 10 挡抽头与分接选择器的引线间有放电痕迹，接头处烧蚀严重；B、C 相绕组无异常，有载分接开关外观检查无异常。返厂检查情况如图 4－112 所示。

(a)　　　　　　　　　　　　　　　　(b)

图 4 - 111　现场检查情况

（a）器身底部绝缘纸碎片；（b）调压绕组变形损坏

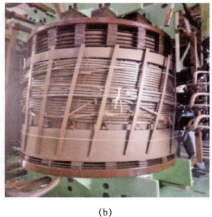

(a)　　　　　　　　　　　　　　　　(b)

图 4 - 112　返厂检查情况

（a）分接线间放电点；（b）A 相调压绕组变形情况

三、缺陷/故障原因分析

A 相调压绕组 9 挡和 10 挡抽头与分接选择器间的两根分接线间发生直接短路。导致故障的原因为工艺或者产品质量问题，导致连接线接头处的绝缘不良；在调挡过程中，绝缘击穿导致调压绕组短路电弧放电，在热作用力和电动力作用下，分接线冷压结发生变形损坏。

四、后续处理情况

设备厂重新制作并更换 A 相调压绕组，并加强工艺管控，防止出现局部绝缘薄弱情况。

五、小结及建议

（1）通过油色谱在线监测装置关注特征气体含量增长趋势，若特征气体含量发生跳变，应记录跳变的时间并设置合理的在线监测周期。

（2）当气体继电器发生动作，应及时开展本体油样和气体继电器气样的色谱分析。气体继电器气样应先折合至油中理论值，再进行三比值计算和判断。

（3）在进行油色谱检测数据分析的同时，可参考短路阻抗、直流电阻测试及绕组变形等电气试验数据，多角度综合分析判断故障情况。

（4）在线监测和离线色谱综合分析，在不同部位取样，当离线数据和在线数据趋势差别较大时，应进行复测。

【案例 4-22】220kV 变电站 1 号主变 C 相高压套管根部绝缘击穿导致的高能放电故障

一、缺陷/故障基本信息

某 220kV 变电站 1 号主变型号为 SSZ10-180000/220，2013 年 3 月出厂，2013 年 7 月投运。高压套管型号为 FGRBDLW-252/630-4，2013 年 1 月出厂。

故障情况简述：2016 年 11 月 18 日 0 时 4 分，1 号主变差动保护、本体重瓦斯动作跳闸，主变本体轻瓦斯、压力释放阀动作发信，故障电流 6.03kA，110、35kV 母线失压，损失负荷 29MW。

二、检查及试验情况

（一）油色谱检测数据及特征分析

通过油色谱分析，各特征气体含量均严重超标，其中主变本体上部乙炔高达 3035.38μL/L、总烃 8755.33μL/L，下部为乙炔 85.59μL/L、总烃 249.97μL/L，C_2H_2/总烃约为 35%，H_2/氢烃约为 42%。本体绝缘油色谱三比值编码为 102，气体继电器气样三比值编码为 200，综合判断变压器内部存在电弧放电现象，为突发故障类型。油中溶解气体离线检测数据见表 4-45。

表 4-45　　　　　　　　　油中溶解气体离线检测数据　　　　　　　　（μL/L）

试验日期及取样位置	气体含量							
	H_2	CO	CO_2	CH_4	C_2H_4	C_2H_6	C_2H_2	总烃
2016.11.18（上部）	6349.61	5836.33	1117.67	3890.13	1701.78	128.05	3035.38	8755.33
2016.11.18（下部）	131.07	479.76	763.53	78.27	75.26	10.85	85.59	249.97
2016.11.18（气体继电器）	368356.00	216960.00	2946.92	9260.58	470.64	8886.31	14253.90	32871.40

（二）其他试验情况

（1）电气试验数据显示，高压侧对中、低压侧及地绝缘电阻为 0，高压侧对中、低压侧及地介损、电容量及短路阻抗无法测量（无法加压），高压 C 相套管末屏绝缘电阻为 0，高压 C 相套管主绝缘电阻为 0，试验结果表明主变高压 C 相套管损坏。

（2）中、低压绕组电容量及中压侧对低压侧短路阻抗测量试验结果正常，绕组直流电阻试验结果均正常，而高压绕组无法施加高压进行电容量及短路阻抗测量，且绝缘电阻为 0，结合油色谱检测数据，初步判断高压绕组上部出线处存在故障点。拆除高压套管后，高压绕组绝缘电阻测量结果恢复为 4000MΩ，且高压绕组直流电阻测量结果正常，综合结果表明变压器绕组未发生结构严重变形、导线匝间短路或熔断情况。

通过检查变电站一、二次设备，查阅运行日志等相关资料，分析保护装置动作信息与故障录波报告、变压器油化试验及电气试验报告，初步判断为主变高压侧 C 相发生电弧放电故障。

（三）现场检查情况

（1）1 号主变跳闸后，变电运维人员对差动保护动作区域内设备进行巡视检查，未发现异常情况，结合故障录波和跳闸情况判断，变压器未承受出口及近区短路冲击；雷电系统定位查询结果显示，主变三侧避雷器故障前后无动作记录，综合得知故障变压器所在地区故障前后无雷电活动。

（2）2016 年 11 月 19 日，拆除高压三相套管并进行外观检查及试验，发现高压套管 C 相下部本体油中部分存在明显放电痕迹，且其主绝缘电阻为 0，可判断高压 C 相套管发生电弧放电，绝缘受到永久性破坏。

现场检查情况如图 4-113 所示。

(a)   (b)

(c)   (d)

图 4-113　现场检查情况

（a）高压 C 相套管放电痕迹；（b）升高座法兰处电流互感器外绝缘烧损；

（c）高压 C 相套管绝缘击穿点；（d）高压 C 相出线烧融

（四）返厂检查情况

无。

三、缺陷/故障原因分析

综合现场检查结果，可明确故障发生过程为：1 号主变压器高压侧 C 相套管根部发生绝缘击穿，对套管电流互感器发生电弧放电，形成单相接地短路，引起主变差动保护、重瓦斯保护及压力释放阀动作。同时，发现变压器油存在明显炭黑现象且含有绝缘烧损杂质，变压器油污染情况较为严重，极有可能污染本体线圈及铁心等部件。

四、后续处理情况

（1）对故障变压器返厂进行彻底清洗和检修，同时更换三相套管为油纸电容型套管。

（2）针对此次故障套管开展专项隐患排查，核查前次例行试验、本体油色谱分析、红外测温等有无异常。

五、小结及建议

（1）通过油色谱在线监测装置关注特征气体含量增长趋势，若特征气体含量发生跳变，应记录跳变的时间并设置合理的在线监测周期。

（2）对套管加装单氢检测、油压监测、相对介损测试等在线监测装置，同时结合红外测温等手段，实时监测套管运行工况；必要时对套管进行取样检测。

（3）发生故障后，立即对故障设备不同部位进行取样，通过比较主变本体上部和下部的绝缘油色谱分析数据，可初步判断故障点位于变压器本体上部，起到了辅助定位故障部件和区域的作用。同时，结合绝缘电阻、绕组变形等诊断性试验，辅助判断故障区域。

（4）气体继电器取气测试结果，在色谱特征分析时需要折算为油中理论计算值进行结果判定，并进行油中理论计算值和实际测试值的比较。

第 2 节　低　能　放　电

低能放电（火花放电）故障是释放能量较低的放电现象（相对于高能放电而言），这种类型的放电故障产生的特征气体往往较少，大多数情况下解体后内部故障部位难以查找，是油中溶解气体分析诊断的难点之一。在低能放电故障转化为严重的放电故障之前，仍可采用油色谱分析结合超声、高频局放等带电检测和局放停电试验等方法综合分析判断，对故障的产生和发展进行预警；但是，若出现涉及固体绝缘的放电特征则应引起重视。

本节共收录典型案例 14 例，按缺陷部位进行统计。其中：铁心夹件绝缘问题有 7 例，占比 50%，缺陷原因包括压板或拉板存有金属异物、铁心夹件低场强区存有金属碎屑、铁轭拉带与拉带肢板间距离不足、磁分路与铁心间距不足、绕组压钉与压钉碗间存有异物或接触不良、铁轭地屏屏蔽铜带与等电位带脱焊等；引线连接处绝缘问题有 7 例，占比 50%，缺陷原因包括软连接过长、锁紧

螺母紧固不到位、引线接触不良、套管根部存有异物等。

低能放电型故障中，油色谱特征主要表现为乙炔含量增长相对其他组分较快，一般总烃含量不高。针对此类问题，建议运维单位注意以下几点内容：

（1）高度重视油色谱在线数据的准确性和可用性，定期对各类油色谱在线、离线检测仪器进行校验对比，保障检测仪器的准确性。

（2）运行中一旦出现特征气体增长趋势，应缩短在线监测装置监测周期和开展离线取油样分析，以便后续故障原因分析及定位。

（3）当各类烃类气体含量偏低时，采用三比值法可能会出现误判；可将特征气体法作为缺陷性质的分析诊断手段，同时采用多部位取样分析，提高判断准确率。采用三比值法判断时，可采用增量三比值计算方法，排除已有特征气体的相互干扰；若计算值在电弧放电和低能放电边界值附近，可能也会出现误判，需要综合特征气体法进行判断。

（4）结合超声波局放检测、高频电流局放检测、铁心夹件接地电流等测试数据辅助判断和故障定位，并进行故障严重程度判断。若判断故障涉及固体绝缘或发展速度较快（特征气体增长迅速），建议迅速查明故障原因，对设备进行停电处理。

【案例 4-23】 220kV 变电站 2 号主变绕组压板异物导致的低能放电故障

一、缺陷/故障基本信息

某 220kV 变电站 2 号主变型号为 SSZ-180000/220，2018 年 12 月 16 日出厂，2019 年 5 月 23 日投运。

缺陷情况简述：2021 年 3 月 15 日，变压器本体油色谱在线监测装置乙炔告警，含量为 1.574μL/L，并呈增加趋势；3 月 16 日离线检测发现乙炔含量达到 9.66μL/L，后经钻检发现高压侧 B 相上压板有一尖角金属异物发生低能放电。

二、检查及试验情况

（一）油色谱检测数据及特征分析

2021 年 3 月 15 日，在线油色谱监测发现乙炔含量为 1.574μL/L，之后逐渐上升，至 16 日增长至 1.739μL/L。油中溶解气体在线监测数据见表 4-46 和图 4-114。

表 4-46　　　　　　　　　　　油中溶解气体在线监测数据　　　　　　　　（μL/L）

试验时间	气体含量							
	H_2	CO	CO_2	CH_4	C_2H_4	C_2H_6	C_2H_2	总烃
2021.03.07 12:55	56.265	28.568	64.720	2.503	3.870	0.350	0.104	6.827
2021.03.08 12:52	59.420	29.281	68.010	2.625	3.721	0.355	0.099	6.801
2021.03.09 12:51	59.465	28.985	68.906	1.383	2.885	0.279	0.062	4.609
2021.03.10 12:48	59.214	27.792	68.411	1.852	2.287	0.237	0.101	4.477
2021.03.11 12:50	58.454	26.994	68.823	1.913	2.935	0.310	0.138	5.296
2021.03.12 12:48	63.398	27.458	69.530	2.207	2.917	0.284	0.236	5.643
2021.03.13 12:48	76.068	29.602	72.193	1.855	3.638	0.345	0.584	6.422
2021.03.14 12:47	89.024	27.874	70.288	2.817	4.979	0.432	1.228	9.456
2021.03.15 12:47	92.735	27.153	67.695	2.922	6.089	0.523	1.574	11.098

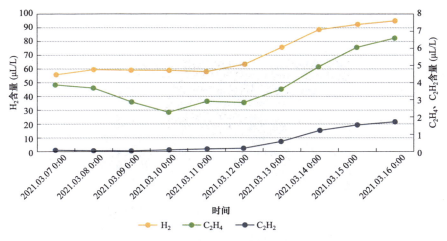

图 4-114　主变油中溶解气体在线监测数据

　　2021 年 3 月 16 日对变压器进行油色谱离线检测分析，发现乙炔含量已达到 9.66μL/L（本体下部），严重超过注意值，C_2H_2/总烃约为 41.17%～54.89%，H_2/氢烃约为 46.44%～69.08%。本体上、中、下部的三比值编码分别为 101、102、102，故障特征为内部电弧放电，但此时三比值计算均非常接近高能放电和低能放电的分界值；根据特征气体法分析，主要特征气体为氢气和乙炔，总烃不高，综合判断为低能放电。油中溶解气体离线检测数据见表 4-47。

表 4–47　　　　　　　　油中溶解气体离线检测数据　　　　　　　　（μL/L）

试验日期及取样位置	气体含量							
	H_2	CO	CO_2	CH_4	C_2H_4	C_2H_6	C_2H_2	总烃
2020.10.13　本体下部	25.00	43.47	291.21	4.35	1.23	0.34	0.14	6.06
2021.03.15　本体下部	15.26	17.39	147.59	2.92	4.10	0.59	9.66	17.60
2021.03.16　本体上部	27.57	26.70	258.17	3.65	1.88	1.73	5.08	12.34
2021.03.16　本体中部	23.7	22.30	160.25	4.68	3.40	0.62	10.16	18.89
2021.03.16　本体下部	15.26	17.39	147.59	4.10	3.25	0.59	9.66	17.60
2021.03.16　有载分接开关	27.49	16.51	655.81	12.05	0.68	0.44	0	13.17

（二）其他试验情况

变压器停运后，开展绕组连同套管直流电阻、介损及电容量、绝缘电阻、铁心对地、夹件对地绝缘电阻试验，试验数据无异常。

（三）现场检查情况

3月21日，运维单位对2号主变开展全排油内检。内检发现一处明显缺陷：高压侧B相上压板有一尖角金属异物，上压板边缘有绝缘烧蚀点。高压侧B相上压板如图4–115所示。

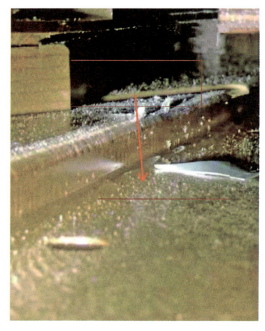

图 4–115　高压侧 B 相上压板

（四）返厂检查情况

无。

三、缺陷/故障原因分析

结合设备油色谱分析结果与绕组直流电阻等诊断性试验（均正常）结果，分析认为异常原因为金属异物（硅钢片）导致上铁轭与压板间形成放电通道，进而产生特征气体。

四、后续处理情况

现场清理打磨压板上的放电点，做到光滑、无毛刺。完成异物清除及压板放电点清理工作后，变压器重新投入运行。

五、小结及建议

（1）目前，变压器上安装的油色谱在线监测装置普遍存在检测精度低和未经校验的问题，导致油色谱在线监测数据同离线检测数据有较大差距，因此可以将油色谱在线监测数据作为判断特征气体含量变化趋势的手段。

（2）应定期对各类油色谱在线、离线检测仪器进行校验对比，保障装置仪器的准确性。

（3）当某些特征气体含量较少时，采用三比值法可能会出现误判；应结合特征气体法综合分析，同时采用多部位取样分析，提高判断准确率。

（4）可结合其他电气试验、带电检测辅助判断。

【案例 4-24】高电压等级变压器磁分路与铁心间距不足导致的低能放电缺陷

一、缺陷/故障基本信息

某高电压等级 2 号主变型号为 ODFS13-250000，2011 年 10 月出厂，2012 年 8 月 29 日投运。

缺陷情况简述：2012 年 9 月 2 日在进行变压器第 4 天本体油中溶解气体离线检测时，发现油中含有痕量乙炔（A 相：$0.12\mu L/L$；B 相：$0.11\mu L/L$；C 相：$0.09\mu L/L$；未超过注意值 $1\mu L/L$）。对主变跟踪取油样进行油中溶解气体分析，发现三相油中乙炔有缓慢增长趋势。通过局放带电检测和超声波定位，确认主变三相内部均存在低能放电。

変压器及电抗器油中溶解气体分析技术及典型案例分析

二、现场检查及试验情况

（一）油色谱检测数据及特征分析

2 号主变 A、B、C 相的油中溶解气体离线检测数据见表 4−48～表 4−50 和图 4−116～图 4−118。除少量乙炔外，油中氢气含量相对较高，其他烃类气体组分含量较低，C_2H_2/总烃约为 40%，H_2/氢烃约为 70%。由于烃类气体含量较低，未超过运行注意值，因此不适合直接应用三比值法为依据进行分析诊断。按照特征气体法分析，主要增长特征气体为氢气和乙炔，总烃不高，判断主变内部存在低能放电缺陷。

表4−48　　　　　2 号主变 A 相油中溶解气体离线检测数据　　　　（μL/L）

试验日期	气体含量							
	H_2	CO	CO_2	CH_4	C_2H_4	C_2H_6	C_2H_2	总烃
2012.08.30	2.76	11.35	90.64	0.37	0.11	0	0	0.48
2012.09.02	5.19	4.23	105.49	0.29	0.06	0	0.12	0.47
2012.09.08	2.96	14.79	112.30	0.60	0.20	0	0.55	1.35
2012.09.16	3.31	16.82	97.94	0.49	0.23	0	0.62	1.34
2012.09.24	4.24	14.83	97.07	0.56	0.42	0	0.62	1.60
2013.01.06（处理后）	0.80	1.37	59.49	0.22	0.03	0	0	0.25

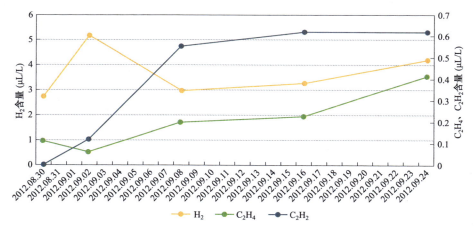

图 4−116　2 号主变 A 相油中溶解气体离线检测数据

表 4-49　　　　　　　2 号主变 B 相油中溶解气体离线检测数据　　　　　　（μL/L）

试验日期	气体含量							
	H_2	CO	CO_2	CH_4	C_2H_4	C_2H_6	C_2H_2	总烃
2012.08.30	1.71	8.13	56.97	0.34	0.05	0	0	0.39
2012.09.02	2.62	3.16	47.48	0.22	0.06	0	0.11	0.39
2012.09.08	2.43	12.24	75.48	0.42	0	0	0.10	0.52
2012.09.16	2.24	15.71	102.11	0.37	0.07	0	0.15	0.59
2012.09.24	1.69	12.97	113.41	0.34	0.08	0	0.15	0.57
2013.01.06（处理后）	0.49	1.47	40.67	0.14	0.10	0	0	0.24

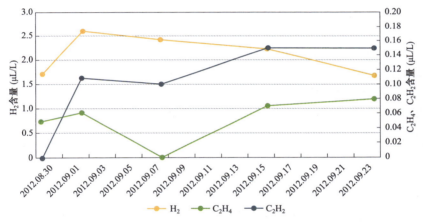

图 4-117　2 号主变 B 相油中溶解气体离线检测数据

表 4-50　　　　　　　2 号主变 C 相油中溶解气体离线检测数据　　　　　　（μL/L）

试验日期	气体含量							
	H_2	CO	CO_2	CH_4	C_2H_4	C_2H_6	C_2H_2	总烃
2012.08.30	1.44	13.31	119.72	0.39	0.17	0.26	0	0.82
2012.09.02	2.10	12.52	100.92	0.30	0.08	0	0.09	0.47
2012.09.08	1.95	13.95	88.51	0.45	0.09	0	0.15	0.69
2012.09.16	2.24	16.85	136.31	0.39	0.12	0	0.20	0.71
2012.09.24	4.67	16.01	110.62	0.50	0.12	0	0.27	0.89
2013.01.06（处理后）	2.03	1.22	122.71	0.31	0.07	0	0	0.38

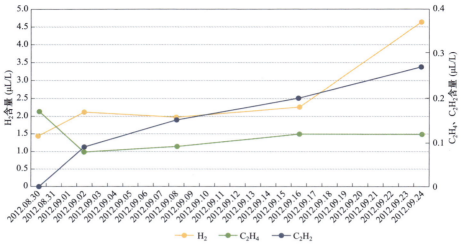

图 4-118　2 号主变 C 相油中溶解气体离线检测数据

　　从表 4-48～表 4-50 可以看出，A 相特征气体存在明显同步增长趋势，B 相发展趋势平缓，C 相也存在微量逐渐增长趋势。

（二）油色谱在线监测数据及特征分析

　　2012 年 8 月 30 日～2013 年 1 月 6 日，因未装设主变油色谱在线监测装置，故无油色谱在线监测数据。

（三）其他试验数据及特征分析

1. 带电检测数据

　　2012 年 9 月 6～25 日，对 2 号主变进行高频法、超声波局放检测，发现变压器三相均存在异常放电信号。其中，信号较强的 A 相定位结果显示箱底铁心与夹件之间的磁屏蔽处存在放电信号，初步判断铁心与夹件之间存在放电，导致油中出现乙炔。

2. 停电试验数据

　　2012 年 9 月 27 日停电后对 2 号主变进行停电试验，包括绕组的绝缘电阻、介损电容量、直流电阻、泄漏电流、联结组别试验，套管的绝缘电阻、介损电容量试验，变比试验，铁心夹件的绝缘电阻试验，各项试验数据均满足相关规程要求。

（四）返厂检查情况

　　对主变进行吊罩及解体检查，情况如下。

1. 外观检查情况

　　A、B、C 三相吊罩检查发现：下节油箱无水迹，无脱落零件；器身无明显移位、窜动、变形迹象；木支架无开裂痕迹；器身垫块、围板、撑条、压块无异常移位、损伤。

2. 铁心、夹件绝缘电阻、耐受电压试验

对 2 号主变 A、B、C 三相进行铁心对夹件绝缘电阻试验，在不同试验电压时均出现放电（A 相 3000V、B 相 1000V、C 相 2800V）。根据放电声音判断，放电部位分布于磁分路与铁心间。

3. 磁分路检查情况

2 号主变磁分路（磁屏蔽）用绝缘木螺钉安装于上、下夹件侧部，用于改善变压器内部漏磁分布。磁分路结构如图 4−119 所示。

(a)　　　　　　　　　　　　　(b)

图 4−119　磁分路结构

（a）现场图 1；（b）现场图 2

根据铁心、夹件试验情况及之前分析，对 A、B、C 三相磁分路进行拆解检查，检查发现磁分路与铁心间，上、下磁分路与夹件安装面间均不同程度存在放电痕迹，如图 4−120 所示。

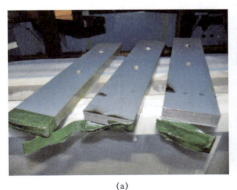

(a)　　　　　　　　　　　　　(b)

图 4−120　存在放电痕迹的磁分路和夹件安装面

（a）磁分路；（b）夹件安装面

核对厂家主变生产图纸，其磁分路设计厚度值为 20mm±2mm，实际仅为 14.3mm。

三、缺陷/故障原因分析

综合分析认为磁分路与铁心、夹件之间产生低能放电的原因为：① 磁分路与铁心间距较小且无可靠绝缘保证措施；② 位于 220kV 绕组上下端部的磁分路厚度不足，在安装槽内存在间隙，导致磁分路与夹件接触不紧密，产生积炭，导致了低能放电。

四、后续处理情况

结合返厂解体检查及分析，提出如下改进措施：

（1）缩短磁分路长度。将磁分路尺寸缩短 10mm，增加磁分路与铁心间的绝缘距离至 18mm（原设计为 8mm）。

（2）加强磁分路与铁心间的绝缘。在磁分路表面覆盖 2 层 0.5mm 纸板，并在磁分路端面与铁心间加装 2 层 1.5mm 绝缘纸板，将原来磁分路与铁心间隙的油绝缘间隙变为油纸绝缘间隙，确保磁分路与铁心间有足够的绝缘强度。加装绝缘纸板的磁屏蔽如图 4-121 所示。

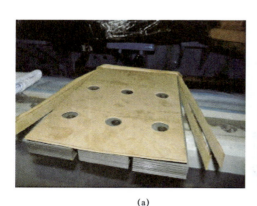 

（a） （b）

图 4-121 加装绝缘纸板的磁屏蔽
（a）现场图 1；（b）现场图 2

（3）增加磁分路厚度。磁分路厚度严格按照设计值（20mm）进行整改，确保磁分路与夹件间紧密接触。

五、小结及建议

（1）新设备投运初期，通过油色谱检测可及早发现设备内部存在的缺陷并及时处理，避免设备故障发展扩大。

（2）各类烃类气体含量偏低，采用三比值法可能会出现误判；可将特征气体法作为缺陷性质的分析诊断手段，同时采用多部位取样分析，提高判断准确率。

（3）结合局放检测初步定位故障位置，为返厂解体维修和故障点查找提供辅助。带电检测放电定位仅为故障点查找提供参考依据，多点故障时可能会漏判某些故障点，解体检查时应全面检测各个部位。

（4）安装油色谱在线监测装置，可作为判断特征气体含量变化趋势的有效手段。

【案例 4-25】110kV 变电站 2 号主变铁轭拉带与拉带肢板之间绝缘距离不足导致的低能放电故障

一、缺陷/故障基本信息

110kV 变电站 2 号主变型号为 SZ11-50000/110，2020 年 4 月出厂，2020 年 5 月 31 日投运。投运时，按照交接规程要求进行了 5 次冲击合闸试验，无异常，进入试运行阶段。

缺陷情况简述：2020 年 6 月 1 日，2 号主变投运后 1d，进行变压器本体油中溶解气体分析，发现乙炔含量为 4.71μL/L，其他气体含量正常。6 月 9 日，2 号主变停运并进入内部检查，发现进铁轭拉带与拉带肢板之间绝缘距离很小，拉带绝缘护套端部有放电痕迹。

二、现场检查及试验情况

（一）油色谱检测数据及特征分析

主变投运前后油中溶解气体离线检测数据见表 4-51。主变投运后 1d，乙炔含量突增至 4.71μL/L，其他气体含量正常。之后，在投运后第 3、4 天的油色谱跟踪检测中乙炔含量较稳定，没有继续增长，C_2H_2/总烃约为 51%，H_2/氢烃约为 65%。主要特征气体 H_2 和 C_2H_2 6 月 3、4 日的三比值编码为 200，以 6 月 3 日和投运前的油中溶解气体组分含量差值计算三比值编码为 200，综合诊断分析主变内部存在低能放电性质缺陷。

表 4−51　　　　　　主变投运前后油中溶解气体离线检测数据　　　　　　（μL/L）

试验时间	气体含量							
	H₂	CO	CO₂	CH₄	C₂H₄	C₂H₆	C₂H₂	总烃
投运前	2.52	11.74	237.75	0.54	0.64	0.12	0	1.30
2020.06.01 投运后 1d	14.80	17.34	168.65	2.37	1.79	0	4.71	8.87
2020.06.03 投运后 3d	13.94	20.69	239.64	2.11	1.45	0.29	4.02	7.87
2020.06.04 投运后 4d	14.57	21.08	197.94	2.08	1.51	0.13	3.96	7.68

（二）其他试验数据及特征分析

6 月 4 日进行了高频局放带电检测，检测图谱出现了两簇具有放电特征的信号，6 月 5 日再次检测时，未检测到放电信号。6 月 5 日对 2 号主变加装重症监测仪，测试开始时检测到了高频局放异常信号，随后信号消失。排除外部原因，初步判断 2 号主变内部可能有金属碎屑或者异物搭接的情况导致火花放电。

（三）现场检查情况

2020 年 6 月 19 日，现场服务人员进入变压器内部进行排查，当检查到低压侧铁心上轭 b、c 相间的两个铁轭拉带靠近 c 相侧的拉带时，发现拉带绝缘护套端部有放电痕迹。经过仔细排查变压器其他部位均未发现异常。现场检查情况如图 4−122 所示。

(a)　　　　　　　　　　　　　　　　　(b)

图 4−122　现场检查情况

（a）拉带绝缘套处放电点；（b）绝缘套因挤压受损

三、缺陷/故障原因分析

在安装变压器铁轭拉带的绝缘护套时，可能由于工人疏忽没有插入到位，使铁轭拉带与拉带肢板之间没有形成可靠绝缘。产品在总装配过程中，可能该铁轭拉带未紧固完全，造成绝缘护套窜动。当变压器运行前进行 5 次冲击合闸时，铁轭拉带与拉带支板未可靠绝缘，进而发生放电，变压器内部产生乙炔。

四、后续处理情况

2020 年 6 月 20 日，对 2 号主变进行了吊罩检查及处理，检查其他部位无放电痕迹，对绝缘护套进行更换，对变压器油进行过滤脱气处理。油处理后油色谱检测数据正常。6 月 30 日，经过交接试验，各项数据正常后恢复主变送电。变压器恢复运行后，按照新投运设备的要求在规定周期内进行连续的油样试验跟踪，数据均正常。

五、小结及建议

（1）油色谱在线监测数据能有效反应主变内部缺陷发展趋势，应加强线监测装置的维护和校验，确保其准确性和可用性。

（2）当各烃类气体含量较低时，采用三比值法可能会出现误判；应以特征气体法判据为主，同时采用多部位取样分析，提高判断准确率。

（3）在开展油中溶解气体组分分析诊断时，当增量较大时，采用最新检测结果与上一次检测结果的增量来计算三比值法，对故障性质的定性会更为准确。

（4）新设备投运初期，通过油色谱可及早发现设备内部存在的缺陷。

【案例 4-26】高电压等级变压器 C 相绕组低压侧压钉与压钉碗间存异物或接触不良导致的低能放电故障

一、缺陷/故障基本信息

某高电压等级变压器型号为 ODFS-250000，2007 年 10 月出厂，2008 年 6 月投运，冷却方式为自然油循环冷却。

缺陷情况简述：2010 年 4 月 16 日，油色谱定期检测发现变压器 C 相出现少量乙炔，随后乙炔含量出现三次明显增长；2013 年 1 月 11 日，乙炔含量增长至 7.63μL/L。局放检测发现局放量超标。判断结论为低能放电故障。

二、检查及试验情况

（一）油色谱检测数据及特征分析

2010 年 4 月 16 日，油色谱定期检测发现变压器 C 相出现少量乙炔

（0.41μL/L）；11 月 25 日色谱分析乙炔含量为 3.69μL/L，12 月 9 日取样试验乙炔含量达到 3.98～4.05μL/L，其后乙炔组分含量基本在 3～4μL/L 范围内；2012 年 5 月 15 日～11 月 30 日，乙炔含量在 5μL/L 左右；2012 年 12 月 24 日，油色谱检测数据乙炔含量为 6.44μL/L；2013 年 1 月 10 日，乙炔含量达到 7.48μL/L，乙炔相对产气速率 32.3%/月（与 12 月 24 日数据比较）；1 月 11 日色谱发现乙炔含量为 7.63μL/L，C_2H_2/总烃约为 50%，H_2/氢烃约为 70%。三比值编码为 200，判断为低能放电，特征气体法判断（氢气和乙炔含量上升趋势明显，总烃不高）为火花放电。结合现场试验情况分析，判断产品内部存在裸金属放电。一氧化碳和二氧化碳未见明显增长，未见涉及固体绝缘的特征气体，其他特征气体含量没有明显变化。变压器 C 相油中溶解气体离线检测数据见表 4-52 和图 4-123。

表 4-52　　　　　　　油中溶解气体离线检测数据　　　　　　（μL/L）

试验日期	气体含量							
	H_2	CO	CO_2	CH_4	C_2H_4	C_2H_6	C_2H_2	总烃
2010.09.27	9	75	316	2.92	0.35	1.95	0.27	5.49
2010.11.25	16	100	289	3.12	0.43	0.96	3.69	8.20
2011.04.30	16	95	286	3.19	0.49	0.96	3.19	7.83
2011.12.19	20	103	207	3.19	0.54	0.89	2.88	7.50
2012.01.20	29	119	222	3.54	0.64	0.99	4.27	9.44
2012.09.26	20	114	368	3.91	0.66	0.94	4.12	9.63
2012.11.30	21	128	397	4.22	0.76	1.07	3.80	9.85
2012.12.24	39	137	211	4.46	0.95	1.02	6.44	12.87
2013.01.10	28	108	222	4.52	1.06	1.10	7.48	14.16
2013.01.11	44	135	169	4.78	1.08	1.13	7.63	14.62
2013.01.18（停运后取样）	40	123	195	4.59	1.06	1.21	7.16	14.02
2013.02.20（停运 1 个月）	37	126	246	4.50	1.04	1.06	6.58	13.18
2013.03.25（停运 2 个月）	27	111	240	4.35	0.97	0.99	6.19	12.50
2013.04.25（停运 3 个月）	21	109	239	4.13	0.90	0.91	6.05	11.99

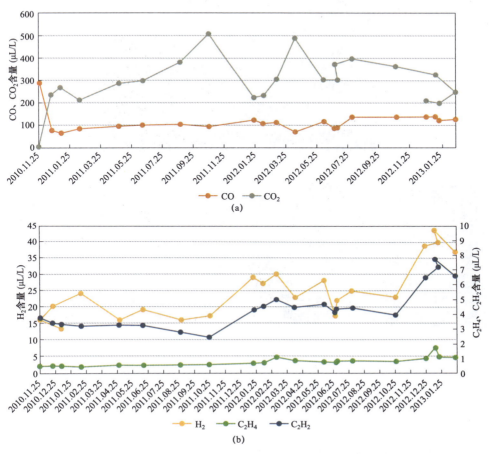

图 4-123　变压器 C 相部分油色谱离线检测数据

（a）CO、CO₂ 数据；（b）H₂、C₂H₄、C₂H₂ 数据

（二）其他试验情况

2013 年 5 月 6 日，开展 1 号主变 C 相局放试验，在 $1.3U_m/\sqrt{3}$ 电压下，超高压绕组及套管视在局放量达到 820pC，220kV 绕组及套管视在局放量达到 850pC，局放量不合格。

（三）返厂检查情况

2013 年 5 月 21 日返厂检查，发现 1 号主变 C 相 A 柱线圈低压侧两个边侧压钉与压钉碗之间有明显放电痕迹（A 柱线圈低压侧上部共有 6 个压钉及压钉碗对线圈进行压紧），现场未发现异物。返厂检查情况如图 4-124 所示。

(a)

(b)

(c)

图 4-124　返厂检查情况

（a）拆解前的压钉安装情况；（b）压钉放电痕迹；（c）压钉碗放电痕迹

三、缺陷/故障原因分析

在压紧过程中，压钉与压钉碗间存在金属异物，导致其他接触面存在接触不良，运行中发生火花放电；同时，变压器运行中长期振动导致器身边侧绝缘伸缩幅度较大，可能造成该部位压钉与压钉碗之间产生间隙和接触不良，产生火花放电。

四、后续处理情况

主变 C 相所有正压钉与压钉碗全部采用焊接结构，压钉碗重新挂绝缘纸浆，从结构上杜绝压钉和压钉碗间间隙产生的可能（此前已经改进了压钉结构工艺）。

五、小结及建议

（1）建议主变装设在线监测设备，油色谱在线监测能有效反映主变内部缺陷发展趋势；同时应加强在线监测装置的维护和校验，确保其准确性和可用性。

（2）运行中一旦出现特征气体增长趋势，应开展离线取油样分析和缩短检测周期；同时采用多部位取样分析，提高判断准确率，尽快进行故障原因分析及定位。

（3）建议通过变压器超声波局放检测、高频电流局放检测、铁心夹件接地电流等测试及油色谱在线监测数据辅助判断。

【案例 4-27】高电压等级电抗器 B 相静电屏蔽夹件拉板间存在异物导致的低能放电故障

一、缺陷/故障基本信息

某高电压等级电抗器 B 相型号为 BKD-70000，本体油重 41t，2018 年 12 月出厂，2019 年 6 月 1 日投运。

缺陷情况简述：2019 年 6 月 6 日，高抗 B 相后台监控轻瓦斯告警动作，现场检查发现非电量保护装置轻瓦斯告警灯亮，气体继电器上浮球明显下降，油色谱在线监测装置显示油中乙炔含量为 7.19μL/L 且持续增长。判断为火花放电故障。

二、检查及试验情况

（一）油色谱检测数据及特征分析

2019 年 6 月 1 日，高抗 B 相带电后取本体油样，1d 后油样和 4d 后油样油色谱检测数据均显示无异常。故障后，油色谱检测数据三比值编码为 200，结合特征气体法判断为低能放电；同时取出集气盒内气体进行点燃实验，气体可燃烧，并且点燃时有轻微爆炸现象。C_2H_2/总烃约为 60%，H_2/氢烃约为 52%。本体油离线、在线三比值编码均为 200，气体继电器气样折算理论值的三比值编码为 210，结合特征气体法判断为低能放电故障。一氧化碳和二氧化碳增长明显，判断该故障涉及固体绝缘。高抗 B 相油中溶解气体离线检测数据见表 4-53 和图 4-125。

表 4-53　　　　　　　油中溶解气体离线检测数据　　　　　　　（μL/L）

试验日期	气体含量								结论
	H_2	CO	CO_2	CH_4	C_2H_4	C_2H_6	C_2H_2	总烃	
2019.06.01（投运 1d）	10.10	20.12	136.2	0.90	0	0.20	0	1.10	无异常
2019.06.04（投运 4d）	10.80	23.70	137.2	0.60	1.11	0.20	0	1.90	
2019.06.06（故障后，在线）	114.58	60.76	258.1	29.88	4.91	32.21	128.73	195.73	H_2、C_2H_2、总烃超标
2019.06.06（故障后，离线）	346.70	69.70	315.2	41.70	4.80	82.30	194.40	320.20	
2019.06.06（继电器故障后气样，气样分析）	527180.00	20897.00	993.0	2603.00	4.00	22.00	231.00	2860.00	—
2019.06.06（继电器故障后气样，折算理论值）	31630.00	2507.00	913.0	1015.00	5.80	51.00	236.00	1307.80	—

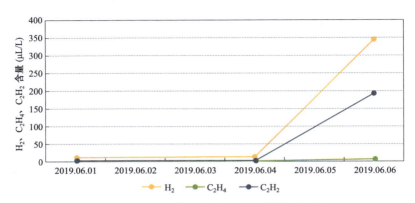

图 4-125 高抗 B 相油色谱离线检测数据

（二）其他试验情况

2019 年 6 月 8 日，高抗 B 相直流电阻、绝缘电阻、套管连同绕组的电容介损、铁心和夹件绝缘电阻、整体对地绝缘、套管油色谱等试验结果均合格。

（三）现场检查情况

上铁轭静电屏蔽与上压板垫块处放电（上铁轭静电屏蔽及临近的夹件拉板有放电痕迹），放电点与高压引线出头支架同一侧。上铁轭静电屏蔽结构上由三层绝缘纸板叠装而成，最靠近上铁轭的一层绝缘纸板背侧为铝箔片，每张铝箔片通过铜编织带连接，最外侧铝箔片与绝缘纸板边沿距离 5mm。上铁轭静电屏蔽呈 U 形，中间为上铁轭，铁轭两侧为夹件拉板。上铁轭静电屏蔽一侧通过铜引线与夹件连接而接地，另一侧（放电点侧）悬空。高抗整体结构如图 4-126 所示，上铁轭静电屏蔽及接地如图 4-127 所示，高抗放电部位如图 4-128 所示。

油漆纸与铁质的夹件接触，表面不可避免地残留有微小的金属杂质，高抗运行时，在振动或油流冲刷下，油漆纸掉落在上铁轭静电屏蔽于夹件拉板中间，出现似接非接情况，如图 4-129 所示。上铁轭静电屏蔽（悬空侧）存在异物，构成 1 匝闭合磁链，在电磁感应作用下在上铁轭静电屏蔽悬空侧产生电压，从而在接触不可靠处产生火花放电。高抗上铁轭静电屏蔽放电原理如图 4-130 所示。

三、缺陷/故障原因分析

高抗 B 相上压板垫块螺孔有未完全掉落的油漆纸，构成 1 匝闭合磁链，在电磁感应作用下在上铁轭静电屏蔽悬空侧产生电压，从而在接触不可靠处产生放电，烧穿绝缘纸板，绝缘垫块产生烧伤痕迹，绝缘油产生大量的特征气体，属于异物引起的故障。从油色谱检测数据来看，特征气体 H_2、C_2H_2、总烃含量超标，油色谱检测数据分析三比值编码为 200，判断故障类型为低能放电。解体检查情况与色谱试验数据吻合。

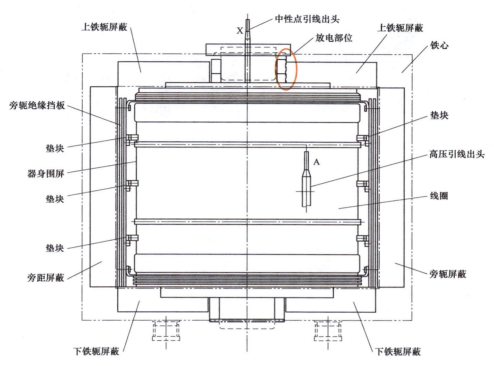

图 4-126　高抗整体结构示意图

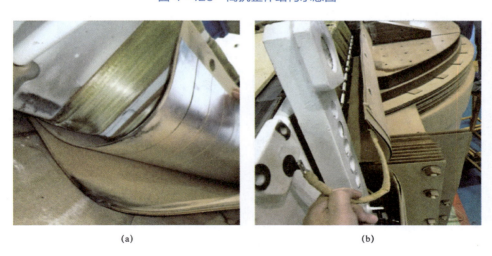

(a)　　　　　　　　　　　　　　(b)

图 4-127　上铁轭静电屏蔽及接地

（a）上铁轭静电屏蔽；（b）上铁轭接地

215

(a)

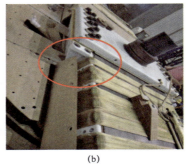

(b)

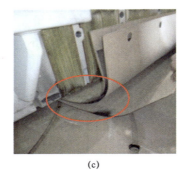

(c)

图 4-128　高抗放电部位

（a）放电部位 1；（b）放电部位 2；（c）放电部位 3

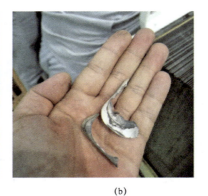

(a)

(b)

图 4-129　上压板垫块螺孔和脱落的油漆纸

（a）上压板垫块螺孔；（b）脱落的油漆纸

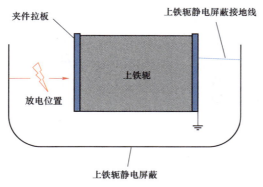

图 4-130　高抗上铁轭静电屏蔽放电原理图

四、后续处理情况

要求厂家加强工艺质量管控，严格按照工艺要求执行。该高抗处理故障点后，要求增加首端、中性点、铁心、夹件的局放测试。

五、小结及建议

（1）建议高抗装设在线监测设备，油色谱在线监测能有效反映高抗内部缺陷发展趋势；同时应加强在线监测装置的维护和校验，确保其准确性和可用性。

（2）运行中一旦出现特征气体增长趋势，应开展离线取油样分析和缩短检测周期；同时采用多部位取样分析，提高判断准确率，尽快进行故障原因分析及定位。

（3）建议通过变压器超声波局放检测、高频电流局放检测、铁心夹件接地电流等测试及油色谱在线监测数据辅助判断。

（4）本案例中故障前后一氧化碳和二氧化碳含量明显增长，实际检查发现绝缘纸板和垫块已产生烧蚀，证明一氧化碳和二氧化碳的增长情况对判断该故障是否涉及固体绝缘有效。

【案例 4-28】高电压等级变压器内部固体绝缘低能放电故障

一、缺陷/故障基本信息

某高电压等级变压器型号为 ODFPS-1000000，2016 年 7 月 1 日出厂，2017 年 8 月 14 日投运，冷却方式为强迫油循环风冷。

缺陷情况简述：2017 年 8 月 10 日，主变投运；2017 年 9 月 10 日，油色谱离线检测发现乙炔含量为 0.77μL/L；2018 年 9 月，在线监测乙炔含量增长至

3μL/L，首次开展内检、滤油，消除导油盒盖板固定螺栓松动缺陷 3 处；2019 年 6 月，在线监测乙炔含量增长至 5.49μL/L，第二次开展内检、滤油，消除固定螺栓松动缺陷 2 处；2020 年 5 月，离线检测乙炔含量增长至 2.32μL/L；2020 年 6 月 9 日，事故排油改造完成，在线监测乙炔含量为 2.58μL/L；2020 年 6 月 10 日，排油改造送电后在线监测乙炔含量突增至 4.69μL/L，临时拉停主变进行更换。

二、检查及试验情况

（一）油色谱检测数据及特征分析

油中溶解气体离线检测数据见表 4-54 和图 4-131。

表 4-54　　　　　　　　　油中溶解气体离线检测数据　　　　　　　　（μL/L）

试验日期	气体含量							
	H_2	CO	CO_2	CH_4	C_2H_4	C_2H_6	C_2H_2	总烃
2018.05.23	70.75	59.04	173.21	1.58	0.52	1.26	0.27	2.74
2018.06.22	71.32	68.00	320.24	8.29	1.55	2.78	0.29	12.91
2018.07.13	77.44	65.61	329.47	11.99	1.79	4.18	0.32	18.28
2018.08.22	78.25	65.87	467.55	18.91	3.35	9.71	2.95	34.92
2018.09.13	77.44	290.41	364.70	24.24	2.47	8.52	0.52	35.75
2018.10.20	8.51	7.91	35.94	3.00	1.51	1.06	0.57	6.14
2018.11.13	6.99	5.74	79.59	4.38	1.71	1.26	0.85	8.20
2018.12.25	9.84	9.88	89.00	4.72	2.08	2.50	0.12	9.42
2019.01.22	36.24	86.47	83.24	3.71	1.12	1.12	0.96	6.91
2019.02.13	85.61	86.95	232.74	8.04	1.04	3.91	0	12.99
2019.03.13	38.36	89.65	256.32	4.64	5.64	5.64	0.73	16.65
2019.04.30	70.05	54.56	87.81	7.57	1.61	2.35	1.12	12.65
2019.05.17	91.00	74.00	88.00	9.00	1.62	2.50	1.32	14.44
2019.06.25	0	0.68	19.47	0.09	0.14	0.30	0	0.53
2019.07.30	19.52	24.97	134.32	4.32	1.77	1.13	0.85	8.07
2019.08.30	27.78	32.57	168.08	5.18	1.78	1.35	0.94	9.25
2019.09.29	64.30	89.20	165.20	1.65	1.68	0.21	0	3.54
2019.10.30	94.97	54.36	171.06	8.27	1.79	1.85	0	11.91
2019.11.26	63.82	58.19	205.28	8.17	2.36	2.51	0.20	13.24
2019.12.31	73.66	43.95	185.84	8.37	2.15	2.64	2.06	15.22
2020.01.22	80.51	44.81	141.68	9.02	2.56	2.92	3.36	17.86
2020.02.13	85.56	46.67	125.77	9.79	2.47	3.10	2.39	17.75
2020.03.20	98.70	50.88	158.26	11.26	2.96	3.91	2.97	21.10
2020.04.18	48.09	53.88	162.26	11.33	2.55	3.67	2.40	19.95
2020.05.09	112.64	60.43	178.04	11.85	2.26	3.16	2.32	19.59
2020.06.10	110.00	64.18	274.15	12.08	2.70	3.89	4.11	22.78
2020.07.28	1.70	53.16	219.76	1.08	0.16	0.94	0	2.18

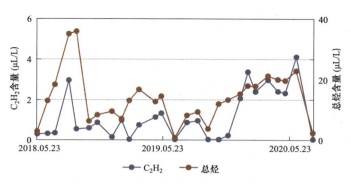

图 4-131　油中溶解气体离线检测数据

主要增长组分是乙炔和总烃，其他气体无明显增长趋势。C_2H_2/氢烃约为 5.5%～21.8%，H_2/氢烃约为 41.5%～60.6%。油色谱分析增量三比值编码初始为 200，诊断为低能放电故障。一氧化碳和二氧化碳未见明显变化，未见涉及固体绝缘的特征。

值得注意的是，乙炔气体突增期间，经常伴随周围大容量换流站单极大地回线方式运行，说明乙炔气体的出现和变压器直流偏磁工况具有相关性，见表 4-55。

表 4-55　　　　变压器本体乙炔含量增长与直流偏磁工况关系　　　　（μL/L）

试验日期	C_2H_2 增长前	C_2H_2 增长后	ΔC_2H_2	运行工况
2018.10.21	0.57	1.64	1.07	换流站 1 单极大地回线运行
2018.11.02	1.38	1.95	0.57	换流站 1 单极大地回线运行
2018.11.05	1.66	2.38	0.72	无不平衡运行工况
2018.11.25	1.60	2.36	0.76	换流站 2 单极大地回线运行
2019.06.02	1.32	3.52	2.20	换流站 1 单极大地回线运行
2019.06.03	3.52	5.49	1.97	换流站 1 单极大地回线运行
2019.11.13	0.67	2.56	1.89	换流站 2 单极大地回线运行
2019.11.14	2.56	3.67	1.11	换流站 2 单极大地回线运行

（二）其他试验情况

2020 年 7 月，该台主变返厂后开展了相关诊断性试验，其中常规试验、空载试验均正常，低压外施耐压和局放检测均不合格，试验后油中乙炔含量存在明显增长，判断内部存在放电。

（三）现场检查情况

2018 年 9 月 17～18 日第一次内检，未发现放电点，但是发现导油盒盖板螺钉及柱间下部导线夹屏蔽帽松动，怀疑直流偏磁工况下振动增大导致紧固件松动引起间歇性放电；紧固后，重新投入运行并加装电阻性隔直装置。

2019 年 6 月 13 日，再次内检发现变压器低压侧 X1 引线出头第二道导线夹、01 引线出头位置右侧第一道导线夹、两柱连接位置右侧第一道导线夹紧固屏蔽帽松动；对上述屏蔽帽进行重新紧固，之后继续运行。

（四）返厂检查情况

2020 年 7 月，该台主变返厂后解体，发现多处放电痕迹。

（1）在低压侧底部半圆形铁轭垫板、铁轭地屏纸板间发现明显放电痕迹，如图 4–132 所示。

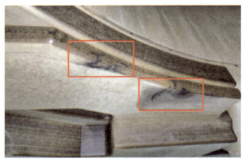
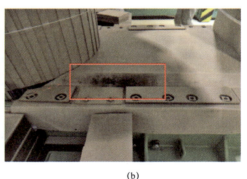

(a)　　　　　　　　　　　　　　(b)

图 4–132　半圆形铁轭垫板、铁轭地屏放电痕迹
(a) 低压侧放电痕迹；(b) 半圆形铁轭垫板和铁轭地屏放电痕迹（局部）

（2）拆开柱 I 线圈组底部整圆压板和半圆形铁轭垫板，发现整圆垫板和半圆垫板上均存在放电痕迹且位置对应，如图 4–133 所示。

（3）完全吊出柱 I 线圈组后，在绕组与铁心间围屏、撑条发现油流带过的脏污痕迹，从上到下呈贯通，如图 4–134 所示。

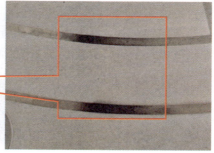

(a)

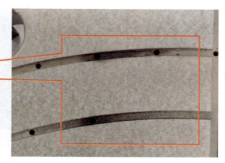

(b)

图 4-133　整圆垫板和半圆形垫板放电痕迹

（a）整圆垫板放电痕迹；（b）半圆形垫板放电痕迹

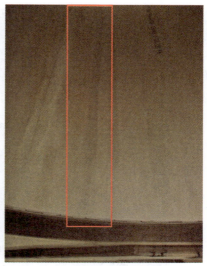

(a)　　　　　　　　　　　　　　(b)

图 4-134　绕组与铁心间围屏脏污痕迹

（a）围屏脏污痕迹；（b）围屏细节

（4）依次提出高、中、低压绕组，均未发现异常。

（5）对铁轭纸板下的地屏进行拆解，地屏铜带正常，表面脏污为对应部位的铁轭垫板击穿所致。铁轭地屏检查情况如图4-135所示。

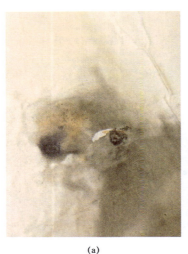

(a)　　　　　　　　　　　　　　　　(b)

图4-135　铁轭地屏检查情况

（a）现场图1；（b）现场图2

（6）对线圈组底部半圆形铁轭垫板逐层解剖，发现第7层纸板（共30层）存在大面积爬电，其中垫板中部位置放电最严重，边缘位置放电通道较细。

进一步检查铁轭垫板，分别采用CD-650BX型9MeV高精度高能工业CT和JS-19Q001型225kV微焦CT检测平台对垫板开展了检测。

将垫板从第6层和第7层之间（放电通道最严重处，原垫板共由30层绝缘纸板粘合而成）剖开，样品编号及分布如图4-136所示。

图4-136　样品编号及分布

（1）对 4 号板和 7 号板扫描细线位置进行解剖检查，发现存在细线位置分布在电弧通道的上下各 4～5 层纸板，纸板已经严重炭化，扫描低密度位置为纸板开裂形成的裂纹。分析形成裂纹的原因可能为电弧的热量造成纸板严重炭化收缩导致，且内部均存在不同程度脱胶。

（2）柱 Ⅱ 半圆垫板样品检测。选取未产生放电的柱 Ⅱ 半圆垫板的单绝缘纸层和垫板小块样品进行检测分析，内部也存在脱胶现象。

（3）放电通道检查。对放电最严重的 7 号板放电位置进行检查，发现通道电弧腐蚀深度超过 3mm。对该处纸板取样采用电子显微镜进行检查，放电通道周围未发现明显金属性异物等情况。显微镜检查情况如图 4-137 所示。

(a)　　　　　　　　　　　　　　(b)

图 4-137　显微镜检查情况
(a) 细节图 1；(b) 细节图 2

三、缺陷/故障原因分析

从铁轭垫板内部爬电情况及对垫板检查情况综合分析，判断异常原因为铁轭垫板存在质量缺陷。在垫板压制过程中，由于质量控制不严等因素导致纸板之间脱胶，纸板内部形成空腔，绝缘油浸渍不充分，导致在运行或试验过程中，空腔处产生局放。由于该区域场强较低，局放在运行电压下持续发展为缺陷处低能放电。同时，变压器在直流偏磁运行条件下振动增大，铁轭垫板内部气体逸出导致本体油中乙炔含量呈现间歇性增长。

四、后续处理情况

厂家评估该变压器各部件绝缘特性，修复变压器并运至现场恢复备用。

五、小结及建议

（1）油中溶解气体在线监测装置可以发现乙炔等特征气体的变化趋势，及时对故障发展做出预警。

（2）高电压变压器（电抗器）首次出现乙炔，要引起高度重视，尤其是乙炔含量突变并超过注意值时要及时采取措施，防止故障进一步扩大。

（3）变压器直流偏磁工况严重情况下会提升内部放电概率，加剧故障的产生和发展。

【案例 4-29】高电压等级变压器 A 相屏蔽铜带与等电位带脱焊导致的低能放电故障

一、缺陷/故障基本信息

某高电压等级变压器 A 相型号为 ODFS-250000，2009 年 9 月 30 日投运。上次检修时间为 2019 年 10 月 9～19 日，进行 GOE 套管拉杆系统更换。

缺陷情况简述：2021 年 3 月 27 日 0 时 57 分 9 秒，油色谱在线监测数据显示主变 A 相乙炔数值由 1.3μL/L 快速增长至 1.83μL/L，油色谱离线检测显示乙炔含量增长至 1.59μL/L；对该变压器进行油色谱检测数据跟踪，3 月 29 日，该主变 A 相在线乙炔含量已增至 2.71μL/L。乙炔离线检测数据变化趋势与在线监测数据大体一致。

二、检查及试验情况

（一）油色谱检测数据及特征分析

主变 A 相油中溶解气体离线检测数据见表 4-56，主变 A 相油色谱在线监测数据如图 4-138 所示。

表 4-56　　　　　主变 A 相油中溶解气体离线检测数据　　　　　（μL/L）

试验日期及取样位置	气体含量							
	H_2	CO	CO_2	CH_4	C_2H_4	C_2H_6	C_2H_2	总烃
2021.01.21 中部	8.70	146	1467	2.16	0.37	0.42	1.30	4.25
2021.01.21 下部	5.10	97	1088	1.56	0.29	0.30	0.95	3.10
2021.01.23 下部	9.20	164	1670	2.40	0.37	0.37	1.31	4.45
2021.01.25 下部	8.70	163	1478	2.23	0.35	0.42	1.32	4.32
2021.01.28 下部	9.00	136	1434	2.10	0.37	0.41	1.26	4.14
2021.02.05 下部	8.85	146	1424	2.22	0.33	0.33	1.29	4.14

续表

试验日期及取样位置	气体含量							
	H₂	CO	CO₂	CH₄	C₂H₄	C₂H₆	C₂H₂	总烃
2021.02.22 下部	9.20	196	1570	2.59	0.42	0.47	1.32	3.88
2021.03.28 下部	11.53	166	1602	2.57	0.52	0.44	2.21	5.74
2021.03.29 下部	12.97	175	1693	2.70	0.65	0.45	2.64	6.44
2021.03.30 上部	10.00	133	1235	2.11	0.50	0.45	2.12	5.18
2021.03.30 下部	10.90	136	1340	2.17	0.48	0.46	2.18	5.29

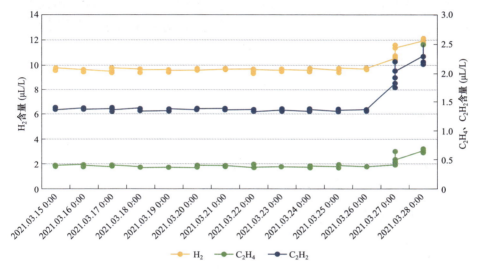

图 4-138　主变 A 相油色谱在线监测数据

主要增长组分是乙炔，C₂H₂/总烃约为 30.59%~41.21%，H₂/氢烃约为 62.2%~70.34%。油色谱分析三比值编码为 200 或 201，结合特征气体法判断为低能放电故障。一氧化碳和二氧化碳未见明显变化，未见涉及固体绝缘的特征。

（二）其他试验情况

对变压器进行现场检查，外观未发现异常；高频局放带电检测为悬浮缺陷放电；特高频放电源定位初步分析判断放电源垂直高度距离上油箱盖约 0.5~0.8m，水平距离爬梯所在箱体短边中间部位向内约 1~1.5m；带电声电联合方法局放检测信号特征和放电位置与特高频检测结果一致。

3 月 30 日，对主变 A 相开展局放试验，当电压升至 $1.1U_m/\sqrt{3}$ 时，高压绕组、中压绕组、铁心和夹件均检测到明显放电信号，放电量分别达到 10000、30000、900000、900000pC 左右，且铁心及夹件放电信号极性相反，判断放电位置在铁心与夹件之间的地电位处。局放试验图谱如图 4-139 所示。

225

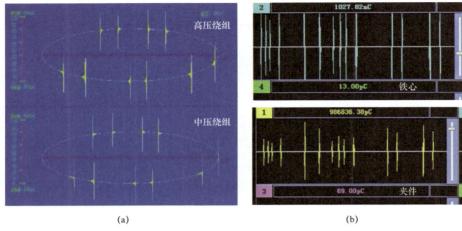

（a）   （b）

图 4-139　局放试验图谱

（a）高压绕组和中压绕组检测图谱；（b）铁心和夹件检测图谱

（三）现场检查情况

2021 年 4 月 1～3 日，进行设备内检，发现励磁线圈上部夹件与支撑横梁处紧固螺栓、心柱与旁轭之间上部夹件与支撑横梁处紧固螺栓垫圈、屏蔽帽松动，如图 4-140 所示。但未见放电痕迹，与放电无关，其他部位未见明显异常。

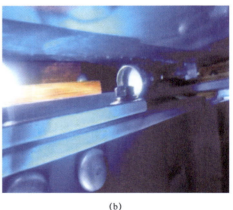

（a）   （b）

图 4-140　紧固螺栓垫圈、屏蔽帽松动

（a）紧固螺栓垫圈松动；（b）屏蔽帽松动

（四）返厂检查情况

返厂后，结合现场局放定位情况，对上铁轭地屏（旁轭与心柱之间）进行重点检查，发现上铁轭地屏存在明显放电痕迹。经检查，该放电点位于屏蔽铜带与等电位带的焊接位置。进一步检查发现该焊接点已脱焊，该处悬浮放电与

现场定位判断完全吻合。该变压器为单相自耦变压器，采用三柱式铁心，为均匀场强，分别在主柱、旁轭、励磁柱、上下铁轭共 7 处位置安装 9 块地屏（主柱、励磁柱各有 2 块），放电部位位于主柱与旁轭之间上铁轭地屏处。返厂检查情况如图 4-141 所示。

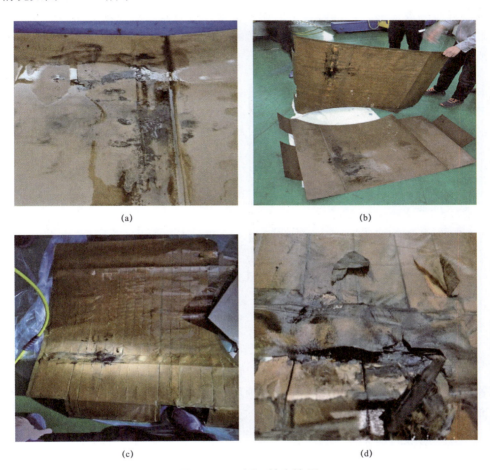

(a)　　　　　　　　　　　　　　　(b)

(c)　　　　　　　　　　　　　　　(d)

图 4-141　返厂检查情况

(a) 上铁轭地屏绝缘纸板放电痕迹；(b) 地屏放电点与地屏绝缘放电痕迹对应；
(c) 屏蔽铜带与等电位带焊接位置；(d) 屏蔽带与等电位带已脱焊发生放电

三、缺陷/故障原因分析

经检查，故障原因是上铁轭地屏（旁轭与心柱之间）屏蔽铜带与等电位带脱焊，造成悬浮放电。

早期生产工艺相对落后，地屏屏蔽铜带与等电位带通过一点或两点焊接，焊接面积偏小；等电位带采用 0.3mm 铜带，硬度较大，地屏在折弯、围圆或振动过程中，焊点处的应力较大；在变压器运行过程中，地屏长期受铁轭振动和热胀冷缩效应的影响，导致焊点脱焊。新工艺地屏选用 0.1mm 铜带作为屏蔽带、铜编织带作为等电位带进行整体焊接，将点焊改为接触面整体焊接，确保焊接面和焊接强度足够大，同时选用的铜带更薄，可有效地弱化地屏在弯折或围圆过程中对焊接点可能引起的受力或损伤。早期工艺与最新工艺对比如图 4-142 所示。

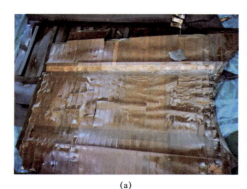

(a)　　　　　　　　　　　　　　　　(b)

图 4-142　早期工艺与最新工艺对比

（a）早期工艺；（b）最新工艺

四、后续处理情况

设备生产厂家重新制作心柱地屏、励磁柱地屏、旁轭地屏和上、下轭地屏等全部 9 块地屏。针对厂家采用早期地屏制作工艺的主变 B、C 相，加强油色谱跟踪；如遇色谱检测数据异常增长，及时开展局放带电检测工作。

五、小结及建议

（1）高度重视油色谱在线数据的可用性和准确性；在线油色谱装置应按照 A 级标准以及和离线检测数据误差不超 30% 的标准执行。

（2）运行中一旦出现特征气体增长趋势，应开展离线取油样分析和缩短检测周期；同时采用多部位取样分析，提高判断准确率，尽快进行故障原因分析及定位。

（3）一氧化碳变化趋势不明显，分析为绝缘纸在缺氧环境火花放电作用下以纤维素炭化反应为主，绝缘纸纤维素热解反应是次要的。当发生涉及固体绝缘的故障时，绝缘的深度、厚度、故障部位、绝缘材料的性质都会影响到一氧化碳和二氧化碳的变化特征，该类故障具有一定隐蔽性。

（4）通过变压器超声波局放检测、高频电流局放检测、铁心夹件接地电流等测试及油色谱在线监测数据辅助判断和分析定位。

【案例 4-30】220kV 变电站 1 号主变 10kV 套管连接铜带对铁心产生的低能放电故障

一、缺陷/故障基本信息

某 220kV 变电站 1 号主变型号为 SFPSZ-120000/220，1987 年 4 月出厂，1987 年 7 月投运。

缺陷情况简述：2013 年 7 月 17 日 16 时左右，主变发油温报警信号，现场查看温度 76℃，调度马上采取降负荷措施，采用水冲洗使温度回到 75℃ 以下；22 时左右，主变重瓦斯动作，压力释放阀动作，主变跳闸；7 月 18 日，油色谱检测显示乙炔超过注意值（达 651.83μL/L），总烃达 1237.42μL/L，10kV 套管发生位移。设备吊罩发现 10kV 套管 C 相损坏，软铜片断股损伤，分析判断为本体冲淋降温引起油温急速下降，油流过快引起低压侧软铜片振动，造成软铜片对铁心放电生成大量的气体，造成压力释放阀动作跳闸。

二、检查及试验情况

（一）油色谱检测数据及特征分析

2013 年 7 月 16 日，油色谱检测试验结果正常。主变自投运发生重瓦斯动作后油中溶解气体离线检测数据见表 4-57。

表 4-57　　　　　　　　　油中溶解气体离线检测数据　　　　　　　（μL/L）

试验日期	气体含量							
	H_2	CO	CO_2	CH_4	C_2H_4	C_2H_6	C_2H_2	总烃
2013.07.16（正常）	16.75	864.68	4525.78	7.87	1.13	11.43	0	20.43
2013.07.18（总烃、H_2、C_2H_2 超标）	631.04	1029.70	5798.98	180.98	13.81	390.80	651.83	1237.42
2013.07.18	712.25	1031.73	6010.43	181.52	26.87	388.94	630.90	1228.23
2013.07.18（有载分接开关）	4756.40	200.68	1769.09	3.46	2.40	2.64	0	8.50
2013.07.18	1337.27	1184.02	7321.07	274.34	14.06	483.26	838.71	1610.37

通过表 4-57 色谱分析数据可以明显看出该变压器的绝对产气速率过快，C_2H_2/总烃约为 52%，H_2/氢烃约为 34%～45%。对 7 月 18 日的试验数据用三比

值法进行分析，计算三比值编码为 200。根据《变压器油中溶解气体分析和判断导则》（DL/T 722—2014），结合特征气体法初步判断该主变存在内部低能放电故障。可能原因为不同电位之间的火花放电，以及引线与穿缆套管（或引线屏蔽管）之间的环流。

（二）返厂检查情况

2013 年 7 月 19～26 日进行吊罩检查，发现 10kV C 相套管损坏，软铜线接线柱损伤烧毁。返厂检查情况如图 4-143 所示。

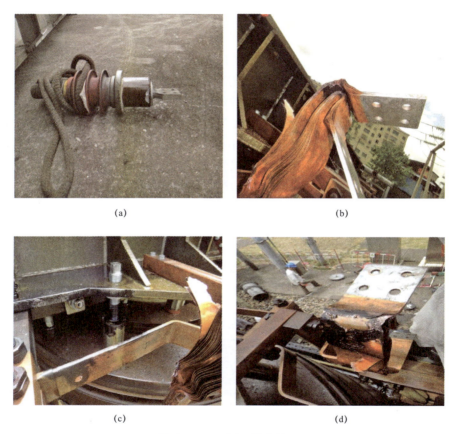

(a)　　　　　　　　　　　(b)

(c)　　　　　　　　　　　(d)

图 4-143　返厂检查情况

（a）损坏的 10kV C 相套管；（b）损坏的 10kV C 相软铜接线柱；

（c）连接处烧毁的痕迹；（d）接线柱处烧毁的痕迹

三、缺陷/故障原因分析

由于油温发报警信号，运维部立即通知检修人员到现场进行清洗散热器和本体降温工作，降温时压力释放阀动作跳闸。分析原因为：清洗散热器和本体淋水降温引起油温急速下降，导致油流速加快带动底部杂质在本体内部循环，同时引起低压侧软铜片振动，后造成软铜片对铁心放电生成大量的气体，造成压力释放阀动作跳闸。

四、后续处理情况

更换故障套管和软铜片，校整所有移位套管，按相关规定对变压器进行油脱气、真空注油和热油循环，交接试验合格后重新投运。设备重新投运后，色谱试验正常（由于乙炔没有脱尽，按规定持续跟踪，乙炔含量没有增加，呈现减小趋势），设备运行正常。

五、小结及建议

（1）建议主变装设在线监测设备，油色谱在线监测能有效反映主变内部缺陷的发展趋势，同时应高度重视油色谱在线数据的可用性和准确性；在线油色谱装置应按照 A 级标准以及和离线检测数据误差不超 30% 的标准执行。

（2）运行中一旦出现特征气体增长趋势，应开展离线取油样分析和缩短检测周期；同时采用多部位取样分析，提高判断准确率，尽快进行故障原因分析及定位。

（3）通过变压器超声波局放检测、高频电流局放检测、铁心夹件接地电流等测试及油色谱在线监测数据辅助判断和分析定位。

【案例 4–31】110kV 变电站 2 号主变中压侧抽头软连接过长导致的对壳体低能放电故障

一、缺陷/故障基本信息

某 110kV 变电站 2 号主变 1993 年 8 月出厂，1994 年 7 月 9 日投运。

缺陷情况简述：2017 年 9 月 28 日，对该主变巡视时发现异响，观察本体气体继电器内有气体冒泡，非电量装置轻瓦斯动作；进行油色谱分析发现乙炔含量为 103.74μL/L，严重超标。经检查，发现中压 B 相升高座抽头软连接过长，对升高座内壁放电接地。

二、检查及试验情况

2017 年 9 月 28 日 19 时 31 分，运维单位巡视变压器时，听见 2 号主变本体上侧有"嗞嗞"放电声，并且观测到主变本体气体继电器内有气体冒泡现象，现场后台监控机上显示 35kV Ⅰ 段母线计量电压消失、35kV Ⅱ 段母线计量电压消失、2 号主变非电量装置轻瓦斯动作信号。

（一）油色谱检测数据及特征分析

经油色谱分析发现，C_2H_2/总烃约为 82%，H_2/氢烃约为 30%。故障发生后，2017 年 9 月 29 日 C_2H_2 含量增长至 103.74μL/L，远超相关规程规定（不大于 5μL/L）。三比值编码为 202，主要增长特征气体为氢气和乙炔，综合判断为低能放电故障。油中溶解气体离线检测数据见表 4–58。

表 4–58　　　　　　　　　　　油中溶解气体离线检测数据　　　　　　　　　（μL/L）

试验日期	气体含量							
	H_2	CO	CO_2	CH_4	C_2H_4	C_2H_6	C_2H_2	总烃
2017.09.28（例行试验）	5.08	46.80	857.11	1.84	0.51	0.32	0	2.67
2017.09.28（故障诊断）	27.99	41.84	842.94	5.13	8.08	0.73	59.23	73.17
2017.09.29（故障诊断）	66.45	53.14	908.08	8.67	13.06	0.81	103.74	126.28
2017.10.01（处理后、投运前）	0.68	0.43	125.68	0.35	0.12	0	0	0.47
2017.10.02（投运后 1d）	2.12	0.82	157.76	0.47	0.17	0	1.13	1.77

（二）其他试验情况

无。

（三）现场检查情况

检修人员对主变排油至本体油位 2/3 处，打开中压侧套管升高座观察孔，发现 B 相抽头与导电杆软连接处有明显放电痕迹。现场检查情况如图 4–144 所示。

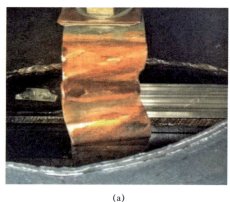
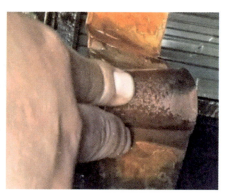

(a)　　　　　　　　　　　　　　　　(b)

图 4–144　现场检查情况

（a）中压侧抽头软连接；（b）软连接放电点

（四）返厂检查情况

无。

三、缺陷/故障原因分析

2 号主变中压侧 A、C 两相抽头软连接在生产时为一次成型，尺寸长短合适，而 B 相中压侧抽头软连接为二次加工延伸，增加了 20cm 长度，导致 B 相抽头尺寸过长。在运行过程中，由于主变振动、油循环等原因造成抽头软接连发生形变，引起 B 相抽头软连接与套管升高座内壁距离不够（4cm），导致其对升高座内壁放电，造成 2 号主变中压侧 B 相瞬间接地。

四、后续处理情况

对 2 号主变 35kV 侧 B 相抽头软连接进行了截短并用绝缘纸将其包裹。处理后，试验人员对 2 号主变进行了常规试验和交流耐压试验，试验合格后投运。

五、小结及建议

（1）内部放电故障若不及时发现，极易发展成为设备严重故障，发现故障征兆要果断采取应对措施。

（2）当气体继电器动作时，内部会存在大量特征气体，分析其气体含量对故障分析判断很有帮助。应以气体继电器里的气体浓度换算为油中理论值再计算三比值编码来分析诊断故障类型，同时将油中理论值与实际测试值进行比较。

（3）开展变压器超声波局放检测、高频电流局放检测以及其他电气试验进行辅助判断和分析定位。

【案例 4-32】110kV 变电站 2 号主变高压套管 A 相导杆断裂导致的低能放电故障

一、缺陷/故障基本信息

某 110kV 变电站 2 号主变型号为 SSZ10-Z60-31500/110，高压套管型号为 BRDLW-126/630-4，2015 年 4 月投运。

缺陷情况简述：2015 年 11 月 11 日，试验人员在对该主变本体油色谱检查中发现，氢气、乙炔、总烃含量均超过了注意值，同时发现主变高压侧 A 相套管储油柜处漏油明显；A 相套管油中氢气、乙炔、总烃含量均超过注意值，判断内部存在低能放电故障。后对设备解体，发现 A 相套管导杆下端与均压球连接螺纹处断裂，导致套管末屏失地运行，产生悬浮电位放电，导致油中乙炔、氢气和总烃含量升高。

二、检查及试验情况

（一）油色谱检测数据及特征分析

从油色谱检测数据可知，C_2H_2/总烃约为 64%，H_2/氢烃约为 55%。乙炔、氢气、总烃增幅极大，超过注意值；本体油、A 相套管油三比值编码均为 202，判断为低能放电故障。一氧化碳和二氧化碳均有增长，但增长量不大，CO_2/CO<3，判断故障可能涉及固体绝缘。油中溶解气体离线检测数据见表 4-59，故障后主变套管油中溶解气体离线检测数据见表 4-60。

表 4-59　　　　　　　　油中溶解气体离线检测数据　　　　　　　　（μL/L）

试验日期	气体含量							
	H_2	CO	CO_2	CH_4	C_2H_4	C_2H_6	C_2H_2	总烃
2015.11.11（追踪复查）	179.500	289.078	418.976	22.151	25.477	3.330	90.991	141.949
2015.11.11（追踪复查）	163.358	271.352	446.255	21.023	24.269	3.080	86.950	135.322
2015.11.11（防冻融冰检查）	210.203	340.928	549.682	24.587	29.855	4.014	109.376	167.832
2015.07.10（迎峰度夏检查）	78.679	139.413	372.530	4.833	0.493	0.725	0	6.051

表 4-60　　　　　故障后主变套管油中溶解气体离线检测数据　　　　　（μL/L）

设备名称	取样原因	试验日期	气体含量							
			H_2	CO	CO_2	CH_4	C_2H_4	C_2H_6	C_2H_2	总烃
主变套管 A 相	诊断试验	2015.11.11	589	316	540	67.7	41.1	3.4	203.2	315.4
主变套管 B 相	对比试验	2015.11.11	18	216	638	7.9	0.7	0.7	0	9.3
主变套管 C 相	对比试验	2015.11.11	18	146	660	3.2	0.8	1.5	0	5.5

（二）其他试验数据及特征分析

2015 年 11 月 14 日，为进一步诊断主变情况，对主变开展诊断性试验，因 A 相套管故障，未开展主变局放和耐压试验，其他常规诊断试验项目全部开展。现场试验结果显示，除 A 相套管介损及电容量、末屏介损及电容量试验不合格外，其他试验项目合格，进一步判定故障点位于 A 相套管。高压侧套管交接试验与故障后诊断试验数据比对见表 4-61。

表 4-61　　　　　高压侧套管交接试验与故障后诊断试验数据比对

相别	A		B		C		O	
试验项目	介损	电容（pF）	介损	电容（pF）	介损	电容（pF）	介损	电容（pF）
交接	0.282	322.320	0.288	318.18	0.286	317.59	0.297	368.38
诊断	4.361	1.035	0.350	316.00	0.342	315.00	0.340	365.20

（三）返厂检查情况

2015年11月15日下午，吊开2号主变A相套管进行检查，发现套管储油柜与上瓷套脱开，环形密封圈失效，套管导管下端与均压球连接螺纹处断裂。11月16日上午，对A相套管进行了解体检查，解体检查情况如下：套管储油柜与上瓷套脱开，环形密封圈失效；套管导杆下端与均压球连接螺纹处断裂；套管末屏引线与铝箔屏断开，末屏处极板及绝缘纸烧蚀较为严重，末屏下端约3cm处有烧蚀痕迹，烧蚀深入倒数第二屏；其余部位未发现放电痕迹。套管均压球因与套管本体断裂进入主变本体，有轻微的放电痕迹。返厂检查情况如图4-145所示。

(a)　　　　　　　　　　　(b)

(c)　　　　　　　　　　　(d)

(e)　　　　　　　　　　　(f)

图4-145　返厂检查情况

（a）储油柜密封开裂；（b）顶盖顶开；（c）套管导杆断裂处；（d）脱落的均压球；
（e）烧断的末屏引线与末屏；（f）末屏焊接处的放电烧损

均压球是通过螺纹旋在套管的导杆上，并将瓷套，均压筒紧紧压在套管的下法兰上，通过均压筒两端的密封圈与均压球上的密封圈密封形成一个密闭的油腔并与主变油隔离；但由于导杆在螺纹根部断裂，使得均压球、瓷套、均压筒全部脱落。套管结构及套管受力与强度薄弱处如图4-146所示（黑色填充表示套管油腔）。

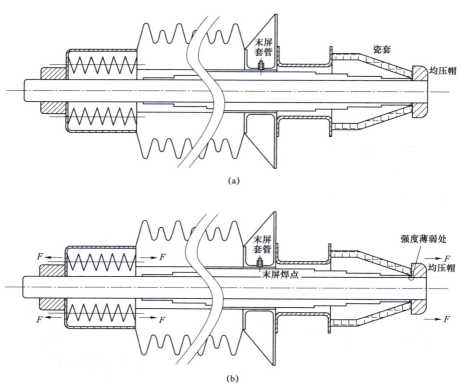

图4-146　套管结构及套管受力与强度薄弱处示意图

（a）套管结构示意图；（b）套管受力与强度薄弱处示意图

　　对套管的主绝缘层进行电容量与介损试验，试验电压10kV，正接线。介损试验数据见表4-62。

表4-62　　　　　　　　　　　介 损 试 验 数 据

接线方式	试验部位	电容量	介损值
正接线，导杆高压，末屏测量	套管主绝缘	325.2pF	1.7%
正接线，27屏高压，末屏测量	27屏-末屏	8.22nF	0.34%
正接线，26屏高压，27屏测量	26屏-27屏	8.39nF	0.36%
正接线，25屏高压，26屏测量	26屏-27屏	8.3nF	0.36%

　　试验数据显示套管电容量变化不大，介损值偏高（拆卸与运输过程中受潮），可以肯定套管的绝缘层没有大面积的损坏。屏与屏之间的电容量均为 8.3nF 左右；套管的油纸绝缘共有 28 屏，等同于 27 个 8.3nF 的电容串联，其总电容为 307pF，与套管铭牌电容较为相符，说明套管绝缘层的均压效果较好。除去末屏，其余屏与屏之间的绝缘没有较大的破坏。

　　为了确认放电痕迹是由末屏往里还是零屏往外，试验人员检查了各屏放电痕迹的大小。各屏的放电痕迹如图 4-147 所示。

  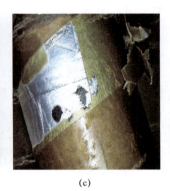

(a)　　　　　　　　　　　(b)　　　　　　　　　　　(c)

图 4-147　各屏的放电痕迹

（a）末屏放电痕迹；（b）27 屏放电痕迹；（c）26 屏放电痕迹

　　再往里剥开，痕迹越来越小，所以可以肯定放电痕迹是从末屏往零屏发展，直到第 25 屏处已无放电痕迹。

　　2015 年 12 月 7 日，现场对 2 号主变进行吊罩检查，发现主变内部油箱底部靠 A 相处有少量碎纸屑，检查确认为 A 相套管末屏烧蚀产生的碎纸屑；A 相套管引线因套管均压罩脱落有轻微的破损和放电痕迹，其他部位未发现异常情况。

三、缺陷/故障原因分析

　　（1）套管储油柜渗漏的直接原因为导杆下端与均压球连接螺纹处断裂，套管弹簧压力释放，套管储油柜处密封因失去压紧力而失效。而导致导杆断裂的原因有两种可能：① 导杆工艺（压紧力过大）或材质不良（局部金属疲劳或受损等），引起导杆运行中断裂，并由此导致弹簧压力释放将末屏引线拉断，造成末屏失地运行形成持续放电；② 套管末屏引线焊接不牢，运行中末屏失火后持续放电，产生大量气体导致内部压强逐步增加，导杆受力超过其应力允许值后断裂，弹簧释放。

　　（2）2 号主变套管末屏断裂后失地运行，产生悬浮电位放电，导致套管

内乙炔、氢气和总烃含量升高。

（3）2 号主变套管导干断裂，导致套管油和本体油相通，套管油中乙炔和氢气混入主变油中，且由于套管均压球断裂并在主变本体引起放电现象，导致主变本体油中乙炔、氢气和总烃含量升高。

（4）由于主变油远多于套管油，且均压球放电能量很小，因此，主变油中乙炔和氢气含量低于套管油中乙炔和氢气含量。

（5）因套管内部故障为悬浮放电且套管密封失效，导致气体不能进入气体继电器，且无差流，所以，保护装置无任何信号。

四、后续处理情况

在制造厂内对绕组进行了更换，更换后运至变电站进行交接试验，试验合格后于 2020 年 8 月 25 日投运，运行正常。

（1）更换高压侧三相与中性点套管。

（2）对主变 A 相套管引线纸绝缘受损部位进行修复。

（3）对主变本体及套管油中残存特征气体进行处理。

（4）按交接试验标准对主变开展试验，运检部门对现场试验进行监督确认，把好验收关。

五、小结及建议

（1）运行中一旦出现特正气体增长趋势，应开展离线取油样分析和缩短检测周期；同时采用多部位取样分析，提高判断准确率，尽快进行故障原因分析及定位。

（2）一氧化碳和二氧化碳的增长量及其比值，对判断故障是否涉及固体绝缘有效。

（3）通过变压器超声波局放检测、高频电流局放检测以及其他电气试验辅助判断和分析定位。

【案例 4-33】高电压等级变压器 C 相套管根部出现异物导致的低能放电故障

一、缺陷/故障基本信息

某高电压等级变压器型号为 ODFPS-700000，2014 年出厂，2015 年 5 月 17 日投运，冷却方式为强迫油循环风冷，油重 96t。

缺陷情况简述：2016 年 7 月 31 日，运维人员巡视油色谱在线监测数据，发现 2 号主变 C 相在线乙炔由 0 上升为 0.28μL/L。后期每天跟踪监督油在线数据，发现乙炔在线监测数据时有时无，但总体呈上涨趋势。离线检测与在线监测结合跟踪至 2017 年 6 月初，乙炔离线检测数据跳变至 3.86μL/L，后经检查发现是套管根部异物导致的低能放电（火花放电）故障。

二、检查及试验情况

（一）油色谱检测数据及特征分析

2016 年 7 月 31 日，运维人员巡视油色谱在线监测数据，发现 2 号主变 C 相乙炔在线监测数据由 0 上升为 0.28μL/L。后期每天跟踪监督油色谱在线监测数据，发现乙炔数据时有时无，但总体呈上涨趋势。

2016 年 8 月 10 日，乙炔在线监测数据增长至 0.5μL/L 左右，当日离线检测乙炔含量为 0.03μL/L；8 月 21 日乙炔在线监测数据为 0.65μL/L，对在线监测装置进行维护检查，确认乙炔在线监测数据增长趋势可信；8 月 25 日离线检测，乙炔含量为 1.83μL/L，其他气体无明显突增，分析主变内部存在金属火花放电；8 月 26 日晚，间隔 2h 进行离线检测至次日上午，未发现油色谱检测数据明显突增跳变迹象。

油色谱离线检测持续监督至 2017 年 5 月，乙炔含量缓慢上升至 2.3μL/L 左右。调阅运行中主变油温、绕组温度、负荷及潜油泵切换运行等情况，均未发现与乙炔离线检测数据上涨有明显规律性关联。

2017 年 6 月初，2 号主变 C 相乙炔离线检测数据跳变至 3.86μL/L，且呈持续上涨趋势，其他气体无明显突增。查阅主变负荷、潜油泵运行等情况，未发现明显关联。分析油色谱检测数据，放电故障性质仍为金属性火花放电，未见涉及固体绝缘特征，故障性质未发生明显变化；故 2 号主变继续监督运行，并邀请第三方检测单位进行现场局放带电检测协助分析。

2017 年 6 月 20 日，2 号主变 C 相停电内检。停运前乙炔含量为 5.63μL/L，其他气体基本稳定，放电性质未发生变化。C_2H_2/总烃约为 27%～43%，H_2/氢烃约为 59%～67%。

油中溶解气体离线检测数据见表 4−63 和图 4−148。

表 4−63　　　　　　　　油中溶解气体离线检测数据　　　　　　　　（μL/L）

试验日期	气体含量							
	H_2	CO	CO_2	CH_4	C_2H_4	C_2H_6	C_2H_2	总烃
2016.07.13	9	97	345	1.8	0.20	0.3	0	2.30
2016.08.27	15	118	421	3.2	0.26	1.3	2.33	7.00

试验日期	气体含量							
	H₂	CO	CO₂	CH₄	C₂H₄	C₂H₆	C₂H₂	总烃
2016.08.28	12	100	465	2.6	0.50	0.3	1.88	5.28
2017.05.23	17	82	321	4.1	1.10	0.5	2.34	8.04
2017.06.20	22	82	315	4.8	1.90	0.6	5.63	12.93
2017.07.05	1	1	69	0.3	0.10	0.1	0.20	0.70
2017.12.20	3	13	156	1.0	0.20	0.1	0.50	1.80

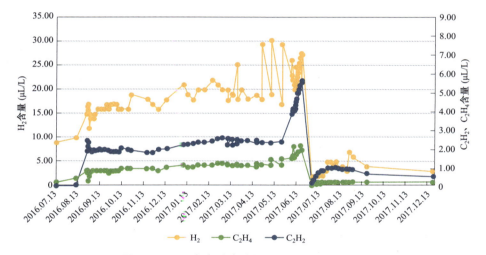

图 4-148　主变油中溶解气体离线检测数据

（二）其他试验情况

2016 年 5 月，2 号主变停电首检试验，未发现异常；运行中，该主变铁心及夹件接地电流检测、红外测温均无明显异常；运行中振动及声响正常，检查散热器各潜油泵运行电流平衡，无摩擦扫镗现象。

2016 年 8 月 4 日，联系电力科学研究院进行超声、高频局放带电检测，未发现明显异常。

2017 年 6 月 12 日现场进行局放带电检测，发现 2 号主变 C 相内部存在明显浮动电极放电信号，并定位至高压套管与变压器本体连接底座根部，现场人耳可听见高压套管底座根部有放电异响。异常局放信号源定位如图 4-149所示。

（三）现场检查情况

根据局放定位情况，在 2017 年 6 月 21 日现场内检中，发现 2 号主变 C 相高压套管根部波纹套右侧螺栓上附着长约 68mm、直径约 0.4mm 的金属异物，如图 4-150 所示。

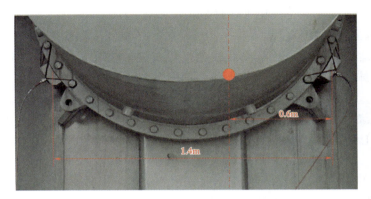

图 4-149　异常局部放电信号源定位

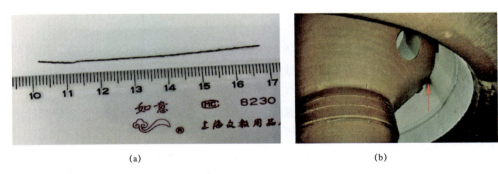

(a)　　　　　　　　　　　　　　　　　　(b)

图 4-150　变压器高压套管根部金属异物及所在位置

(a) 金属异物；(b) 所在位置

进一步分析，初步判定此金属异物为钢铁材质，具有磁性，非不锈钢材料。被检物品表面粗糙、粗细不均，易折断，疑似为铁心硅钢片切削产生。

（四）返厂检查情况

无。

三、缺陷/故障原因分析

根据局放带电检测及金属异物材质分析，2 号主变 C 相油色谱异常原因为：主变在装配过程中，由于铁心硅钢片切削工艺遗留丝状金属异物；在运行振动或油流运动共同作用下，丝状金属异物运动至高压套管根部，在高场强作用下发生悬浮放电，导致油中乙炔含量异常并持续上升。

四、后续处理情况

现场内检对金属异物进行清理，并对高压套管根部附件绝缘部件进行检查无异常后，对 2 号主变 C 相进行封装、抽真空、注油等恢复工作。2017 年 7 月 4 日，2 号主变 C 相恢复运行。

恢复运行后进行油色谱离线检测，仍发现油中存在乙炔并缓慢上涨，其他烃类气体及一氧化碳、二氧化碳含量稳定。至 2017 年 8 月 3 日（恢复运行第 30 天），油中乙炔含量达到 0.98μL/L 最大值后缓慢下降，分析油中乙炔为内检后绝缘材料吸附残油扩散所致。至 2017 年 12 月 20 日，油中乙炔含量下降至 0.5μL/L；之后该相主变油中乙炔含量稳定下降至 0.24μL/L，设备运行状态平稳。

针对 2 号主变 C 相内检发现金属异物的问题，要求设备生产厂家加强厂内装配质量管控及监督，提高厂内装配质量，加强出厂试验监督，杜绝设备制造阶段隐患遗留至设备运维检修阶段，确保电网主设备安全运行。

五、小结及建议

（1）在线监测是监测电气设备电气性能的有效手段，安全、可靠、无需停电，可以及时发现异常现象和事故隐患。

（2）在应用三比值法时，当气体含量较小且比值处于两种故障类型的边界附近时，有可能误判。本案例若采用三比值法，在不同阶段电弧放电与低能放电交替出现，结合特征气体法及解体结果来看，应为低能放电。

（3）现场局放带电检测可有效辅助此类问题的定位。

（4）曾出现乙炔的设备，恢复运行后若仍发现油中有乙炔并缓慢上涨，应持续观察；若恢复运行 1 个月后油中乙炔含量达到原值的 1/10 左右并稳定或缓慢下降，则油中乙炔为内检后绝缘材料吸附残油扩散所致。

（5）对出现的金属异物等应进行材质分析，判断异物来源。

【案例 4-34】高电压等级电抗器 B 相套管均压球与尾部导电体连接不可靠导致的低能放电故障

一、缺陷/故障基本信息

某高电压等级电抗器 B 相型号为 BKD-70000，2016 年 4 月 27 日投运。

缺陷情况简述：2016 年 7 月 22 日，在线监测发现高抗 B 相有微量乙炔并呈增长趋势；7 月 27 日，跟踪取样发现油色谱检测数据出现乙炔且超过注意值；

7月28日、8月1日后每日对三相高抗开展一次跟踪取样及带电检测工作,发现 B 相乙炔含量达 3.771μL/L,局放检测发现 B 相幅值明显偏大。判断结论为低能放电故障。

二、检查及试验情况

(一)油色谱检测数据及特征分析

2016 年 7 月 22 日,在线监测发现高抗 B 相有微量乙炔并呈增长趋势。比对高抗色谱离线与油色谱在线监测数据,误差注意值已超过电力科学研究院关于在线监测与离线实验室误差要求(误差不大于 30%)。7 月 27 日,跟踪取样发现油色谱检测数据出现乙炔且超过注意值。此后对高抗开展跟踪取样检测,发现 B 相乙炔含量达 3.771μL/L,乙炔含量超过注意值,C_2H_2/总烃约为 11%,H_2/氢烃约为 50%,三比值编码为 102,油中氢气和总烃量不高,判断为电弧放电(乙炔含量较低时,三比值法容易造成误判);且乙炔的绝对产气速率已达到 1.551mL/d(注意值 0.2mL/d)。一氧化碳和二氧化碳出现突增现象,判断故障涉及固体绝缘。油中溶解气体离线检测数据见表 4-64 和图 4-151。

表 4-64　　　　　　　　油中溶解气体离线检测数据　　　　　　　　(μL/L)

试验日期	气体含量								绝对产气速率(mL/d)
	H_2	CO	CO_2	CH_4	C_2H_4	C_2H_6	C_2H_2	总烃	
2016.04.27(投运 1d)	2.560	44.580	231.450	0.460	0	0	0	0.460	0
2016.04.30(投运 4d)	2.100	48.590	220.000	0.430	0	0	0	0.430	0
2016.05.06(投运 10d)	4.160	58.180	219.100	1.250	0	0	0	1.250	0
2016.05.25(投运 30d)	5.200	33.590	129.850	1.010	0.040	0.150	0	1.200	0
2016.07.20(周期取样)	20.640	138.790	701.690	5.870	0.320	1.020	0	7.210	0
2016.07.27(跟踪检测)	29.478	163.998	868.081	10.217	5.559	2.021	1.810	19.606	7.626
2016.07.28(跟踪检测)	29.600	171.205	921.263	11.125	6.483	2.288	2.050	21.946	8.090
2016.08.01(跟踪检测)	30.021	191.828	958.204	12.107	10.370	2.992	3.356	28.830	8.800
2016.08.03(跟踪检测)	32.262	179.064	852.442	14.540	11.320	3.055	3.725	32.640	6.220
2016.08.04(跟踪检测)	34.886	183.049	875.826	15.270	11.840	3.181	3.771	34.063	1.551
2016.08.03(气体继电器内油样)	33.384	170.753	801.473	15.557	13.395	3.937	4.177	37.066	—

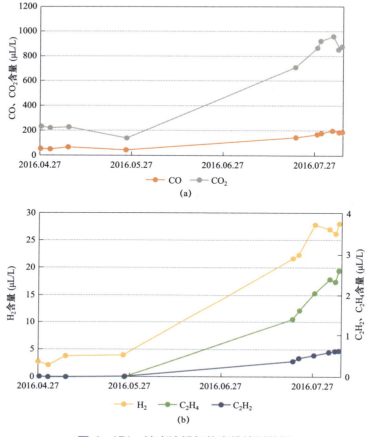

图4-151 油中溶解气体离线检测数据

（a）CO、CO$_2$数据；（b）H$_2$、C$_2$H$_4$、C$_2$H$_2$数据

（二）其他试验情况

2016年7月28日，对高抗B相进行超声波局放测试，发现超声波局放信号有效值为43dB，伴有100Hz相关性，具有悬浮放电或机械振动特征（正常相C相局放信号有效值为8dB，无频率相关性）。高抗B、C相噪声测试结果分别为85、71.5dB，B相测试结果明显大于C相。高抗B相振动测试结果超量程，C相振动测试为12.4μm，B相振动测试结果明显大于C相。

（三）现场检查情况

2016年8月23日进行内检。高抗B相高压套管尾端均压罩内部4颗固定螺栓根部、底盘边沿有明显炭黑物质；同时，对比发现均压罩固定底盘螺栓孔位置有轻微变形，均压罩内固定螺栓压紧弹簧压紧程度不均匀。现场检查情况如图4-152所示。

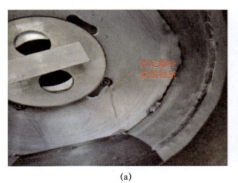

(a)　　　　　　　　　　　　　　(b)

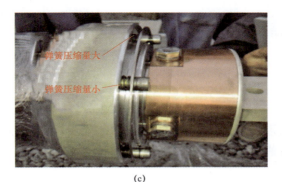

(c)

图 4-152　现场检查情况

（a）均压罩固定螺栓及底盘炭黑痕迹；（b）螺栓孔变形；
（c）弹簧压紧情况

三、缺陷/故障原因分析

电抗器运行中振动较大，特别是出现冲击合闸和系统过电压时，套管均压球通过弹簧压紧连接铜环实现电气连接的方式，不能可靠地实现均压球与尾部导电体之间的电气连接，从而出现放电。均压环内六角螺栓外的小铜套上下端面无法真正实现连接铜环与尾部带电体的可靠连接，在电抗器运行时，会出现间歇悬浮的可能，造成低能放电故障。

四、后续处理情况

内检时更换均压球螺栓。套管尾部导电体与均压球的连接方式，由弹簧压连式改为铜板硬连接方式，同时在均压球安装板的下部与内六角螺栓头之间安装原弹簧压接的连接铜环，并用碟簧进行防松压紧，实现均压球与套管尾部带电体可靠的电气连接。套管改造方案如图 4-153 所示。

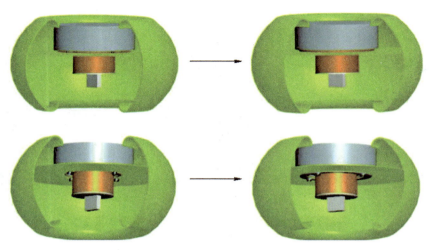

图 4-153 套管改造方案

五、小结及建议

（1）结合套管取样油色谱、电气试验检测排查，对套管加装压强监测和末屏检测（监测）装置，实现套管运行中的有效检测（监测），实时掌握套管运行工况。

（2）乙炔含量较低时，三比值法容易造成误判。

（3）建议通过变压器超声波局放检测、高频电流局放检测等带电检测手段关注变压器运行工况。

（4）色谱检测数据异常时，即使气体继电器未动作，建议同时对气体继电器进行取样分析。

【案例 4-35】220kV 变电站 1 号主变锁紧螺母与引线接头接触不良导致的低能放电故障

一、缺陷/故障基本信息

某 220kV 变电站 1 号主变型号为 SSZ10-180000/220，2016 年 11 月出厂（为其他变电站故障设备返厂大修后调配使用），2016 年 11 月投运。1 号主变高、中压套管为玻璃钢电容型套管，型号分别为 FGRBDLW-252、FGRBDLW-126。

缺陷情况简述：2018 年 5 月 17 日，在开展 220kV 变电站主变油样分析年中普查时，发现 1 号主变本体油中乙炔含量超标，测试值为 6.6μL/L，超过注意值（不大于 5μL/L）。

246

二、检查及试验情况

（一）油色谱检测数据及特征分析

由色谱跟踪数据可知：2018 年 5 月前，历次取样分析主变本体油色谱检测数据均正常；从 2018 年 5 月后，主变本体油中开始出现乙炔，并呈现增长趋势，C_2H_2/总烃约为 70%，H_2/氢烃约为 65%。根据三比值法进行故障分析，三比值编码为 202，结合该设备其他特征气体含量分析，油中氢气和其他烃类气体组分均不高，可判断主变存在低能放电故障。

初步判断乙炔含量超标可能的原因为：① 主变内部存在不同电位的不良连接点或者悬浮电位体的连续火花放电，引线与穿缆套管（或引线屏蔽管）之间存在环流；② 有载分接开关存在内漏，有油渗入变压器本体。

2018 年 6 月 20 日，对 1 号主变主、副油箱油位进行外观检查，同时对有载分接开关（真空型）切换室油样进行取样检查。主变主、副油箱油位未见明显异常变化，且有载分接开关切换室油样试验未见乙炔气体，因此排除变压器有载分接开关存在内漏的可能性。

油中溶解气体离线检测数据见表 4-65 和图 4-154。

表 4-65　　　　　　　　　　油中溶解气体离线检测数据　　　　　　　　（μL/L）

试验日期	气体含量							
	H_2	CO	CO_2	CH_4	C_2H_4	C_2H_6	C_2H_2	总烃
2016.11.29（局放试验前）	0	2.1	99.2	0.3	0.5	0.9	0	1.7
2016.11.29（局放试验后）	0	1.7	142.4	0.3	0.4	0.7	0	1.4
2016.12.30（运行 30d）	0	6.7	159.1	0.5	0	0	0	0.5
2017.02.15（主变底部）	0	15.8	152.5	0.4	0	0	0	0.4
2017.06.22（主变）	2.8	65.3	260.6	0.9	0.3	0	0	1.2
2017.12.13（主变）	4.5	98.2	326.1	1.8	0.3	0.4	0	2.5
2018.05.17（主变）	7.7	90.4	363.8	1.9	1.0	0	6.6	9.5
2018.06.05（主变）	17.7	71.8	253.1	2.1	1.5	0	7.6	11.2
2018.06.14（主变底部）	18.1	122.5	353.9	2.3	1.3	0	9.2	12.8
2018.06.20（主变底部）	26.4	125.6	346.7	3.1	1.5	0	9.6	14.2
2018.06.20（主变有载）	57.9	182.5	922.2	2.7	2.8	0	0	5.5
2018.06.27（主变底部）	15.8	103.0	372.7	2.4	1.5	0	11.1	15.2
2018.07.03（主变底部）	33.8	139.1	370.5	2.9	1.9	0	13.9	18.7
2018.07.10（主变底部）	32.0	126.6	387.7	2.9	1.8	0	12.9	17.7
2018.07.30（主变底部）	41.7	170.7	464.6	3.4	2.3	0	15.1	20.8

续表

试验日期	气体含量							
	H₂	CO	CO₂	CH₄	C₂H₄	C₂H₆	C₂H₂	总烃
2018.08.15（主变底部）	32.3	121.4	395.8	3.1	2.2	0	13.7	19.0
2018.08.30（主变底部）	41.2	131.1	459.2	3.7	2.7	0	16.4	22.8
2018.09.10（主变底部）	46.6	150.2	471.1	4.0	3.0	0.4	18.0	25.4

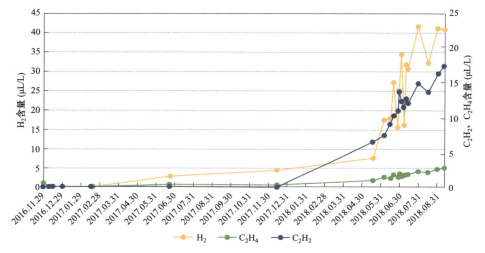

图 4-154　主变油中溶解气体离线检测数据

（二）其他试验情况

（1）主变停电吊罩前，开展了相关试验检查，包括绝缘电阻测量、绕组介损及电容量测量、绕组直流电阻测量、有载分接开关特性试验、油耐压试验，试验数据均合格。

（2）对有载分接开关的选择开关和切换开关进行了相关试验检查，包括切换开关过渡电阻和接触电阻、选择开关直流电阻和绝缘电阻，试验数据均合格。

（3）对主变高、中压及零序共计 8 只套管进行了试验，包括套管电容量、介损因数、一次对地绝缘电阻、末屏对地绝缘电阻，试验数据均合格。

（三）现场检查情况

（1）分接开关外观检查无异常，触头表面无氧化痕迹，开关导电部位无炭质沉积。

（2）对主变套管进一步检查，发现中压侧 C 相套管顶部、内部引线线棒与套管头部将军帽结合部位有放电痕迹，存在炭质沉积，线棒与将军帽之间的锁紧螺母内侧有炭质沉积。

现场检查情况如图 4-155 所示。

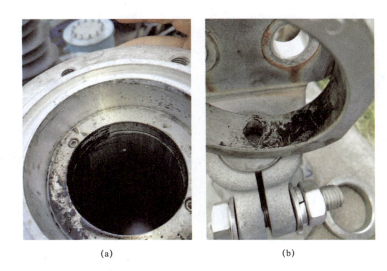

(a)　　　　　　　　　　　　(b)

图 4-155　现场检查情况

（a）中压侧 C 相套管顶部炭质沉积；（b）锁紧螺母内侧放电痕迹

（四）返厂检查情况

无。

三、缺陷/故障原因分析

将军帽与线棒的结合过程如下：线棒与变压器内部引线通过焊接的方式连接在一起，锁紧螺母通过穿心销套在线棒上；当将军帽沿着螺纹慢慢向内旋转进入到一定程度，锁紧螺母开始发挥作用，通过其内部的穿心销提供的反作用力阻止将军帽继续前进；此时需要在锁紧螺母处使用扳手将其固定，防止跑动，同时使用另外的工具继续旋进将军帽，当到达一定程度时，将军帽和线棒之间完成紧固。

在整个连接过程中，锁紧螺母内侧由于设计原因没有螺纹，仅仅通过穿心销提供锁止将军帽的作用力。一旦锁紧螺母在紧固过程中无法良好固定，就会造成将军帽和锁止螺母之间无法完全拧紧。在主变运行时的振动力作用下，锁紧螺母与引线接头接触不良，导致锁紧螺母形成悬浮电位，锁紧螺母与穿心连杆、套管内壁铝管之间放电，放电导致变压器本体绝缘油分解产生乙炔气体。锁紧螺母内侧如图 4-156 所示，锁紧螺母与将军帽接触不良如图 4-157 所示。

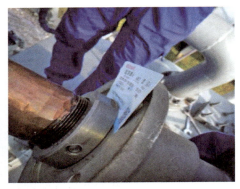

图 4-156　锁紧螺母内侧　　　图 4-157　锁紧螺母与将军帽接触不良

最终结论为：1 号主变中压侧 C 相套管引线接头锁紧螺母设计不合理（内壁不带螺纹），导致锁紧螺母与引线接头无法完全拧紧，在主变运行时的振动力作用下，锁紧螺母与引线接头接触不良，导致锁紧螺母形成悬浮电位，最终导致放电。由于锁紧螺母为套管配套部件，因此可以判断属于套管厂家零部件设计问题。

四、后续处理情况

（1）协商套管制造厂调拨 8 只改进后（内壁带螺纹）的锁紧螺母到现场，对主变高、中压侧 8 只套管的引线接头锁紧螺母全部进行更换。

（2）运行单位对在运同制造厂供货的高压套管开展隐患排查，重点核查套管安装图纸、前次例行试验数据、本体油色谱分析数据、红外测温等有无异常。针对存在异常数据的设备，及时查明原因。

（3）针对采用类似结构的变压器套管（内壁不带螺纹的锁紧螺母），应结合主变大修机会对锁紧螺母进行更换，及时消除设备潜在隐患。

五、小结及建议

（1）在主变运行过程中，应定期开展绝缘油取样及油色谱分析，及时发现主变本体绝缘油乙炔超标隐患，并对可能的隐患部位进行初步分析判断。

（2）对真空有载分接开关油室单独取油测试，可用于判断是否存在因分接开关渗漏导致本体色谱异常的情况。

（3）结合现场局放带电检测辅助此类问题的分析和定位。

【案例 4-36】高电压等级并联电抗器内部接地引线低能放电故障

一、缺陷/故障基本信息

某高电压等级并联电抗器 2016 年 5 月出厂，2017 年 8 月 14 日投运。

缺陷情况简述：该设备于 2019 年 12 月 3 日进行例行油色谱离线检测，发现内部乙炔含量为 0.68μL/L；2020 年 2 月以后乙炔数值不断增长，最大值达到 2.1μL/L。内检发现高抗非出线侧×柱上磁分路靠近旁轭的夹件与主铁心上夹件间接地线一端漏接，接线头与上铁轭拉螺杆垫圈碰触，引起间歇性低能放电。

二、检查及试验情况

（一）油色谱检测数据及特征分析

油中溶解气体在线监测数据见表 4-66 和图 4-158。

表 4-66 油中溶解气体在线监测数据 （μL/L）

试验日期	气体含量							
	H_2	CO	CO_2	CH_4	C_2H_4	C_2H_6	C_2H_2	总烃
2020.05.17	4.2	380.5	1250.2	0	1.1	1.0	1.7	3.8
2020.05.19	3.2	352.3	987.3	0	1.5	0	1.8	3.3
2020.05.22	4.4	380.2	1271.8	0	1.5	1.0	1.8	4.3
2020.05.23	4.0	381.4	1284.4	0	1.2	0	1.4	2.6
2020.05.26	3.1	375.6	1214.3	0	1.4	0	1.9	3.3
2020.05.27	3.4	381.4	1252.6	0	1.6	1.1	2.1	4.8
2020.05.28	3.2	347.7	919.6	0	1.5	0.6	1.5	3.6
2020.05.29	4.1	381.8	1299.6	0	1.6	0	1.1	2.7
2020.05.30	2.7	346.8	920.5	0	1.2	0	1.0	2.2

在线监测结果显示，主要增长组分是乙炔和总烃，其他气体无明显增长趋势。C_2H_2/氢烃约为 40.7%～57.6%，H_2/氢烃约为 41.5%～60.6%。油色谱分析三比值编码初始为 102，诊断为电弧放电，但是由于特征气体含量微小时检测误差较大，结合特征气体法判断为低能放电故障。一氧化碳和二氧化碳未见明显变化，未见涉及固体绝缘的特征。

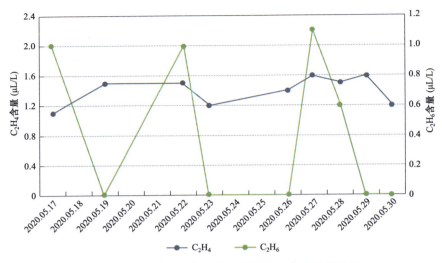

图 4-158　并联电抗器油中溶解气体在线监测数据

（二）其他试验情况

开展高频局放带电测试，在铁心和夹件接地均能检测到异常信号，且铁心接地处信号大于夹件处。由图谱可知高频电流 PRPD（局放相位分布）/PRPS（脉冲序列相位分布）图谱具有明显的局放特征，根据测试数据判断为悬浮放电信号。并联电抗器高频局放带电测试结果如图 4-159 所示。

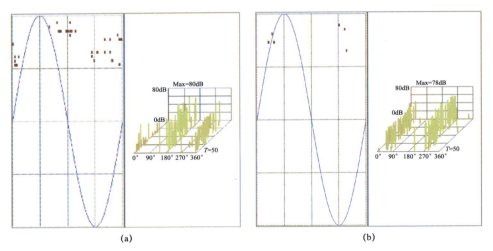

图 4-159　并联电抗器高频局放带电测试结果

（a）铁心处 PRPD/PRPS 图谱；（b）夹件处 PRPD/PRPS 图谱

对异常放电信号开展超声波局放带电测试进行定位，在 6h 的测试时间内，仅 2h 有信号出现，此信号有很强的间歇性。并联电抗器超声波局放带电测试定位结果如图 4-160 所示。

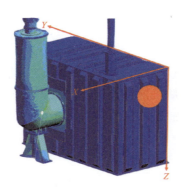

图 4-160 并联电抗器超声波局放带电测试定位结果

停电进行绝缘电阻、介损电容量、直流电阻及直流泄漏电流试验，各项试验数据均正常。

（三）现场检查情况

2020 年 6 月，对该高抗内检时发现非出线侧 X 柱上磁分路靠近旁轭的夹件与主铁心上夹件间接地线一端漏接，接线头与上铁轭拉螺杆垫圈碰触时引起间歇性放电，缺陷位置与前期超声波定位位置基本一致，与油色谱监测结果基本吻合。接地线一端漏接如图 4-161 所示。

(a)   (b)

图 4-161 接地线一端漏接

（a）整体图；（b）局部图

此外，对高抗铁心和铁心接地系统、中性点引线和引线支架、器身绝缘可见部分进行了进一步检查，除故障点位置外，未发现其他异常情况。

（四）返厂检查情况

无。

三、缺陷/故障原因分析

综合分析认为，高抗 C 相非出线侧×柱上磁分路靠近旁轭夹件与主铁心上夹件间的接地线未按要求撬接，接线头与上铁轭拉螺杆垫圈碰触造成间歇性火花放电，是造成此次高抗油色谱异常缺陷的主要原因。

四、后续处理情况

使用备用相对高抗 C 相进行了更换，现场对故障设备故障点位置进行了修复处理。

五、小结及建议

当变压器内部油中特征气体含量足够高时，应用三比值法判断变压器类设备内部故障有效性较高。本案例中微弱低能放电产生的乙炔含量比较微小，检测中误差因素影响较大，应用三比值法直接得出故障原因往往不能真实反映设备内部故障情况，需要结合特征气体和其他带电检测及离线试验方法综合判断故障类型。高频局放辅助多通道超声波局放定位，可较为准确地判断内部微弱放电的类型和位置，对故障分析提供重要线索。

第5章 过热类故障案例分析

　　本书中的过热类故障是指变压器及电抗器内部以过热类为主的，往往由于局部电流增大引发的故障。过热类故障与高能放电类故障不同，一般来说发展较为缓慢，是目前较为常见的故障，因此通过油中溶解气体分析的方法可以在及早期发现并处置，故障的发现和排除成功率很高。但是如果一旦发现气体组分中 CO 或 CO_2 增加较为明显，则说明故障可能涉及固体绝缘，或者烃类组分增加较为迅速，则表明故障可能有加剧的趋势，此时应引起高度重视，果断采取措施。

　　本章共收录23个典型案例，包括因各类问题引发的高温过热故障19例（【案例5–1】～【案例5–19】），中温过热故障3例（【案例5–20】～【案例5–22】），低温过热故障1例（【案例5–23】）。本章中的过热类案例以高温过热故障为主，其中：发生在绕组部位的故障4例（【案例5–1】～【案例5–4】），缺陷原因为绕组绝缘破损、线圈引线接触不良等；发生在套管、分接开关部位的案例6例（【案例5–5】～【案例5–9】，【案例5–22】），缺陷原因为接线端子接触不良、松动等导致的环流或过电流引起本体油热裂解产气；发生在铁心、夹件、磁路等部位的故障12例（【案例5–10】～【案例5–18】，【案例5–20】、【案例5–21】、【案例5–23】），缺陷原因为硅钢片短接、异物、不同电位处绝缘降低、局部叠装不平整导致的铁心、夹件局部环流、多点接地等引起局部过热导致油热裂解产气；发生在设备附件的故障1例（【案例5–19】），缺陷原因为潜油泵绝缘破损导致的局部过热产气。

　　高温过热故障中，油色谱特征以烃类组分的增长为主，其中乙烯和甲烷占主要成分，尤其是乙烯含量在总烃的占比最高，乙烯与乙烷的比例大于3倍以上；部分高温过热故障会产生少量乙炔，高温过热类故障案例中氢气均有所增长，中温及以下部分故障中，有时氢气增长不明显。中温过热故障中，油色谱特征为烃类组分的增长，甲烷和乙烯占主要成分，产生少量乙炔或没有。本章中的中温过热故障案例2例发生在铁心处，1例发生在分接开关处。本章收录

了1例低温过热故障案例，低温过热时，烃类组分以甲烷为主，乙烯的占比较低。

大量案例表明，发生在载流回路的过热类缺陷，常见于股间短路、套管、分接开关接头（冷压、电焊）接线端子接触不良等部位，该类缺陷的油色谱检测数据往往与负荷相关性较大，开展负荷相关性分析、直流电阻测试或红外热像测试一般能发现问题；发生在磁路的缺陷常见于铁心片间短路、异物、多点接地问题，油色谱检测数据与负荷相关性不大，一般能够通过开展铁心、夹件接地电流、绝缘电阻、空载、接地引下线红外测温等试验发现问题；发生在设备附件如潜油泵部位的缺陷，往往可以根据油泵的投切情况和油色谱检测数据的相关性分析进行初步判断。

诊断为过热类故障后，应根据气体组分的增长以及是否涉及固体绝缘等情况，在条件具备且必要时开展气体组分变化与试验相关性分析，根据分析结论对故障部位逐一排查，最终确定故障可能的部位及严重程度；还要注意气体特征虽表现为过热，而过热部位可能存在一个或多个，在进行事故分析、现场或返厂解体检查时，应注意在发现一个过热部位后，还应继续查找是否存在多个故障部位。

判断故障是否涉及固体绝缘时，主要依据是一氧化碳和二氧化碳的组分增长情况；但这两种气体的检测结果受多个因素影响，偏差较大时容易引起误判，不利于发现或排除涉及固体绝缘的严重故障。因此，应进一步提升气体检测的技术水平，为故障的诊断分析提供更精准的判断依据。目前情况下，可同时结合油中溶解气体在线监测数据综合判断缺陷的发展趋势。

第1节 高 温 过 热

【案例5-1】220kV变电站2号主变高压绕组高温过热故障

一、缺陷/故障基本信息

某220kV变电站2号主变型号为SFSZ9-180000/220，2001年5月1日出厂，2001年7月20日投运。

缺陷情况简述：220kV 2号主变投运日期为2001年7月20日，至2004年12月17日的油中溶解气体组分含量均正常，缺陷发生前，设备运行情况正常。在2005年3月22日的油色谱例行检测中发现总烃含量高达731μL/L，远远超出了运行注意值，分析变压器内部可能存在高温过热故障。解体检查发现，C相高压绕组由于组合导线制造质量或换位处工艺原因，造成第20段的组合导线内部 3 根铜线短路。在运行中由于股间短路并产生环流，组合导线高温过热，变压器油游离使总烃增高，匝绝缘和燕尾垫块炭化。

二、检查及试验情况

（一）油色谱检测数据及特征分析

1. 油色谱离线检测数据及特征分析

在 2005 年 3 月 22 日的油色谱例行检测中，发现油中总烃为 730.7μL/L（具体数据见表 5-1），超过运行注意值（不大于 150μL/L）；相比 2014 年 12 月 17 日的例行检测数据，油中总烃和氢气均有显著增长，并有少量乙炔，总烃产气速率高达 1599%/月。通过产生的特征气体看，甲烷占总烃的 44%，乙烯占总烃的 42%，乙烷占总烃的 13%，氢组分增长较快，并有少量乙炔，乙炔含量没有超过乙烯含量的 10%，表明设备内部存在高温过热故障，但未达到放电性故障。再利用三比值法进行分析，其特征气体的编码为 022，属于高于 700℃高温范围的热故障，综合判断设备内部存在高温过热故障。

2005 年 3 月 23 日，对主变本体中部、底部、事故排油阀和调压开关分别进行取样检测，油中溶解气体组分含量的检测结果确认主变本体异常。同时对主变进行红外测温，没有发现问题。

油中溶解气体离线检测数据见表 5-1 和图 5-1。

表 5-1　　　　　　　　　　油中溶解气体离线检测数据　　　　　　　　　（μL/L）

试验日期	气体含量							
	H_2	CO	CO_2	CH_4	C_2H_4	C_2H_6	C_2H_2	总烃
2004.12.17	10.0	460.0	1200.0	8.2	1.9	4.2	0	14.3
2005.03.22	150.0	427.0	1156.0	326.0	311.0	93.0	0.7	730.7
2005.03.23	140.0	370.0	977.0	291.0	265.0	85.0	0.6	641.6
2005.03.23	155.0	404.0	1179.0	321.0	304.0	90.0	0.7	715.7
2005.03.23	136.0	394.0	1125.0	295.0	290.0	94.0	0.7	679.7
2005.03.25	136.0	375.0	1182.0	285.0	267.0	89.0	0.7	641.7
2005.04.11	170.0	407.0	1089.0	345.0	326.0	99.3	0.9	771.2
2005.04.19	127.0	418.0	1213.0	336.0	321.0	101.0	0.9	758.9
2005.04.25	173.0	379.0	1191.0	413.0	391.0	129.0	1.0	934.0
2005.05.01	191.0	425.0	1131.0	427.0	390.0	127.0	1.0	945.0
2005.05.10	191.0	408.0	1088.0	441.0	402.0	132.0	1.0	976.0
2005.05.18	190.0	355.0	1028.0	437.0	403.0	135.0	1.0	976.0
2005.05.20	193.0	415.0	1088.0	451.0	421.0	140.0	1.0	1013.0
2005.05.27	187.0	407.0	1079.0	441.0	401.0	133.0	0.9	975.9
2005.06.06	198.0	418.0	1181.0	492.0	451.0	148.0	1.0	1092.0

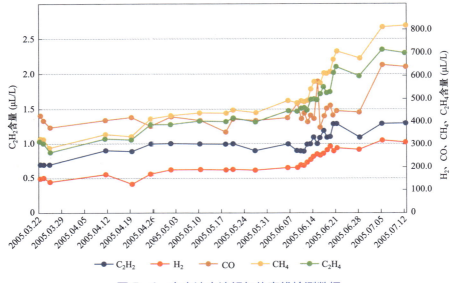

图 5-1 主变油中溶解气体离线检测数据

2005 年 3 月 25 日将主变停电进行高压试验，结果各项高压试验数据合格，未发现问题；于是决定先通过油色谱跟踪监督，缩短跟踪周期为每周 1 次，到 2005 年 6 月 6 日止。针对主变历次跟踪试验数据及主变所带负荷情况进行认真分析后，发现主变油中特征气体含量会随着负荷的增长而增大：在负荷达到高压绕组 120MVA、中压绕组 90MVA、低压绕组 30MVA 时，主变油中总烃含量会明显增长，比发现时总烃增长 200μL/L 左右，主要增长的组分是甲烷和乙烯，产气速率很高（2005 年 3 月 22 日～6 月 6 日），达 275mL/d，远远超过相关规程的注意值 12mL/d。根据油色谱检测数据进行分析认为，该主变故障性质应是导电回路存在高温过热性故障。为了进一步明确故障部位，经研究决定继续对主变各绕组进行分步带负荷试验，确定了进一步的跟踪试验具体方案。主变油中溶解气体跟踪试验数据见表 5-2。

表 5-2 主变油中溶解气体跟踪试验数据 （μL/L）

试验日期	气体含量							
	H_2	CO	CO_2	CH_4	C_2H_4	C_2H_6	C_2H_2	总烃
2005.06.09	198.0	484.0	1193.0	485.0	448.0	150.0	0.9	1083.9
2005.06.10	210.0	412.0	1176.0	492.0	461.0	155.0	0.9	1108.9
2005.06.11	210.0	440.0	1278.0	487.0	462.0	157.0	0.9	1106.9
2005.06.12	223.0	399.0	1081.0	496.0	449.0	151.0	1.0	1097.0
2005.06.13	237.0	430.0	1169.0	544.0	498.0	166.0	1.0	1209.0
2005.06.14	250.0	415.0	1106.0	575.0	500.0	163.0	1.1	1239.1

试验日期	气体含量							
	H_2	CO	CO_2	CH_4	C_2H_4	C_2H_6	C_2H_2	总烃
2005.06.15	260.0	580.0	1113.0	580.0	497.0	164.0	1.0	1242.0
2005.06.16	252.0	377.0	1084.0	572.0	523.0	176.0	1.1	1272.1
2005.06.17	262.0	426.0	1153.0	612.0	556.0	187.0	1.2	1356.2
2005.06.18	275.0	461.0	1209.0	613.0	529.0	177.0	1.1	1320.1
2005.06.19	292.0	473.0	1211.0	620.0	532.0	177.0	1.1	1330.1
2005.06.20	274.0	431.0	1232.0	674.0	614.0	208.0	1.3	1497.3
2005.06.21	287.0	449.0	1292.0	707.0	642.0	219.0	1.3	1569.3
2005.06.28	279.0	442.0	1310.0	678.0	600.0	204.0	1.1	1483.1
2005.07.05	320.0	649.0	1989.0	813.0	714.0	244.0	1.3	1772.3
2005.07.12	310.0	640.0	2000.0	820.0	700.0	240.0	1.3	1761.3

主变总负荷 109.24MVA；110kV 侧负荷 84.37MW；10kV 侧负荷 24.87MW。

第一步方案：主变总负荷 90MVA；110kV 侧负荷 44MW；10kV 侧负荷 46MW。

第二步方案：主变总负荷 116.2MVA；110kV 侧负荷 76.5MW；10kV 侧负荷 39.7MW。

第三步方案：主变总负荷 130MVA；110kV 侧负荷 130MW；10kV 侧空载。

根据色谱跟踪数据分析：

（1）2005 年 6 月 8～12 日第一步改变运行方式，加大低压侧负荷。经过 3d 的色谱跟踪，从油色谱检测数据看，总烃略增长 13μL/L，产气速率为 182mL/d，数据略有增长。

（2）2005 年 6 月 13～15 日第二步改变运行方式，加大中压侧负荷。经过 3d 的色谱跟踪，从油色谱检测数据看，总烃增长 145μL/L，氢气增长 37μL/L、甲烷增长 84μL/L、乙烷增长 48μL/L，产气速率为 2030mL/d，数据增长较快。

（3）2005 年 6 月 15～21 日第三步改变运行方式，加大高压侧负荷。经过 7d 的色谱跟踪，从油色谱检测数据看，总烃增长 327μL/L、氢气增长 30μL/L、甲烷增长 127μL/L、乙烷增长 145μL/L，产气速率为 2615mL/d，数据增长很快。

2. 油色谱在线监测数据及特征分析

无。

（二）其他试验情况

对主变进行红外测温，没有发现问题。2005 年 3 月将主变停电进行高压试验，结果各项高压试验数据合格。

（三）现场检查情况

2005 年 7 月对主变进行现场大修，大修过程中对主变进行了详细检查，未发现故障点，大修后常规试验合格。

（四）返厂检查情况

返厂解体检查发现，故障点是 C 相高压绕组（高压绕组为三组合导线）从下向上数第 20 段和 19 段间最外一匝，在高压出头右侧第一个撑条位上的燕尾垫块处炭化，炭化部位位于导线 S 弯换位末端进燕尾垫块处。故障点情况如下：

（1）第 20 段最外一匝导线外部绝缘烧损炭化露铜，组合线本身的三根铜线有多处烧熔后形成的缺口，缺口宽度方向最大约 5mm、长度约 30mm，匝绝缘烧损约 200mm；与第 20 段最外一匝相邻的第二匝及本段其他匝导线没有损伤。

（2）第 19 段导线最外一匝三组合线的第一根导线上边缘（与第 20 段导线下部对应）烧熔形成约 $\phi 5mm$ 的半圆形缺口，匝绝缘烧损约 30mm。第 19 段导线最外一匝三组合线的第二、三根导线绝缘基本没有损伤。

（3）第 20 段和 19 段部位之间的燕尾垫块（2 个）外部烧焦炭化约 $\phi 30mm$ 半圆形缺口。

除 C 相高压绕组有过热点外，其他绕组没有发现炭化现象，经测试股间均没有短路现象。高压侧绕组解体情况如图 5-2 所示。

(a)   (b)

图 5-2　高压侧绕组解体情况

（a）细节图 1；（b）细节图 2

三、缺陷/故障原因分析

经过各方技术专家对故障点的共同分析，初步认定变压器故障的原因是：高压绕组使用三组合导线，由于组合导线制造质量或换位处工艺原因，造成第 20 段的组合导线内部 3 根铜线短路。在运行中由于股间短路并产生环流，组合导线高温过热产气使总烃增高。

四、后续处理情况

对主变进行返厂大修处理，处理后试验结果正常。

五、小结及建议

（1）在条件具备时，监测或改变负荷变化情况可以帮助识别故障的大致部位。当特征气体含量明显随负荷的增长而增大时，故障在导电回路的可能性较大。

（2）一氧化碳和二氧化碳数值无明显增长时也不能排除故障是否涉及固体绝缘。

（3）变压器内部结构较复杂，内部故障是个复杂的物理化学过程，在做故障部位的判断时，应结合设备的结构、运行、负荷、检修和电气、油质试验等进行综合分析，才能做出正确的判断。

【案例 5−2】220kV 变电站 1 号主变低压绕组高温过热故障

一、缺陷/故障基本信息

某 220kV 变电站 1 号主变型号为 SFPSZ10−180000/220，1997 年 12 月生产，1999 年 8 月投运，冷却方式为强迫油循环风冷。

缺陷情况简述：2003 年 3 月开始 1 号主变的总烃含量随着负荷的增长又开始呈上升趋势，并超过注意值，4 月 23 日总烃达到了 330μL/L，乙炔达到 2.1μL/L，综合判断设备本体内部存在高温过热性质故障且可能涉及固体绝缘。经返厂解体发现，该主变 C 相低压绕组内侧有两处 S 弯换位处绝缘炭化、导线表面烧损，同时还发现 C 相低压铁心纸筒下沿有炭化物。

二、检查及试验情况

（一）油色谱检测数据及特征分析

1. 油色谱离线检测数据及特征分析

从 2003 年 3 月开始，1 号主变的总烃含量随着负荷的增长呈上升趋势。2003 年 4 月 13 日，油中总烃达 220μL/L，超过运行注意值（不大于 150μL/L）。2003 年 7 月 24 日，油中总烃最高达 890μL/L，产气速率高达 87%/月。通过产生的特征气体看，甲烷和乙烯占主要成分，氢气和乙烷也较高；同时，6 月 5 日的油中一氧化碳和二氧化碳数据也存在持续增长现象，表明设备内部存在过热故障且可能涉及固体绝缘。利用三比值法进行分析，其特征气体的编码为 022，属于高温过热故障，综合判断设备本体内部存在高温过热故障且可能涉及固体绝缘。

主变油中溶解气体离线检测数据见表 5−3 和图 5−3。

表5-3 　　　　　　　　　　　三变油中溶解气体离线检测数据 　　　　　　　　（μL/L）

试验日期	气体含量							
	H₂	CC	CO₂	CH₄	C₂H₄	C₂H₆	C₂H₂	总烃
2003.03.25	17.0	32.●	370.0	33.0	9.6	55.0	0.5	98.1
2003.04.03	23.0	48.0	630.0	44.0	14.0	78.0	0.8	136.8
2003.04.13	36.0	51.0	740.0	70.0	23.0	130.0	1.9	224.9
2003.04.29	58.0	48.0	950.0	110.0	36.0	200.0	2.2	348.2
2003.05.07	64.0	66.0	920.0	120.0	37.0	210.0	2.1	369.1
2003.06.04	75.0	86.0	1100.0	140.0	40.0	210.0	1.9	391.9
2003.06.20	68.0	97.0	1100.0	140.0	42.0	230.0	1.9	413.9
2003.07.10	110.0	100.0	1200.0	250.0	75.0	400.0	2.9	727.9
2003.07.24	150.0	130.0	1400.0	310.0	94.0	480.0	2.8	886.8
2003.09.08	120.0	140.0	1500.0	280.0	92.0	470.0	2.6	844.6

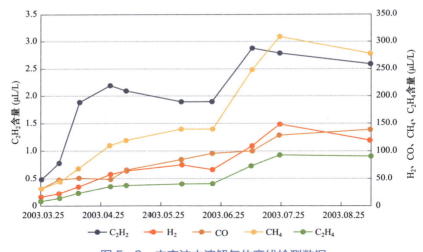

图5-3　主变油中溶解气体离线检测数据

2. 油色谱在线监测数据及特征分析

无。

（二）其他试验情况

2002年，该主变吊罩检查时发现铁心内部短接问题，但不能解释油色谱随负荷增长而增大的现象，为彻底消除缺陷，将变压器返厂解体检查。

（三）现场检查情况

无。

（四）返厂检查情况

经返厂器身解体检查发现，该主变 C 相低压绕组内径有两处 S 弯换位处绝缘炭化、导线表面烧损，同时还发现 C 相低压铁心纸筒下沿有炭化物。绕组内径 S 弯换位处缘炭化如图 5-4 所示。

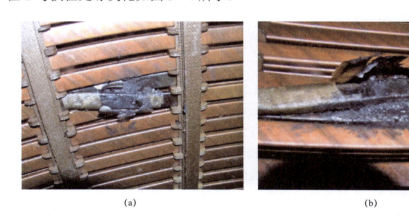

(a)　　　　　　　　　　　　　　　　(b)

图 5-4　C 相低压绕组内径 S 弯换位处缘炭化

(a) 第四转中层和下层 S 弯换位处；(b) 第十二转中层和上层 S 弯换位处

三、缺陷/故障原因分析

经分析认为 C 相低压绕组在绕制过程中，个别 S 弯换位处导线绝缘存在不易被发现的轻微破损，隐患在运行中逐渐恶化，最终导致并联导线线间短路。隐患现象与运行中油色谱随低压负荷增加而恶化的现象相符合。

四、后续处理情况

随后采取更换三相低压绕组及绝缘件、在 S 弯换位处加强绝缘保护的措施，于 2003 年 12 月完成大修并交付使用。

五、小结及建议

（1）从设备吊心和解体检查的情况看，该设备的缺陷和负荷相关，以电路部分过热为主，但仍不能排除其他部位的过热问题（铁心内部短接）。

（2）可以根据一氧化碳和二氧化碳的增长情况，辅助判断缺陷的绝缘受损情况。本案例中，一氧化碳和二氧化碳有增长趋势，与解体后的绝缘破损情况基本对应。

（3）判断故障部位时，应结合其他试验情况（如直流电阻检测）进行综合判断。

【案例 5-3】高电压等级主变 C 相中压绕组等多处高温过热故障

一、缺陷/故障基本信息

某高电压等级主变 2012 年 4 月生产，2012 年 7 月投运，上次检修日期为 2015 年 10 月。

缺陷情况简述：2021 年 4 月 15 日 21 时 44 分，主变 C 相油色谱在线监测装置报总烃超标告警（总烃 160.60μL/L）。4 月 15 日，C 相油色谱离线检测总烃为 144.9μL/L（注意值为 150μL/L），乙炔为 0.2μL/L，经分析总烃增长与负荷增长存在相关性，讨论决定加强色谱跟踪频次。跟踪至 5 月 27 日，总烃数据基本稳定在 140～160μL/L 之间。5 月 31 日，离线油色谱检测总烃增长至 293.5μL/L，乙炔增长至 0.3μL/L。6 月 6 日，离线油色谱检测总烃增长至 456.41μL/L，乙炔增长至 0.51μL/L，分析认为变压器内部存在过热性缺陷，并呈现严重劣化趋势。为防止缺陷进一步发展，6 月 6 日晚申请主变临时停运。解体检查发现设备内部多处故障部位，分析认为中压绕组导线因安装工艺不良造成两个大股线间绝缘破损引发短路现象，该处股间短路是变压器油色谱异常增长的主要原因，也与绕组介损异常对应。

二、检查及试验情况

（一）油色谱检测数据及特征分析

1. 油色谱在线监测数据

经调阅近 3 个月在线油色谱装置总烃变化趋势，发现 4 月 6 日总烃存在增长趋势，4 月 15 日总烃数值明显增长。2021 年 4 月 15 日 21 时 44 分，主变 C 相油色谱在线监测装置报总烃超标告警（总烃 160.60μL/L）。2021 年 4 月 15 日油色谱在线监测数据见表 5-4。

表 5-4　　　　2021 年 4 月 15 日油色谱在线监测数据　　　　（μL/L）

H_2	CH_4	C_2H_6	C_2H_4	C_2H_2	总烃	CO	CO_2
0	115.88	11.16	33.64	0	160.60	321.06	0

对比油色谱在线数据与离线数据，如图 5-5 所示，发现在线总烃数据比离线总烃数据普遍偏高，但偏差值相对稳定，离线数据更为准确。

2. 油色谱离线检测数据

自投运之后，每 3 个月进行一次离线油色谱分析，每年进行一次简化油色谱试验；从离线油色谱的数据来看，自 2016 年开始，相对于 A、B 两相，C 相的总烃一直在缓慢增长，A、B 相维持在 10μL/L 以下，C 相总烃从 10μL/L（2016年 3 月）不断上升至 40μL/L（2020 年 12 月），以甲烷和乙烯为主，氢气始终维持在较低水平，一氧化碳和二氧化碳三相保持一致，均未有乙炔检出；从简化油色谱试验的数据来看，近 5 年来，击穿电压、微水、油介损均无异常；该色谱特征表明，C 相的过热现象持续已久，且内部运行工况不断恶化，最终在 2021年 4 月突增至注意值以上，油介损无异常，油中游离碳的含量较稳定。主变三相总烃增长趋势对比如图 5−6 所示。

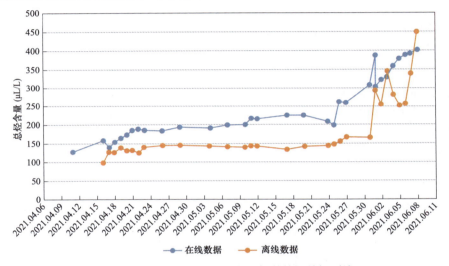

图 5−5　在线油色谱和离线油色谱总烃数据对比

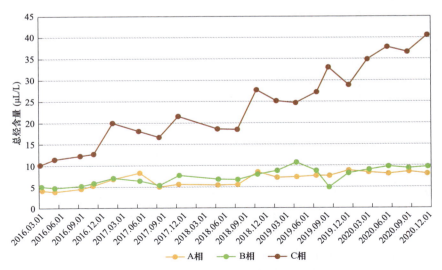

图 5−6　主变三相总烃增长趋势对比

该主变色谱异常前，近两次的油色谱离线检测数据正常，见表 5-5。

表 5-5 近两次油色谱离线检测数据 （μL/L）

试验日期	气体含量							
	H$_2$	CO	CO$_2$	CH$_4$	C$_2$H$_4$	C$_2$H$_6$	C$_2$H$_2$	总烃
2020.11.06	0	335.5	930	17.8	14.2	4.6	0	36.6
2021.02.05	0	272.2	611	19.7	16.0	5.0	0	40.6

2021 年 4 月 15 日 22 时 30 分，对主变 C 相上、中、下取油阀分别取油样进行离线色谱分析，4 月 16 日 5 时 10 分，检测结果显示总烃增长迅速，成分以乙烯、甲烷为主，且产生微量乙炔，总烃数值自上部、中部、下部逐步递减。采用三比值法，基于油色谱离线检测数据计算得到编码组合为 022，缺陷类型对应为高温过热。2021 年 4 月 16 日常规仪器油色谱离线检测数据和网络色谱仪油色谱离线检测数据分别见表 5-6 和表 5-7，C 相离线油色谱乙炔、总烃增长趋势如图 5-7 所示。

表 5-6 2021 年 4 月 16 日常规仪器油色谱离线检测数据 （μL/L）

部位	气体含量							
	H$_2$	CO	CO$_2$	CH$_4$	C$_2$H$_4$	C$_2$H$_6$	C$_2$H$_2$	总烃
上部	35	376.1	936	61.4	65.0	18.4	0.2	144.9
中部	47	366.9	913	61.2	61.2	17.0	0.1	138.2
下部	20	324.7	774	55.6	55.6	15.6	0.2	125.1

表 5-7 2021 年 4 月 16 日网络色谱仪油色谱离线检测数据 （μL/L）

部位	气体含量							
	H$_2$	CO	CO$_2$	CH$_4$	C$_2$H$_4$	C$_2$H$_6$	C$_2$H$_2$	总烃
上部	31.95	687.98	1527.98	102.95	100.72	28.96	0.22	232.85
中部	31.29	709.47	1517.68	101.04	98.26	28.16	0.21	227.67
下部	31.21	717.31	1536.85	100.01	97.14	27.87	0.21	225.23

从图 5-7 离线色谱趋势总体看来，4 月 16 日～5 月 31 日第一次突增，乙炔、总烃相对稳定，总烃数据基本稳定在 140～160μL/L 之间，乙炔稳定在 0.1～0.2μL/L。5 月 31 日～6 月 7 日第二次突增，乙炔、总烃增长加速，增速一致。缺陷相二氧化碳与一氧化碳检测数据趋势如图 5-8 所示，从一氧化碳和二氧化碳的角度分析，整个阶段二氧化碳、一氧化碳相对比较平稳，在 6 月 5 日之后，

伴随总烃和乙炔的增长，二氧化碳、一氧化碳的含气量才略有上升，二氧化碳 / 一氧化碳维持在 2～3 之间，同样在后期有所增长，因此二氧化碳、一氧化碳增量对反应故障特征并不明显。

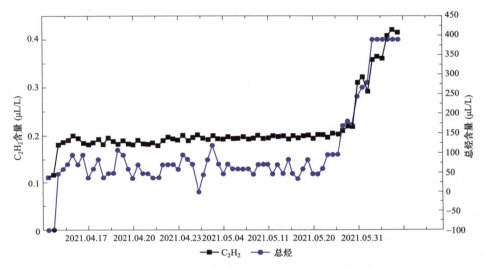

图 5-7 C 相离线色谱乙炔、总烃增长趋势图

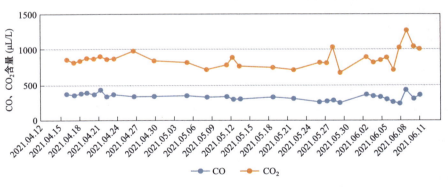

图 5-8 缺陷相 CO_2 与 CO 检测数据

（二）其他试验情况

6 月 6 日，主变停电后，主要开展了常规例行试验，以及直流电阻、低电压空载和短路阻抗、局放、铁心夹件电容量和介损等诊断性试验。试验数据显示，直流电阻、空载、短路阻抗等数据未见异常；高、中压侧对低压侧及地，高、中、低压侧对地介损电容量变化明显，介损值由出厂的 0.17% 增加至 0.324%（局放试验后，高、中压侧对低压侧介损增加至 0.535%）；局放试验在合格范围内。相关试验数据见表 5-8～表 5-11。

表5-8　　　　　　　　　　　主变C相直流电阻数据

绕组	分接位置	出厂值（mΩ）（75℃）	实测值（mΩ）	折算至75℃（mΩ）	变化误差（%）
AX	—	204.7	175.60	204.65	−0.024
AmX	3	80.14	68.78	80.16	0.025
AAm	3	—	105.30	—	—
cz	—	8.814	7.562	8.813	−0.011

表5-9　　　　　　　　　　　主变C相绕组介损数据

测试绕组		HV、MV-LV、E	LV-HV、MV、E	HV、MV、LV-E	HV、MV-LV
tanδ	出厂值（%）	0.16	0.15	0.17	0.14
	实测值（%）	0.294	0.195	0.324	0.167
C	出厂值（pF）	8342	15900	16020	4126
	实测值（pF）	8435	16020	16220	4141
	差值（%）	1.11	0.75	1.25	0.36

表5-10　　　主变C相绕组局放试验前后高、中压侧对地介损数据

试验电压（V）	局放试验前		局放试验后	
	电容量（pF）	介损（%）	电容量（pF）	介损（%）
1000	8422	0.213	8431	0.342
2000	8423	0.213	8432	0.362
3000	8423	0.215	8431	0.381
4000	8424	0.218	8434	0.405
5000	8425	0.224	8435	0.424
6000	8426	0.232	8437	0.431
7000	8431	0.247	8443	0.447
8000	8433	0.255	8446	0.465
9000	8434	0.273	8448	0.5
10000	8435	0.294	8432	0.535

表5-11　　　　　　　　　主变三相短路阻抗试验

		试验项目	出厂值	交接值	初值差（%）	测试值	初值差（%）	损耗（W）
短路阻抗（Ω）	A相	HV-MV₃	37.86	38.02	0.42	37.40	−1.21	11.74
		HV-LV	127.88	128.57	0.54	127.40	−0.37	21.46
		MV₃-LV	17.16	17.22	0.35	17.24	0.44	11.09

续表

	试验项目		出厂值	交接值	初值差（%）	测试值	初值差（%）	损耗（W）
短路阻抗（Ω）	B 相	HV－MV$_3$	37.66	37.86	0.53	37.17	－1.29	10.27
		HV－LV	127.10	128.03	0.73	127.01	－0.07	20.79
		MV$_3$－LV	17.06	17.16	0.59	17.21	0.89	10.03
	C 相	HV－MV$_3$	38.04	38.16	0.32	37.58	－1.21	13.60
		HV－LV	127.83	128.07	0.19	127.70	－0.10	20.88
		MV$_3$－LV	17.35	17.38	0.17	17.27	－0.49	10.40
三相不平衡率	HV－MV$_3$		1.00	0.79		1.09		
	HV－LV		0.61	0.42		0.54		
	MV$_3$－LV		1.69	1.28		0.32		

（三）现场检查情况

无。

（四）返厂检查情况

2021 年 7 月 14 日，将变压器返厂进行解体检查，完成该台主变油箱刨割、器身脱脂、铁心及绕组的分解、点检等工作，主要包含以下几个部位的检查。

1. 油箱及油箱磁屏蔽检查

检查变压器整体外观、焊接、内箱表面磁屏蔽等部位，主要发现以下问题。

（1）油箱下部加强筋和支撑梁部位有明显开裂、变形，如图 5-9 所示。

图 5-9　油箱下部加强筋和支撑梁部位

269

（2）油箱焊接工艺不良，体现在焊缝咬边、气孔较多，焊缝上有焊渣及残留铁屑，油箱焊接情况如图5-10所示。

(a)   (b)

图5-10　油箱焊接情况

（a）细节图1；（b）细节图2

（3）油箱垂直磁屏蔽焊妾上端部存在金属屑，局部出现开裂，磁屏蔽表面、背面（与油箱间）存在焊渣及喷丸残留，多处焊缝处出现咬边。

总体来看，变压器油箱劣化情况严重，后续应对磁屏蔽进行更换，并对各焊缝处进行打磨和修补。

2. 载流回路检查

检查发现中压绕组存在股间短路情况，内侧第一股导线与内侧第二股导线接触部位有明显烧损痕迹，确定为股间短路位置。其上下两侧的油道垫块与内侧第一股导线接触部位有烧损痕迹，油道垫块与内部第一股导线间接触部位有明显破损，但无放电过热痕迹。

内侧第一股导线与内侧第二股导线存在严重挤压，挤压部位涉及三组油道垫块，其中内侧第一股导线扭曲最为严重。中压绕组股间错位如图5-11所示，中压绕组股间短路点如图5-12所示。

3. 磁回路检查

磁回路的检查主要包括主磁回路和漏磁回路，具体如下。

（1）主磁回路检查。检查心柱及围屏、上下铁轭及与磁屏蔽搭接处，发现以下问题。

1）铁心柱棱角部位有过热导致油泥残留，对应铁心围屏上有过热发黑痕迹。心柱表面及围屏内表面状态如图5-13所示。

图 5-11　中压绕组股间错位　　　　图 5-12　中压绕组股间短路点

图 5-13　心柱表面及围屏内表面状态

2）上铁轭端面有过热痕迹（见图 5-14），部分铁轭片变形。

图 5-14　上铁轭端面过热痕迹

铁心下铁轭末级与器身水平磁屏蔽搭接部位有明显过热，在绝缘纸板和NOMEX 纸（诺美纸）上有明显过热痕迹：铁轭副级表面有黑斑，对应位置的NOMEX 纸板表面有黑点。铁心叠积面边缘存在大量的卷边、翘脚情况，如图 5-15 所示。

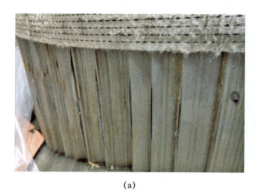

(a)　　　　　　　　　　　　　　　　　　　　(b)

图 5-15　铁心卷边、翘脚情况

（a）铁心卷边；（b）铁心翘脚

（2）漏磁回路检查。检查发现低压侧心柱辅助拉板与大夹件的绝缘板表面有磨损发黑痕迹，在上铁轭的低压侧和高压侧各有一块水平辅助拉板，心柱的低压侧和高压侧各有一块垂直拉板，拉板之间通过绝缘拉带束紧硅钢片，防止移位。拉板与夹件之间布置有绝缘板，实现拉板和夹件的绝缘。上铁轭低压侧拉板紧固件位置如图 5-16 所示，图所示位置即为上铁轭低压侧水平拉板与垂直拉板的交汇处，其紧固件（紧固螺栓）出现多处不同程度的磨损发黑，其绝缘板表面发黑痕迹与紧固螺栓上的痕迹一一对应，两者相应而生。对应的夹件内表面位置也出现黑色痕迹，且自下而上逐渐变淡。

该位置发黑痕迹应为变压器运行过程中，绝缘板与紧固件不断相对摩擦挤压所致，建议后续修复，将该变压器内部所有酚醛绝缘板改为环氧树脂板，并对辅助拉板与大夹件间的绝缘板采取固定措施。

4. 绝缘件检查

检查绕组上侧压板、下侧托板、上下部绝缘件垫块、绕组出线成型绝缘件、绕组围屏、撑条移位情况等，具体如下。

（1）上侧压板：低压侧上侧压板（绕组侧）层压木搭接位置有黑色痕迹，黑色物质可以剥落，黑色物质表面有类似起泡状痕迹。上侧压板层压木如图 5-17 所示。

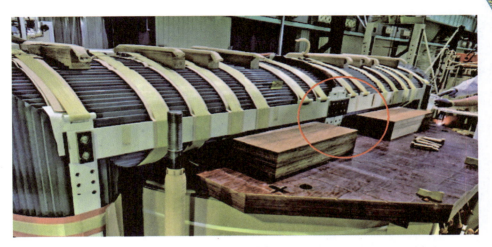

图 5-16　上铁轭低压侧拉板紧固件位置

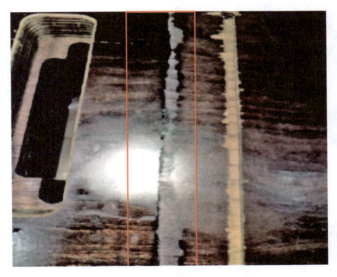

图 5-17　上侧压板层压木

（2）下侧托板（见图 5-18）侧面有两处摩擦/放电痕迹，托板局部颜色变深。

（3）绕组上下部绝缘件（垫块）移位，如图 5-19 所示。

（4）高、中压绕组出线成型绝缘件破损，如图 5-20 所示。

（5）主控道撑条明显移位，如图 5-21 所示。

（6）中压与调压绕组间围屏局部破损，如图 5-22 所示。

（7）低压绕组内侧围屏底部及与之对应的角环位置有灰色点状痕迹，如图 5-23 所示。

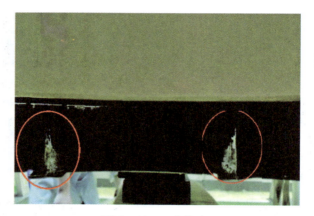

图 5-18　下侧托板

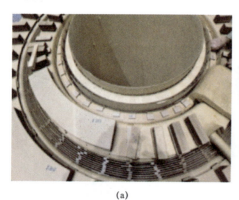

(a)

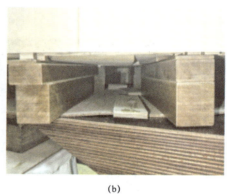

(b)

图 5-19　上下部绝缘件垫块移位

（a）细节图 1；（b）细节图 2

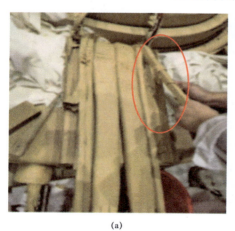

(a)

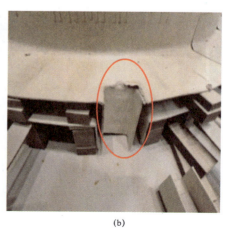

(b)

图 5-20　高、中压绕组出线成型绝缘件破损

（a）细节图 1；（b）细节图 2

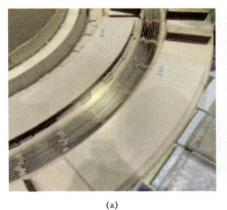

(a)　　　　　　　　　　　(b)

图 5-21　主控道撑条移位

（a）细节图 1；（b）细节图 2

图 5-22　中压与调压绕组间围屏局部破损

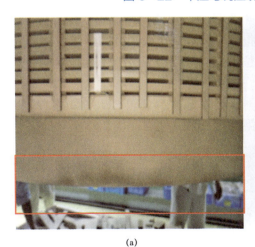

(a)　　　　　　　　　　　(b)

图 5-23　低压绕组内侧围屏底部及与之对应的角环位置

（a）低压绕组内侧围屏底部；（b）对应的角环位置

275

三、缺陷/故障原因分析

2021 年 8 月 11 日对返厂解体情况分析如下：

主变中压绕组存在股间短路情况，中压绕组第二饼内侧线匝两股之间存在严重挤压，挤压部位涉及三组油道垫块，由外向里第四根导线（共四根）严重扭曲，中间一组垫块对应的导线上有明显烧损痕迹，为股间短路位置；左右两侧垫块对应导线处有明显破损。初步判定中压绕组导线因安装工艺不良造成两个大股线间绝缘破损引发短路现象，该处股间短路是变压器油色谱异常增长的主要原因，也与绕组介损异常对应。

铁心下轭末级与器身水平磁屏蔽搭接部位有明显过热，在绝缘纸板和 NOMEX 纸上有明显过热痕迹；变压器箱体底部采用船型结构，下铁轭处在一个密闭空间内，油流不畅导致散热不良，在铁心下铁轭及心柱表面产生较为明显的发热痕迹，应对该部位结构进行改善。

辅助拉板与大夹件间酚醛绝缘板有磨损发黑现象；器身低压侧上部拉板和夹件之间的绝缘板未采取固定措施，在运行状况下产生振动与螺栓之间摩擦，产生明显发黑痕迹。后续建议将该变压器内部所有酚醛绝缘板改为环氧树脂板，并对辅助拉板与大夹件间的绝缘板采取固定措施。

四、后续处理情况

无。

五、小结及建议

（1）油色谱检测数据特征诊断为过热类故障时，实际可能存在多个故障部位。

（2）油色谱检测数据绝对值不是很大时，如果在较短时间内发生突增，应引起重视；本案例中的主要故障部位位于载流回路，正是由于及时进行了停电处理，成功避免了一起电网安全事故。

（3）从此次解体情况看，该变压器铁心油道散热设计、器身紧固、绕组绝缘剩余寿命均有待进一步评估，并且需要对很多部位进行重点修复。

【案例 5-4】220kV 变电站 2 号主变调压绕组引出线接头松动导致的高温过热故障

一、缺陷/故障基本信息

某 220kV 变电站 2 号主变型号为 SFSZ10-180000/220，2005 年 11 月投运。

缺陷情况简述：2013 年 5 月 20 日，在线油色谱装置上传数据显示 2 号主变氢气、总烃超标。立即对 2 号主变进行取样并做离线油色谱试验，试验结果显示氢气相对增长率为 159%，总烃相对增长率为 246%。现场检查发现，造成此次故障的原因为 2 号主变高压 C 相 8 分接调压绕组引出线接头没有压紧，运行过程中由于变压器不停地振动导致接头松动，最终导致此次过热故障。

二、检查及试验情况

（一）油色谱检测数据及特征分析

油中溶解气体离线检测数据和在线监测数据分别见表 5-12 和表 5-13，缺陷发现前油中溶解气体离线检测数据如图 5-24 所示。

表 5-12 油中溶解气体离线检测数据 （μL/L）

试验日期	气体含量							
	H_2	CO	CO_2	CH_4	C_2H_4	C_2H_6	C_2H_2	总烃
2013.03.05	14.8	254.0	630.0	21.7	23.5	6.5	0	51.7
2013.05.21	73.8	344.0	859.0	148.0	181.0	38.9	1.8	369.7

表 5-13 油中溶解气体在线监测数据 （μL/L）

试验日期	气体含量							
	H_2	CO	CO_2	CH_4	C_2H_4	C_2H_6	C_2H_2	总烃
2013.06.04	1.1	4.8	89.1	1.3	7.1	1.7	0	10.0
2013.06.05	1.1	4.8	87.9	1.2	6.9	1.7	0	9.8
2016.09.02	27.2	174.9	59.9	1.5	0.3	0.3	0	2.1
2016.09.03	26.4	180.7	58.9	1.4	0	0.3	0	1.6
2016.09.04	26.8	199.0	57.3	1.3	0.2	0	0	1.5
2016.09.05	27.4	159.5	60.7	1.4	0.3	0.3	0	2.0
2016.09.06	28.1	165.1	62.6	1.4	0.3	0.2	0	1.9

主要增长组分是乙烯、甲烷、氢气，通过三比值法（编码为 022）及特征气体法初步分析，判断为高温过热。

（二）其他试验情况

为了进一步查清故障原因，对 2 号主变进行停电试验，在 2 号主变高压 C 相 1～8 分接和 17 分接公共回路中，直流电阻误差偏大。主变高压侧绕组直流电阻见表 5-14。

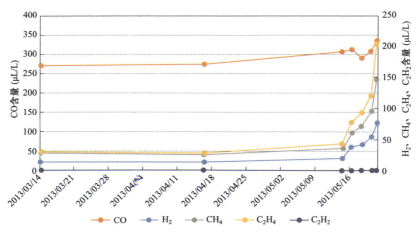

图 5-24　缺陷发现前油中溶解气体离线检测数据

表 5-14　　　　　　　　　主变高压侧绕组直流电阻　　　　　　　（mΩ）

分接位置	AO	BO	CO	误差（%）
1	368.5	368.7	373.5	1.35
2	363.4	363.5	368.3	1.34
3	358.1	358.2	363.0	1.36
4	352.9	352.9	357.9	1.41
5	347.7	347.7	352.6	1.40
6	342.6	342.7	347.5	1.42
7	337.5	337.5	342.3	1.42
8	332.4	332.4	337.1	1.41
9	326.6	326.3	326.3	0.09
10	332.3	332.3	332.7	0.12
11	337.5	337.5	337.9	0.12
12	342.6	342.6	343.1	0.15
13	347.7	347.7	348.2	0.14
14	352.8	352.9	353.4	0.17
15	357.9	358.0	358.4	0.14
16	363.1	363.3	363.6	0.14
17	368.2	368.4	373.2	1.35

（三）现场检查情况

对变压器内部线圈进行检查，发现高压 C 相 8 分接调压绕组引出线接头压接松动，发热严重，如图 5−25 所示。

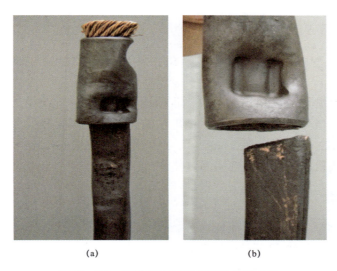

（a）　　　　　　　　　　　　　（b）

图 5−25　调压绕组引出线接头压接松动

（a）接头压接；（b）接头松动抽出

（四）返厂检查情况

无。

三、缺陷/故障原因分析

故障原因为 2 号主变出厂时高压 C 相 8 分接调压绕组引出线接头没有压紧，运行过程中由于变压器不停地振动导致接头松动、严重过热，产生乙炔。

四、后续处理情况

对发热导线进行更换并重新压接，更换后对变压器进行常规试验和局放、耐压等试验，各项试验结果均合格。

五、小结及建议

（1）应加强油中溶解气体在线监测装置的应用，可以利用在线监测数据反映特征气体组分的变化，有利于缺陷的及早发现。

（2）可以根据油中溶解特征气体和常规电气试验数据综合判断缺陷的部位；本案例中利用不同分接挡位的直流电阻测试，准确定位了故障位置。

【案例 5-5】220kV 变电站 2 号主变低压套管接线松动导致的高温过热故障

一、缺陷/故障基本信息

某 220kV 变电站 2 号主变型号为 SFPS9-120000/220，1996 年 10 月 10 日出厂。

缺陷情况简述：2020 年 12 月例行变压器油色谱分析发现乙炔及总烃含量异常，各特征气体均呈增长趋势。停电试验发现，低压侧绕组直流电阻三相不平衡率达 73.196%，远远超过注意值。经解体检查发现低压侧 A、C 相绕组与套管之间接头松动，产生局部高温过热。

二、检查及试验情况

（一）油色谱检测数据及特征分析

2020 年 12 月 29 日，对变压器开展油色谱分析，发现乙炔及总烃含量异常（乙炔含量为 5.9μL/L，总烃含量为 1973.5μL/L）。经重点监控，发现特征气体含量呈增长趋势。油中溶解气体离线检测数据见表 5-15 和图 5-26。

表 5-15　　　　　　　　油中溶解气体离线检测数据　　　　　　　　（μL/L）

试验日期	气体含量							
	H_2	CO	CO_2	CH_4	C_2H_4	C_2H_6	C_2H_2	总烃
2020.01.17	3.8	16.8	1467.1	22.8	84.7	14.3	0.5	122.3
2020.07.15	0.9	33.0	1122.1	20.2	85.6	13.5	0.5	119.8
2020.12.17	28.2	117.6	1503.6	285.6	1030.7	139.1	4.2	1459.6
2020.12.21	40.0	169.5	1735.3	338.6	1174.7	160.8	4.7	1678.8
2020.12.23	44.6	166.6	1805.8	339.0	1238.0	167.7	5.3	1750.0
2020.12.29	86.6	257.9	1971.3	442.4	1351.0	174.2	5.9	1973.5
2020.12.30	118.8	317.2	2070.1	485.8	1484.4	191.5	6.4	2168.1

利用三比值法进行分析，编码为 022，属于高温过热故障，可能的原因有：磁通集中引起铁心局部过热；铁心多点接地或局部短路；分接开关引线接触不良；铁心和外壳产生涡流等。

（二）其他试验情况

对变压器进行变比、绕组变形、绕组绝缘、介损等停电试验，结果无异常。直流电阻试验中发现，低压侧绕组直流电阻三相不平衡率达到 73.196%。低压绕组直流电阻测试结果见表 5-16。

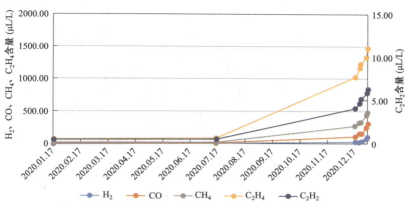

图 5-26　主变油中溶解气体离线检测数据

表 5-16　　　　　　　　　低压绕组直流电阻测试结果

试验日期	油温（℃）	a-b（mΩ）	b-c（mΩ）	c-a（mΩ）	不平衡率（%）
2020.12.31	6	27.16	51.75	62.2	73.196
2019.12.02	7	19.50	19.46	19.4	0.514

综合油色谱检测数据分析认为，低压侧直流电阻存在明显异常，但变比和绕组变形试验均合格，低压绕组存在异常的可能性较小，异常很大可能性在低压绕组至低压套管之间。

（三）现场检查情况

2021 年 1 月 2 日，主变本体油放至手孔以下，开展低压侧接头检查，发现低压侧 A 相和 C 相接头有明显烧蚀，C 相相对严重，处理前低压侧三相接头情况如图 5-27 所示。单独测量低压绕组直流电阻（甩开低压绕组至低压套管之间的连接线），直流电阻测试结果合格，判断低压绕组无异常。

(a)　　　　　　　　　　　　(b)

图 5-27　处理前低压侧三相接头情况（一）

（a）A 相接头（烧蚀痕迹）；（b）B 相接头（正常）

(c)

图 5-27　处理前低压侧三相接头情况（二）

（c）C 相接头（有明显烧蚀痕迹）

（四）返厂检查情况

无。

三、缺陷/故障原因分析

综合低压侧接头检查情况和绕组直流电阻测试情况，判断低压侧 A、C 相绕组与套管之间接头松动使接触电阻升高，运行过程中出现接头处局部过热，产生特征气体。

四、后续处理情况

对异常接头进行处理后，变压器重新投入运行。

五、小结及建议

（1）对设备状态评价不佳的设备，应根据缺陷的特征缩短油色谱离线检测周期，以便在缺陷扩大前及时发现并处理。

（2）应加强在线监测装置的投入及数据准确性管理，及时发现缺陷；在发现缺陷后，应利用在线监测装置检测周期短的特点跟踪缺陷的发展。

（3）对于导电回路过热类故障，直流电阻试验可以明显反映导电回路的连接情况，对于因此类缺陷导致的过热故障判断具有重要意义。

【案例 5-6】高电压等级主变 C 相中压套管接触不良导致的高温过热故障

一、缺陷/故障基本信息

某高电压等级主变 2015 年 2 月出厂，2015 年 12 月 22 日投运。

缺陷情况简述：2017 年 5 月 10 日，变压器例行油色谱检测发现微量乙炔，跟踪观察无明显上升趋势；2017 年 11 月 15 日，乙炔值及总烃值较之前明显增加，并持续增长；2017 年 12 月 27 日，套管红外测温发现中压侧套管存在整体发热现象；2018 年 1 月 12 日，运维人员巡视发现中压侧套管整体发热，停电试验发现中压绕组直流电阻偏大。后经检查发现中压套管底部出线连接接触不良。

二、检查及试验情况

（一）油色谱检测数据及特征分析

2017 年 5 月 10 日，运维人员开展主变油色谱例行试验，发现主变 C 相含有微量乙炔，随后开展了为期 3 个月的油色谱试验跟踪工作；截至 2017 年 8 月 14 日，乙炔及总烃含量较为平稳，无明显上升趋势。2017 年 11 月 15 日，再次开展变压器油化验，发现主变 C 相乙炔值及总烃值较第三季度明显增加。在接下来的油色谱试验跟踪期间，发现变压器中烃类气体明显增长。油中溶解气体离线检测数据见表 5-17 和图 5-28。

表 5-17　　　　　　　油中溶解气体离线检测数据　　　　　　（μL/L）

试验日期	气体含量							
	H_2	CO	CO_2	CH_4	C_2H_4	C_2H_6	C_2H_2	总烃
2017.05.10	23.7	73.8	435.6	2.7	2.7	0.8	0.1	6.3
2017.06.15	41.9	96.6	345.1	3.6	3.2	0.8	0.1	7.7
2017.07.22	41.9	97.4	345.0	2.6	3.2	0.8	0.1	6.7
2017.08.14	38.8	97.7	492.0	3.5	3.2	0.8	0.1	7.6
2017.11.15	36.7	91.3	435.2	6.6	8.5	1.8	0.2	17.1
2017.11.20	48.0	94.7	469.0	6.8	8.5	1.7	0.3	17.3
2017.12.13	45.5	83.5	505.9	12.5	16.2	3.1	0.3	32.1
2017.12.26	56.2	99.1	409.2	28.0	38.9	7.2	0.5	74.6
2018.01.05	52.9	84.9	411.7	40.3	55.0	10.4	0.5	106.2
2018.01.08	56.5	87.9	406.6	38.5	59.4	11.7	0.5	110.1
2018.01.11	62.9	90.4	413.0	49.3	73.7	14.4	0.6	138.0

采取三比值法计算编码为 022，故障类型判断为高温过热（高于 700℃），可能原因为分接开关接触不良、引线连接不良、导线接头焊接不良、股间短路、铁心多点接地、硅钢片间局部短路等。

（二）其他试验情况

2017 年 12 月 27 日，通过红外测温发现主变 C 相 220kV 侧套管存在整体发热现象，瓷套部分较正常相整体高 2℃左右，将军帽部分较正常相整体高 6℃左右。C 相中压套管红外检测结果如图 5-29 所示，A、B 相中压套管红外检测结果如图 5-30 所示。

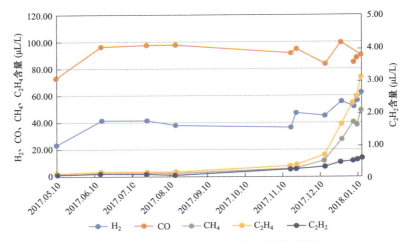

图 5-28   主变油中溶解气体离线检测数据

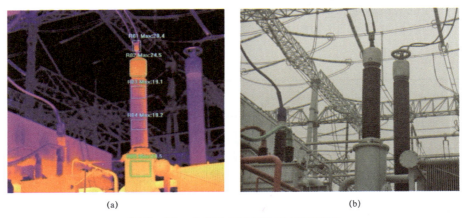

(a)   (b)

图 5-29   C 相中压套管红外检测结果

（a）红外图谱；（b）可见光图

(a)   (b)

图 5-30   A、B 相中压套管红外检测结果

（a）A 相中压套管红外图谱；（b）B 相中压套管红外图谱

2018 年 1 月 12 日，停电后进行绕组连同套管的绝缘电阻、介损、直流电阻、电压比检测，变压器本体及套管绝缘油试验，套管试验（介损、电容量、主绝缘、末屏绝缘）等试验，发现主变 C 相中压绕组连同套管直流电阻（Cm-Z）与出厂值相比，在同一温度下的误差为 1.2%，但仍在合格范围之内，其余数据无异常。

鉴于该组主变在安装调试阶段出现过 A 相中压套管由于拉杆紧固不到位导致变压器直流电阻异常的问题，初步判断此次缺陷原因为 C 相套管拉杆安装异常。

（三）现场检查情况

2018 年 1 月 14 日，现场拆开主变 C 相中压套管顶部接线板，检查发现该相套管拉杆上部螺钉紧固不到位。紧固之前，拉杆露出螺钉高度 15mm，紧固之后露出 25.7mm，不满足套管厂家相关规范要求，导致套管根部与变压器出线连接座接触不良，从而引起发热。处理前后的拉杆螺栓出扣尺寸如图 5-31 所示。

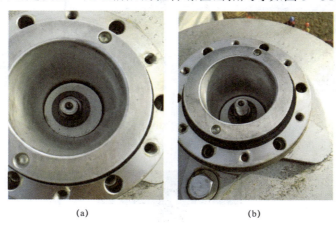

(a)　　　　　　　　　　　(b)

图 5-31　处理前后的拉杆螺栓出扣尺寸

（a）处理前拉杆螺栓出扣 15mm；（b）复紧后螺栓出扣 25.7mm

为彻底检查套管根部情况，2018 年 1 月 15 日将主变 C 相中压套管拔出进行检查。检查发现套管底部连接座与中心导管接触面存在发黑迹象（见图 5-32），进一步验证了 C 相中压套管由于拉杆紧固不到位，导致套管底部连接座与中心导管之间接触不良，局部高温过热引起变压器油色谱异常。

（四）返厂检查情况

无。

三、缺陷/故障原因分析

主变 C 相中压套管为 GOE 型拉杆式套管，该套管的中心导管被用作导通电流的导体，带电缆接线片的变压器引线通过螺栓固定在底部连接座上。底部连接座被一根细的钢制拉杆拉紧，确保与套管中心导管的下端紧密接触。套管安装到变压器上时，拉杆上部通过螺栓固定在套管外部端子下面的弹性装置上。拉杆式套管的结构如图 5-33 所示。

(a)

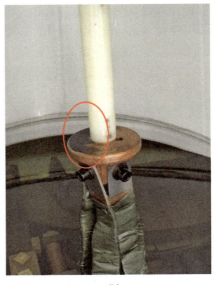
(b)

图 5-32　套管底部连接座与中心导管接触面发黑

（a）细节图 1；（b）细节图 2

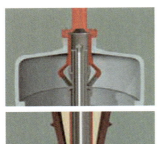
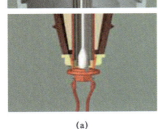
(a)

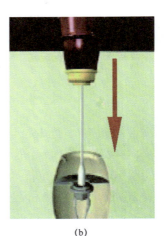
(b)

(c)

图 5-33　拉杆式套管结构示意图

（a）中心导管；（b）钢制拉杆；（c）上部固定螺栓

　　综上所述，此次缺陷的原因为：C 相中压侧套管拉杆上部螺钉紧固不到位，拉杆拉紧力不足导致套管底部连接座与中心导管接触不良，接触面异常发热，一方面引起铜导体表面氧化发黑，另一方面致使变压器油高温分解、油中特征气体含量异常增长；同时，因接触不良，套管拉杆分流，导致套管拉杆整体发热，将军帽处为金属部分，导热性能较瓷套好，因此将军帽处温差较瓷套处温差大。

四、后续处理情况

紧固后，现场再次开展绕组连同套管直流电阻检测，主变 C 相中压绕组连同套管直流电阻（Cm−Z）与出厂值相比，在同一温度下的误差为−1.0%，较紧固之前有明显下降。处理后，变压器重新恢复运行。另外，安排对其他两相中压套管进行检查。

五、小结及建议

（1）一旦首次检出乙炔气体，应结合设备运行工况展开分析，并进行油色谱跟踪。对异常油色谱检测数据开展特征气体、三比值、气体增长率等分析。

（2）本案例中一氧化碳和二氧化碳含量增长不明显，与缺陷在裸金属部位的情况相一致。

（3）对于采用该类型套管的主变（电抗器），如果油中溶解气体分析认为存在过热缺陷，建议开展设备红外测温工作辅助故障诊断。

【案例 5−7】110kV 变电站 2 号主变套管底部接线端松动导致的高温过热故障

一、缺陷/故障基本信息

某 110kV 变电站 2 号主变型号为 SSZ11−63000/110，2012 年 9 月出厂，2012 年 9 月 25 日投运。

缺陷情况简述：2013 年 9 月 30 日，2 号主变总烃含量 170.24μL/L，超过相关规程要求注意值，三比值法编码为 022，属于高温过热故障。开展油中溶解气体含量与负荷相关性分析，认为故障部位与高压导电回路相关性小。经解体检查发现35kV 套管下部接线板上两根绕组引线压接在同一螺栓下，且 C 相引线紧固螺栓已松动，由于连接部位接触不良造成严重发热，导致变压器油色谱检测数据异常。

二、检查及试验情况

（一）油色谱检测数据及特征分析

变压器投运初期，虽然其总烃含量很低，但通过对 2 号主变油色谱跟踪数据观察，烃类气体已发生明显增长。随即将油色谱跟踪周期缩短至季度跟踪，油中溶解气体离线检测数据如图 5−34 所示。

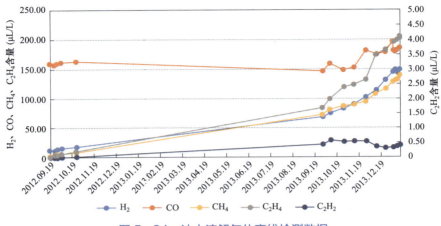

图 5−34　油中溶解气体离线检测数据

2013 年 9 月 30 日，2 号主变油中溶解气体离线检测数据见表 5−18，总烃含量 170.2μL/L，超过相关规程要求注意值；计算近 3 个月的总烃相对产气速率为 24%，超过规程要求注意值；依据《变压器油中溶解气体分析和判断导则》（GB/T 7252—2001）中改良三比值法进一步判断，三比值法编码为 022，属于高温过热故障；观察 CO/CO_2 比值且含量无明显增长，所以故障不涉及变压器固体绝缘。通过以上四点，初步判断故障为不涉及固体绝缘的高温内部过热故障。于是将色谱跟踪周期缩短至半个月，通过总烃相对产气速率进一步观察故障发展趋势。

表 5−18　　　　　2 号主变油中溶解气体离线检测数据　　　　　（μL/L）

试验日期	气体含量							
	H_2	CO	CO_2	CH_4	C_2H_4	C_2H_6	C_2H_2	总烃
2012.09.19	11.8	159.3	313.8	4.2	1.9	3.2	0	9.3
2012.10.25	17.2	163.2	313.6	8.2	10.3	5.2	0	23.7
2013.09.30	69.3	147.2	306.2	72.2	84.0	13.6	0.4	170.2
2013.10.11	75.3	160.1	327.3	81.6	98.9	14.8	0.6	195.9
2013.10.29	85.1	149.2	334.0	87.0	118.7	17.0	0.5	223.2
2013.11.13	90.2	153.6	336.2	90.2	124.3	17.1	0.5	232.1
2013.11.29	102.7	181.1	355.2	95.6	132.6	17.7	0.6	246.5
2013.12.13	114.2	174.7	356.1	107.9	175.3	18.9	0.4	302.5
2013.12.26	131.7	179.5	362.1	116.6	184.0	19.4	0.3	320.3
2014.01.06	145.9	180.0	362.8	129.3	195.2	20.1	0.3	344.9
2014.01.07	147.2	181.3	363.3	129.5	196.3	21.1	0.4	347.3

续表

试验日期	气体含量							
	H_2	CO	CO_2	CH_4	C_2H_4	C_2H_6	C_2H_2	总烃
2014.01.08	145.5	179.2	363.8	130.9	198.2	20.7	0.3	350.1
2014.01.09	149.2	182.1	362.8	132.3	199.2	23.1	0.4	355.0
2014.01.10	148.5	183.6	366.0	131.4	201.3	22.5	0.4	355.6
2014.01.11	146.7	180.6	362.8	132.3	199.2	23.1	0.4	355.0
2014.01.12	149.2	182.1	362.4	131.6	199.3	20.4	0.4	351.7
2014.01.13	143.3	185.2	369.3	135.4	201.8	22.7	0.4	360.3
2014.01.14	146.7	183.6	364.1	138.9	203.5	23.5	0.4	366.3
2014.01.15	150.6	186.3	364.5	140.0	206.3	24.0	0.5	370.8

2013 年 12 月 26 日，油中总烃含量已高达 320μL/L，故障点温度的估算 $T=322\lg\left(\dfrac{C_2H_4}{C_2H_6}\right)+525=736$（℃）。2013 年 4～12 月总烃相对产气速率柱状图如图 5-35 所示，总烃相对产气速率上升，发热故障有加速发展趋势。

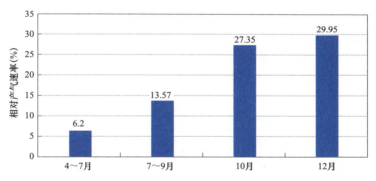

图 5-35　2013 年 4～12 月总烃相对产气速率柱状图

综上所述，依据油色谱试验结果判断为高于 700℃内部过热故障，故障原因可能包括铁心多点接地、涡流引起铜过热、铁心漏磁、分接开关接触不良、引线压接螺栓松动或焊接不良等。

（二）其他试验情况

高压带电检测数据判断：通过带电测试主变铁心接地电流为 0.47mA，夹件接地电流为 0.52mA，试验数据合格，排除变压器多点接地的可能。

为进一步分析、判断缺陷部位，2014 年 1 月 6 日，在变压器转移负荷过程中，跟踪油色谱变化趋势。

方式一：不改变分接，高、中压侧运行，低压侧空载。1 月 7～9 日，主变运行了 3d，每天进行油色谱跟踪。通过油色谱监测发现，特征气体与之前增长

速率基本相同，说明故障部位与低压 10kV 侧导电回路相关性小。

方式二：不改变分接，高、低压侧运行，中压侧空载，1 月 10～12 日，运行 3d，每天监测油色谱检测数据，发现特征气体基本稳定，说明故障部位与中压 35kV 侧导电回路相关性大。

方式三：主变高压侧热备用，1 月 13～15 日中、低压侧运行 3d，与之前增长速率基本相同，说明故障部位与高压导电回路相关性小。

同时检查变压器相关附件运行状态，未发现异常，因此判断特征气体是由变压器中压侧导电回路的缺陷引起。联系厂家了解内部构造，得知该变压器 35kV 和 10kV 内部引线均为螺栓压接。综上所述，故障点重点怀疑是中压侧导电部分接触不良造成的，因此，停电处理方案中将中压侧内部引线作为重点检查部位。

（三）现场检查情况

无。

（四）返厂检查情况

2014 年 1 月 16 日，对 2 号主变进行停电检查试验。现场高压试验项目包括绝缘电阻试验和介损试验，试验结果正常。绕组直流电阻（中压绕组–相）见表 5–19，由表可见，变压器中压绕组直流电阻（1 分接）Am：30.58mΩ、Bm：30.52mΩ、Cm：31.08mΩ，三相不平衡率为 1.8225%，误差未超过警示值 2% 的标准，但 C 相直流电阻值偏大，与历史数据比较 C 相初值差达到 6.103%，超过 2%。经分析比较判断，主变中压侧 C 相可能存在电流回路接触不良缺陷。

表 5–19　　　　　　　　　绕组直流电阻（中压绕组–相）　　　　　　　　　（Ω）

试验日期	温度：15℃　　湿度：45%　　油温：15℃　　分接 1					
	AmOm	AmOm (75℃)	BmOm	BmOm (75℃)	CmOm	CmOm (75℃)
2012.09.19	0.033060	0.0402	0.033010	0.0401	0.033100	0.0402
	AmBm 互差(%)	BmCm 互差(%)	CmAm 互差(%)	最大互差（%）	不平衡率（%）	最大初值差(%)
	0.152	0.273	0.121	0.273	0.272	0
项目结论	合格					
试验日期	温度：1℃　　湿度：25%　　油温：1℃　　分接 1					
	AmOm	AmOm (75℃)	BmOm	BmOm (75℃)	CmOm	CmOm (75℃)
2014.01.16	0.03058	0.0402	0.03052	0.0401	0.03108	0.0408
	AmBm 互差(%)	BmCm 互差(%)	CmAm 互差(%)	最大互差（%）	不平衡率（%）	最大初值差(%)
	0.1966	1.8349	1.6351	1.8349	1.8225	6.103
项目结论	C 相不合格					

1 月 17 日，主变放油后检查 110kV 套管引线，通过人孔进入变压器内部对有载分接开关、35kV 内部引线、10kV 内部引线、铁心接地等连接部位进行重点检查，发现 35kV 套管下部接线板上两根绕组引线压接在同一螺栓下，且 C 相引线紧固螺栓已松动，检查其他连接部位未发现问题。故障点与油色谱检测数据分析的内部过热故障吻合。现场对 35kV 引线的压接工艺进行改进，将两根绕组引线分开压接，并对全部接线部位压接螺栓进行检查紧固处理，对变压器油进行真空脱气处理，投运前各项试验数据符合相关规程要求。35kV 套管接线板引线处理前后情况如图 5-36 所示。

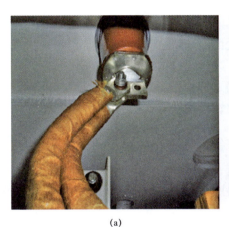

(a)　　　　　　　　　　　　　　(b)

图 5-36　35kV 套管接线板引线处理前后情况

(a) 处理前；(b) 处理后

三、缺陷/故障原因分析

该缺陷为变压器出厂组装工艺缺陷，35kV 套管下部接线板上两根绕组引线压接在同一螺栓下，且 C 相引线紧固螺栓已松动，由于连接部位接触不良造成严重发热，导致变压器油色谱检测数据异常。

四、后续处理情况

2014 年 1 月 19 日，变压器缺陷处理完毕，送电后按照新投运设备进行油色谱跟踪试验，试验 5 次数据均正常，无增长趋势，过热缺陷消除。

五、小结及建议

（1）油色谱试验能够灵敏地发现变压器细微的缺陷，对故障类型准确判断。

同时应结合高压试验数据、设备内部结构以及同型号设备在其他省份的运行情况，有利于本省设备故障情况的综合判断。

（2）对设备不同运行方式与特征气体变化趋势的相关性分析，有利于对设备缺陷位置的判断。

（3）直流电阻测试对载流回路缺陷的发现具有重要意义。

【案例 5-8】高电压等级主变 A 相套管与引线连接不可靠导致的高温过热故障

一、缺陷/故障基本信息

某高电压等级主变 2014 年出厂，2014 年 12 月 12 日投运，冷却方式为强迫油循环风冷，油重 95.7t。

缺陷情况简述：2016 年 3 月 23 日进行例行油色谱离线检测，发现低压 X 相套管与引线连接不可靠，运行中连接螺栓松动导致过热。

二、检查及试验情况

（一）油色谱检测数据及特征分析

主变自投运以来运行状态平稳。2016 年 3 月 23 日例行油色谱离线检测，发现乙烯及甲烷大幅跳变，乙烷增幅明显，检出乙炔痕量，总烃略超过注意值，三比值分析为高温过热。分析主变内部存在严重过热故障，在主变备用相更换准备工作就位前，主变继续监督运行。停运前跟踪检测，乙烯增长趋势明显，甲烷、乙烯也有增长趋势。至停运前，检出的油中乙炔（0.8μL/L）未超过注意值，乙烯为 100.6μL/L、甲烷为 85.9μL/L、乙烷为 20.8μL/L、总烃为 208.0μL/L，三比值分析为高温过热故障。2016 年 4 月 6 日，主变停运，进行 A 相主变整体更换；4 月 17 日，主变恢复加运。主变 A 相油中溶解气体离线检测数据见表 5-20 和图 5-37。

表 5-20　　　　主变 A 相油中溶解气体离线检测数据　　　　（μL/L）

试验日期	气体含量							
	H_2	CO	CO_2	CH_4	C_2H_4	C_2H_6	C_2H_2	总烃
2015.07.03	6.4	71.8	186.4	1.6	0.5	0.3	0	2.4
2016.03.23	42.1	119.5	401.6	63.4	74.2	13.8	0.6	152.0
2016.03.31	58.7	145.3	363.0	79.5	95.3	19.0	0.8	194.6
2016.04.06	76.3	144.6	418.3	85.9	100.6	20.8	0.8	208.0

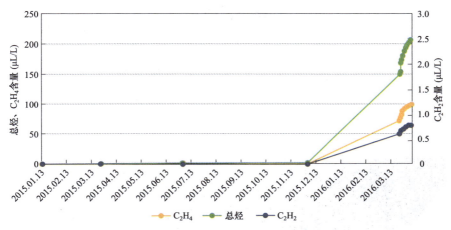

图 5-37　主变 A 相油色谱离线检测数据

（二）其他试验情况

无。

（三）现场检查情况

2016 年 4 月 6～17 日，主变 A 相完成备用相更换。4 月 21 日，对原 A 相主变进箱检查，发现低压侧 S 柱与调柱内框右侧拉带与夹件间绝缘电阻为 0，更换绝缘垫圈后绝缘恢复正常。检查器身、引线外观、套管连接、铁心及夹件接地部分、铁心拉板及轴头、螺杆、磁分路等未见异常。

5 月 1 日进行吊罩检查。在拆除低压套管过程中发现，低压 X 相套管与引线连接接线处（共 5 处）有 1 处紧固件松动。吊出低压 X 相套管发现，套管一处接线板有发黑过热及放电痕迹，与该接线板连接的螺栓、垫圈也有放电发黑现象，吊罩检查情况如图 5-38 所示。

检查低压 X 相套管引线接线线夹发现，与放电发黑接线板对应的接线线夹也存在表面发黑过热现象，如图 5-39 所示。

检查油箱铜屏蔽、铁心级间片间、出线装置等可能出现故障的部位，未发现连接松动、短路等异常现象。

三、缺陷/故障原因分析

根据现场吊罩检查及运行中油色谱检测数据分析，油色谱异常原因为低压 X 相套管与引线连接不可靠，运行中连接螺栓松动。无功补偿设备投入运行后，由于负载电流的作用，在松动连接处产生电流致热型过热故障，导致油色谱检测数据异常。

(a)

(b)　　　　　　　　　　　　　(c)

图 5-38　吊罩检查情况

（a）接线板；（b）螺栓；（c）垫圈

图 5-39　低压 X 相套管引线接线线夹表面发黑过热

四、后续处理情况

现场吊罩后，对发现的故障部位接线线夹、套管接线端子进行打磨处理，更换故障部位紧固件，检查无误后按照高电压等级主变工艺要求重新进行回装及试验。试验合格后，该主变作为备用相在站内存放。

五、小结及建议

（1）本案例中一氧化碳和二氧化碳增长量不大，缺陷部位以裸金属部位为主。

（2）应加强主变现场装配质量管控，对关键部位安装应重点做好过程监督及验收监督，严格执行主变相关安装规范流程及标准，确保设备运行安全可靠。

（3）应加强在线监测装置管理，有利于及早发现设备缺陷。

【案例 5-9】220kV 变电站 1 号主变分接开关高温过热故障

一、缺陷/故障基本信息

某 220kV 变电站 1 号主变型号为 SFSZ10-180000/220，2010 年 3 月 10 日出厂。

缺陷情况简述：2019 年 8 月 1 日，变压器油色谱在线监测装置发异常告警信号。8 月 2 日，对变压器本体开展离线油色谱分析比对，发现氢气、乙炔、总烃均超标。停电试验发现高压 C 相绕组直流电阻偏大，进一步检查发现变压器有载分接开关 C 相触头发生高温过热。

二、检查及试验情况

（一）油色谱检测数据及特征分析

2019 年 8 月 1 日，变压器油色谱在线监测装置发异常告警信号，各项烃类气体含量均有明显增长。油中溶解气体在线监测数据见表 5-21 和图 5-40。

表 5-21　　　　　　　　　油中溶解气体在线监测数据　　　　　　（μL/L）

试验时间	气体含量							
	H_2	CO	CO_2	CH_4	C_2H_4	C_2H_6	C_2H_2	总烃
2019.07.18 8:00	123.0	123.0	632.0	6.6	0.5	0.6	0	7.7
2019.07.25 8:00	127.6	127.6	668.2	7.2	0.5	0.5	0	8.2

试验时间	气体含量							
	H₂	CO	CO₂	CH₄	C₂H₄	C₂H₆	C₂H₂	总烃
2019.08.01 8:00	361.0	133.0	635.0	153.0	362.0	30.2	7.9	553.1
2019.08.01 18:00	415.6	148.3	683.1	194.6	407.3	38.7	9.1	649.7

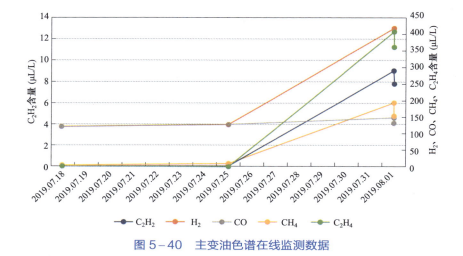

图 5−40　主变油色谱在线监测数据

8 月 2 日，对本体油样开展油色谱离线检测，乙炔、总烃含量均超过注意值。油中溶解气体离线检测数据见表 5−22 和图 5−41。

表 5−22　　　　　　　　　油中溶解气体离线检测数据　　　　　　　　　（μL/L）

试验日期	气体含量							
	H₂	CO	CO₂	CH₄	C₂H₄	C₂H₆	C₂H₂	总烃
2019.05.20	87.0	95.0	625.0	7.3	0.8	1.1	0.0	9.2
2019.08.02（上午）	283.0	85.0	761.0	221.4	330.2	45.1	8.1	604.8
2019.08.02（16:00）	248.0	82.0	711.0	218.3	336.5	46.3	8.1	609.2
2019.08.03（7:00）	259.0	85.0	761.0	231.4	359.6	49.1	8.8	648.9

油中主要特征气体为乙烯和甲烷，说明内部可能存在过热，一氧化碳和二氧化碳的数值跟上次正常情况比较无明显增长，说明发热部位不涉及绝缘材料，属于金属过热。油色谱三比值结果为 002，初步判断变压器内部发生了金

属高温过热故障，可能是分接开关接触不良、引线连接接触不良、硅钢片间短路等。

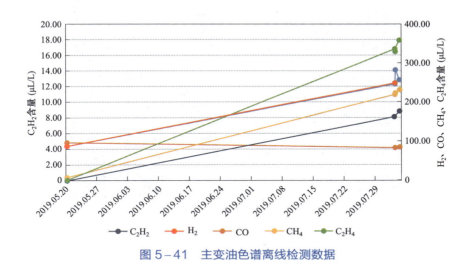

图 5-41 主变油色谱离线检测数据

（二）其他试验情况

电气试验结果显示，高压 C 相绕组 8 挡和 16 挡直流电阻偏大，最大偏差为2.2%；8 挡比对应的 10 挡直流电阻偏大 2.9%，16 挡比对应的 2 挡直流电阻偏大 2.4%。升挡和降挡直流电阻测试结果一致，多次调挡打磨后复测 8 挡和 16挡的数据也一致。比较出厂和交接试验结果，发现出厂和交接试验时高压绕组C 相的 8 挡和 16 挡也存在直流电阻偏大现象：出厂值 8 挡比对应的 10 挡偏大1.3%，16 挡比对应的 2 挡偏大 1%；交接值 8 挡比对应的 10 挡偏大 1.3%，16挡比对应的 2 挡偏大 1.2%。

（三）现场检查情况

8 月 4 日，对变压器进行放油内检发现，有载分接开关 C 相分接选择器的第 8 静触头铜表面高温氧化发黑，紧固螺栓松动，且螺栓表面丝牙过热熔化。分接开关 C8 静触头铜表面与正常触头对比如图 5-42 所示，紧固螺栓及表面丝牙如图 5-43 所示。

（四）返厂检查情况

无。

三、缺陷/故障原因分析

综合以上现象分析判断，此次故障原因为变压器有载分接开关 C 相分接选

(a)   (b)

图 5-42　分接开关 C8 静触头铜表面与正常触头对比

（a）C8 静触头铜表面氧化发黑；（b）正常触头

(a)   (b)

图 5-43　紧固螺栓及表面丝牙

（a）紧固螺栓；（b）螺栓表面丝牙

择器的第 8 触头或者引线接头在多次操作振动后出现松动现象，而且高温天气下变压器负荷增大，当变压器运行在 8 挡时，松动部位接触不良导致局部过热，引发变压器油色谱异常。

四、后续处理情况

现场对触头表面进行打磨处理，更换紧固螺栓，同时对其他所有触头再次用力矩扳手进行紧固处理。

五、小结及建议

（1）变压器运行过程中出现油色谱检测数据异常时，应及时查明原因，仔细核实历史数据、运行工况，必要时可在查明原因之前停止有载分接开关调挡。

（2）在开展变压器直流电阻试验时，除需关注三相之间偏差外，还应注意每挡之间的电阻差值。对于正反调压的变压器，当正方向挡位与负方向对应挡位的值出现偏差时应引起注意。

（3）对于过热类故障，直流电阻试验数据可以明显反映导电回路局部电阻增大问题，对于因此类缺陷导致的过热故障判断具有重要意义。

【案例 5-10】110kV 变电站 2 号主变铁心夹件上梁和中压接线片等多处过热故障

一、缺陷/故障基本信息

某 110kV 变电站 2 号主变型号为 SSZ10-63000/110，2004 年 11 月 1 日，2005 年 7 月 29 日投运。

缺陷情况简述：2012 年 2 月 26 日，该变压器检修后重新投入运行，绝缘油色谱分析发现特征气体含量增长明显；6 月 26 日，总烃含量超出注意值。2013 年 8 月高负荷期间，烃类气体含量增长明显；至 9 月 4 日，总烃含量已达 785.42μL/L，后趋于稳定；10 月 14 日，总烃含量第三次突增。检查发现铁心夹件上梁和中压接线片等多处过热。

二、检查及试验情况

（一）油色谱检测数据及特征分析

该变压器于 2012 年 2 月 26 日停电检修，处理分接开关触指缺陷，于当日重新投入运行。投运后第 1、4、10 天及 30 天油色谱跟踪分析，发现各类特征气体含量虽未超出注意值，但增长趋势明显。跟踪至 2013 年 6 月 26 日，总烃含量为 250.6μL/L，已超出注意值，因此将定期检测周期再次缩短为 1

周继续跟踪；至 2013 年 8 月 12 日，各特征气体含量处于稳定状态，无增长趋势。2013 年 8 月 12 日前主变油色谱离线检测数据如图 5-44 所示。

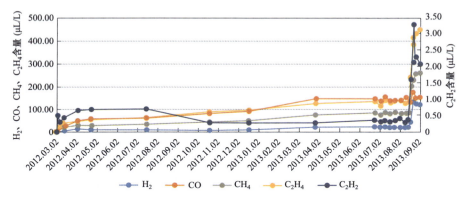

图 5-44　2013 年 8 月 12 日前主变油中溶解气体离线检测数据

2013 年 8 月 15 日，该变压器负荷较大（中压侧负载电流最高达 934.389A），后发现烃类气体含量增长明显（总烃含量达 492.96μL/L），至 2013 年 9 月 4 日，总烃含量已达 785.42μL/L，且氢气含量有明显增长，后趋于稳定。2013 年 10 月 15 日，2 号主变绝缘油色谱分析发现，氢气、一氧化碳、二氧化碳和总烃含量均有明显增长；后续数天跟踪分析，各特征气体含量稳定。2013 年 8 月 12 日后主变油中溶解气体离线检测数据如图 5-45 所示。

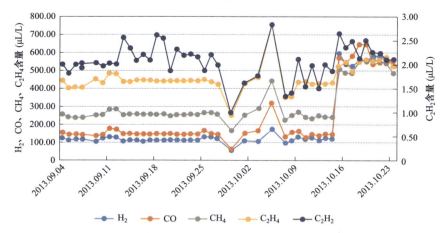

图 5-45　2013 年 8 月 12 日后主变油中溶解气体离线检测数据

油色谱离线检测数据见表 5-23。

表5-23   油中溶解气体离线检测数据   （μL/L）

试验日期	气体含量							
	H_2	CO	CO_2	CH_4	C_2H_4	C_2H_6	C_2H_2	总烃
2009.03.18	2.7	17.5	189.2	4.9	6.8	1.6	1.6	14.9
2009.04.08	1.5	33.9	273.8	6.0	10.1	1.6	1.3	19.0
2010.06.29	51.1	109.5	1143.1	237.4	365.6	76.7	1.5	681.2
2010.07.21	40.5	53.7	445.0	123.3	191.8	44.3	0	359.4
2011.03.23	62.5	169.5	1004.1	310.6	429.3	95.9	0.6	836.4
2011.07.18	40.0	146.1	1108.0	264.3	369.5	82.9	0.3	717.0
2012.02.21	292.4	192.1	1249.1	981.3	1493.7	300.1	4.4	2779.5
2012.02.22	303.6	191.1	1200.2	947.3	1438.0	298.0	4.2	2687.5
2012.03.02	2.0	2.0	116.5	4.2	7.3	3.1	0	14.6
2012.03.04	4.1	5.7	200.1	8.0	20.0	14.6	0.5	43.1
2012.04.23	10.2	59.7	613.8	31.2	57.3	8.2	0.7	97.4
2012.07.15	11.2	63.3	658.5	33.4	63.8	9.4	0.7	107.3
2012.10.19	8.4	85.6	934.2	47.7	91.4	15.6	0.3	155.0
2012.12.17	10.0	90.1	950.4	51.3	97.9	15.7	0.3	165.2
2013.03.28	23.2	145.6	1001.6	77.5	127.6	15.9	0.3	221.3
2013.06.26	22.8	146.9	937.4	86.6	138.1	25.5	0.4	250.6
2013.07.05	23.6	139.0	889.3	77.2	114.1	21.6	0.3	213.2
2013.07.12	24.8	156.5	951.5	87.6	137.8	24.9	0.4	250.7
2013.07.19	20.6	138.3	992.8	81.6	131.7	24.0	0.3	237.6
2013.07.26	22.3	141.1	923.2	85.5	136.3	26.1	0.4	248.3
2013.08.04	21.4	142.3	958.7	84.5	141.7	27.8	0.4	254.4
2013.08.16	22.3	149.6	965.3	87.0	132.9	25.4	0.4	245.7
2013.08.28	125.7	152.4	1034.6	258.9	436.8	80.6	2.3	778.6
2013.09.02	120.7	154.0	1071.9	261.5	451.9	74.9	2.1	790.4
2013.09.17	113.3	147.9	1070.1	259.7	449.9	80.0	2.1	791.7
2013.09.29	56.7	67.5	434.3	165.7	253.0	39.6	1.0	459.3
2013.10.01	112.0	155.0	829.1	254.6	431.6	65.9	1.6	753.7
2013.10.14	121.9	147.5	1049.7	246.0	435.7	82.7	1.9	766.3
2013.10.15	596.9	575.0	1475.6	509.4	526.1	98.0	2.7	1136.2
2013.10.16	539.0	545.1	1579.7	491.9	551.9	175.1	2.4	1221.3
2013.10.23	524.9	535.0	1375.6	489.4	526.1	88.0	2.1	1105.6

经分析，总烃含量已严重超出相关规程要求注意值 150μL/L，特征气体组分以甲烷、乙烯为主，约占烃类气体含量的 90%，符合过热故障的产气特征。采用 2012 年 3 月 2 日及 2013 年 10 月 16 日测试数据计算，其相对产气速率最高达 413.47%/月，已严重超出注意值。三比值编码为 022，属于高温过热故障（高于 700℃）。一氧化碳和二氧化碳数据有增长趋势。

（二）其他试验情况

红外测温及其他试验无异常。

（三）现场检查情况

无。

（四）返厂检查情况

对该变压器进行返厂解体检查，线圈无鼓包、凹陷、变形、移位现象，箱底未见异物。检查中发现铁心夹件上梁低压侧第 2、4 根侧面有烧蚀痕迹，对应钟罩大盖处有烧蚀痕迹，主变 35kV 中压接线片也有疑似过热现象，器身下部定位钉处有黑迹，铁心夹件部分绝缘漆起皮。铁心夹件上梁低压侧及主变 35kV 中压接线片烧蚀情况分别如图 5-46 和图 5-47 所示。

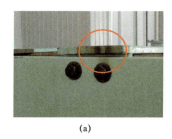 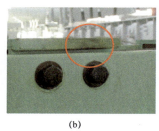 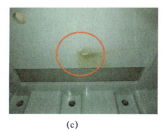

（a）　　　　　　　　　　（b）　　　　　　　　　　（c）

图 5-46　铁心夹件上梁低压侧烧蚀情况

（a）上梁低压侧第 2 根烧蚀痕迹；（b）上梁低压侧第 4 根烧蚀痕迹；（c）钟罩大盖处烧蚀痕迹

三、缺陷/故障原因分析

箱盖对应位置明显下沉造成箱盖与上梁距离过近，在漏磁产生的电位差作用下产生放电，此处在漏磁场的作用下产生了局部过热。

该主变的运行特点为中压侧负荷较大，且由于该主变中压接线片为单孔结构，导电杆螺栓既起导电作用，又起紧固作用，长期的运行振动使两者接触面出现松动，导致中压接线端子局部过热。

（a）   （b）

图 5−47 主变 35kV 中压接线片烧蚀情况

（a）中压接线片疑似过热；（b）器身下部定位钉处黑迹

四、后续处理情况

更换该台变压器，对同厂家、同型号、同批次的变压器开展专项排查，通过油色谱分析检查有无类似异常。

五、小结及建议

（1）同样是过热性数据特征，但缺陷部位可能存在多处；在发现明显的故障部位后，应继续排查是否存在其他故障部位。

（2）一氧化碳和二氧化碳含量增长时，故障可能涉及固体绝缘。

【案例 5−11】110kV 变电站 1 号主变铁心及绕组底部托板高温过热故障

一、缺陷/故障基本信息

某 110kV 变电站 1 号主变型号为 SZ10−50000/110，2009 年 6 月投运。

缺陷情况简述：2011 年 4 月 11 日，电气试验人员进行 1 号主变油色谱分析，气体含量数据显示：总烃 4466μL/L、氢气 667μL/L、乙炔 2.2μL/L，总烃、氢气含量分别超出其标准值（均为 150μL/L）的 29.77 倍和 4.45 倍。在逐项排除试验仪器、油样等可能造成误差的因素后，确定该主变内部存在着严重裸金属过热故障。电气试验人员对油样数据进行复测，在确认两次试验数据完全吻合的情况下，上报运检部，经批准后于 19 时 30 分左右紧急停止运行；检查发现变压器油中杂质、金属颗粒聚集在绕组底部托板和铁心交接处导致铁心片间短路，形成环流，导致过热。

二、检查及试验情况

（一）油色谱检测数据及特征分析

110kV 1 号主变油中溶解气体离线检测数据见表 5-24。

表 5-24　　　　110kV 1 号主变油中溶解气体离线检测数据　　　　（μL/L）

试验日期	气体含量							
	H_2	CO	CO_2	CH_4	C_2H_4	C_2H_6	C_2H_2	总烃
2010.04.14	71.3	562.0	3392.0	35.2	33.5	11.5	0	80.2
2010.10.26	63.0	884.0	2793.0	35.3	34.2	12.1	0	81.6
2011.04.11	667.0	759.0	2817.0	1707.0	2048.0	708.0	2.2	4465.2
2011.04.11（晚）	672.0	756.0	2820.0	1711.0	2035.0	710.0	2.2	4458.2

由表 5-24 可见，总烃、氢气含量分别超出其注意值，并出现乙炔。通过三比值法（编码为 021）及特征气体法初步分析，判断为高温过热故障。

（二）其他试验情况

无。

（三）现场检查情况

无。

（四）返厂检查情况

返厂后，2011 年 4 月 16 日厂家技术人员对 1 号主变进行解体检查，发现 B 相铁心柱下部与下铁轭上邻连接处有两处放电痕迹（见图 5-48），疑似为金属异物搭桥放电造成；同时发现 B 相绕组底部托板也有两处明显放电痕迹（见图 5-49），将 B 相底部托板重新套装回 B 相铁心柱，两处放电痕迹对应吻合。

三、缺陷/故障原因分析

变压器油中杂质、金属颗粒聚集在托板和铁心交接处导致铁心片间短路，形成环流，产生过热，导致油中烃类气体的析出。

（a）　　　　　　　　　　　　　　　　　　（b）

图 5-48　B 相铁心柱下部与下铁轭上部连接处过热痕迹

（a）过热痕迹 1；（b）过热痕迹 2

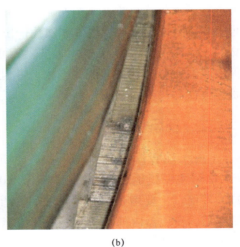

（a）　　　　　　　　　　　　　　　　　　（b）

图 5-49　B 相绕组底部托板过热痕迹

（a）过热痕迹 1；（b）过热痕迹 2

四、后续处理情况

2011 年 4 月 17 日，110kV 1 号主变返厂后，对铁心交接处和托板处的金属颗粒进行清理，并对线圈和器身进行清洗。1 号主变在现场安装后，再次对变压器油进行过滤，保证设备正常运行。

五、小结及建议

（1）一氧化碳和二氧化碳测试结果波动比较大时，不利于判断缺陷是否涉及固体绝缘。

（2）变压器现场安装及大修后，应加强内检工作，注意对变压器内部异物进行及时清理。

【案例 5-12】110kV 变电站 2 号主变铁心夹件过热故障

一、缺陷/故障基本信息

某 110kV 变电站 2 号主变型号为 SZ11-50000/110，2018 年 6 月出厂，2019 年 1 月 15 日投运，冷却方式为自然冷却/油浸自冷（ONAN），调压方式为有载调压。

缺陷情况简述：2 号主变送电后，直至 2019 年 10 月 23 日才带负荷；2 号主变母线所接××线 1 号杆于 10 月 22 日发生相间短路故障，重合闸未投。

按照相关预防性试验标准或状态检修规程要求，在送电后第 1、4、10、30 天进行了油色谱分析，试验结果全部正常。2019 年 12 月 23 日，试验人员对 2 号主变例行取油样，发现本体油色谱出现乙炔，含量为 1.6μL/L，总烃含量达到 358μL/L，三比值法判断故障类型为高温过热。2019 年 12 月 24 日，试验人员再次取油样分析，试验结果一致，并且无增长。经检查故障原因是铁心内有杂质导致铁心与夹件多点短路导致。

二、现场检查及试验情况

（一）油色谱检测数据及特征分析

2 号主变投运近一年后，相比于 2019 年 1 月 16 日试验数据，总烃增长了 210 多倍，主要增长组分是甲烷和乙烯，并且伴随乙炔少量增长。通过三比值法判断，变压器内部存在高温过热故障（高于 700℃），可能原因为分接开关接触不良、引线夹件螺钉松动或接头焊接不良、涡流引起铜过热、铁心漏磁、局部短路、层间绝缘不良、铁心多点接地等。2 号主变油中溶解气体离线检测数据见表 5-25。

表 5-25　　　　2 号主变油中溶解气体离线检测数据　　　　（μL/L）

试验日期	气体含量							
	H_2	CO	CO_2	CH_4	C_2H_4	C_2H_6	C_2H_2	总烃
2019.01.16	3.0	50.0	194.0	1.4	0.2	0	0	1.7

试验日期	气体含量							
	H_2	CO	CO_2	CH_4	C_2H_4	C_2H_6	C_2H_2	总烃
2019.01.19	4.0	54.0	198.0	1.5	0.3	0	0	1.8
2019.01.25	6.0	62.0	214.0	1.7	0.5	0	0	2.2
2019.02.14	3.0	59.0	173.0	1.7	0.2	0	0	1.9
2019.12.23	96.0	131.0	328.0	151.7	195.2	10.3	1.6	358.8
2019.12.24	109.0	116.0	235.0	195.0	242.0	15.0	1.8	453.8

（二）其他试验情况

试验人员对 2 号主变进行了铁心和夹件接地电流检测（见图 5-50），检测值均为 85A，远远超出了相关规程要求（不大于 100mA）。

（a）   （b）

图 5-50 铁心和夹件接地电流检测
（a）铁心接地电流检测；（b）夹件接地电流检测

2 号主变铁心高频电流局放检测图谱信号干扰较大，无法判断具体放电类型，最大峰值为 17dB。铁心高频电流局放检测如图 5-51 所示。

2 号主变本体未发现过热缺陷，但是铁心和夹件接地排由于大电流而产生过热，最高温度达到 5.6℃。主变红外测温图谱如图 5-52 所示。

根据《国家电网公司变电检测管理规定（试行）第 23 分册　绝缘电阻试验细则》[国网（运检/3）829-2017] 对铁心绝缘电阻的要求：铁心绝缘电阻不小于 100MΩ（新投运不小于 1000MΩ）且与以前试验结果比较无明显变化。根据试验结果，初步判断铁心与夹件之间出现短接，因环流造成铁心接地电流过大，远超相关规程要求，其他诊断试验项目试验数据合格。铁心和夹件绝缘电阻检测如图 5-53 所示，现场检测结果见表 5-26。

图 5-51　铁心高频电流局放检测

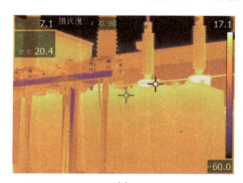

(a)

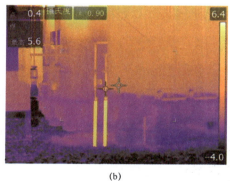

(b)

图 5-52　主变红外测温图谱

（a）本体测温图谱；（b）铁心和夹件接地排测温图谱

(a)

(b)

图 5-53　铁心和夹件绝缘电阻检测

（a）铁心绝缘电阻检测；（b）夹件绝缘电阻检测

表 5-26　　　　　　　铁心及夹件绝缘电阻现场检测结果

试验项目	试验电压（V）	输出电压（V）	绝缘电阻
铁心对夹件及地	2500	62	0.03MΩ
夹件对铁心及地	2500	54	0.02MΩ
铁心－夹件对地	2500	2500	200GΩ

（三）现场检查情况

2 号主变现场检查情况如图 5-54 所示。

(a)　　　　　　　　　　　　　　　　　　(b)

图 5-54　2 号主变现场检查情况

（a）现场图 1；（b）现场图 2

（四）返厂检查情况

返厂后，对高压侧中性点套管引线的焊接部位进行重焊、加固和包扎处理，避免其由于焊接不良而导致的变压器发热问题。对油道取消软连接，用钢条进行固定连接，使其形成一个整体铁心，并不会影响铁心容量及散热效果。之后对器身及铁心表面进行清洁，并采用热油循环方法对器身及铁心杂质进行过滤、干燥等。处理完成后对铁心和夹件进行绝缘电阻试验，铁心对夹件及地、夹件对铁心及地以及铁心－夹件对地绝缘电阻均在 1GΩ 以上，其他出厂试验数据也全部合格。

三、缺陷/故障原因分析

经检查，故障原因是铁心内有杂质导致铁心与夹件多点短路，该现象还会产生环流造成涡流发热，而且会根据电流变化温度也随着增高发热，这也是 2 号主变产生乙炔和总烃超标的直接原因。

四、后续处理情况

2 号主变返厂大修后，于 2020 年 1 月在现场重新安装投入运行，变电检修中心开展了全面验收试验和带电检测，并采取以下跟踪监视措施：

（1）从提高变压器投运后安全经济运行的角度考虑，应加强变压器制造环节关键工序和电磁、绝缘部件质量的见证监督工作，以保证其整体运行性能良好。

（2）对新投运变压器严格按照在投运后第 1、4、10、30 天进行跟踪取油样分析，并可在半年内适当增加 1 个月 1 次的取样频率，同时结合铁心夹件接地电流、红外测温、超声波局放等带电检测手段，综合开展状态分析，更有助于及时发现设备隐患。

五、小结及建议

（1）铁心接地电流检测是常规的试验项目之一，有助于发现铁心外部环流导致的过热问题。

（2）对于怀疑铁心夹件过热的缺陷，可通过对铁心夹件铜排或其他连接部位进行红外测试，从而判断缺陷部位。

【案例 5-13】220kV 变电站 1 号主变铁心导致的高温过热故障

一、缺陷/故障基本信息

某 220kV 变电站 1 号主变型号为 SFSZ10-180000/220，2006 年 8 月投运。

缺陷情况简述：2020 年 8 月 17 日，在线色谱装置提示"总烃含量超过差异化预警值；乙烯含量超过差异化预警值"，并提示主变内部存在热故障。变电检修中心电气试验班立即对 220kV 1 号主变进行取样并做离线色谱试验，试验结果显示总烃相对增长率为 58.58%。8 月 17~26 日，在线色谱装置连续 10d 提示各类烃类气体差异化预警；8 月 30 日，在线色谱装置提示出现乙炔气体，其余各类烃类气体含量翻倍，总烃超标。再次进行离线色谱试验，试验结果显示出现乙炔，总烃超标。对 1 号主变油中溶解气体进行每日离线色谱试验追踪，通过连续 10d 的追踪，发现烃类气体有上升趋势。2020 年 9 月 9 日，调度控制中心调整运行方式，1 号主变由 165MVA 减载至 70MVA，离线色谱分析发现烃类气体含量略微降低。经检查发现该故障是由于铁心过热引起。

二、检查及试验情况

（一）油色谱检测数据及特征分析

油中溶解气体离线检测数据见表 5-27 和图 5-55，主变油中溶解气体在线监测数据如图 5-56 所示。

表 5-27　　　　　油中溶解气体离线检测数据　　　　　（μL/L）

试验日期	气体含量							
	H_2	CO	CO_2	CH_4	C_2H_4	C_2H_6	C_2H_2	总烃
2020.08.18	8.1	163.4	670.5	9.3	7.5	2.4	0	19.2
2020.08.30	41.2	185.2	856.3	68.6	75.7	18.0	0.5	162.8
2020.08.31	41.6	159.0	788.9	74.8	84.7	18.8	0.9	179.2
2020.09.01	53.5	180.4	807.4	84.6	93.0	20.5	1.0	199.1
2020.09.02	47.6	169.5	776.4	80.0	89.3	19.9	0.9	190.1
2020.09.03	49.9	168.5	783.6	81.4	90.4	19.9	0.9	192.6
2020.09.04	49.9	156.5	818.7	107.3	127.2	27.5	1.1	263.1
2020.09.05	66.9	177.9	770.4	110.7	124.9	26.8	0.8	263.2
2020.09.06	66.1	178.5	789.7	110.9	126.5	27.2	0.9	265.5
2020.09.07	66.5	179.3	792.1	111.1	127.4	27.4	0.9	266.8
2020.09.09*	64.2	178.4	764.5	103.3	123.6	26.9	0.9	254.7
2020.09.10*	64.1	178.0	765.2	104.6	124.4	26.1	0.9	256.0

* 降负荷后。

主要增长组分是乙烯、甲烷、氢气，通过三比值法（编码为 022）及特征气体法初步分析，判断为高温过热故障。

（二）其他试验情况
无。

（三）现场检查情况
无。

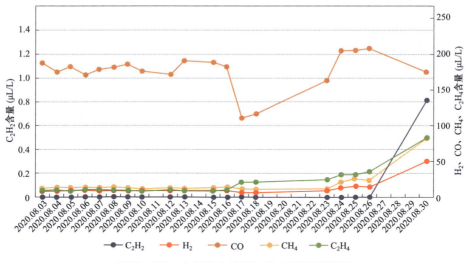

图 5-55　主变油中溶解气体离线检测数据

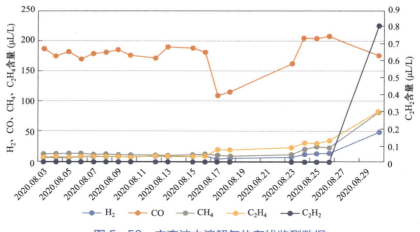

图 5-56　主变油中溶解气体在线监测数据

（四）返厂检查情况

返厂后，在 1 号主变拆解过程中发现上铁轭接缝部位有过热点，与之相接触的铁心隔板、夹紧梯木出现了轻微的炭化现象，硅钢片绝缘涂层发生老化和微小变形，与变压器运行过程中噪声大、油色谱异常现象相吻合，基本判定变压器异常现象是由铁心局部过热原因造成。返厂检查情况如图 5-57 所示。

图 5-57　返厂检查情况

（a）上铁轭接缝部位过热点；（b）铁心隔板轻微炭化；

（c）夹紧梯木轻微炭化；（d）硅钢片绝缘涂层老化和微小变形

三、缺陷/故障原因分析

经过核查图纸等资料，并根据变压器拆解后的实际现象，分析认为铁心局部过热的问题主要由以下三个方面造成。

（1）硅钢片裁剪波浪度、尺寸偏差相对略大，上铁轭接缝处可能存在不紧密的情况；在 2013 年变压器改造时，经过长时间的运行，部分硅钢片绝缘涂层老化，硅钢片有微小的变形；上铁轭拆除再恢复，复装的上铁轭接缝处气隙较大，磁通一般不经过气隙，而是从相邻硅钢片间穿越，穿越处的磁通密度就增大了，引起局部磁通畸变和铁心局部过饱和，造成局部损耗增大，局部铁心过热。

（2）部分硅钢片绝缘涂层老化，在铁心接缝处进一步加大了涡流损耗，加剧了发热。

（3）原硅钢片上加涂了一层黄色的绝缘漆膜，导致硅钢片连接处有较大的磁阻存在。发热的硅钢片都集中在硅钢片的接头部分，硅钢片的接头断面有较多的黄色漆膜的存在，是产生发热的原因。

四、后续处理情况

（1）更换全部的硅钢片，使用现行高导磁 30QG105 硅钢片替换旧硅钢片。

（2）按照现行工艺，对铁心重新打叠、复装、夹紧。根据现行质量检验标准，严格控制上铁轭接缝处缝隙。

（3）厂内对重新打叠完成的铁心，做临时匝试验，测量噪声正常后套装线圈。

（4）对原有的低压绕组和高压绕组进行检查，通过直流电阻测量，对端部和中部的匝绝缘进行取样测量，满足绝缘要求。

（5）增加铁心减震垫，采用橡胶材质，减小铁心噪声。

（6）更换铁心油道，将原硅钢片折弯成型油道更换为现行撑条绝缘油道或滑石片油道，既增加铁心散热效果，又减小部分噪声。

（7）变压器总装后，进行过电流试验及长时间空载试验，验证变压器有无质量问题。

五、小结及建议

（1）对运行中充油设备开展油色谱在线监测是十分必要的，在本案例中及时发现了设备过热故障。

（2）此次主变铁心局部发热缺陷主要原因为硅钢片材料不良及打叠工艺落后，及时发现并处理缺陷避免了故障进一步扩大，未波及其他电气设备。

（3）考察特征气体的变化与负荷的关系，有助于缺陷部位的判断；负荷降低后，特征气体组分无明显变化，判断缺陷在导电回路的可能性较小。

【案例 5-14】220kV 变电站 2 号主变铁心拉杆绝缘降低导致的高温过热故障

一、缺陷/故障基本信息

某 220kV 变电站 2 号主变型号为 SFSZ11-240000/220，2016 年 9 月出厂。

缺陷情况简述：2019 年 10 月以来，2 号主变油色谱在线监测装置显示总烃及乙烯含量较高，且有逐渐增长趋势，随即缩短例行检测周期，加强主变本体油中溶解气体色谱分析并与油色谱在线监测数据进行对比；11 月 7 日，对主变本体取油样进行油中溶解气体色谱分析，总烃含量为 166.49μL/L，超过总烃注意值 150μL/L。

二、检查及试验情况

（一）油色谱检测数据及特征分析

主变油中溶解气体离线检测数据见表 5－28，主变油中溶解气体在线监测数据如图 5－58 所示。

表 5－28　主变油中溶解气体离线检测数据　（μL/L）

试验日期	气体含量							
	H_2	CO	CO_2	CH_4	C_2H_4	C_2H_6	C_2H_2	总烃
2019.11.08	50.0	122.0	461.0	55.0	103.0	17.0	0.5	175.5
2019.11.09	42.0	110.0	465.0	52.0	98.0	17.0	0.5	167.5
2019.11.10	53.0	128.0	450.0	55.0	98.0	16.0	0.5	169.5
2019.11.24*	0.2	0	41.1	0.1	0.5	0.1	0	0.7
2019.11.25*	0.3	0	43.8	0.2	0.5	0.1	0	0.8
2019.11.27*	0.4	0	48.6	0.3	0.7	0.1	0	1.1
2019.11.30*	0.5	0	64.0	0.3	0.9	0.1	0	1.3
2019.12.01*	0.5	0	65.6	0.3	0.9	0.1	0	1.3

* 送电后。

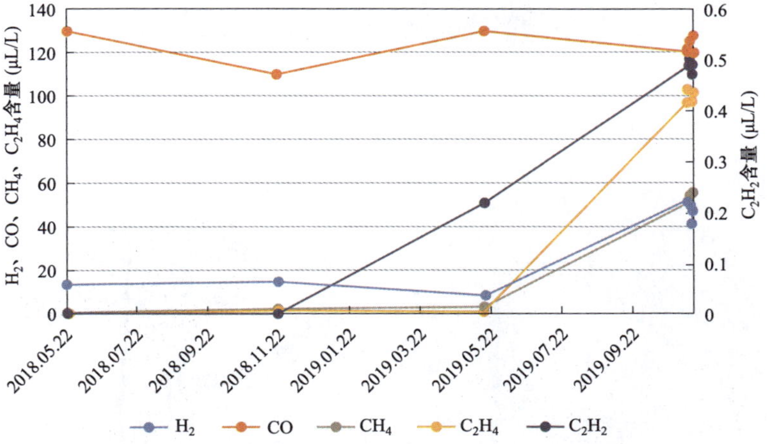

图 5－58　主变油中溶解气体在线监测数据

主要增长组分是乙烯、甲烷、氢气，通过三比值法（编码为 022）及特征气体法初步分析，判断为高温过热。

（二）其他试验情况

2019 年 11 月 8～9 日，对 2 号主变红外精确测温和铁心、夹件接地电流检测，均未发现异常。

（三）现场检查情况

2019 年 11 月 16 日 12 时，做好现场前期准备后，检修人员进入变压器箱体，开始内部检查。16 时左右，发现变压器低压侧 B、C 相串联电抗器固定拉杆螺栓螺母处有轻微黄色痕迹，初步确定为发热点。16 时 30 分对疑点进行拆解，拆下平垫圈 1 枚、螺母 2 枚；目视检查发现，平垫圈和 2 枚螺母都有明显烧蚀痕迹，产生了结构破损，电抗器铁心拉杆烧伤。现场检查情况如图 5-59～图 5-61 所示。

图 5-59　铁心电抗器拉杆位置

(a)

(b)

图 5-60　烧伤的绝缘垫块和垫圈

（a）烧伤的绝缘垫块；（b）烧伤的垫圈

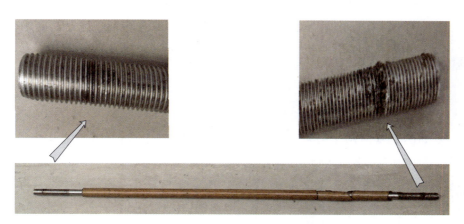

图 5-61　烧伤的电抗器铁心拉杆

（四）返厂检查情况

无。

三、缺陷/故障原因分析

2 号主变为高阻抗变压器，采用了内置串联电抗器结构。根据损毁部件特征及故障部位结构初步分析，电抗器铁心拉杆绝缘端垫块绝缘降低导致接地，与铁心永久接地点形成环流，进而引起电抗器铁心拉杆两侧固定螺栓垫圈发热，导致绝缘油异常产气。

四、后续处理情况

2019 年 11 月 19 日，现场更换烧伤的拉杆、垫圈、绝缘垫，然后对变压器内部再次进行全面排查，未见其他问题。11 月 24 日，变压器注油、复装后进行了修后试验（常规、耐压、局放），试验合格并送电成功。送电后对 2 号主变进行油色谱跟踪监测，数据正常，见表 5-28。

五、小结及建议

（1）确保油色谱在线监测装置正常运行，持续利用并密切关注油色谱在线监测数据增长情况。220kV 变电站油色谱在线监测数据与离线油色谱检测数据还存在着一定的差异，应充分发挥在线监测装置在电网安全运行中的作用，出现数据异常时，及时进行线下数据比对及跟踪。

（2）本案例中采用的内置串联电抗器结构的高阻抗变压器，若发生铁心拉杆外绝缘降低，容易导致铁心多点接地，引起过热性缺陷。

（3）铁心、夹件接地电流检测无法发现铁心、夹件内部环流过热问题。

【案例 5-15】110kV 主变夹件多点接地故障

一、缺陷/故障基本信息

某 110kV 变电站 1 号主变型号为 SSZ10-Z60-20000/110，2009 年 1 月 1 日出厂，2001 年 12 月 1 日投运。

缺陷情况简述：2012 年 4 月 18 日，在对 1 号主变本体油样色谱分析试验中，发现油特征气体超标，总烃含量超过注意值，三比值编码为 022，初步判定为高温过热性故障。检查发现上夹件定位螺栓与夹件接触，造成夹件多点接地。

二、检查及试验情况

（一）油色谱检测数据及特征分析

对 1 号主变进行每周油样跟踪分析处理，制定周跟踪计划，跟踪到 7 月，气体含量没有明显变化，估计没有新故障的叠加。油中溶解气体离线检测数据见表 5-29 和图 5-62。

表 5-29   油中溶解气体离线检测数据   （μL/L）

试验日期	气体含量							
	H_2	CO	CO_2	CH_4	C_2H_4	C_2H_6	C_2H_2	总烃
2012.04.17	28.5	522.2	8027.7	1065.0	3280.0	722.0	3.2	5070.2
2012.04.27	136.9	1124.4	7352.6	1005.0	3187.0	627.0	3.1	4822.1
2012.05.15	136.1	1087.0	6653.7	1145.0	3601.0	560.0	2.5	5308.5
2012.05.28	117.0	1137.7	7307.8	951.2	3313.0	641.0	2.8	4908.0
2012.06.06	124.3	1209.0	8104.3	981.2	3344.0	733.0	3.1	5061.3
2012.07.02	133.6	1196.0	7968.8	975.1	3181.0	676.0	2.8	4834.9

（二）其他试验情况

对该变压器进行接地电流检测，发现夹件接地电流较大，检测数据见表 5-30。

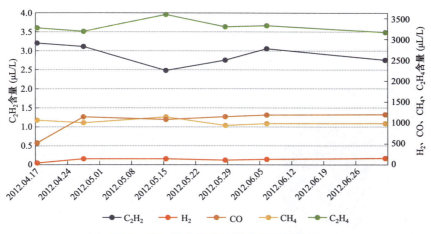

图 5-62　油中溶解气体离线检测数据

表 5-30　　　　　　　　　　夹件接地电流检测数据

序号	变电站名称	运行编号	负荷（kVA）	试验日期	测试值（A）
1	110kV ××变电站	1 号	4500	2012.04.16	1.42
2	110kV ××变电站	1 号	7200	2012.05.28	1.82

7 月 7 日，对色谱异常、夹件接地电流超标的 1 号主变进行停电试验、检查，用万用表对夹件对地进行了电阻测试，发现夹件对地是导通的。绝缘电阻测试结果见表 5-31。

表 5-31　　　　　　　　　　绝 缘 电 阻 测 试 结 果

试验部位	铁心-地	夹件-地	铁心-夹件
绝缘电阻（MΩ）	1500	0	1500

通过以上数据进行综合分析，该变压器存在多点接地的情况，接地点应在夹件部位。

（三）现场检查情况

无。

（四）返厂检查情况

2012 年 7 月 11 日，对该主变进行吊罩检查，发现上夹件定位螺栓与夹件接触，造成夹件多点接地。吊罩检查后发现的问题印证了之前的推断，也与油色谱检测数据相符合。返厂检查情况如图 5-63 所示。

三、缺陷/故障原因分析

图 5−63 所示定位销应在变压器安装就位时进行拆除，因变压器安装人员粗心大意，在现场装配及安装中未进行拆除，造成变压器多点接地。

(a)

(b)

(c)

图 5−63　返厂检查情况

（a）定位销发热痕迹；（b）定位孔发热痕迹；（c）定位销在钟罩上的位置

四、后续处理情况

拆除上述定位销后进行了油过滤处理，复电后运行良好、数据正常。检修后油中溶解气体离线检测数据见表 5−32。

表 5-32　　　　　　　　检修后油中溶解气体离线检测数据　　　　　　　（μL/L）

试验日期	气体含量							
	H_2	CO	CO_2	CH_4	C_2H_4	C_2H_6	C_2H_2	总烃
2012.07.14（滤油后）	0	213.3	7.2	1.7	5.0	0.5	0.0	7.2
2012.07.15（运行后）	0	3.1	100.5	0.6	2.0	1.0	0.0	3.6

五、小结及建议

（1）可以通过测试铁心、夹件电流及绝缘电阻的常规试验方法判断过热是否为铁心、夹件的外部环流问题。

（2）应加强油色谱在线监测管理，有利于及早发现设备缺陷。

【案例 5-16】高电压等级主变 B 相夹件磁屏蔽和电屏蔽多点接地故障

一、缺陷/故障基本信息

某高电压等级主变 2005 年 8 月出厂，2006 年 4 月 12 日投运。

缺陷情况简述：2017 年 10 月 13 日，进行绝缘油例行试验时发现主变 B 相本体绝缘油中乙炔含量为 1.84μL/L，总烃含量为 487.951μL/L，超过运行注意值（注意值：乙炔不大于 1μL/L；总烃不大于 150μL/L）。经返厂检查发现，高压侧高压主柱与旁轭间的电屏蔽边沿与下夹件磁屏蔽边沿间存在过热现象。

二、现场检查及试验情况

（一）油色谱离线检测数据及特征分析

2017 年 10 月 13 日，主变 B 相本体绝缘油中溶解气体组分含量较上次例行检测（7 月 14 日）出现显著增长，主要增长的特征气体组分为甲烷和乙烯，次要特征气体为氢气和乙烷，油中的一氧化碳和二氧化碳检测结果波动性较大，无法明确其增长趋势。三比值编码为 022，特征气体法和三比值法均显示设备内部存在高温过热故障，缺陷较大可能位于裸金属部位，估算热点温度 $T=525+322\lg(C_2H_4/C_2H_6)=525+322\lg(269.53/54.07)\approx750℃$。主变 B 相油中溶解气体离线检测数据见表 5-33 和图 5-64。

变压器及电抗器油中溶解气体分析技术及典型案例分析

表 5－33 　　　　　　　　　主变 B 相油中溶解气体离线检测数据 　　　　　　　　　（μL/L）

试验日期	气体含量							
	H_2	CO	CO_2	CH_4	C_2H_4	C_2H_6	C_2H_2	总烃
2017.01.19	1.6	675.3	1373.1	5.1	0.2	1.0	0	6.3
2017.04.18	0.9	309.8	946.7	5.6	0.4	1.0	0	7
2017.07.14	1.6	408.3	1667.7	6.2	0.3	1.1	0	7.6
2017.10.13	85.6	368.1	1329.7	183.2	194.2	37.2	1.6	416.2
2017.10.13	95.2	460.0	1705.7	226.8	269.5	54.1	2.3	552.7
2017.10.14	94.1	540.7	1763.2	230.2	271.8	56.8	2.2	561
2017.10.15	95.0	493.6	1847.4	233.2	290.4	56.3	2.3	582.2
2017.10.16	102.8	562.3	1957.8	246.1	298.1	61.1	2.5	607.8
2017.10.17	95.7	559.3	1882.3	251.0	293.4	61.7	2.5	608.6
2017.10.18	94.2	577.6	1910.6	249.5	296.1	63.7	2.4	611.7
2018.05.07*	0	5.2	86.5	0.8	0	0	0	0.8

* 缺陷处理后。

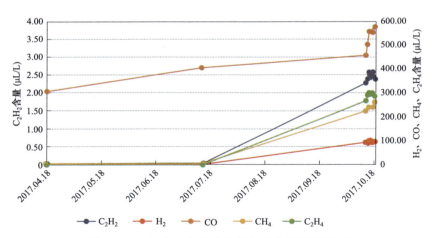

图 5－64 　主变 B 相油中溶解气体离线检测数据

（二）油色谱在线监测数据及特征分析

主变 B 相本体油中气体的油色谱在线监测数据变化如图 5－65 和图 5－66 所示。

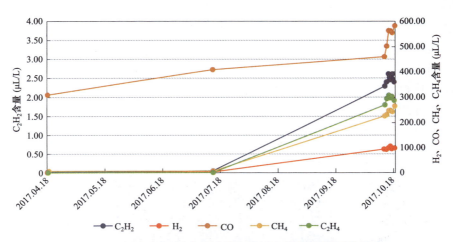

图 5-65　主变 B 相本体油中气体油色谱在线监测数据 1

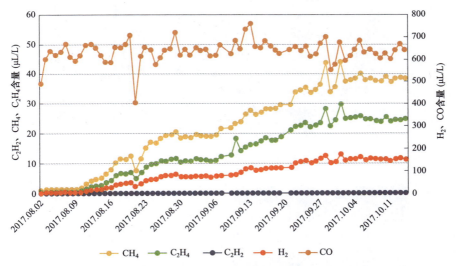

图 5-66　主变 B 相本体油中气体油色谱在线监测数据 2

从图 5-65 和图 5-66 可知，油中的氢气和烃类气体在 2017 年 8 月开始持续增长，油中的一氧化碳未见显著增长。

（三）其他试验数据及特征分析

主变进行局放带电检测、红外测温、铁心接地电流检测，未发现异常。为排除油泵原因，2017 年 10 月 31 日对 2、3 号油泵进行了更换，油色谱检测数据稳定一段时间后又有阶段性增长；12 月 26 日，油中气体含量为：乙炔 3.63μL/L、总烃 922.59μL/L，氢气 157.8μL/L。2018 年 1 月 4 日，对主变 3 台油泵全部更换，并对油泵解体检查，除 1 号油泵有异物造成的摩擦痕迹外，其他

油泵检查正常，与缺陷现象不符，分析主变内部仍存在不稳定的发热点。

（四）返厂检查情况

2018 年 1 月 23 日，主变停电返厂检修；2 月 28 日，对主变 B 相吊心检查，发现高压侧高压主柱与旁轭间的电屏蔽边沿与下夹件磁屏蔽边沿间有过热痕迹。检查其他部位，发现电屏蔽金属层与纸板底部边缘距离较长，与磁分路间距离较大，无搭接发热现象，散拔线圈未见异常。返厂检查情况如图 5-67 和图 5-68 所示。

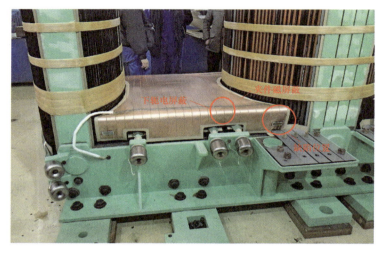

图 5-67　铁心下部电屏蔽与主柱线圈底部磁分路铁心处有发热烧损痕迹

（a）　　　　　　　　　　（b）

图 5-68　缺陷位置烧损痕迹

（a）细节图 1；（b）细节图 2

三、缺陷/故障原因分析

1. 缺陷部位制作安装情况分析

按照设计要求，铁心电屏蔽金属层两侧均有绝缘纸板保护，金属膜应粘贴在绝缘纸板上；在安装过程中，放电部位上部覆盖的绝缘纸板未插入缝隙，绝缘纸板未起到隔离磁屏蔽的作用；另外，根据设计图纸此部分金属膜与绝缘纸板底部边沿距离应为 25mm，实际测量缺陷部位距离为 20mm。电屏蔽制作尺寸不符合要求，制作和安装工艺控制不良是此次缺陷的主要原因。

2. 过热原因分析

缺陷位置处下轭电屏蔽金属膜距离磁屏蔽距离间隙小，在夹件磁屏蔽和电屏蔽之间产生了多点接地，在漏磁作用下形成了环流过热性故障，产生的特征气体与油色谱检测数据吻合。由于涉及的固体绝缘面较小，因此油中一氧化碳和二氧化碳数据没有出现明显增长现象。

四、后续处理情况

（1）对返厂的 3 相主变类似部位进行检查，避免重复出现类似问题，与厂家核实目前在运变压器类似结构台数，对油色谱检测数据加强跟踪监测。

（2）要求厂家将此类结构电屏蔽安装位置作为一个关键工艺控制点，避免发生类似问题。厂家 2016 年以后的产品已经不再安装铁心电屏蔽，不存在类似问题；2016 年之前的产品，主变大修过程中需重点检查。

五、小结及建议

（1）本案例中通过油色谱离线检测和在线监测有效发现设备异常，油色谱在线监测数据反映了油中各气体组分含量的增长过程，为缺陷的定性提供了指导；但应注意在线数据的准确性仍需要提升。

（2）若一氧化碳和二氧化碳检测数据发生波动，不利于判断缺陷是否涉及固体绝缘。

（3）变压器的其他部件（如潜油泵）也可能存在缺陷引发过热性故障，在设备故障分析诊断里也应进行排除。

【案例 5-17】220kV 变电站 1 号主变铁心油道堵塞导致的高温故障

一、缺陷/故障基本信息

某 220kV 变电站 1 号主变型号为 SFPZ11-120000/220，2008 年 11 月出厂，

2008 年 11 月 30 日投运。

　　缺陷情况简述：2011 年 11 月 27 日，1 号主变油色谱检测总烃含量为 27.81μL/L。2011 年 11 月 29 日，1、2 号主变送电，期间 1 号主变带该变电站全部负荷运行。12 月 7 日 11 时 30 分，对 1 号主变取样进行色谱分析，试验结果为总烃含量为 348.96μL/L，（超出总烃注意值 150μL/L），根据三比值法判断主变存在高温过热性缺陷。检查发现铁心油道被纸板挡住，散热不良导致纸板烤糊严重。

二、检查及试验情况

（一）油色谱检测数据及特征分析

　　油中溶解气体离线检测数据见表 5－34。

表 5－34　　　　　　　　油中溶解气体离线检测数据　　　　　　　　（μL/L）

试验日期	气体含量							
	H_2	CO	CO_2	CH_4	C_2H_4	C_2H_6	C_2H_2	总烃
2008.12.01	0	56.79	624.13	1.09	0	0	0	1.09
2011.08.28	3.11	294.70	1992.40	7.25	8.77	0	0	16.02
2011.09.28	3.46	302.90	1873.30	10.37	8.33	0	0	18.70
2011.10.28	5.11	294.40	1941.00	12.97	8.38	0	0	21.35
2011.11.27	4.58	285.77	1845.35	16.87	10.94	0	0	27.81
2011.12.07	35.16	317.95	3053.95	106.72	206.11	35.17	0.96	348.96
2011.12.07	43.30	378.18	3046.47	114.47	214.30	36.18	1.21	366.16
2011.12.07	58.29	385.50	3670.87	112.55	212.62	38.19	1.13	364.49
2011.12.08	120.57	446.95	3390.51	133.11	230.52	50.01	1.34	414.98
2011.12.08	140.39	419.04	4394.28	124.65	226.91	37.58	1.31	390.45
2011.12.08	125.95	387.96	4482.95	121.94	196.44	32.79	1.26	352.43

　　2011 年 12 月 7 日，1 号主变总烃异常升高后，决定跟踪测试油中溶解气体；19 时 30 分，分别在 1 号主变西侧和东北侧阀各取 1 瓶油样进行分析，试验结果为：西侧阀油样总烃为 366.16μL/L，东北侧油样总烃为 364.49μL/L，与当日 11 时 30 分油样分析结果相比总烃略呈上升趋势。根据试验结果，决定当晚对变压器进行红外成像测温及铁心接地电流试验，试验结果为：变压器铁心接地电流为 0.53mA，变压器各点红外成像测温温度为 15～17℃，当时环境温度

为 −6℃，上述两项试验结果无异常。12 月 8 日凌晨 0 时 40 分，再次取样进行色谱分析，试验结果总烃为 414.98μL/L。

（二）其他试验情况

1 号主变停运后，对变压器进行直流电阻、绝缘电阻、介损及绕组变形试验，试验结果正常。相关试验结果见表 5−35～表 5−37。

表 5−35　　　　　　　　　　绝缘电阻及吸收比测试结果

测试部位	15s（MΩ）	60s（MΩ）	吸收比
高压侧−中、低压侧及地	80000	110000	1.38
低压侧−高、中压侧及地	60000	90000	1.50
铁心−地	20000	—	—

表 5−36　　　　　　　　　　绕组电阻测试结果

位置		AO	BO	CO	不平衡度（%）
高压侧	分接 6	0.5469	0.5466	0.5472	0.11
低压侧		ab	bc	ac	0.39
		0.07429	0.07456	0.07427	

表 5−37　　　　　　　　　　绕组介质损耗因数测试结果

测试部位	C_X（pF）	实测 $\tan\delta$（%）
高压侧−中、低压侧及地	12650	0.26
低压侧−高、中压侧及地	18810	0.26

（三）现场检查情况

无。

（四）返厂检查情况

将 1 号主变返厂解体检查，检查情况如图 5−69 所示。

三、缺陷/故障原因分析

铁心油道设计不合理，并被纸板挡住，散热不良过热，导致纸板烤糊现象严重，从而出现总烃含量超标现象。

(a)   (b)

图 5-69　返厂检查情况

（a）纸板烤糊图 1；（b）纸板烤糊图 2

四、后续处理情况

将该变压器返厂改造，油道得到改进；在厂内试验合格后，运至变电站重新安装并恢复运行。

五、小结及建议

（1）把好设备出厂监造关　使设备缺陷隐患得以在出厂前排除。加强对变压器的在线监测和定期油色谱分析试验。

（2）一氧化碳和二氧化碳含量增加较为明显时，故障可能涉及固体绝缘。

【案例 5-18】220kV 变电站 1 号主变低压侧铁心油道短路导致的高温过热故障

一、缺陷/故障基本信息

某 220kV 变电站 1 号主变型号为 SFPZ7-120000/220，1996 年 9 月出厂，1997 年投运。

缺陷情况简述：2005 年 2 月 3 日，主变色谱月检试验发现 1 号主变总烃含量比上次试验结果增长显著，其总烃含量由 2004 年 12 月的 15.74μL/L 增长至 164.62μL/L（注意值为 150μL/L）　数值及增长率超过注意值。在运行状态下测得铁心电流为 0.5mA，说明铁心内部没有多点接地。根据油色谱结果可以判断变压器内部存在高温过热故障。检查发现低压侧铁心油道短路为造成此次内部过热的原因。

二、检查及试验情况

（一）油色谱检测数据及特征分析

油中溶解气体离线检测数据见表5-38。

表5-38　　　　　　　　　　油中溶解气体离线检测数据　　　　　　　　　（μL/L）

取样位置	试验日期	气体含量							
		CH_4	C_2H_4	C_2H_6	C_2H_2	总烃	H_2	CO	CO_2
下部	2004.12.16	9.36	5.27	1.28	0	15.74	29.00	936.00	1604.00
	2005.02.03	53.47	85.22	25.93	0	164.62	61.00	1118.00	1552.00
	2005.02.05	56.40	91.07	28.01	0	175.47	58.00	1081.00	1432.00
	2005.02.11	73.16	115.49	36.75	0	225.41	62.00	1092.00	1462.00
	2005.02.13	70.90	114.10	37.80	0	222.80	64.00	1103.00	1433.00
	2005.02.15	68.90	112.46	37.10	0	218.46	60.00	1033.00	1414.00
	2005.02.18	66.39	102.94	33.58	0	202.91	57.00	1016.00	1401.00
	2005.02.21	84.67	136.77	44.81	0	266.25	64.00	1122.00	1471.00
	2005.02.23	97.04	154.04	48.18	0	299.87	84.00	1158.00	1419.00
	2005.02.25	100.39	170.35	52.41	0	323.15	66.00	1051.00	1438.00
	2005.02.27	107.20	188.60	56.10	0	351.90	69.00	1084.00	1401.00
	2005.03.01	110.42	193.91	58.45	0	362.78	77.00	1076.00	1289.00
	2005.03.03	107.81	189.52	57.39	0	354.73	71.00	949.00	1371.00
	2005.03.05	133.22	225.49	67.51	0	426.22	78.00	1156.00	1445.00
	2005.03.07	138.24	222.78	66.08	0	419.10	68.00	1075.00	1503.00
	2005.03.09	127.28	219.35	65.74	0	412.37	88.00	1166.00	1528.00
	2005.03.11	118.10	213.80	64.60	0	396.50	89.00	1034.00	1443.00
	2005.03.14	108.64	186.09	55.31	0	350.04	69.00	946.00	1308.00
中部	2005.02.03	51.10	82.36	25.02	0	158.49	55.00	1049.00	1474.00
	2005.02.05	56.63	90.48	27.70	0	174.81	59.00	1076.00	1412.00
	2005.02.11	66.82	105.72	32.37	0	204.91	54.00	1007.00	1405.00
	2005.02.13	68.30	107.90	35.10	0	211.40	62.00	1090.00	1405.00
	2005.02.15	68.30	112.60	37.40	0	218.30	59.00	1022.00	1437.00
	2005.02.18	67.10	104.43	34.36	0	205.88	56.00	1016.00	1440.00
	2005.02.21	80.19	125.52	40.70	0	246.42	62.00	1073.00	1399.00
	2005.02.23	97.39	156.34	48.49	0	302.23	84.00	1160.00	1431.00
	2005.02.25	93.93	159.38	49.58	0	302.88	62.00	1000.00	1423.00
	2005.02.27	103.70	181.20	54.30	0	339.20	69.00	1041.00	1430.00

续表

取样位置	试验日期	气体含量							
		CH$_4$	C$_2$H$_4$	C$_2$H$_6$	C$_2$H$_2$	总烃	H$_2$	CO	CO$_2$
中部	2005.03.01	103.3	177.56	52.94	0	333.81	72.00	1072.00	1343.00
	2005.03.03	106.74	186.53	56.37	0	349.64	70.00	955.00	1365.00
	2005.03.05	125.59	209.36	62.49	0	397.44	73.00	1074.00	1357.00
	2005.03.07	117.00	210.20	63.90	0	391.20	68.00	1066.00	1494.00
	2005.03.09	120.93	207.42	62.28	0	390.63	86.00	1129.00	1514.00
	2005.03.11	114.90	207.30	63.40	0	385.60	82.00	1014.00	1400.00
	2005.03.14	100.43	169.80	51.03	0	321.25	65.00	857.00	1259.00

（二）其他试验情况

（1）高压电气试验结果均合格，该变压器电气连接部分没有发现故障点。

（2）3月18日，现场吊心检查情况：首先，外观检查均未发现问题；接着按照查找方案对箱体内32条磁屏蔽进行逐条检测，打开前接触电阻测量没有问题、打开接地片后绝缘电阻测试也没有问题；检查夹件、铁心、地屏等部件绝缘电阻情况，相关检测数据没有太大变化，结论合格。

在铁心油道（铁心高低压两侧绝缘油道两处）检查测试（该项目不属于正常检查项目）中，发现高压侧油道绝缘电阻值为20000MΩ；而低压侧油道绝缘电阻值为0，不合格，后经过复查试验，测试结果值仍然为0。变压器低压侧绝缘油道如图5-70所示。

图 5-70　变压器低压侧绝缘油道

（三）现场检查情况

无。

（四）返厂检查情况

无。

三、缺陷/故障原因分析

通过现场吊心检查测试发现，由于铁心绝缘油道短路造成变压器内部过热、总烃超标。

四、后续处理情况

2005 年 3 月 14～17 日，该主变被更换维修。在铁心上部故障油道间均匀楔入 6 处 M8×60 螺杆（见图 5-71），形成人为短路点，过热点消除。该变压器自 2005 年 11 月在另一 220kV 变电站 2 号主变位置运行，油色谱检测数据及电气试验数据一直稳定。

多处均匀楔入 M8×60 螺杆

图 5-71　楔入的螺杆

五、小结及建议

（1）一氧化碳和二氧化碳含量增加不明显，故障不涉及固体绝缘。

（2）变压器厂家需加强质量管理，严格按制造工艺出产产品。

【案例 5-19】高电压等级主变 A 相潜油泵定子绕组铜线绝缘 受损局部过热导致的本体油色谱异常

一、缺陷/故障基本信息

某高电压等级主变冷却方式为强迫油循环风冷，2011 年 6 月 12 日投运。

缺陷情况简述：2015 年 1 月 26 日，主变 A 相离线油色谱试验数据总烃超过注意值并呈现微量递增，半个月后总烃含量基本趋于稳定。3 月 16 日，主变 A 相停电内检发现第四组冷却器潜油泵电动机对地绝缘为零，判断潜油泵定子绕组铜线绝缘受损局部过热导致本体油异常产气。

二、检查及试验情况

（一）油色谱检测数据及特征分析

2015 年 1 月 26 日，主变 A 相离线油色谱试验数据总烃超过注意值，在跟踪检测过程中总烃指标一直微量递增，半个月后（第四组冷却器退出）特征气体和总烃含量基本趋于稳定。三比值法（编码为 022）判断为高温过热，特征气体法判断为油过热。油色谱分析数据见表 5-39 和图 5-72。

表 5-39　　　　　　　　主变 A 相油色谱分析数据及
　　　　　　　　　　第四组冷却器投退情况　　　　　　　　（μL/L）

试验日期	气体含量							
	H_2	CO	CO_2	CH_4	C_2H_4	C_2H_6	C_2H_2	总烃
2015.01.07	61.5	83.7	239.4	34.2	26.7	9.8	0	70.7
2015.01.23	79.2	115.2	288.6	68.1	58.7	20.3	0.4	147.5
2015.01.24	74.5	88.3	272.6	64.1	53.3	18.6	0.2	136.2
2015.01.30	80.4	73.0	373.7	103.8	105.7	30.7	0.9	241.2
2015.02.06	92.8	78.3	429.9	135.8	105.1	43.3	1.1	285.3
2015.02.20	127.3	90.4	298.5	174.9	177.0	51.7	0.9	404.5
2015.03.12	125.7	88.6	316.1	166.0	168.8	51.7	0.9	387.3

设备名称	时间及投退	投退策略	备注
2 号主变 A 相第四组冷却器	2014.10.13 投入	夏季：3 组手动、1 组自动、1 组备用	4 月 16 日～10 月 14 日
	2014.11.12 退出	冬季：1 组手动、1 组自动、3 组备用	10 月 15 日～次年4 月 15 日
	2015.01.12 投入		
	2015.02.11 退出		

（二）其他试验情况

2015 年 3 月 16 日，主变 A 相停电内检发现第四组冷却器潜油泵电动机对地绝缘为 0，对比正常冷却器潜油泵电动机绝缘电阻及直流电阻，存在较大差异。潜油泵在充油未拆卸状态下的测试结果，证明相间阻值平衡，可以工作运行。潜油泵从本体上拆卸下后测试的数据同潜油泵充油状态时的测试数据基本一致。

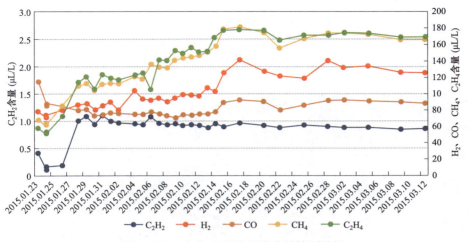

图 5-72　主变 A 相油色谱离线检测数据

　　从解体前测试数据可以判断：B（V）相一组绕组铜线出现断裂，造成 B 相断路，B 相与 A、C 相电阻数据为无穷大。同时因该定子绕组为星形连接，所以只要有一处出现短路接地，三相对地绝缘均为 0。潜油泵测试数据见表 5-40。

表 5-40　　　　　　　　　　2 号主变 A 相潜油泵测试数据

项目		第四组潜油泵（未排油）	第五组潜油泵（未排油）	第四组潜油泵（排油后）	备注
阻值	相间	3.4Ω	1.4Ω	3.4Ω	停电内检测试数据
	相对地	22.7MΩ	无穷大	44.5kΩ	
绝缘电阻	线圈对地	0	无穷大	0	
阻值	A（U）、C（W）相间			2.7Ω	解体前测试数据
	A（U）、B（V）与 B（V）、C（W）相间			无穷大	
	相-地			0	
绝缘电阻	相-地			0	

（三）返厂检查情况

　　故障潜油泵定子为三相 6 极式绕制，即定子绕组有 A（U）、B（V）、C（W），每一相绕组又绕制成 6 极形式，且同相的绕组间是依次串联连接的，最终三相绕组的一端抽出接端子盒，另一端三相连接在一起，形成星形接线方式。

　　盘式电动机定子与转子分离，发现一匝线圈线槽端部铜漆包线外观炭化且

绝缘挡片已焦黑，剔除烧灼物后发现同一匝绕组中一共有4根铜线烧断，并在线槽中发现有4段断裂的铜线，为B（V）相出现烧灼，与返厂后解体前测试数据反映的故障相一致。潜油泵定子绕组烧灼痕迹如图5-73所示。

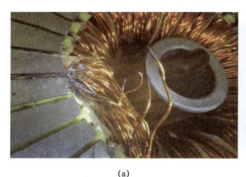

(a)   (b)

图5-73　潜油泵定子绕组烧灼痕迹

（a）细节图1；（b）细节图2

三、缺陷/故障原因分析

潜油泵绕组铜丝断裂成节，且断口处并无熔化现象，判断潜油泵绕组烧损为长期过热导致，若为短期突然短路熔断，电动机电源空气开关会跳闸，现场运行会出现故障现象（实际现场该冷却器运行正常）。返厂解体并剔除烧灼物，发现烧灼炭化铜线因机械强度不够，出现断裂；多根铜线集中的狭窄线槽处发生铜线烧灼，很可能在安装时里面的多根铜线绝缘受损，且受损铜线集中在一起，导致线圈匝间绝缘受到影响；潜油泵长期运行，受损绝缘部位绝缘漆老化严重，导致匝间短路过热现象发生。

铜线出现烧黑甚至断裂，温度可达600～700℃，从而造成变压器油局部过热，油裂解产生特征气体。在油流作用下，特征气体扩散至主变本体内，因此主变本体油色谱检测到乙炔；随着设备持续运行特征气体明显升高，最终乙炔和总烃超过注意值。而从特征气体检测数据也可以进一步印证为第四组冷却器投入运行后，造成局部过热，从而导致该气体增长较快。因此可断定，潜油泵绕组出现烧灼现象是主变A相变压器油乙炔和总烃超标的原因。

四、后续处理情况

更换处理故障潜油泵。

五、小结及建议

（1）对强迫油循环风冷变压器潜油泵，应在每年负荷高峰（迎峰度夏、冬、固定周期负荷等）前进行维护。重点进行潜油泵的绝缘测试、电动机绕组直流电阻测试等，保证潜油泵缺陷能够被及时发现和处理；对运行中的变压器冷却器定期投退时，也应重点对潜油泵是否有异常进行检查。

（2）带电检测工作中，可加入潜油泵电动机电流测试项目，检测绕组异常、叶轮扫膛等重大缺陷，防止由潜油泵故障引发主变本体异常引起误判。

（3）设备油色谱检测发现问题时，可以采取排除法，逐一对主设备附件进行排查，最后再排查内部原因，可以有效防止故障原因误判。

（4）针对设备附件发生的缺陷，如本案例中随着故障潜油泵的开启，本体油色谱检测数据呈现波动，之后趋于稳定的特征，可以作为此类缺陷的辅助判断。

第 2 节　中　温　过　热

【案例 5-20】220kV 变电站 1 号主变铁心异物导致的中温过热故障

一、缺陷/故障基本信息

某 220kV 变电站 1 号主变型号为 SFPSZ9-150000/220，2001 年 4 月投运。

缺陷情况简述：2015 年 3 月 18 日变压器油色谱测试总烃为 369.7μL/L，3 月 19 日测试为 384μL/L，超过相关规程规定值；停电进行例行试验，发现铁心接地电阻为 0；用电容器冲击后，用 500V 绝缘电阻表测试铁心接地电阻为 50MΩ。

二、检查及试验情况

（一）油色谱检测数据及特征分析
油中溶解气体离线检测数据见表 5-41。

表 5-41 　　　　　　油中溶解气体离线检测数据 　　　　　　（μL/L）

试验日期	气体含量							
	H_2	CO	CO_2	CH_4	C_2H_4	C_2H_6	C_2H_2	总烃
2014.12.20	14.4	244.0	1824.0	46.8	48.1	23.0	0	117.9
2015.03.18	19.0	242.0	2467.0	129.0	160.0	80.7	0	369.7
2015.03.19	20.0	240.0	2323.0	131.0	167.0	86.0	0	384.0
2015.12.09*	0.5	0.9	138.0	0.4	0	0	0	0.4
2015.12.12*	0.6	1.9	171.3	0.5	0	0	0	0.5
2015.12.18*	0.6	2.8	184.0	0.5	0.2	0.2	0	0.9

* 返厂大修投运后。

特征气体的主要组分是乙烯、甲烷、乙烷，通过三比值法（编码为 021）及特征气体法初步分析，判断为中温过热。

（二）其他试验情况

（1）停电进行例行试验，发现铁心接地电阻为 0。

（2）为进一步分析、判断变压器内部铁心接地情况，现场使用电容进行放电冲击，铁心绝缘为 50MΩ，见表 5-42。

表 5-42 　　　　　铁心接地电阻与历史数据对比 　　　　　（MΩ）

试验日期	2010.07.03	2015.03.21	2015.03.21
接地电阻值	200	0	50*

* 电容冲击后。

图 5-74 　绕组器身表面存在大量金属颗粒

（三）现场检查情况

无

（四）返厂检查情况

2015 年 9 月 24 日，1 号主变返厂大修。返厂解体检查后发现，该变压器绕组器身表面存在大量金属颗粒（见图 5-74），且铁心有明显发热迹象（见图 5-75）。同时发现，该主变冷却母管的温度管与油流继电器磨损严重。

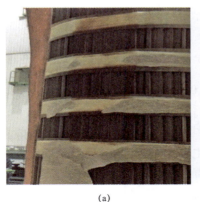
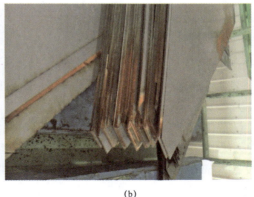

(a)　　　　　　　　　　　　　　　　(b)

图 5-75　主变铁心有明显发热现象

（a）细节图 1；（b）细节图 2

三、缺陷/故障原因分析

根据现场测试结果，判定变压器存在铁心多点接地的情况。返厂检查后，发现有大量金属颗粒且该主变冷却母管的温度管与油流继电器磨损严重。因此，综合判断此次铁心多点接地的主要原因为：主变冷却母管的温度管与油流继电器型号不符，在运行过程中发生磨损现象，产生大量金属颗粒，金属颗粒随变压器油循环时附着在铁心表面，引发相间和接地短路。

四、后续处理情况

2015 年 9 月 24 日，1 号主变返厂大修，对其铁心进行更换，对绕组和器身进行了清洗和重新环绕。

五、小结及建议

（1）应重视铁心、夹件对地绝缘电阻的测量；按照周期取样测试油色谱、铁心及夹件的接地电流。

（2）大电流冲击有助于判断是否存在异物、杂质导致铁心多点接地的隐患。

（3）变压器现场安装及大修后，加强铁心检查工作，注意对变压器内部异物进行及时清理。

【案例 5-21】220kV 变电站 2 号主变铁心硅钢片间隙增大、锈蚀导致的中温过热故障

一、缺陷/故障基本信息

某 220kV 变电站 2 号主变型号为 SFSZ10-120000/220，2006 年出厂，2007 年 1 月投运。

缺陷情况简述：2010 年 3 月 16 日，绝缘油色谱例行试验发现某 220kV 变电站 2 号主变总烃已达 371.04μL/L，超过相关规程规定的 150μL/L，经分析认为设备内部存在中温过热缺陷；在排除了磁屏蔽的问题导致变压器局部发热后，经过逐一分析与排查，把发热点定位在铁心上。最终经解体检查进行了印证，发现铁心硅钢片间隙异常增大、硅钢片锈蚀是导致此次故障的原因。

二、检查及试验情况

（一）油色谱检测数据及特征分析

1. 油色谱离线检测情况

试验人员对该变电站 2 号主变取油样进行油色谱分析试验，测试结果发现，该变压器总烃已达 371.04μL/L，超过相关规程规定的 150μL/L，相对产气速率达 75%/月。油中溶解气体离线检测数据见表 5-43。

表 5-43　　　　　油中溶解气体离线检测数据　　　　　（μL/L）

试验日期	气体含量							
	H_2	CO	CO_2	CH_4	C_2H_4	C_2H_6	C_2H_2	总烃
2010.03.16	53.50	199.91	671.23	162.32	154.05	54.53	0.14	371.04

2. 油色谱跟踪测试情况

根据该变压器色谱分析报告，决定缩短油色谱取样周期，对色谱进行跟踪分析。历次油色谱分析数据见表 5-44。

表 5-44　　　　　2 号主变历次油色谱分析数据　　　　　（μL/L）

试验日期	气体含量							
	H_2	CO	CO_2	CH_4	C_2H_4	C_2H_6	C_2H_2	总烃
2007.01.31	42.06	131.89	565.34	7.85	5.86	2.71	0	16.42
2007.05.12	28.88	132.97	661.70	9.76	7.30	3.93	0	20.98
2007.09.04	24.40	182.60	919.60	11.40	7.80	4.20	0	23.40

试验日期	气体含量							
	H_2	CO	CO_2	CH_4	C_2H_4	C_2H_6	C_2H_2	总烃
2007.12.05	20.60	190.70	890.60	10.70	6.50	3.00	0	20.20
2008.03.03	26.30	199.10	800.10	30.90	26.89	12.27	0	69.90
2008.07.03	21.10	507.40	1068.10	35.10	31.40	16.80	0	83.30
2008.10.28	15.44	256.60	1170.49	32.47	25.59	13.84	0	71.90
2008.12.05	19.09	237.36	1077.12	30.00	26.30	13.52	0	69.82
2009.03.17	13.51	297.65	997.70	38.76	31.22	4.86	0	84.84
2009.06.16	15.21	313.20	1275.25	49.01	36.84	18.21	0	104.06
2009.09.18	14.05	386.68	1495.71	51.45	41.54	21.34	0	114.33
2010.03.16	53.50	199.91	671.23	162.32	154.05	54.53	0.14	371.04
2010.03.17	69.55	246.96	787.54	186.79	181.88	65.32	0.17	434.16
2010.03.19	65.00	234.00	794.34	182.50	178.90	64.90	0.18	426.00
2010.03.20	75.07	282.93	967.40	217.62	222.54	81.06	0.20	521.44
2010.03.21	60.09	212.92	798.22	192.59	185.78	65.07	0.17	443.61
2010.03.22	73.00	250.80	825.89	196.55	183.45	70.18	0.19	450.37
2010.03.23	104.90	374.02	1267.47	280.92	299.54	109.09	0.27	689.82

　　从表 5-44 中数据可以看出，该主变自投运以来，总烃一直呈逐步增长趋势，其中：2007 年 12 月 5 日～2008 年 3 月 3 日有较大增长，增长倍数在 3 倍左右；2009 年 9 月 18 日～2010 年 3 月 16 日，总烃由 114.33μL/L 增长至 371.04μL/L，增长倍数也为 3 倍左右，且已超过相关规程规定值。随后每日取色谱油样进行跟踪分析，结果显示，除了乙炔含量在稳步增长外，总烃每天以 100μL/L 的速度增长；截至 2010 年 3 月 23 日，总烃含量已达 689.82μL/L。

　　绝缘油中总烃在 2008 年 3 月和 2010 年 3 月有两次急剧增长，分别是 2008 年 3 月从 20.20μL/L 增长至 69.90μL/L，2010 年 3 月从 114.14μL/L 增长至 371.04μL/L，超过相关标准规定的 150μL/L。通过计算可知，2007 年 12 月 5 日～2008 年 3 月 3 日，总烃产气速率为 82%/月；2009 年 12 月 22 日～2010 年 3 月 16 日，总烃产气速率为 75%/月，远大于相关规程规定的 10%/月。

　　按照三比值法则，对 2010 年 3 月 16 日的气体计算可知：$C_2H_2/C_2H_4=0.01$，编码为 0；$CH_4/H_2=2.93$，编码为 2；$C_2H_4/C_2H_6=2.78$，编码为 1；三比值编码为 021。考虑到正常运行中的变压器，除产生一些非气态的劣化产物外，还会产生少量的氢、低分子烃类气体和碳的氧化物等，其中一氧化碳和二氧化碳最

多，其次是氢气和烃类气本。通过对 2010 年 3 月 16 日该主变油中溶解气体以甲烷和乙烯为特征气体，二者之和占总烃的 84.8%。另外产生了极少量乙炔，乙炔含量为 0.17μL/L，但是涉及固体绝缘的过热性故障时，除产生上述的低分子烃类气体外，还会产生较多的一氧化碳和二氧化碳。另外可以发现，油中一氧化碳和二氧化碳含量自投运以来变化很小，因此可以判断不涉及固体绝缘分解的过热故障，基本上可以判断为 300～700℃中温过热故障。

（二）其他试验情况

试验人员对主变的直流电阻、绝缘电阻、电容量、短路阻抗等进行了严格的试验，并且与出厂数据和交接数据比较，测试数据合格。

（三）现场检查情况

无。

（四）返厂检查情况

在变压器故障性质基本定性后，从多方面考虑导致发热的原因，并且逐一排除。

1. 铁心多点接地引起的发热故障

正常运行中变压器铁心只允许一点接地，运行中变压器的铁心若两点或多点接地，则会在铁心与地间形成环流，进而造成硅钢片发热；铁心多点接地的反映方式就是铁心接地电流有较大增长。相关规程规定，运行中变压器铁心接地电流不大于 100mA。2010 年 3 月 18 日，对 2 号主变的铁心及夹件接地电流进行了测试，测试结果为：铁心接地电流为 33mA，夹件接地电流为 11mA。另外，在停电诊断试验中，测试铁心和夹件绝缘电阻，测得铁心对地绝缘电阻为 4000MΩ，夹件对地绝缘电阻为 4100MΩ。铁心和夹件试验数据见表 5－45，可以看出，该变压器铁心和夹件绝缘电阻和接地电流都合格，因此，可以排除变压器铁心或夹件多点接地的可能。

表 5－45　　　　　　　　　铁心和夹件试验数据

测试项目	绝缘电阻（MΩ）	接地电流（mA）
铁心	4000	33
夹件	4100	11
铁心对夹件	3800	—

2. 导线接头或分接开关接触不良引起的发热故障

变压器在长期运行过程中，由于振动、负荷与气候的变化、分接开关的调节导致导线接头松动或分接开关主动触头与主静触头接触不良、氧化、油膜、表面积炭等，导致触头接触面减小，都有可能引起发热。

现场直流电阻试验数据见表 5-46，可以看出，该变压直流电阻测试数据三相之间没有异常。另外，把这次直流电阻测试数据与交接试验数据比较后，也没有发现异常。

表 5-46　　　　　　　　　　　现场直流电阻试验数据

高压挡位	相别			误差（%）
	A	B	C	
1	549.1	548.5	551.1	0.47
2	540.1	540.5	542.4	0.54
3	531.9	531.1	534.0	0.55
4	522.6	522.0	524.8	0.55
5	514.5	513.4	516.4	0.58
6	505.1	504.2	507.3	0.62
7	497.6	496.4	499.4	0.66
8	487.4	486.6	490.3	0.75
9	476.2	474.9	476.6	0.35
10	487.6	487.3	489.5	0.45
11	496.9	496.4	498.9	0.45
12	505.2	505.0	507.1	0.43
13	513.3	513.0	515.2	0.43
14	522.6	522.4	524.5	0.42
15	531.0	530.8	532.8	0.38
16	540.2	540.2	542.2	0.38
17	548.6	548.4	550.5	0.40
中压绕组	Am	Bm	Cm	误差（%）
	107.5	107.6	107.6	0.17
低压绕组	a	b	c	误差（%）
	24.87	24.81	24.91	0.40
稳定绕组	ab	bc	ca	误差（%）
	10.61	10.55	10.61	0.57

另外，为了进一步排除由于导线接头松动和分接开关接触不良引起的发热，首先调整运行方式，把主变 110kV 侧负荷调开，然后再取油样分析。表 5-44 中 3 月 21 日和 3 月 22 日油色谱分析为负荷调开后的数据，总烃仍比较大，且呈增长趋势。另外，在随后停电诊断试验中发现，该变压器直流电阻测试结果

合格，三相最大不平衡率为 0.42%，远小于相关规程规定的 2%。结合调开 2 号主变 110kV 侧负荷后的油色谱分析数据和直流电阻测试数据，初步得出结论，该变压器发热部位应该不在导电回路上。如果发热部位与导电回路有关，则在调开 110kV 侧负荷后变压器的油色谱分析总烃应该不会继续增长，且直流电阻值也应该有所体现。

3. 变压器局部散热片油道阻塞及异物导致发热

正常变压器内部油循环把温度高的油热量传导至温度低的油，从而使油达到冷却效果。当变压器散热片油道阻塞时，油无法循环、热量无法传导也会导致变压器局部发热；但是由红外测温结果未发现油道有热点，因此基本上可以排除散热片油道阻塞导致的过热。

另外，变压器由于装配过程中导致的异物导致绕组匝间短路引起局部过热。现场还发现，该变压器箱体是全密封结构，箱罩与箱底是经过焊接连接的，不是用螺栓连接。若在焊接过程中有焊渣遗留在箱体内，变压器长期运行中有可能使焊渣停留在硅钢片内外框铁心上，导致铁心内外磁势不等而形成环流，也有可能造成局部过热。对变压器进行滤油，滤油后取油样做色谱分析，发现该变压器总烃还在增长。因此可以排除异物造成变压器局部发热的可能性。

4. 磁屏蔽绝缘不良或漏磁导致变压器局部发热

由于变压器装备工艺、运输条件及运行中长期承受振动的影响，使变压器中磁屏蔽固定位置绝缘不良、形成闭合回路，导致局部过热；或者磁屏蔽与变压器箱壳距离不均匀导致漏磁增大，引起磁屏蔽硅钢片饱和发热。根据厂家相同结构变压器的磁屏蔽安装方式可知，该变压器采用卡扣把每一块硅钢板固定在箱壳上形成屏蔽带，卡扣边缘与硅钢板边缘用绝缘纸板做绝缘层。竖直方向排列的为箱壳卡扣，它的作用就是固定作为磁屏蔽的硅钢板之用，而硅钢板就是卡在两排竖直排列的卡扣之间。

考虑到磁屏蔽漏磁或绝缘不良与磁屏蔽接地点形成环流有可能导致局部发热，对变压器进行了红外温度测试，结果显示该变压器没有明显热点，变压器上层油温为 45℃，变压器箱体温度为 44℃。由于基本可以排除导电回路故障和固体绝缘故障，所以就剩下磁回路故障的可能性。另外，变压器采用风冷加自然循环冷却方式，安装有磁屏蔽的箱体外部有风扇挡住发热部位的红外线；由于红外线不具备穿透能力，红外检测不能准确测出由于磁屏蔽导致的发热部位。基于以上分析，磁屏蔽故障导致局部发热的可能性还有待进一步的试验排查。

5. 铁心环流、漏磁导致局部过热

当变压器铁心硅钢片间由于切割产生的毛刺或者由于硅钢片制造工艺问题

使硅钢片间短路，所形成环流也可能导致发热。比如硅钢片由于切割时产生毛刺，使铁心侧面的两点间由于短路而导致局部发热；另外，硅钢片松动、片间间隙异常增大也有可能导致漏磁增大而发热。因此，铁心环流、漏磁导致局部发热还需通过长时空载试验来判断。

　　鉴于现场测试条件有限，无法进行过电流试验和长时空载试验，决定对变压器进行返厂解体检查试验，并制定了返厂解体检查前的试验方案。

　　过电流试验是检测导电回路故障的有效试验方法，长时空载试验是检测变压器磁路故障的有效试验方法；变压器进行了这两种试验后，如果变压器导电回路或者磁路上存在故障，反映最直接的就是变压器油中溶解气体分析数据。鉴于此故障的能量弱和隐蔽性的特点，根据试验方案，在做过电流试验和长时空载试验后，都进行油色谱分析，并由此判断故障的性质和查找故障部位。

　　（1）过电流试验。根据试验方案，首先需要进行 24h 的 1.1 倍额定电流测试，并取油样进行色谱分析，测试数据没有异常，由此也证实了该变压器发热没有涉及导电回路。

　　根据过电流试验结果，排除了导电回路故障后，把故障定位在磁回路上。

　　（2）过电流试验后长时空载试验。在进行过电流试验后，对该变压器进行长时空载试验以进一步找出故障部位。变压器本体各部位长时空载的油色谱检测数据见表 5-47。

表 5-47　　　　　返厂后第一次长时空载油色谱检测数据　　　　　（μL/L）

气体组分	长时空载试验前	4h			8h			12h		
		上部	中部	下部	上部	中部	下部	上部	中部	下部
H_2	0	0	0	0	0	0	0	2.34	3.20	1.13
CH_4	1.02	3.24	0.98	1.05	4.37	2.97	1.49	4.34	5.88	2.14
C_2H_4	0.66	2.70	0.79	0.87	5.47	3.94	1.43	5.36	7.53	2.36
C_2H_6	0.17	0.73	0.15	0.18	0.87	0.79	0.27	0.81	1.14	0.39
C_2H_2	0	0	0	0	0.14	0.06	0.05	0.13	0.22	0.05
总烃	1.85	6.67	1.91	2.10	10.85	7.76	3.24	10.64	14.77	4.94
CO	4.22	4.47	4.39	4.17	4.48	4.16	4.38	3.55	4.51	4.29
CO_2	227.34	168.30	186.9	212.7	195.7	232.1	201.6	205.6	258.8	185.4

　　从表 5-47 可现，在长时空载中，第 8h 的油色谱分析出现了乙炔，而在第 12h 的油色谱分析中还出现了氢气，表明该变压器在 1.1 倍额定电压作用下，过热达到了比较高的温度，且有一定的放电。

　　之前分析了磁屏蔽绝缘不良或磁屏蔽与箱体的距离不均匀，会导致漏磁增

大而使变压器局部过热。因此，对变压器进行了吊罩处理，把箱体上的磁屏蔽拆下来，在变压器不安装磁屏蔽的情况下进行长时空载试验，以便查找发热原因。表5-48为拆除磁屏蔽后长时空载的油色谱检测数据。

表5-48　　　　　　拆除磁屏蔽后长时空载油色谱检测数据　　　　　　（μL/L）

气体组分	长时空载试验前	4h	8h	12h	16h	20h	24h		28h	
		下部	下部	下部	下部	下部	下部	中部	下部	中部
H_2	0	0	0	0.95	2.00	4.15	6.67	6.03	6.33	5.77
CH_4	1.46	1.59	2.16	3.68	2.08	8.47	10.66	10.51	10.82	10.48
C_2H_4	1.19	1.69	2.30	4.96	5.01	11.94	15.05	15.23	15.53	15.07
C_2H_6	0.30	0.51	0.63	1.09	1.17	2.03	2.60	2.55	2.65	2.60
C_2H_2	0	0	0	0.13	0.08	0.46	0.51	0.55	0.56	0.55
总烃	2.95	3.79	5.10	9.86	10.34	22.90	28.82	28.85	29.56	28.7
CO	1.35	1.53	1.28	1.39	1.94	1.84	1.86	2.08	2.01	1.95
CO_2	164.9	212.8	234.6	188.7	132.2	127.7	123.1	151.50	128.8	145.9

从表5-48中可以发现，在第12h的长时空载后就出现了乙炔和氢气，乙炔的含量比较小。该数据与拆除磁屏蔽之前基本一样，同时也排除了变压器的发热部位与磁屏蔽有关。

（3）解体吊罩检查。在排除了磁屏蔽的问题导致变压器局部发热后，经过逐一分析与排查，把发热点定位在铁心上。由于铁心叠装工艺、制造工艺等原因，可使硅钢片间短路而形成环流导致变压器局部发热。为进一步分析故障原因，对该变压器进行解体吊罩，重点对铁心部分进行了检查，发现铁心侧面中部有多片硅钢片已经严重锈蚀，且铁心边柱的中部硅钢片间隙明显异常增大；其他部位未发现异常情况。推断由于硅钢片间隙增大导致漏磁，继而引起铁心局部发热。硅钢片锈蚀及间隙异常增大情况如图5-76所示。

图5-76　硅钢片锈蚀及间隙异常增大情况

鉴于上述情况，决定更换生锈的硅钢片，并且重新叠装铁心，以彻底解决变压器局部发热缺陷。

（4）更换铁心后的长时空载试验。在铁心重新叠装后，对变压器进行了 24h 长时空载试验和常规试验，长时空载油色谱检测数据见表 5-49。

表 5-49　　　　　　铁心重新叠装后的长时空载油色谱检测数据　　　　　　（µL/L）

气体组分	长时空载试验前	4h	8h	12h	16h	20h	24h
		下部	下部	下部	下部	下部	下部
H_2	0	0	0	0	0	0	0
CH_4	0.28	0.35	0.33	0.43	0.47	0.5	0.52
C_2H_4	0.07	0.08	0.10	0.22	0.29	0.34	0.38
C_2H_6	0	0.07	0.09	0.10	0.12	0.1	0.10
C_2H_2	0	0	0	0	0	0	0
总烃	0.35	0.50	0.52	0.75	0.88	0.94	1
CO	2.38	2.41	2.22	2.57	2.57	2.62	3.32
CO_2	103.5	141.4	193.3	173.3	170.1	147.1	105.9

从表 5-49 可知，变压器铁心重新叠装后，长时空载油色谱检测数据合格；另外，变压器的其他出厂试验数据与交接试验数据比较没有异常。至此，已经彻底解决了该变压器局部发热问题，同时也论证了变压器铁心硅钢片间隙异常增大、硅钢片锈蚀为该变压器局部发热的推断。

三、缺陷/故障原因分析

本案例的故障由于铁心侧面中部有多片硅钢片严重锈蚀，且铁心边柱的中部硅钢片间隙明显异常增大，推断由于硅钢片间隙增大导致漏磁，引起铁心局部发热。

四、后续处理情况

该变压器由油色谱分析试验发现设备缺陷，而后通过各项试验手段对缺陷可能的原因进行了逐一的排查，最终将缺陷成因定位在铁心上，并与实际检查结果相符，成功解决了该起色谱异常缺陷。运回现场投运后，该变压器运行状态良好。

五、小结及建议

（1）针对这起变压器局部发热实例，从多方面分析发热原因，逐一排查，确定了导致该变压器局部发热部位位于铁心上，最终通过铁心重新叠装成功解决了局部发热问题。

（2）由于目前电力系统的飞速发展，生产变压器及其附件的厂家越来越多。为了保证变压器的出厂质量，在变压器制造过程中，生产厂家务必严格把好各环节的质量关；监造人员要认真负责，对变压器的生产进行全过程监督；检修部门在变压器运行过程中则须认真把好检修巡视关，及时发现变压器的各种异常情况，确保变压器安全可靠运行。

【案例 5-22】220kV 变电站 1 号主变有载分接开关触头松动导致的中温过热故障

一、缺陷/故障基本信息

某 220kV 变电站 1 号主变型号为 SFSZ10-180000/220，2006 年 5 月出厂，2007 年投运。

缺陷情况简述：2010 年 6 月以前，1 号主变油色谱检测数据正常；2010 年 11 月，1 号主变因外部出口短路导致油中总烃异常增长，总烃达到 160.6μL/L（注意值为 150μL/L）。综合判断，总烃异常增长是由于变压器内部某处接触不良，在出口短路时，大电流造成的中温过热引起，暂不影响主变运行。

2013 年 12 月 17 日的例行监测中，总烃增至 290.4μL/L，较 2012 年 12 月检测结果（206.3μL/L），增长了 40.77%；随后缩短色谱监测周期，在 2013 年 12 月 30 日、2014 年 1 月 6 日测得总烃分别为 290.4μL/L 和 327.8μL/L，相对产气速率为 55.2%/月，远超《输变电设备状态检修试验规程》（Q/GDW 1168—2013）中相对产气速率不大于 10%/月（注意值）的要求。通过开展化学试验、电气试验以及动态调整主变运行挡位追踪色谱分析判断，将故障部位锁定在有载分接开关的分接选择器处。根据现场停电检修情况，发现故障部位与判断的部位一致。

二、检查及试验情况

（一）油色谱检测数据及特征分析

应用三比值分析方法，分析 2013 年 12 月 17 日和 2014 年 1 月 6 日化学试验数据。油中溶解气体离线检测数据见表 5-50。

表 5-50　　　　　　　　油中溶解气体离线检测数据　　　　　（μL/L）

试验日期	气体含量							
	H_2	CO	CO_2	CH_4	C_2H_4	C_2H_6	C_2H_2	总烃
2014.01.06	140.0	160.0	2862.0	144.8	134.5	48.4	0.1	327.8
2013.12.30	148.0	148.0	2645.0	131.0	116.6	42.7	0.1	290.4
2013.12.17	54.2	108.4	2606.2	105.5	106.7	42.6	0	254.8

通过三比值分析两次数据，得出的三比值编码一致（021），判断主变内部存在 300～700℃ 的中温过热，原因为分接开关接触不良或引线夹件螺钉松动或接头焊接不良，属于局部过热故障。

2013 年 12 月 30 日～2014 年 1 月 6 日，烃类气体月度增长速率将达到 55.2%，严重超过《输变电设备状态检修试验规程》（Q/GDW 1168—2013）中"相对产气速率≤10%/月（注意值）"的情况。根据《油浸式变压器（电抗器）状态评价导则》（Q/GDW 169—2008）和《油浸式变压器（电抗器）状态检修导则》（Q/GDW 170—2008），该主变应当开展 A 类检修，进行返厂吊罩检查。

（二）其他试验情况

2014 年 1 月 19 日，对 1 号主变停电进行诊断性试验，包括主变绕组直流电阻、绝缘电阻、介损、分接位置电压比及铁心夹件绝缘电阻试验，结果均在相关规程合格范围内。直流电阻数据对比如图 5-77 所示，对比 2010 年 1 号主变例行电气试验报告数据，发现直流电阻在以下两个方面存在差异。

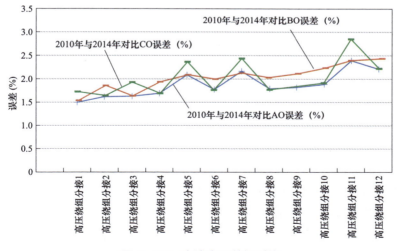

图 5-77　直流电阻数据对比

（1）2010 年直流电阻与 2014 年直流电阻误差存在差异。在高压绕组分接 1～9 挡时，AO、BO、CO 误差在 1%～2% 范围；但当高压绕组分接在 10～12 挡时，AO、BO、CO 误差在 1.8%～2.8% 范围，误差平均值为 2.29%，均大于 1～9 挡的误差平均值 1.8743%，并且 AO、BO、CO 在 10 挡以后，误差有上升趋势。

（2）直流电阻变化规律存在差异。UCGRN 650/600/I 型分接开关为箱内组合式正反调压分接开关，从"K＋"到"K－"共有 19 个挡位，9a/b/c 挡是中间挡，实际运行只有 17 个挡位。分接开关选择电路的原理如图 5－78 所示。

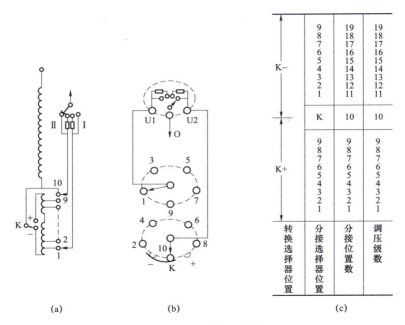

(a)　　　　　　　　(b)　　　　　　　　(c)

图 5－78　分接开关选择电路原理图

（a）调压电路；（b）选择电路；（c）位置表

特点：细调分接数 10；分接位置数 19；中间位置数 1；调压级数±9＝19。

从 1→n 挡运行时，1～9 挡分接选择器在"＋"位置，10～17 挡分接选择器在"－"位置；从 n→1 挡运行时，17～9 挡分接选择器在"－"位置，8～1 挡分接选择器在"＋"位置。但无论分接选择器是从 1→n 挡运行，还是从 n→1 挡运行，直流电阻的变化是有规律的：9a/b/c 挡属于有载分接开关运行的中间挡位，8 挡与 10 挡直流电阻对称，7 挡与 11 挡直流电阻对称，依次类推直至 1 挡与 17 挡直流电阻对称。

通过对 2010 年及 2014 年大修前两组直流电阻数据的对比分析，发现 2010 年高压绕组对称挡正极性直流电阻略大于负极性直流电阻，2014 年大修前高压绕组对称挡正极性直流电阻略小于负极性直流电阻；说明 2014 年和 2010 年相比，有载分接开关分接选择器动作前后直流电阻变化规律发生变化，初步判断分接选择器接触存在问题。为了能够更准确地确定故障部位，查找出引起总烃持续上升的原因，还需要通过色谱追踪进一步佐证。

（3）油色谱与分接开关动作关联性分析。2014 年 1 月 20 日，1 号主变恢复运行，通过有规律地调整有载分接开关分接选择器运行位置，进行油色谱检测，由检测数据分析分接选择器是否存在缺陷。挡位调节后油中溶解气体离线检测数据见表 5–51。

表 5–51　　　　　　　挡位调节后油中溶解气体离线检测数据　　　　　　（μL/L）

试验日期	气体含量								主变运行挡位
	H_2	CO	CO_2	CH_4	C_2H_4	C_2H_6	C_2H_2	总烃	
2014.01.20	164.5	148.3	2646.2	144.3	125.3	47.6	0	317.2	8
2014.01.21	168.4	151.3	2703.5	145.2	125.2	48.9	0	319.3	9
2014.01.22	167.5	150.8	2699.8	144.8	124.7	47.8	0	317.3	9
2014.01.23	169.2	152.1	2689.4	144.1	125.8	48.2	0	318.1	9→11
2014.01.30	182.3	162.8	2789.3	152.4	131.5	50.3	0	334.2	11
2014.02.08	211.2	158.0	2958.4	161.5	138.6	53.2	0	353.3	11→12
2014.02.14	231.6	175.9	3277.8	167.6	148.5	56.5	0	372.6	12→8
2014.02.21	212.2	153.0	3040.1	155.0	142.4	54.6	0	352.0	8→9
2014.02.28	211.1	156.4	2988.4	154.7	140.8	53.3	0	348.8	9→11
2014.03.07	216.5	163.7	3089.7	165.4	146.9	55.4	0	367.7	11→8
2014.03.14	210.5	155.7	2956.7	152.7	141.5	53.4	0	347.6	8

由表 5–51 可见，2014 年 1 月 20 日，1 号主变有载分接开关运行挡位在 8 挡，1 月 21～23 日主变运行挡位在 9 挡，分接选择器在"＋"位置，总烃基本保持不变；1 月 23 日，有载分接开关从 9 挡调至 11 挡，至 2 月 14 日，分接选择器在"－"位置，总烃持续上升，平均每周上升约 20μL/L；2 月 14 日有载分接开关从 12 挡调至 8 挡，分接选择器在"＋"位置，运行至 2 月 28 日，总烃基本保持不变；2 月 28 日有载分接开关调至 11 挡，分接选择器在"－"位置，运行至 3 月 7 日，总烃出现上升。

通过上述数据及分析可以得出，当分接选择器运行在"＋"位置时，总烃

保持不变；当分接选择器运行在"－"位置时，总烃持续增长并且有规律上升。根据初步判定与后期追踪结果，确定了故障部位在有载分接开关的分接选择器处。

（三）现场检查情况

2014 年 3 月 21 日，对 1 号主变进行内检，发现有载分接开关的分接选择器静触头上下均有发黑迹象，且触头有轻微松动。现场检查情况如图 5－79 所示。

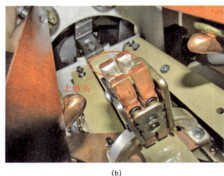

(a)　　　　　　　　　　　　　　(b)

图 5－79　现场检查情况

（a）下触头；（b）上触头

（四）返厂检查情况

无。

三、缺陷/故障原因分析

根据现场排油内检情况，总烃异常增长、直流电阻不平衡的原因是分接选择器静触头接触不良，引起局部发热造成。

四、后续处理情况

（1）为防止类似缺陷再次发生，利用大修机会对 1 号主变分接开关分接选择器的所有触头全部进行检查，并对螺钉全部进行紧固。

（2）设备大修结束后投入运行前，按照交接试验规程，进行了全面的电气试验和化学试验，试验结论合格。大修后的 1 号主变三相直流电阻与 2010 年的数据几乎一致，误差均低于 0.5%。

五、小结及建议

（1）本案例中采取油化试验与电气试验相结合的方法，从定性、定量两方面进行分析并判断故障部位，取得了良好的效果。

（2）对于怀疑分接开关分接选择器存在放电的情况，可采用调挡的方式考核其与特征气体的变化关系。

（3）可以根据直流电阻的历史变化情况，综合判断载流回路的接触异常缺陷。

第 3 节　低 温 过 热

【案例 5-23】高抗磁分路叠装不平整导致的低温过热故障

一、缺陷/故障基本信息

某高抗 2016 年 7 月出厂，2017 年 8 月 14 日投运。

缺陷情况简述：高抗 B 相运行后发现，油中甲烷和总烃缓慢增长，且一氧化碳和二氧化碳也同步上升，至 2019 年 8 月 10 日总烃已增长到 161.65μL/L（总烃注意值为 150μL/L），烃类主要成分为甲烷和乙烷。经返厂解体分析，确定缺陷原因为磁分路不平整造成的低温过热。

二、现场检查及试验情况

（一）油色谱检测数据及特征分析

高抗历次的油中溶解气体组分色谱检测数据和变化趋势见表 5-52 和图 5-80，油色谱在线监测数据的变化趋势和特征与油色谱离线检测数据一致。高抗 B 相自 2017 年 8 月 14 日投运后发现，油中甲烷和总烃缓慢增长，且一氧化碳和二氧化碳也同步上升，至 2020 年 6 月 20 日总烃已增长到 252.94μL/L，甲烷含量为 220.68μL/L，乙烷含量为 23.59μL/L，烃类主要成分为甲烷和乙烷，甲烷在总烃中的占比接近 90%，其他各特征气体含量较低，三比值编码为 020。2020 年 7 月 10 日和 2017 年 12 月 10 日之间的 CO_2 与 CO 增量的比值 $\Delta CO_2/\Delta CO = 8.8 > 7$，显示设备内部存在低温过热故障，且固体绝缘也可能存在老化现象。

表 5-52　　　　　　　高抗 B 相离线检测油中溶解气体组分含量　　　　　（μL/L）

试验日期	气体含量							
	H_2	CO	CO_2	CH_4	C_2H_4	C_2H_6	C_2H_2	总烃
2017.12.10	10.12	98.37	335.18	15.88	0	0	0	15.88
2018.02.10	9.93	70.22	205.22	18.75	0.88	2.57	0	22.20
2018.03.10	13.69	100.72	360.03	36.73	2.00	2.36	0	41.09
2018.05.10	16.60	164.03	581.53	62.52	2.32	6.14	0.25	71.23
2018.10.10	19.60	174.40	863.50	95.00	3.1	8.10	0.30	106.50
2019.03.10	28.19	181.06	793.87	121.78	3.83	9.77	0.41	135.79
2019.08.10	21.47	150.01	1007.47	149.08	3.50	8.72	0.35	161.65
2020.02.10	76.19	274.78	1304.27	211.77	6.54	14.44	0.38	233.13
2020.07.10	50.79	237.98	1565.87	220.68	8.15	23.59	0.52	252.94

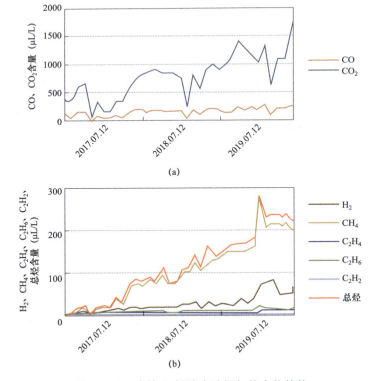

图 5-80　高抗 B 相油中溶解气体变化趋势

（a）CO 和 CO_2 变化趋势；（b）其他气体变化趋势

（二）其他试验情况

2020 年 6 月 25 日，对高抗 B 相进行超声波局放测试和高频局放测试，各项试验数据均正常。2020 年 7 月 22 日对高抗 B 相进行绝缘电阻、介损电容量、直流电阻试验及直流泄漏电流试验，各项试验数据均正常。

（三）现场检查情况

2020 年 7 月 23～24 日，在现场进行高抗进箱检查，具体检查情况如下。

（1）对铁心进行检查，发现 X 柱和 A 柱上铁轭支撑压板下部绝缘板有发黑痕迹（见图 5-81）。打开支撑压板处紧固件，对绝缘板发黑部位进行进一步检查，发现 X 柱上铁轭与绝缘板对应位置有约 5cm×3cm 大小黑色痕迹）。

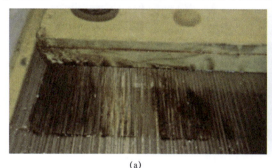 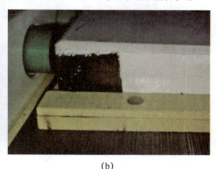

（a） 　　　　　　　　　　　　　　　　　（b）

图 5-81　上铁轭支撑压板下部绝缘板发黑痕迹

（a）A 柱上铁轭支撑压板；（b）X 柱上铁轭支撑压板

（2）对铁心接地系统进行检查，发现上、下夹件接地线处有发黑痕迹（见图 5-82）。拆除该处接地线，发现夹件接地螺纹座表面有轻微发黑痕迹，接地线表面未发现明显异常。

（a） 　　　　　　　　　　　　　　　　　（b）

图 5-82　上、下夹件接地线处有发黑痕迹

（a）上夹件接地线处；（b）下夹件接地线处

（二）返厂检查情况

2020 年 10 月 15 日，高抗返厂对器身进行拆解检查，吊出上铁轭，检查上磁分路，发现其靠近上铁轭侧表面有三处过热发黑痕迹，磁分路局部叠装不够平整。上磁分路检查情况如图 5-83 所示。

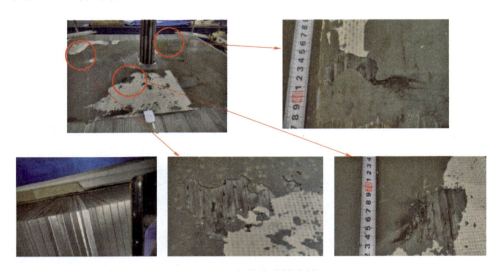

图 5-83　上磁分路检查情况

吊出上磁分路，发现与上磁分路下表面接触的绝缘纸板有发黑痕迹，绝缘纸板背面及下层绝缘板均未发现异常。上磁分路绝缘纸板及下层绝缘板检查情况如图 5-84 所示。

10 月 22 日，对该高抗进行进一步检查，发现磁分路发热部位上下对应。对发热部分进行平整度测量，发现磁分路平整度较差，发热部分有 2～3mm 不平整度。磁分路平整度检查情况如图 5-85 所示。

针对该高抗磁分路磁场密度进行了仿真计算，结果显示磁分路中最大磁密满足设计要求，不会出现局部过热现象；出现局部过热可能是由于磁分路不平整造成横向磁通的增加。

三、缺陷/故障原因分析

根据油色谱检测数据及现场解体情况分析，除磁分路表面及对应绝缘纸板局部发黑外，绕组及主绝缘检查均未发现异常。因此，造成高抗现场运行中甲烷、总烃、一氧化碳和二氧化碳缓慢增长的原因为低温过热（温度低于 300℃），且涉及固体绝缘。油中出现少量乙炔可能是上、下夹件接地线处接触不良引发的局部低能放电产生。

(a)　　　　　　　　　　　　　　　　　　(b)

(c)

图 5-84　上磁分路绝缘纸板及下层绝缘板检查情况

（a）A 柱上磁分路绝缘纸板发黑痕迹；（b）X 柱上磁分路绝缘纸板发黑痕迹；（c）下层绝缘板无异常

(a)　　　　　　　　　　　　　　　　　　(b)

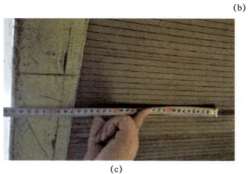

(c)

图 5-85　现场磁分路平整度检查情况

（a）现场测量 1；（b）现场测量 2；（c）现场测量 3

四、后续处理情况

造成低温过热的原因为磁分路制造安装过程中，由于工艺控制不到位造成磁分路表面不平整、表面存在毛刺，且磁分路表面没有油道、散热不畅，引起磁分路局部过热。根据高抗返厂解体检查情况和专家意见，确定了修复方案并进行了修复；同时，进一步完善了出厂试验质量验证方式，增加了铁心、夹件的介损测量，温升试验按 72h 进行考核，温升试验后记录磁分路温度（预埋热电偶）。

五、小结及建议

（1）对设备缺陷性质进行定性时，宜综合气体比值以及一氧化碳和二氧化碳组分增长情况进行分析诊断。

（2）如果油中一氧化碳和二氧化碳也存在明显同步增长情况，则故障点可能涉及固体绝缘，可为内检和吊心检查提供指导，这在本案例中得到了印证。

第6章　热电复合型故障案例分析

本章选取因各类问题引发的变压器（电抗器）热电复合型故障案例 9 例，根据故障原因分为多源热电复合型故障和同源热电复合型故障两大类。多源热电复合型故障指设备内部存在的故障部位及故障类型不止一种且导致故障的原因也不是唯一的；同源热电复合型故障指设备内部存在的故障类型不止一种但故障部位是唯一的。本章共 2 节，第 1 节选取多源热电复合型故障案例 6 例，第 2 节选取同源热电复合型故障案例 3 例。

大量事例表明，变压器运行过程中出现的内部缺陷或故障通常都不是单一性质的，往往是一种故障类型伴随着另一种故障类型，或几种故障类型同时出现并且故障发生的部位也可能不是唯一的，因此需要认真分析、具体对待。用三比值法判断热电复合型故障时，通常仅能判断出复合型故障中某一种显现故障，但在对设备进行解体检查时还应注意发现设备可能存在的、发生在同部位的其他类型故障。在过热故障发生的同时，可能伴随着放电故障；随着过热故障程度的加剧，可能发展成为放电性故障，从而加速设备的损坏。针对此类故障，应注意判断故障性质转化的趋势，特别是由过热性故障向放电性故障转换的故障类型应引起特别关注，在无法进行停电处理的条件下应事先制订详细的、有针对性的故障跟踪预案及措施，以防止设备后期故障的加速发展。热电复合型故障产生的部位十分广泛，本章中的相关案例主要集中于磁路部分。

统计分析显示，当导磁回路发生过热性故障时，通常乙炔含量小于总烃含量的 10%，氢气含量通常小于氢气和总烃含量的 30%，甲烷及乙烯含量较高，乙烯约占总烃含量的 40%～80%。若固体绝缘材料局部劣化，油中一氧化碳和二氧化碳变化可能不明显。过热故障中出现的乙炔可反映设备中存在的间歇性放电故障。

本章列举的导磁回路故障主要涉及铁心多点接地故障、铁心局部短路故障、磁屏蔽故障等。

1. 铁心多点接地故障

为了消除铁心悬浮电位对地放电，变压器正常运行时铁心必须一点接地。

若铁心存在多点接地时，在不同接地点间由于铁心间的不均匀电位会形成环流，造成铁心局部过热。严重的铁心局部过热会破坏硅钢片片间绝缘，进而导致铁心片间短路，产生涡流发热烧熔局部铁心。

造成铁心多点接地的常见原因有：① 安装工艺不良，如硅钢片尖角翘凸接触夹件支板或接地连接片过长碰触硅钢片（【案例 6-2】、案例【6-3】）；② 铁心对地绝缘不良，如铁心与夹件间绝缘不良、铁心与油箱间绝缘不良等。

发生铁心多点接地故障时，铁心接地电流一般会明显增大（其值取决于故障点与正常接地点的相对位置，即短路磁势的大小），可通过在线监测铁心接地电流以辅助判断故障情况。通常 750kV 及以下交直流输变电设备，铁心接地电流不应大于 100mA，测量时应注意油箱漏磁对检测结果的影响。

对于由异物、油泥、纤维及其他具有导电性质的悬浮物在电磁场作用下，在铁心下部绝缘纸板上形成导电"小桥"从而造成的铁心多点接地通道故障，可用冲击放电法消除。冲击放电法可消除有一定阻值的非永久性铁心多点接地故障。

2. 铁心局部短路故障

造成铁心局部短路的常见原因有：① 油箱中落入异物，如铁心碎片、金属异物等造成片间短路（【案例 6-8】）；② 变压器油泥污垢堵塞油道形成短路等。

3. 磁屏蔽故障

为了减小绕组漏磁通与引线漏磁通在变压器磁性结构钢板中产生的涡流损耗以及避免其发生局部过热，大型变压器通过在油箱及铁心结构件的特定部位设置磁分路，使漏磁通尽可能通过导磁性能较高的屏蔽装置，为漏磁通建立一个低损耗的回路，而不穿入油箱壁的钢板，从而避免在箱壁中产生大的结构损耗甚至产生局部过热（【案例 6-4】、【案例 6-7】）。磁屏蔽材料通常有高导磁材料（硅钢板）或高导电材料（铜板或铝板），用高导磁材料屏蔽通常称为磁屏蔽，用高导电材料屏蔽称为电磁屏蔽。磁屏蔽需有效接地，若接地不良可能因电位悬浮而引起局放。

4. 其他故障

在【案例 6-5】和【案例 6-6】中，故障涉及绝缘垫块杂质放电、硅钢片局部涡流过热及螺栓松动引发的复合性故障。磁回路故障虽不是设备主要故障原因，但由此产生的乙烯和乙炔气体对正常判断故障原因造成影响。

在【案例 6-9】中，由于厂家工艺控制不到位，导致未涂漆金属螺栓产生悬浮放电，且漏磁通在螺栓与夹件间闭合回路中产生涡流，导致拉带过热老化。

通常变压器在过电压影响下，由于短路电动力的影响可能会使变压器绕组发生变形、引线移位、压紧破坏等，从而改变原有的电气绝缘距离，造成放电或过热，加速绝缘老化或受到损伤部位形成放电、拉弧及短路故障（【案例 6-1】）。当设备受到外部冲击后，应及时取油样开展油色谱分析以判断设备内部运行状况，并开展绕组变形、低电压短路阻抗、直流电阻、电容量等电气试验项目以进一步判断设备内部受损情况。

当发现设备内部存在潜伏性故障时，应视故障类型（如放电故障、过热故障或复合性故障）并结合故障特征气体增长速率综合确定离线油色谱的检测周期，或缩短油色谱在线监测装置检测周期来对设备进行连续监测，以对设备内部故障发展趋势与严重程度进行研判。当通过油色谱检测数据已判断设备内部存在故障隐患时，应结合本书第 3 章推荐的项目开展相关电气试验，以对故障类型、故障部位以及故障危害程度进行进一步分析与判断。

第 1 节　多源热电复合型故障

【案例 6-1】 220kV 变电站 1 号主变压钉损坏导致压板多点接地环流发热与等电位连接片电弧放电导致的高温过热兼放电故障

一、缺陷/故障基本信息

某 220kV 变电站 1 号主变型号为 SFPSZ7-120000/220，1987 年 9 月出厂。

缺陷情况简述：2020 年 8 月 7 日，在对 220kV 变电站进行全站油气例行试验中发现，1 号主变油中乙炔含量达到 61.7μL/L、氢气 702.2μL/L、总烃含量达到 1694.5μL/L，远超《变压器油中溶解气体分析和判断导则》（DL/T 722—2014）规定的注意值。8 月 8 日晚～8 月 9 日，对 1 号主变开展主变局放等诊断性试验，均未发现明显异常，局放试验前后，油中溶解气体无明显变化。表明缺陷可能位于铁心、夹件等现场试验无法诊断的位置。8 月 9 日晚，专家组现场讨论后决定继续排油进人检查，8 月 10 日检查发现 B 相绕组存在压钉松脱、等电位连接线烧断、线圈错位等多处异常，油色谱三比值编码为 002。

二、检查及试验情况

（一）油色谱检测数据及特征分析

对 2020 年 8 月 7 日油中溶解气体数据进行分析，主变油中含有较高含量的过热性故障特征气体，氢气含量小于氢气和总烃含量的 30%，乙烯约占总烃的 70%，乙炔占总烃的 3.6%，三比值编码为 002，怀疑设备内部存在高温过热兼放电故障。主变油中溶解气体离线检测数据见表 6-1，主变跳变前后油色谱离线检测数据如图 6-1 和图 6-2 所示。

表 6-1　　　　　　　　　主变油中溶解气体离线检测数据　　　　　　　　（μL/L）

试验日期	气体含量							
	H_2	CO	CO_2	CH_4	C_2H_4	C_2H_6	C_2H_2	总烃
2020.03.04	10.1	110.3	1464.7	2.9	25.6	0.5	0	29.0
2020.06.05	13.4	135.4	1431.5	3.9	25.4	0.8	0	30.1
2020.08.07	702.2	150.9	2094.5	282.2	1179.3	171.4	61.7	1694.6
2020.08.08	686.9	124.4	2126.3	282.2	1115.9	158.9	57.7	1614.7

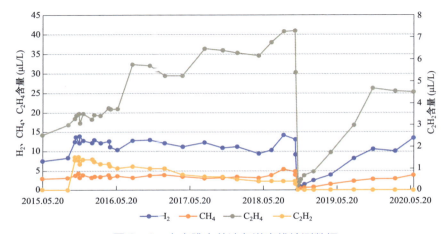

图 6-1　主变跳变前油色谱离线检测数据

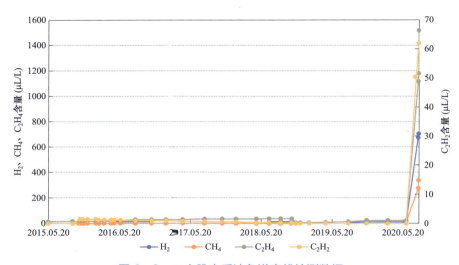

图 6-2　三变跳变后油色谱离线检测数据

（二）其他试验情况

2020年8月8日晚～8月9日，对1号主变进行了铁心绝缘电阻、本体绝缘电阻、本体介损及电容量试验、直流电阻、变比、低电压短路阻抗、停电局放、套管介损及电容量试验，均未发现明显异常。对1号主变开展局放试验，加压至 $1.3U_m/\sqrt{3}$，未见明显局放。

（三）现场检查情况

无。

（四）返厂检查情况

对1号主变进人检查，重点检查高压引线、调压开关引线触头、铁心、围屏、上下夹件，绕组压钉压板等位置，检查结果如下。

（1）B相绕组靠低压侧多处压钉松动，压钉碗损坏，压钉碗内金属垫块掉落在压板上，中低压绕组压板间与高压绕组压板之间等电位连接片断裂。

（2）B相绕组靠高压侧压钉松动，压钉碗开裂。

（3）B相中低压绕组线圈与高压绕组线圈之间存在较严重错位。

（4）A、C相绕组部分压钉松动。

（5）分接开关分接选择器部分引线包绕绝缘脱落，绕组围屏部分绝缘黏接处松脱，内部整体绝缘老化严重。

（6）因受现场条件限制，不排除存在其他未能发现隐患的可能性。

进人检查情况如图6-3所示。

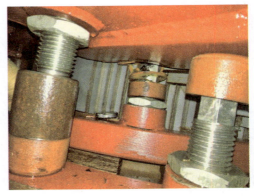

（a）　　　　　　　　　　　　　　　　（b）

图6-3　进人检查情况

（a）等电位连接片断裂；（b）压钉碗开裂

检查结果表明：1 号主变内部存在电弧放电兼高温过热故障。油中主要特征气体甲烷主要由高温过热产生，乙烯部分由高温过热产生、大部分由电弧放电产生，乙炔主要由电弧放电产生，进人检查结果与油色谱特征气体含量分析结果相互佐证。

三、缺陷/故障原因分析

根据诊断性试验及进人检查情况，于 8 月 10 日上午组织运维单位、相关专家及设备厂家开展现场讨论，初步分析故障原因如下。

（1）B 相中低压绕组顶部压钉绝缘压碗因振动及老化产生破裂，压钉直接与夹件接触，在压钉、夹件、中低压绕组压板、等电位连接片、高压绕组压板之间形成回路，运行中产生环流；环流导致压钉与夹件连接处、等电位连接片与高压绕组压板连接处严重过热，导致绝缘油过热分解产生甲烷、乙烯等特征气体，是故障的主要原因。

（2）B 相绕组在异常工况短路电动力作用下，中低压绕组线圈与高压绕组线圈之间出现较严重错位，造成等电位连接片绷紧，承受较大应力；随着缺陷的不断发展，等电位连接片与高压绕组压板连接处在过热与应力的共同作用下最终断裂，断裂过程中产生瞬间的电弧放电，导致绝缘油分解产生放电性故障气体乙炔。

（3）由于该缺陷位于夹件、顶部压板等地电位处，试验手段无法发现，因此诊断性试验未见异常。

四、后续处理情况

采用备用变压器更换，彻底消除 1 号主变运行隐患。

五、小结及建议

（1）油中溶解气体分析能够发现一些无法通过常规电气试验发现或验证的设备内部故障隐患。

（2）当三比值判断为过热性故障时，对电压等级为 220kV 及以下设备，油中乙炔含量超过 4μL/L 时，应考虑设备内部同时存在放电故障的可能性。当怀疑设备内部同时存在放电故障可能时，可利用超声或高频局放对故障位置及放电信号大小进行检测，更有利于对故障位置的判断。

（3）如果发生外部短路故障，怀疑设备受短路冲击时，应及时取油样开展油色谱分析对设备实际运行状态进行判断。

【案例 6-2】 220kV 变电站 2 号主变本体装配不良、铁心螺栓 松动及硅钢片卷曲导致的高温过热兼放电故障

一、缺陷/故障基本信息

某 220kV 变电站 2 号主变型号为 OSS9-150000/220，额定容量为 150000/150000/75000kVA，额定电压为（220±3/1×2.5%）/117/37kV，采用无励磁调压，接线组别为 YNa0yn0d11（自耦变），2000 年 10 月 1 日出厂，2006 年返厂技术改造，2007 年 4 月 5 日投运。

缺陷情况简述：2016 年 6 月 4 日，2 号主变油色谱检测发现油中乙炔和总烃含量异常，分别为 6.11μL/L 和 329.12μL/L，超过相关规程规定的注意值；6 月 5 日复检，乙炔增长至 9.11μL/L（下部），随即紧急拉停 2 号主变，并于 6 月 5~6 日开展停电诊断性试验和内检。停电试验并未发现变压器绝缘有明显异常，内检发现铁心夹件和上压板有疑似放电产生的炭迹，油色谱三比值编码为 022。

二、检查及试验情况

（一）油色谱检测数据及特征分析

该变压器为 220kV 变压器，缺陷的外部表征主要体现为油色谱异常。根据要求，220kV 主变油色谱离线检测周期为 6 个月。该变压器油中溶解气体离线检测数据见表 6-2 和图 6-4。

表 6-2　　　　　　　　油中溶解气体离线检测数据　　　　　　　（μL/L）

试验日期	气体含量							
	H_2	CO	CO_2	CH_4	C_2H_4	C_2H_6	C_2H_2	总烃
2015.11.21	7.05	520.15	2784.01	12.39	2.49	1.58	0	16.46
2016.02.26	4.74	636.81	1944.61	21.16	11.80	2.81	0	35.77
2016.06.04	76.50	360.41	1944.85	119.82	180.16	23.03	6.11	329.12
2016.06.05（中部）	109.99	554.59	1742.20	140.89	200.86	25.84	8.47	376.06
2016.06.05（下部）	104.88	608.08	2111.54	156.52	208.75	27.89	9.11	402.27

2016 年 2 月以前的油色谱检测数据正常，乙炔含量保持为 0，总烃也处于较低水平。此后至 2016 年 5 月 4 日之间乙炔和总烃快速增长，且 6 月 5 日含量较 6 月 4 日有明显增长，乙炔含量已超过相关规程规定的注意值，总烃的含量及增长率也已超过相关规程规定的注意值。主变油中含有较高含量的过热性故障特征气体，氢气含量小于氢气和总烃含量的 25%，乙烯约占总烃的 50%，乙炔占总烃的 2.3%，三比值编码为 022，初步判断故障类型属于高温过热（高于 700℃）。

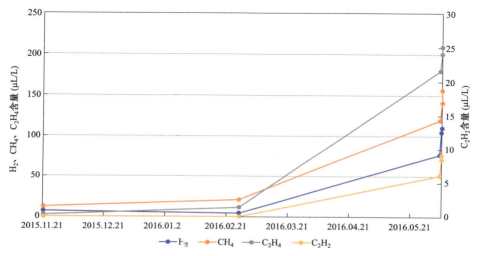

图 6-4　三变油中溶解气体离线检测数据

（二）其他试验情况

设备停运后，于 6 月 5 日开展了绝缘电阻、本体介损和电容量、直流泄漏电流、直流电阻、套管介损和电容量、短路阻抗等常规停电试验，未见异常。6 月 6 日开展局放试验，发现绝缘良好，无明显局放信号。

（三）现场检查情况

停电诊断性试验后，对该变压器进行放油并于 6 月 6 日晚在厂家配合下开展变压器现场内检。内检发现，主变压器内部有几处疑似因放电导致的炭迹：上铁心夹件有沉积炭，如图 6-5 所示；铁心上夹件螺栓附近有炭迹，如图 6-6 所示；上压板引线穿孔处存在炭迹，如图 6-7 所示。

（四）返厂检查情况

2 号主变返厂解体，6 月 15 日，主变器身脱油处理后，检查 A 相低压侧上梁与腹板连接处发现疑似发黑痕迹，如图 6-8 所示。

图 6-5　上铁心夹件处沉积炭

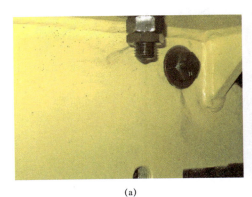 

(a)　　　　　　　　　　　　　　　　(b)

图 6-6　铁心上夹件螺栓附近炭迹

（a）侧面图；（b）正面图

图 6-7　上压板引线穿孔处炭迹　　　图 6-8　低压侧上梁与腹板
　　　　　　　　　　　　　　　　　　　　连接处疑似发黑痕迹

解体过程中发现：① A 相低压侧上梁及腹板接触处有发热痕迹，上梁垫块角部有受热炭化现象，如图 6-9 所示；② A 相高压侧上部铁心柱最小一级最后一片硅钢片有卷曲，尖角部位有放电痕迹，对应夹件腹板位置有放电点，如图 6-10 所示。

(a)　　　　　　　　　　　　　　　(b)

图 6-9　A 相低压侧检查情况

（a）上梁及腹板接触处发热痕迹；（b）上梁垫块角部炭化

(a)　　　　　　　　　　　　　　　(b)

图 6-10　A 相高压侧检查情况

（a）上部铁心柱硅钢片卷曲及尖角放电点痕迹；（b）硅钢片尖角对应夹件腹板位置放电点

三、缺陷/故障原因分析

（1）A 相低压侧铁心上梁焊线与上梁绝缘垫块在装配时挤压接触，由于变压器铁心振动造成上梁绝缘垫块移位或挤压变形，使 A 相低压侧铁心上梁螺栓松动，引发上梁与夹件腹板接触不良，导致 A 相低压侧上梁及夹件腹板连接处局部发生涡流过热，使上梁绝缘垫块发生受热炭化。

（2）A 相铁心柱最小级最外侧一片硅钢片三角部发生局部卷曲，导致对夹件腹板放电。

四、后续处理情况

6 月 7 日，用另一台备用主变更换。6 月 14 日 17 时完成设备更换并重新投运。

与该 2 号主变同期、同型号的另一台主变于 2012 年由于总烃过高退出运行作为备用相，二者均于 2006 年返厂升级改造。

与该 2 号主变同期、同型号的另一台主变停运前油中溶解气体离线检测数据见表 6-3 和图 6-11。

表 6-3　　　　　　　　　油中溶解气体离线检测数据　　　　　　　　　（μL/L）

试验日期	气体含量							
	H_2	CO	CO_2	CH_4	C_2H_4	C_2H_6	C_2H_2	总烃
2010.07.19	17.41	159.33	547.79	45.63	57.54	13.93	1.14	118.24
2010.09.15	16.51	191.11	1019.51	40.77	56.72	14.76	1.15	113.40
2011.02.23	24.80	209.94	857.46	69.53	81.34	20.05	1.13	172.05
2011.05.26	20.03	204.70	875.33	65.81	89.42	20.24	1.35	176.82
2011.06.28	17.77	197.80	1020.00	63.63	90.37	21.16	1.35	176.51
2011.07.21	17.47	217.74	1086.85	72.34	93.52	20.72	1.33	187.91
2011.08.29	11.42	215.92	1229.43	68.43	96.17	22.74	1.27	188.61
2011.10.13	9.99	210.24	1131.66	68.97	97.77	22.72	1.17	190.63
2011.12.15	30.73	187.79	886.72	64.08	96.24	19.43	0.95	180.70
2012.02.13	13.22	207.39	953.54	66.82	89.73	20.82	0.94	178.31

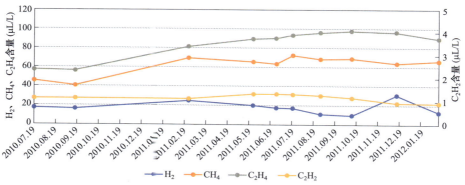

图6-11　主变油中溶解气体离线检测数据

可以看出，油中总烃超过相关规程注意值且出现少量乙炔。三比值编码为022，故障类型属于高温过热（高于700℃）。三比值编码和故障类型与本故障案例中的2号主变完全相同。

该设备于2016年5月返厂解体。解体检查发现：① 铁心上梁螺栓存在松动现象，A、C相上梁与铁心腹板之间有过热和放电现象；② 三相上压板及外围屏均存在不同程度污染；③ 高压、中压、低压、稳压绕组的撑条垫块未见明显松动和移位，绕组绝缘未见异常；④ 高压绕组屏蔽线局部绕制不紧实。

五、小结及建议

（1）加装油色谱在线监测装置，能够在离线油色谱检测周期内更加快速地发现设备内部的异常运行状况。

（2）设备制造厂家应严把安装质量关，严格遵守生产制造工艺技术和控制标准，对重要组部件装配过程中的各个环节认真检查，防止不合格产品投入运行。

（3）对存在制造工艺缺陷的设备，应注意其同批次产品是否存在共性问题。

【案例6-3】110kV变电站1号主变因铁心硅钢片工艺不良造成片间短路和多点接地故障

一、缺陷/故障基本信息

某110kV变电站1号主变型号为SFSZ9-50000/110，2006年8月出厂，2007年4月27日投运。

缺陷情况简述：2010年1月20日16时18分，1号主变发本体轻瓦斯信号，值班员现场检查未发现本体气体继电器内有气体；20时39分，本体轻瓦斯信号自行复归；23 时 13 分，1 号主变转备用。此次故障前，该主变曾经受过 3 次近区短路冲击：

（1）2009 年 2 月 24 日，965 开关柜爆炸，故障电流 13.2kA，持续时间 1s；事故原因为柜内电缆头故障引起，检查发现该电缆主绝缘材质存在问题，后将该电缆更换。

（2）2010 年 1 月 10 日，969 开关柜爆炸，故障电流 13.2kA，持续时间 1s；事故原因为开关柜内 9696 出线隔离开关 B 相静触头接触不良引起。

（3）2010 年 10 月 28 日，965 线路电缆分支箱进线电缆头爆炸；事故原因为电缆头施工工艺存在问题。

二、检查及试验情况

（一）油色谱检测数据及特征分析

1 号主变发轻瓦斯信号后立即组织进行绝缘油色谱试验，试验结果不合格；之后再次取样分析，同时将样品送省电力科学研究院进行结果比对。油中溶解气体离线检测数据见表 6–4 和图 6–12。

表 6–4　　　　　　　　　　油中溶解气体离线检测数据　　　　　　　　（μL/L）

试验日期	气体含量							
	H_2	CO	CO_2	CH_4	C_2H_4	C_2H_6	C_2H_2	总烃
2010.11.20	298.00	114.00	476.00	262.27	696.11	41.33	56.59	1056.30
2010.11.22	271.00	120.00	585.00	246.55	674.25	48.94	51.05	1020.79
2010.11.22	231.00	104.00	560.00	303.19	708.08	49.72	37.86	1098.85

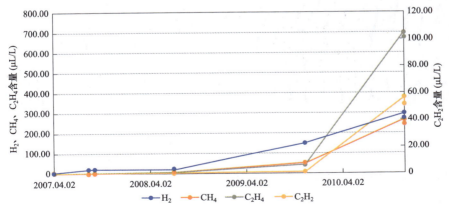

图 6–12　主变油中溶解气体离线检测数据

主变油中含有较高含量的过热性故障特征气体，氢气含量小于氢气和总烃含量的 25%，乙烯约占总烃的 65%，乙炔占总烃含量不超过 5%。三次检测数据的三比值编码分别为 002、002、022，判断故障类型为高温过热（高于 700℃）；按照特征气体法判断，还同时存在放电缺陷。

（二）其他试验情况

1 号主变进行高压绝缘诊断试验和绕组变形试验，试验结果如下。

（1）1 号主变铁心对地绝缘电阻值为 2.2Ω。用 2500V 绝缘电阻表对 1 号主变铁心进行冲击放电约 30s 后，铁心绝缘恢复至 550MΩ。

（2）高压侧套管介损垿超标（套管绝缘油色谱、微水测试合格），其余试验项目均合格。

（三）现场检查情况

12 月 3 日，对 1 号主变进行吊罩检查，现场检查发现 1 号主变存在以下缺陷。

（1）储油柜内壁油漆大量被刮落并进入油箱。

（2）主变上铁心旁轭端部靠近有载分接开关侧硅钢片绝缘受损，约 20 片铁心硅钢片在此处已经烧融连成一体（见图 6-13）；主变铁心接地片过长（见图 6-14），接地片垂下来搭接到其他铁心片上构成短路，并且有轻微烧损痕迹。

图 6-13　硅钢片烧融 　　　　图 6-14　主变铁心接地片过长

（3）主变铁心工艺较差，有挠曲片、波浪片、铁心边缘硅钢片空隙不均匀等情况出现，如图 6-15 和图 6-16 所示。

（四）返厂检查情况

无。

<table>
<tr><td>图 6-15　硅钢片挠曲片、波浪片</td><td>图 6-16　硅钢片空隙不均匀</td></tr>
</table>

三、缺陷/故障原因分析

（1）根据 1 号主变历年油色谱检测数据和吊罩检查情况分析，该主变铁心存在片间局部短路。起初发热量较小，总烃和氢气含量增长不明显，无乙炔；由于铁心片间短路面积在长期发热中逐渐增大，使得铁心短路处温度逐渐升高，再加上铁心出现多点接地情况，以至于在主变运行两年后氢气、乙炔和总烃开始大量增加；油中溶解气体饱和后，气体积聚到本体气体继电器中触发了轻瓦斯信号。

（2）主变铁心工艺极差是造成此次缺陷的直接原因。

四、后续处理情况

（1）对铁心接地片露出部分包扎绝缘材料（见图 6-17）；对主变铁心烧损处硅钢片用工具进行分离，并用绝缘纸板进行绝缘（见图 6-18）。

图 6-17　对铁心接地片露出部分　　　图 6-18　用绝缘纸板进行绝缘处理
　　　　　包扎绝缘材料

（2）清洗储油柜，待新储油柜到货后进行更换。

（3）恢复投运后，加强绝缘油色谱跟踪监测。

五、小结及建议

（1）变压器遭受近区短路冲击后，应及时取油样开展油色谱分析，以及时了解变压器内部绝缘状况。

（2）变压器轻瓦斯报警，应及时检查气体继电器内是否有气体，并及时提取瓦斯气、瓦斯油及变压器本体油样开展油色谱分析以判断变压器内部运行状态。

（3）当检测到铁心或夹件绝缘电阻有明显下降时，使用冲击放电法可消除有一定阻值的非金属回路铁心短接故障。

【案例 6-4】220kV 变电站 2 号主变夹件和磁屏蔽对地绝缘不良导致的高温过热兼放电故障

一、缺陷/故障基本信息

某 220kV 变电站 2 号主变容量为 180MVA，2001 年 6 月 25 日投运。

缺陷情况简述：查阅 2 号主变负荷自 2017 年 9 月以后的变化情况，未发现存在过载或明显突变负荷冲击的工况；9 月最大负荷为 9 月 6 日 $P=134.4$MW、$Q=29.8$MVar，10 月最大负荷为 10 月 10 日 $P=112.3$MW、$Q=22.1$MVar；10 月 13 日经调度控制负荷，2 号主变负荷基本维持在 70MW 及以下水平。2017 年 10 月 11 日，2 号主变油色谱检测发现乙炔突变到 4.5μL/L，总烃突变到 417.4μL/L（超过注意值），判断变压器内部存在高温过热（放电）缺陷。通过变压器解体检查发现存在两处缺陷，变压器夹件对地绝缘不良导致运行中发生局放缺陷，而磁屏蔽对地绝缘下降导致运行中产生过热缺陷。解体检查结果解释了设备运行时总烃缓慢上升和乙炔异常升高现象。

二、检查及试验情况

（一）油色谱检测数据及特征分析

2 号主变油色谱检测自 2013 年 9 月 25 日总烃超过 100μL/L 后（注意值为 150μL/L），采取跟踪检测分析，至 2017 年 9 月 22 日，总烃缓慢升至 195.2μL/L；这期间，氢气含量一直小于 20μL/L，乙炔含量维持在 0.1μL/L 且基本没有变化，通过三比值法判断该变压器存在中温过热缺陷。2017 年 10 月 11 日，2 号主变油色谱检测发现乙炔突变到 4.5μL/L，总烃突变到 417.4μL/L（超过注意值）；从 10 月 11 日开始每天进行油色谱检测，检测数据表明 10 月 11~28 日期间，乙炔含量较为稳定，在 4.2~5μL/L 之间波动，总烃从 417.4 缓慢增长到 424.8μL/L；

但 10 月 29 日，乙炔含量又突变到 7.3μL/L，主变油中含有较高含量的过热性故障特征气体，氢气含量小于氢气和总烃含量的 15%，乙烯约占总烃的 40%，乙炔占总烃的 1%，三比值编码为 022，怀疑设备内部存在高温过热兼放电故障。油中溶解气体离线检测数据见表 6−5 和图 6−19。

表 6−5　　　　　　　　　　油中溶解气体离线检测数据　　　　　　　　　　（μL/L）

试验日期	气体含量								三比值结论
	H_2	CO	CO_2	CH_4	C_2H_4	C_2H_6	C_2H_2	总烃	
2013.09.25	14.7	1017.8	3278.33	49.92	36.60	13.4	0.14	100.06	—
2014.09.25	12.0	1073.0	3445.00	56.20	44.30	16.5	0.20	117.20	—
2015.09.02	11.1	1167.7	4088.43	64.84	47.04	18.5	0.18	130.56	—
2016.09.30	11.0	1268.0	4105.00	73.00	53.30	20.9	0.10	147.30	—
2017.06.28	13.5	1393.5	4609.49	80.76	57.46	21.9	0.11	160.23	编码 021，中温过热
2017.08.22	18.0	1383.0	5535.00	94.20	70.00	24.9	0.10	189.20	编码 021，中温过热
2017.09.22	21.0	1508.0	5556.00	98.70	40.60	25.7	0.20	195.20	编码 021，中温过热
2017.10.11	69.0	1504.0	4702.00	188.50	175.40	49.0	4.50	417.40	编码 022，高温过热
2017.10.28	71.0	1493.0	4276.00	192.60	175.20	52.6	4.40	424.80	编码 022，高温过热
2017.10.29	69.0	1331.0	3938.00	188.60	173.50	51.6	7.30	421.00	编码 022，高温过热

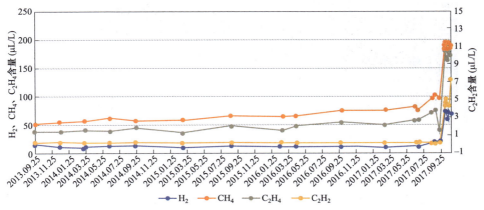

图 6−19　主变油中溶解气体离线检测数据

（二）其他试验情况

1. 红外测温和铁心夹件接地电流测试分析

2017 年 10 月 11 日，运行人员对 2 号主变红外测温未发现明显异常。铁心夹件接地电流检测正常，其中铁心接地电流为 2.5mA，夹件接地电流为 8.5mA。

从 10 月 11 日开始，运维人员每天对 2 号主变进行巡视、铁心夹件接地电流检测，未发现异常。

2. 局放检测分析

2017 年 10 月 12 日，对 2 号主变进行局放带电检测，特高频、超声波局放检测均未发现明显异常信号。采用高频电流法检测发现，夹件接地铜排与铁心接地铜排处均检测到高频局放信号；通过比较夹件接地铜排与邻近构架接地铜排检测信号发现，构架接地铜排未能检测到与夹件接地铜排类似信号，排除了外部干扰信号的可能性。而夹件接地铜排与夹件接地铜排处检测到的高频局放信号特征基本一致，其中夹件接地铜排处检测局放信号幅值（144mV）较铁心接地处检测信号幅值（98mV）更大。因此，初步判断局放信号来自变压器内部靠近夹件的位置。现场局放检测及录波如图 6-20 所示。

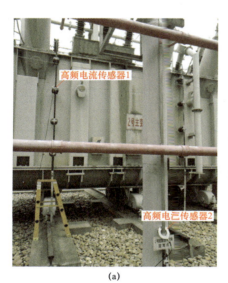
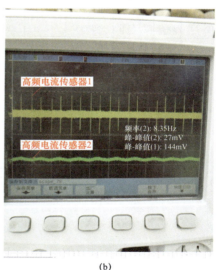

(a)   (b)

图 6-20　现场局放检测及录波

（a）传感器现场布置；（b）录波图

变压器夹件接地高频局放检测如图 6-21 所示。检测信号呈现两簇脉冲，脉冲幅值不一，主要分布在一、三象限，与绝缘类缺陷放电特征较为类似。

3. 现场诊断性试验

2017 年 10 月 30 日，对 2 号主变进行停电检修调换工作。在设备停电后，先对 2 号主变进行绝缘电阻、介损、直流电阻等试验检查，未发现异常。

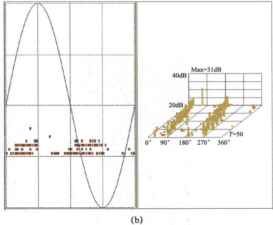

(a)　　　　　　　　　　　　　　　(b)

图 6-21　变压器夹件接地高频局放检测

（a）检测现场；（b）信号图谱

（三）现场检查情况

无。

（四）返厂检查情况

2018 年 1 月 8～15 日，变压器进行返厂检查，发现夹件对地绝缘为 0.3MΩ。2018 年 1 月 17 日，对变压器进行修理前局放试验；同时对变压器采用超声波局放检测监视，在 $1.3U_\mathrm{m}/\sqrt{3}$ 试验电压下，脉冲电流法与超声法均未发现存在明显局放信号。2018 年 1 月 23 日，对变压器进行吊心检查，发现变压器高压侧最左侧底部垫脚橡胶板处存在放电灼烧痕迹，变压器放电部位如图 6-22 所示。

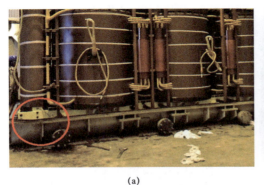

(a)　　　　　　　　　　　　　　　(b)

图 6-22　变压器放电部位

（a）变压器高压侧最左侧底部垫脚橡胶板处；（b）放电灼烧痕迹

通过对变压器磁屏蔽检查发现，在变压器磁屏蔽下部存在接地点；施加2500V 电压 1min，高压侧 A 相最外侧一条磁屏蔽对箱壁导通，通过查找确定导通位置在磁屏蔽的左上角，如图 6–23 所示。

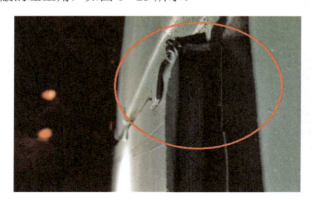

图 6–23　磁屏蔽对箱壁导通位置

三、缺陷/故障原因分析

通过变压器解体检查发现存在两处缺陷：① 变压器夹件对地绝缘不良导致运行中发生局放缺陷，铁心下部绝缘垫脚太短，造成铁心与底座放电；② 磁屏蔽对地绝缘下降导致磁屏蔽与箱壁导通产生过热故障。解体检查结果解释了设备运行时总烃缓慢上升和乙炔异常升高现象。

四、后续处理情况

将器身吊出下节油箱，清理下节油箱，更换放电的垫脚下部的橡胶板；同时，增强所有垫脚绝缘（见图 6–24），将器身复位到下节油箱，随后复测绝缘电阻合格。对于箱壁磁屏蔽导通部位加强绝缘，如图 6–25 所示。

图 6–24　垫脚绝缘加强

图 6–25　箱壁磁屏蔽导通部位绝缘加强

检查过程中发现的两处故障点直接导致了铁心夹件及磁屏蔽对地绝缘下降，并在变压器内部产生局部过热甚至放电，因此设备运行时油中乙炔和总烃上升和两处故障点直接相关。通过出厂试验验证，变压器器身已经完成修复工作。下一步将对变压器附件进行检修，包括渗漏整治和冷却系统改造，使该变压器达到进入事故备品的条件。

五、小结及建议

（1）在变压器内部故障发展过程中，由于故障性质的转变会导致三比值编码的变化，如本例中随着故障的持续发展，故障特征气体的三比值编码由中温过热变成高温过热。

（2）油中溶解气体分析法通常很难准确判断故障部位，因此需要结合其他相关电气试验来进行综合分析判断。

（3）主变高频检测部位宜选择铁心引下线、套管末管接地引下线等部位；放电源位置距离检测部件的远近，可以通过检测部位波形幅值的大小来反映。

【案例 6-5】高电压等级电抗器 A 相绕组下部绝缘垫块和均压环螺栓缺陷导致的低能放电兼过热故障

一、缺陷/故障基本信息

某高电压等级电抗器 2009 年出厂，2011 年 11 月 17 日投运。

缺陷情况简述：投运半年后，油色谱离线检测发现电抗器 A 相油中存在乙炔且逐步增长，后期运行中缩短油色谱离线检测周期持续监视，乙炔、乙烯增长速率稳定且规律。经现场检查投运后，特征气体含量依然在增长，后经返厂检查发现是 A 相绕组下部绝缘垫块中存在杂质和铁心硅钢片振动摩擦导致的低能放电兼过热故障。

二、检查及试验情况

（一）油色谱检测数据及特征分析

投运半年后，油色谱离线检测发现 A 相高抗油中存在乙炔且逐步增长。2012年 11 月 9 日，A 相高抗油中乙炔含量超过注意值，其他气体未发现明显异常波动。后期运行中缩短油色谱离线检测周期持续监视。监视运行初期，除乙炔外，其他烃类气体、一氧化碳和二氧化碳无明显突增迹象，但乙烯呈缓慢增长趋势，三比值编码为 102（电弧放电），特征气体法判断为火花放电。分析认为高抗内部存在金属性放电，暂未涉及固体主绝缘，可继续监视运行。至 2014 年 11 月，除乙炔持续增长外，观察乙烯绝对增长速率明显偏大。鉴于一氧化碳和二氧化碳含量基本稳定，乙炔、乙烯增长速率稳定且规律，可继续监视运行，结合 2015 年 9 月停电计划开展进箱检查。2015 年 1 月，该相高抗油色谱三比值变化为 122（电弧放电兼过热），特征气体法判断为低能放电兼过热，运行中持续缩短周期跟踪监视。至 2015 年 8 月底，该相高抗油中乙炔达到 8.42μL/L（超过注意值），总烃为 117.60μL/L（未超过注意值）。

高抗油中含有较高含量的过热性故障特征气体，甲烷和乙烯约占总烃含量的 81%，乙炔占总烃的含量小于 10%，三比值编码为 122，特征气体法判断为低能放电兼过热。油中溶解气体离线检测数据见表 6-6 和图 6-26。

表 6-6　　　　　　　　　油中溶解气体离线检测数据　　　　　　（μL/L）

试验日期	气体含量							
	H_2	CO	CO_2	CH_4	C_2H_4	C_2H_6	C_2H_2	总烃
2012.11.09	53.48	263.02	1380.71	7.55	2.03	4.35	1.11	15.04
2013.02.28	39.00	212.00	983.00	8.50	5.10	2.10	1.49	17.19
2014.08.19	43.13	310.49	1848.41	34.39	25.67	7.85	6.15	74.06
2015.08.05	43.63	420.86	2416.91	55.03	41.67	12.48	8.42	117.60
2015.09.05	36.14	375.88	2274.17	51.86	42.66	13.03	8.28	115.83
2015.09.21	0.26	4.59	131.47	0.58	0.33	0	0.14	1.05
2015.10.13	4.44	21.79	437.06	2.94	1.75	0.68	1.06	6.43
2016.02.19	20.72	44.48	545.20	9.74	4.61	2.16	2.02	18.53
2017.04.04	45.74	141.59	1155.66	40.05	21.34	8.36	6.51	76.26

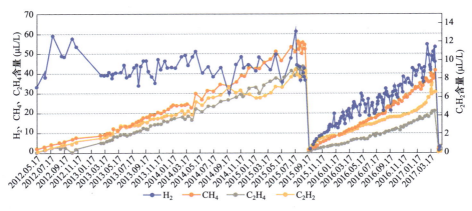

图 6-26　高抗油中溶解气体离线检测数据

（二）其他试验情况

运行中铁心及夹件接地电流、红外测温检测均未发现异常；运行中巡视高抗振动、声响等未发现异常，且相间无明显差异。2013 年 6 月进行高抗停电试验，未发现电气回路及主绝缘异常。

（三）现场检查情况

2015 年 9 月 5～20 日对 A 相高抗进行停电内检。进箱后，对高抗器身、器身所有接地系统、所有屏蔽板、高低压引出线接头、垫脚、箱壁磁屏蔽、底部残油有无异物等进行全面检查。检查发现，高压套管与绕组引线均压球固定螺栓安装松动，且拆除固定螺栓后发现有黑色油迹，故障部位如图 6－27 所示。

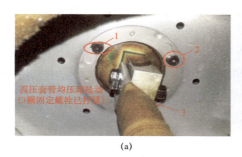
(a)

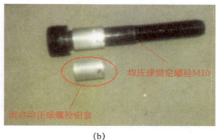
(b)

图 6－27　故障部位

（a）固定螺栓安装松动；（b）固定螺栓存在黑色油迹

拆除螺母及垫圈后发现，最后一层钢垫圈与底脚螺栓有明显的金属摩擦产生的炭黑痕迹，底脚螺栓过热痕迹及对应钢垫圈摩擦产生的粉末如图 6－28 所示。

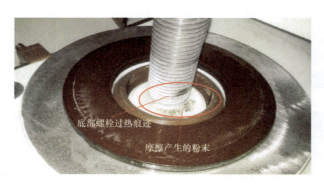

图 6－28　底部螺栓过热痕迹及对应钢垫圈摩擦产生的粉末

根据进箱检查情况，分析高抗油色谱异常原因为：

（1）由于固定均压球螺栓上铝圈过长导致螺栓不能压紧均压球，均压球处于松动悬挂状态。

（2）电抗器运行中振动及底脚螺栓螺母松动，钢垫圈与底脚螺栓间产生金

属摩擦，出现悬浮放电，引起间歇性金属放电从而产生乙炔。

（四）返厂检查情况

2015 年 9 月 21 日，主变内检后恢复运行，重新投运后油色谱例行检测仍然发现油中含有乙炔。投运后 20d，油中乙炔超过注意值（排除残油扩散的可能）。油色谱三比值编码为 102（电弧放电），一氧化碳和二氧化碳基本平稳，乙烯增长速率高于内检前，但幅值不高。分析认为高抗内部放电故障未涉及固体绝缘，继续监视运行。至 2017 年 3 月，高抗油中乙炔达到 6μL/L 左右，各气体增长速率大于内检前，且乙炔、乙烯增长有加快趋势，遂定于 2017 年 4 月 6～20 日停电对 A 相高抗进行整体更换，并于 9 月 8 日对更换返厂的 A 相高抗进行解体检查。

返厂解体检查情况：在对 A 相高抗吊罩后，对铁心、绕组、旁轭等外露部位检查，发现高抗绕组下部弧形绝缘托板下方 2 只绝缘垫块表面有放电痕迹（见图 6-29），且 2 只绝缘垫块呈对角线分布（绝缘垫块共 4 只，高、低压侧各 2 只）。对有放电痕迹的绝缘垫块沿放电痕迹纹路方向进行破拆，发现放电痕迹深入绝缘垫块内部 3～4cm。

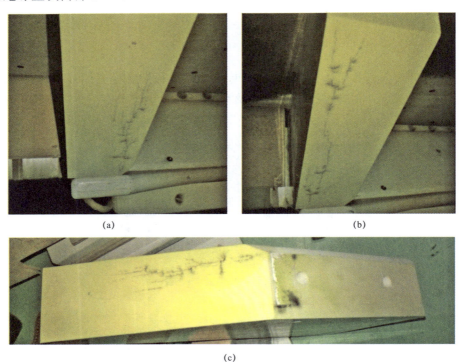

(a)   (b)

(c)

图 6-29　高抗线圈下部弧形绝缘托板下方 2 只绝缘垫块表面放电痕迹

（a）绝缘垫块 1 上部表面放电痕迹；（b）绝缘垫块 2 上部表面放电痕迹；
（c）绝缘垫块 1 下部表面放电痕迹

拆除线圈下部弧形绝缘托板，发现下铁轭有局部过热痕迹，位置分布在铁心心柱两侧对称部位。下铁轭局部过热痕迹如图 6-30 所示。

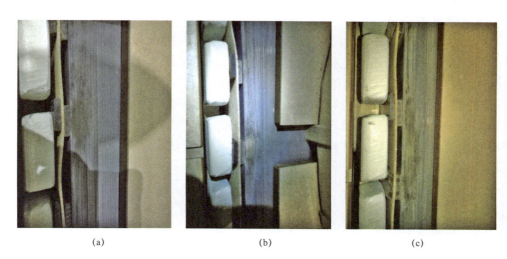

(a)　　　　　　　　　　(b)　　　　　　　　　　(c)

图 6-30　下铁轭局部过热痕迹

（a）局部过热痕迹 1；（b）局部过热痕迹 2；（c）局部过热痕迹 3

拆除线圈下部弧形绝缘托板，发现与下铁轭局部过热部位相邻的外涂白漆的金属支架，两侧表面均有疑似过热发黄变色现象，如图 6-31 所示。

图 6-31　金属支架疑似过热发黄变色

移除下铁轭绝缘挡板，绝缘挡板下方局部铁心也发现有过热痕迹。过热部位的硅钢片边缘略高于整体平面，硅钢片边缘手感较整体平面突出。

三、缺陷/故障原因分析

根据检查情况，该高抗内部放电部位位于器身下部绝缘垫块上表面，该绝缘垫块材质为环氧酚醛玻璃布板。环氧酚醛玻璃布板材料制作过程完全裸露在空气中，采用湿法成型工艺制作而成。在制作过程中，空气中杂质有可能进入到布板，造成材料的分散性。另外，由于湿法成型的工艺特性，造成材料里的水分含量较大。环氧酚醛玻璃布板表面成型干燥后，内部水分难以析出，在一定程度上降低了其绝缘性能。

此次高抗油色谱异常，主要原因是该垫块中存在杂质，杂质在高电场作用下产生间隙放电，随着电抗器运行时间增长，油中的乙炔及乙烯不断缓慢增长；次要原因是下铁轭局部有硅钢片过热痕迹，且过热部位有高温退火迹象，过热部位附近金属支架也存在过热发黄现象。推断运行中硅钢片因振动摩擦等原因导致表面漆膜绝缘不良，导致硅钢片局部产生涡流引发过热。加之铁心心柱附近漏磁集中，过热部位温度较高，导致绝缘油因高温裂解析出乙炔、乙烯。

四、后续处理情况

在超高压电抗器产品器身绝缘支撑中一直采用环氧酚醛玻璃布板垫块，未发生同类异常；但同材质绝缘垫块在高电压等级电抗器上应用已发生过同类故障，故 2011 年以后出厂高抗的绝缘垫块已改为进口层压木材质。该设备为2009 年产品，因此绝缘材质问题遗留至设备运行中。变压器厂家针对此次暴露的问题，进一步完善、加强原材料选型论证及检验监督，杜绝类似问题再次发生。

五、小结及建议

（1）由于受现场条件所限，现场内检有时并不能完全找到设备内的所有故障部位。在排除原有故障气体吸附扩散影响后，若内检后设备重新投运，油中故障特征气体仍呈快速增长趋势，需重新停电查找故障点。

（2）影响油中一氧化碳和二氧化碳检测准确性的因素较多，当需要利用一氧化碳和二氧化碳判断设备故障是否涉及固体绝缘时，应同时结合是否伴有总烃或氢气的同步增长；且在一氧化碳和二氧化碳气体无明显增长的案例中，不能排除涉及固体绝缘的可能，如本案例。

【案例 6-6】高电压等级电抗器 A 相绝缘顶紧螺栓与铁轭硅钢片间的低能放电兼过热故障

一、缺陷/故障基本信息

某高电压等级电抗器 2019 年 5 月 23 日投运。

缺陷情况简述：投运后，电抗器振动与声响存在一定异常。2019 年 11 月 5 日，在线监测乙炔为 0.6μL/L 左右；11 月 6 日取样离线复测，两份油样离线乙炔分别为 1.77μL/L 和 1.72μL/L，现场检查处理后未有效解决。后经返厂检查确认是绝缘顶紧螺栓与轭硅钢片间的低能放电兼过热故障。

二、检查及试验情况

投运当日，A 相高抗振动及声响与 B、C 相存在差异，现场检查判断为槽盒等本体外部组部件振动导致，后继续运行。2019 年 10 月 17 日，发现 A 相高抗南侧下部壳体为人耳可辨识的明显声源点。利用声学成像仪现场检测，显示声源部位与上述一致。现场声学成像截图如图 6-32 所示（异音声响最明显部位为 1、2，其次为 3）。

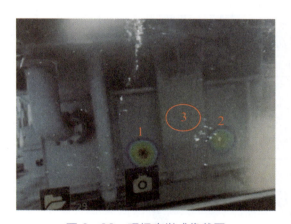

图 6-32　现场声学成像截图

（一）油色谱检测数据及特征分析

2019 年 11 月 5 日，巡视发现 1 号高抗 A 相在线监测乙炔为 0.6μL/L 左右；11 月 6 日取样离线复测，两份油样离线乙炔分别为 1.77μL/L 和 1.72μL/L，氢气达到 310.16μL/L，气体含量超标。三比值编码为 101，判断故障类型为电弧放电；采用特征气体法判断，可能为火花放电；根据烃类气体变化，不排除受潮、过热的可能。

在监视运行期间，A 相高抗声响与 B、C 相比较明显异常，且乙炔增长速率明显异常（相对产气速率为 95%/月、绝对产气速率为 1.97mL/d），遂定于 11 月 28 日临停内检。高抗 A 相油色谱离线检测数据见表 6-7，高抗油中含有较高含量的过热性故障特征气体，氢气约为氢气和总烃含量的 80%，甲烷和乙烯约占总烃的 85%，乙炔占总烃含量小于 3%，三比值编码为 101，特征气体法判断为低能火花放电故障。油中溶解气体离线检测数据见表6-7和图6-33。

表6-7　　　　　　　　高抗A相油中溶解气体离线检测数据　　　　　　　（μL/L）

试验日期	气体含量							
	H_2	CO	CO_2	CH_4	C_2H_4	C_2H_6	C_2H_2	总烃
2019.05.24	0.85	6.20	161.37	0.70	0.22	0.10	0	1.02
2019.09.04	125.36	43.61	516.79	12.41	1.89	1.62	0	15.92
2019.11.06	310.16	63.34	479.68	46.02	10.22	7.46	1.77	65.47
2019.11.13	345.66	60.17	426.22	50.38	11.34	7.92	2.03	71.66
2019.11.22	402.16	64.36	490.16	59.30	13.91	9.60	2.52	85.33
2019.11.23	428.40	70.76	505.15	63.71	14.92	10.56	2.78	91.96
2019.11.24	459.82	73.68	503.50	67.93	15.99	10.79	2.91	97.61
2019.12.15	7.28	4.62	193.00	1.37	0.28	0.22	0.12	1.98
2020.01.14	89.69	24.16	366.51	13.97	2.25	1.90	0.59	18.70
2020.02.13	181.65	37.62	234.11	28.10	5.03	3.96	1.19	38.28
2020.03.11	260.38	42.85	331.23	47.53	6.76	7.61	1.59	63.49
2020.03.24	341.75	54.25	315.98	57.63	9.82	8.84	2.00	78.29
2020.04.30	1.92	9.90	46.95	0.17	0.04	0.07	0	0.28
2020.06.02	15.34	91.70	355.94	1.61	0.46	0.17	0	2.24

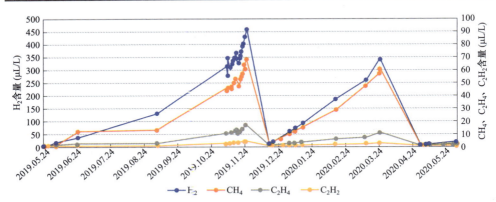

图6-33　高抗油中溶解气体离线检测数据

（二）其他试验情况

停电前进行局放带电检测、油微水、油耐压等检测，未发现异常。

（三）现场检查情况

11月28日停电排油后进行内检，发现面向高压侧右压钉下部压块及面向中性点侧左压钉下部压块松动。压块松动位置如图6-34所示。

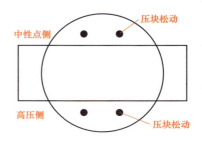

　　两个松动的压块分布在面向高压侧右侧。压块松动导致右半部分器身未得到充分压紧，从而导致噪声过大，与运行时高压右侧噪声偏大现象吻合。

　　检查平衡绕组引线，发现面向中性点侧左压钉位置，平衡绕组引线与压钉螺母有一处放电痕迹，压钉螺母对引线绝缘产生外力损坏。平衡绕组引线检查情况如图 6－35 所示。

图 6－34　压块松动位置示意图

(a)　　　　　　　　　　(b)

图 6－35　平衡绕组引线检查情况

（a）平衡绕组引线与压钉螺母放电痕迹；（b）压钉螺母对引线绝缘产生外力损坏

　　放电位置恰好为平衡绕组引线拐弯的拐点处，压钉螺母对引线产生了一定挤压，加之运行中高抗长期处于振动状态，导致压钉螺母对引线的绝缘产生外力损坏，引发放电导致油中乙炔异常。

　　针对发现的问题，现场对压钉松动的压块重新压紧，对放电部位的绝缘层重新采用绝缘皱纹纸进行包扎，在完成恢复安装及投运前试验后，1 号高抗 A 相于 2019 年 12 月 14 日恢复运行。投运后发现，油中存在痕量乙炔并呈明显上涨趋势，同时油中氢气增长迅速，在恢复投运 2 个月后油中氢气（181μL/L）、乙炔（1.19μL/L）均超过注意值，判断油色谱异常并非绝缘材料吸附残油扩散所致，高抗内部仍存在放电故障。

（四）返厂检查情况

　　2020 年 4 月 7 日高抗再次停电，2021 年 3 月 2 日，原高抗 A 相返厂解体检查。高抗吊罩后，先后对引线（高压出线、中性点出线及出线外包绝缘、支持件、出线角环等）、器身绝缘及组装情况（所有外围板、压板、旁轭围板、平衡绕组等）进行检查，未发现明显异常。根据运行中油色谱检测数据分析，高抗内部故障应不涉及主绝缘，故未对绕组进行吊心检查。对铁心装配涉及的接地线、紧固件、上下梁、横梁、垫脚、吊拌、侧梁紧固件进行检查，发现以下问题：

（1）面对高压出线左侧的侧梁绝缘顶紧螺栓将绝缘层顶破，在铁轭对应位置发现放电痕迹，如图 6-36 和图 6-37 所示。

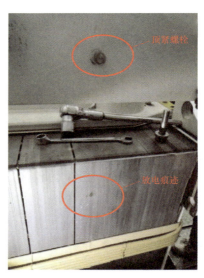

图 6-36　侧梁绝缘层顶破位置　　图 6-37　铁轭对应位置放电痕迹

（2）上下四处侧梁位置发现个别位置有过热痕迹，发热痕迹长度与侧梁绝缘高度一致。旁轭硅钢片过热痕迹如图 6-38 所示，侧梁绝缘对应位置过热痕迹如图 6-39 所示。

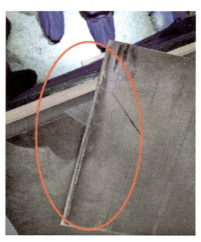

图 6-38　旁轭硅钢片过热痕迹　　图 6-39　侧梁绝缘对应位置过热痕迹

三、缺陷/故障原因分析

根据高抗解体检查发现的铁心装配问题，分析产生乙炔异常的原因是侧梁绝缘顶紧螺栓顶破侧梁绝缘后，与旁轭硅钢片形成虚连情况。在运行过程中，铁轭各硅钢片虽然已接地，但由于磁通分布不均匀，在不同位置存在一定的电位，当螺栓与铁轭距离靠近到一定程度却又未完全接触时，螺栓尖端发生放电现象。此外，内检发现的平衡绕组外绝缘因运行中振动导致外力损坏引发放电，也是运行中乙炔异常的原因之一。侧梁绝缘顶紧螺栓放电位置如图 6-40 所示。

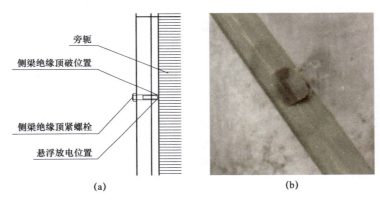

图 6-40　侧梁绝缘顶紧螺栓放电位置

（a）示意图；（b）实物图

针对侧梁对应铁轭个别位置存在局部过热的问题，分析认为是由于硅钢片在叠积过程中允许存在不影响产品运行性能的叠积偏差，但在厂内拧紧侧梁绝缘顶紧螺栓时，用力过大导致与侧梁绝缘接触的硅钢片出现压堆情况，与周围硅钢片连通形成涡流，从而导致局部过热现象。

四、后续处理情况

（1）更换上轭侧梁位置所有小片。

（2）对于有过热痕迹无法拆卸的长片位置，利用 NOMEX 纸每两片一垫，以保证硅钢片片间形成绝缘，不出现连通状态。

五、小结及建议

（1）火花放电与过热同时存在时，采用三比值法进行计算，结果可能会落在电弧放电的范围内，应结合特征气体法综合判断。

（2）结合振动、声学成像可更加有效地辅助判断故障部位。在应用声学成像手段判断故障时，需了解各部件振动频率，应选择适当的检测频率以做出正确的判断。

（3）设备制造厂家应对高抗产品装配工艺标准进行全面梳理，加强装配流程操作标准培训，做好厂内装配质量管控监督，防止同类问题再次出现。

第 2 节　同源热电复合型故障

【案例 6-7】220kV 变电站 3 号主变本体电屏蔽/磁屏蔽与油箱接触不紧密导致的多点接地中温过热兼放电故障

一、缺陷基本信息

某 220kV 变电站 3 号主变型号为 SFS10-180000/220，额定容量为 180000kVA，额定电压为 220kV，接线方式为 YNynOd11，2007 年 2 月出厂，2007 年 6 月投运。

缺陷情况简述：2009 年发现 3 号主变本体油色谱检测数据出现异常，总烃含量连续超标，同时伴有乙炔产生。对其进行返厂维修后重新投运，投运后对其运行数据保持在线、带电检测和例行停电检查，监测过程中发现缺陷并未消除；自 2016 年 2 月开始，总烃仍旧超标，内部存在局放的现象。2016 年 4 月 6～13 日，该主变开展大负荷试验，期间最大有功功率为 139.52MWA，试验首日油色谱检测发现总烃、乙炔等状态量有所增长，后续数日基本稳定；三比值编码初期为 022，后期变为 021。特高频在线监测装置捕获到工频特征的放电信号。大负荷试验表明，变压器总烃增长与负荷变化有关。2018 年 9 月对该主变进行返厂解体检查。

二、检查及试验情况

（一）油色谱检测数据及特征分析

1. 油色谱离线检测数据及特征分析

按状态检修试验规程相关周期对 220kV 主变采集油样进行色谱分析，在 2016 年 2 月 25 日例行油分析中发现该主变油色谱异常，特征气体均有较快增长，其中总烃超相关规程注意值（150μL/L），并发现有乙炔。主变油中含有较高含量的过热性故障特征气体，氢气含量小于氢气和总烃含量的 30%，甲烷和乙烷约占总烃的 60%，乙炔占总烃不到 0.5%，三比值编码为 021，怀疑设备内部存在中温过热故障兼放电。油中溶解气体离线检测数据见表 6－8 和图 6－41。

表 6－8　　　　　　　　油中溶解气体离线检测数据　　　　　　　　（µL/L）

试验日期	气体含量							
	H_2	CO	CO_2	CH_4	C_2H_4	C_2H_6	C_2H_2	总烃
2016.02.29	70.27	226.22	992.13	89.11	111.32	24.60	0.74	225.77
2016.07.25	105.33	278.06	1808.56	102.20	108.10	46.14	0.92	257.36
2016.09.12	128.92	280.26	1826.25	127.83	117.99	49.42	1.19	296.43
2016.12.22	121.22	434.93	2500.93	130.68	95.32	87.03	1.23	314.26
2017.01.12	144.64	391.19	2017.54	144.33	126.37	58.97	1.00	330.67
2017.07.04	116.25	310.50	1761.59	235.89	206.77	96.29	1.01	539.96
2017.12.08	126.28	299.19	2219.70	240.77	233.40	127.50	1.16	602.83
2018.01.03	138.90	321.77	2236.34	259.53	232.03	127.16	1.05	619.77
2018.02.05	140.76	344.71	2244.32	251.64	231.75	125.03	1.14	609.56
2018.03.05	134.43	324.45	2231.76	248.43	231.84	126.71	1.08	608.06

图 6－41　主变油中溶解气体离线检测数据

2. 油色谱在线监测数据及特征分析

调整油色谱在线监测分析周期，要求 24h/次。通过监测发现，2016 年 2 月 9 日再次出现总烃超标现象。油中溶解气体在线监测数据见表 6－9 和图 6－42。

表6-9　　　　　　　　　　　油中溶解气体在线监测数据　　　　　　　　（μL/L）

试验日期	气体含量							
	H_2	CO	CO_2	CH_4	C_2H_4	C_2H_6	C_2H_2	总烃
2016.02.01	69.3	336	1970	66.3	62.1	12.8	1.03	142.23
2016.02.05	72.5	373	1953	65.9	70.7	14.4	1.18	152.18
2016.02.06	69.6	371	1834	67.4	64.1	14.9	1.05	147.45
2016.02.08	79.1	353	1926	60.1	70.2	12.8	1.18	144.28
2016.02.09	72.9	344	1888	67.5	69.6	15.2	1.03	153.33
2016.02.10	69.8	357	1987	71.0	62.7	15.2	1.13	150.03
2016.02.11	72.3	342	1879	59.1	61.7	14.0	1.20	136.00
2016.02.12	80.3	376	1899	72.1	79.5	18.5	1.09	171.19
2016.02.13	93.2	354	1837	76.9	89.1	19.0	1.15	186.15
2016.02.14	92.9	375	1807	76.7	87.3	16.5	1.02	181.52

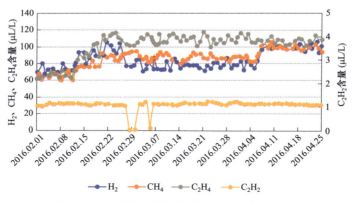

图6-42　主变油中溶解气体在线监测数据

（二）其他试验情况

对该主变每个月进行带电检测跟踪。该主变装有特高频传感器检测接口，现场采用手持式局放测试仪进行特高频和超声波局放检测，均可以看出内部存在疑似悬浮放电的信号。

（1）特高频局放检测：主变本体特高频局放检测图谱如图6-43所示，从特高频局放PRPD和PRPS图可以看出，背景检测中基本没有干扰信号，而在主变本体的检测中，出现幅值较大、放电次数较少、相位差180°的两簇信号，疑似为悬浮放电信号。

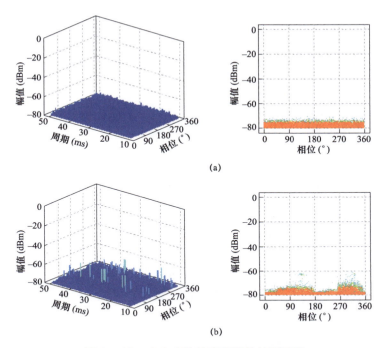

图 6−43　主变本体特高频局放检测图谱

（a）背景值测试；（b）主变本体特高频测试图谱

（2）超声波局放测试：主变本体超声波局放检测图谱如图 6−44 所示，从超声波的连续图谱和相位检测模式中可以看出，背景图谱中相关数值基本为 0，而在本体检测中，具有较高的峰值和有效值，100Hz 的相关性也明显偏大，在相位图谱中也存在较为明显的两簇放电波形，疑似为悬浮放电信号。

其他试验检查：在对铁心夹件电流的跟踪检测中发现，该主变铁心夹件的电流均小于 10mA，处于正常状态；历次停电检查的试验数据也均在合格范围内，说明该变压器的主要电气性能并无异常。

（三）现场检查情况

无。

（四）返厂检查情况

对变压器进行返厂解体，对本体外观及电、磁回路进行检测。在对磁回路检查时，发现变压器磁屏蔽有放电痕迹，现场对变压器屏蔽片拆卸查看，发现磁屏蔽条上存在明显的放电痕迹以及部分锈蚀痕迹；统计发现共存在 19 片磁屏蔽条 86 处过热、放电或锈蚀痕迹，其中现象最明显的一块磁屏蔽片出线材料脆化，容易破碎；其他部分检查未见异常。此次检查的放电、发热现象明显强于第一次检查，返厂检查情况如图 6−45～图 6−51 所示。A 相第一块磁屏蔽片安

391

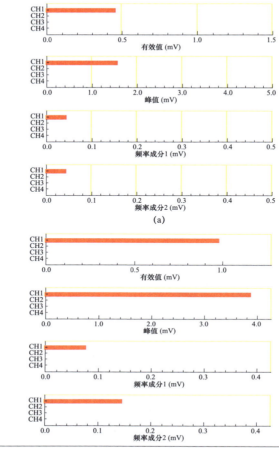

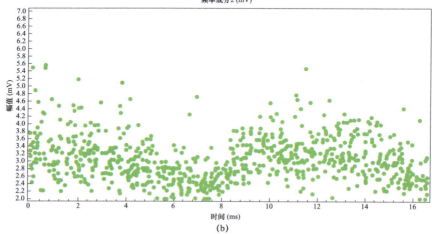

图6-44 主变本体超声波局放检测图谱

（a）背景值测试图谱；（b）主变本体超声波测试图谱

装槽中部及下部位置发现锈蚀痕迹，第三、四块中部，第五、六块下部及第七块中、下部位置均发现明显放电痕迹；B 相第五、六块磁屏蔽片安装槽中部位置出现发现明显放电痕迹，第六、七块磁屏蔽硅钢片下部发现明显锈蚀痕迹；C 相第二、三块磁屏蔽片安装槽中上部位置发现明显放电痕迹；Am 相第四块磁

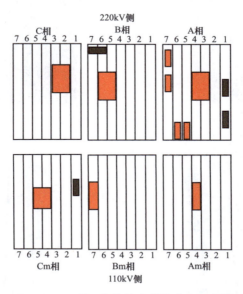

图 6-45　磁屏蔽片放电总体分布示意图

注：图中红色框表示放电痕迹，黑色框表示锈蚀痕迹。

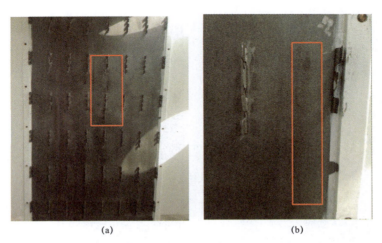

(a)　　　　　　　　　　　　　(b)

图 6-46　A 相磁屏蔽片放电及锈蚀痕迹

（a）放电痕迹；（b）锈蚀痕迹

图 6-47　B 相磁屏蔽片放电和锈蚀痕迹

图 6-48　C 相磁屏蔽片放电痕迹

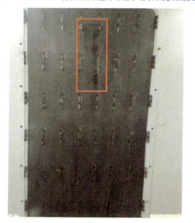

图 6-49　Am 相磁屏蔽片放电痕迹

图 6-50　Bm 相磁屏蔽片放电痕迹

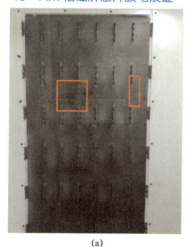

(a)

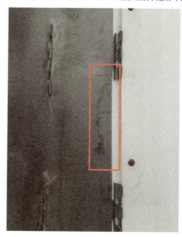

(b)

图 6-51　Cm 相磁屏蔽片放电和锈蚀痕迹

（a）放电痕迹；（b）锈蚀痕迹

屏蔽片安装槽上部位置发现明显放电痕迹；Bm 相第七块磁屏蔽片安装槽中部位置发现明显放电痕迹；Cm 相第一块磁屏蔽片安装槽中部位置发现明显锈蚀痕迹，第四、五块硅钢片中上部位置发现明显放电痕迹。

三、缺陷/故障原因分析

根据现场检查结果并结合历史检测数据，分析认为导致该主变过热、放电、锈蚀现象的原因为：

（1）磁屏蔽最内侧硅钢片与油箱接触不够完全紧密，如油箱壁不平整、磁屏蔽片安装不平整可能存在空隙导致过热或者放电。

（2）该变压器 2009 年进行返厂大修时，发现主变磁屏蔽存在 2 处轻微过热、放电现象，对其拆卸并重新安装后投入运行。此次解体再次发现过热、放电现象位置均多于上次大修检查，分析可能为上次磁屏蔽片重装过程中卡扣受力不均匀导致。

（3）硅钢片的长期过热和放电导致了磁屏蔽片的脆化。

（4）油箱壁存在部分锈蚀现象，可能是该变压器出厂时屏蔽片吸附部分水气，水气长期存在磁屏蔽片与油箱之间，造成锈蚀。

四、后续处理情况

重新投运后，2016 年 2 月以后该主变连续出现气体超标、带电局放检测结果异常等现象，决定在 2018 年 12 月完成该变压器更换。

五、小结及建议

（1）油色谱在线监测装置具有检测周期短、实时性好、无须人工参与等特点，是离线油色谱检测的重要补充手段。

（2）应定期开展油色谱在线监测装置的现场校验或与离线检测数据进行测量误差比对分析，以保证油色谱在线监测装置检测的准确性与稳定性。

（3）高频、超高频局放检测是利用设备发生局放时会辐射不同频率范围电磁波信号进行检测的一种技术。由于局放产生的电磁波频谱特性与放电源的几何形状及放电间隙的绝缘强度相关，因此，可结合超高频局放、超声波检测和油色谱分析共同对设备故障进行更加准确的判断与分析。

【案例 6-8】高电压等级变压器 C 相硅钢片杂质造成铁心短路高温过热兼放电故障

一、缺陷/故障基本信息

某高电压等级变压器 2014 年 7 月出厂，2014 年 11 月 19 日投运。油色谱在线监测装置型号为 MGA2000-6H，2014 年 11 月投运。

缺陷情况简述：2 号主变 C 相自投运后多次出现乙炔突增现象，设备继续运行存在严重的安全隐患，为彻底解决此运行风险，决定使用现场存放的备用相变压器对 C 相进行更换；2018 年 12 月 20 日，2 号主变 C 相停电，将 C 相主变拆除后移出，将备用相主变整体平移至原 C 相基础就位，于 2019 年 1 月 10 日恢复运行，并将原变压器 C 相返回原厂进行解体检查。

二、检查及试验情况

（一）油色谱检测数据及特征分析

2016 年 8 月 4 日，运维人员抄录 2 号主变油色谱在线监测数据发现 2 号主变 C 相乙炔含量异常（0.84μL/L），经离线测试乙炔含量超标（最高达到 3.67μL/L，总烃最高为 68.02μL/L），连续监测数据呈逐渐下降趋势。

2017 年 2 月 17 日，检修公司组织主变生产厂家、电力科学研究院等相关专家分析，在严密关注油色谱检测在线监测数据的同时将离线色谱检测周期缩短为 15d，之后数据逐渐下降。2017 年 5 月 10 日，油中乙炔气体色谱离线检测数据降至 1.14μL/L。

2017 年 5 月 24 日，油色谱在线监测数据发生突变（乙炔含量由 1.42μL/L 增至 5.62μL/L、总烃含量由 54.5μL/L 增至 152.27μL/L），经离线测试发现乙炔、总烃含量超标，乙炔含量为 6.29μL/L、总烃含量为 186.17μL/L（乙炔最高达到 7.16μL/L，总烃最高为 210.34μL/L），连续监测数据呈逐渐下降趋势。

2018 年 4 月 25 日，邀请专家分析该主变运检策略，决定在严密关注油色谱在线监测数据的同时将离线油色谱检测周期缩短为 7d，之后监测数据较稳定且呈轻微波动趋势，乙炔含量维持在 2.67～3.84μL/L。

2016 年 8 月 4 日，发现设备问题后，加强了在线监测装置数据监测，其测试值与离线测试数据规律基本一致。

2017 年初，因油色谱在线监测装置软件故障，由检修公司安排人员在巡视时进行在线监测装置数据抄录。

2018 年 9 月 3 日 9 时，变电站运维人员抄录油色谱在线监测数据发现，凌晨 2 时 2 号主变 C 相油色谱在线监测装置乙炔含量为 6.95μL/L、总烃含量为 307.65μL/L，9 月 2 日 22 时最近一次测试数据乙炔含量为 3.24μL/L、总烃含量为 208.91μL/L。

2018 年 9 月 3 日 10 时安排进行油色谱离线测试，乙炔含量为 6.33μL/L、总烃含量为 256.33μL/L（三比值编码为 022，显示存在高温过热故障）。截至 9 月 13 日，连续跟踪测试数据无明显增长趋势，乙炔含量维持在 5.6～6.2μL/L，总烃含量维持在 250～270μL/L。

　　2018 年 9 月 20 日 11 时 30 分，运维人员抄录油色谱在线监测数据发现 2 号主变 C 相油色谱在线监测装置在 10 时的乙炔含量为 8μL/L、总烃含量为 319.83μL/L，其最近一次 6 时的测试数据乙炔含量为 6.08μL/L、总烃含量为 329.41μL/L。安排进行油色谱离线测试，乙炔含量为 9.06μL/L（中部）、8.33μL/L（下部），总烃含量为 334.88μL/L（中部）、317.82μL/L（下部），三比值编码为 022，判断为高温过热故障。截至 9 月 24 日，连续跟踪测试数据呈下降趋势，乙炔含量维持在 7.1～8.7μL/L，总烃含量维持在 270～330μL/L。2 号主变 C 相油中溶解气体离线检测数据见表 6–10 和图 6–52。

表 6–10　　　　　2 号主变 C 相油中溶解气体离线检测数据　　　　　（μL/L）

试验日期	气体含量							
	H_2	CO	CO_2	CH_4	C_2H_4	C_2H_6	C_2H_2	总烃
2016.08.04	27.33	148.140	369.480	24.730	29.350	2.620	3.21	59.91
2017.02.16	18.79	164.930	323.010	22.930	24.120	2.930	1.17	51.15
2017.05.24	53.98	70.590	124.170	79.950	90.440	9.490	6.29	186.17
2018.04.25	42.50	221.920	404.650	78.504	90.742	10.739	2.57	182.56
2018.09.03	51.10	268.250	626.400	110.830	123.330	15.840	6.33	256.33
2018.09.20	62.30	274.263	705.551	130.936	159.692	18.865	8.33	317.82

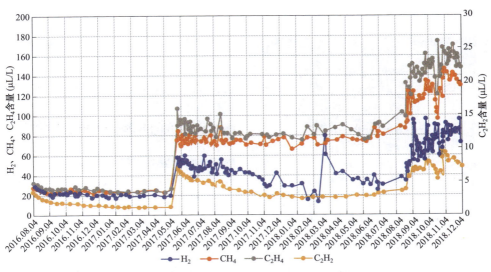

图 6–52　主变 C 相油中溶解气体离线检测数据

主变油中含有较高含量的过热性故障特征气体，氢气含量占氢气和总烃含量约 20%，乙烯约占总烃的 50%，乙炔占总烃的 3%，三比值编码为 022，怀疑设备内部存在高温过热兼放电故障。通过离线油色谱检测数据分析，怀疑变压器内部可能存在金属碎屑，碎屑在绝缘油内飘散，间隙性放电引起油中乙炔超标并波动。

（二）其他试验情况

测试结果显示，该台主变绕组绝缘电阻、铁心绝缘电阻、夹件绝缘电阻、铁心–夹件绝缘电阻、绕组介损及电容量、直流电阻、电压比、套管、频响法绕组变形等试验结果均合格。

（三）现场检查情况

无。

（四）返厂检查情况

2019 年 3 月 29 日主变返厂，2019 年 4 月 10 日对主变进行拆装，主变器身从油箱中吊出后对器身进行详细检查，器身外表面未发现异常，决定器身入炉脱油后进行器身解体检查。

（1）2019 年 4 月 18 日，主变器身出炉后进行检查发现，器身表面、开关、各引线出头完好，测量夹件与铁心之间绝缘良好。

（2）2019 年 4 月 19 日检查发现，A 柱上压板与上铁轭相接处的绝缘件局部有炭黑现象，对应位置的上铁轭铁心处有过热痕迹，如图 6–53 和图 6–54 所示。

图 6–53　器身 A 柱上压板

图 6–54　器身 A 柱上铁轭铁心

（3）将 A 柱、X 柱和 Y 柱线圈拔出，线圈组装表面完好。检查下铁轭 A 柱与旁柱之间，发现疑似金属炭化物。疑似金属炭化物及位置如图 6–55 所示。

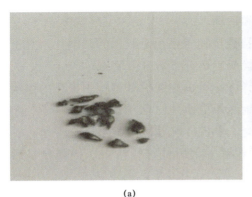

(a)　　　　　　　　　　　　　　　　　　(b)

图 6-55　疑似金属炭化物及位置
（a）疑似金属炭化物；（b）疑似金属炭化物位置

（4）2019 年 4 月 20 日，将 A 柱和 X 柱线圈组装解体，检查 A 柱和 X 柱低、中压和高压绕组，未发现异常和金属炭化物。

三、缺陷/故障原因分析

为了进一步判定疑似金属炭化物的属性，2019 年 5 月 17 日公司委托测试中心对疑似金属炭化物进行定性分析。因疑似金属炭化物含量不足 0.5g，取一部分主变 C 相硅钢片与疑似金属炭化物混合作为样件一进行测试；为了能够区分出疑似金属炭化物成分，取主变 C 相硅钢片作为样件二；在厂家金属车间取夹件焊接残留的金属焊渣作为样件三。

对三件样件开展成分检测分析，结果显示：样件一完好硅钢片＋疑似金属炭化物相比于样件二完好硅钢片铁的含量降低，碳的含量略高一些；样件三金属焊渣与样件一含量完全不对应。通过检测结果判定疑似金属炭化物为硅钢片成分，产生此金属炭化物的可能原因为，硅钢片加工过程中遗留到产品铁心中的尖角毛刺造成的硅钢片片间短路，导致局部高温过热将硅钢片烧损，此尖角毛刺初始状态时夹在铁心片之间不会造成片间短路，产品在运行过程中由于铁心振动使尖角毛刺脱落到下铁轭 A 柱与旁柱之间造成硅钢片片间短路。A 柱上压板局部炭黑和上铁轭铁心处的过热痕迹为上铁轭铁心的下表面存在尖角毛刺缺陷造硅钢片片间短路，局部高温过热造成。

A 柱上压板局部炭黑和旁柱与下铁轭连接处的金属炭化物，是造成该主变气体超标的原因。

四、后续处理情况

金属炭化物为铁心硅钢片剪切过程中遗留的尖角毛刺造成，所以该主变返

修的重点是对铁心硅钢片进行全面检查和清理。

（1）将主变硅钢片全部解体检查，检查过程中更换毛刺大的硅钢片。对于新更换的硅钢片要重点检查毛刺情况，检查确认合格后方可使用。

（2）对主变器身和引线绝缘件进行详细检查，更换拆解过程中损坏的绝缘件，将嵌入压板式磁屏蔽与上铁轭处的绝缘块更换为 H 级绝缘材料。

（3）对油箱内部进行全面清理和检查，更换拆解过程损坏的部件。

（4）对套管、互感器、胶囊、端子箱等外部组件进行检测，检测合格后使用。

（5）产品复装后进行例行试验检测，其中绝缘试验按《电力变压器　第 3 部分：绝缘水平、绝缘试验和外绝缘空气间隙》（GB/T 1094.3—2017）进行。

五、小结及建议

（1）油色谱在线监测是发现设备内部早期潜伏性故障的有效手段。为保证在线监测数据的准确性与可靠性，应定期开展油色谱在线监测装置现场校验或与油色谱离线检测数据的比对工作。

（2）对金属异物进行成分分析，有助于判断异物来源、分析故障原因，设备制造单位应制定明确的防范异物掉落的措施。

（3）设备制造厂家应严格控制各组部件的产品品质与质量，加强硅钢片剪裁、装配质量管控，以防止此类故障再次发生。

【案例 6-9】220kV 变电站 1 号主变下夹件金属螺栓连接固定处未除漆导致悬浮放电及夹件过热故障

一、缺陷/故障基本信息

某 220kV 变电站 1 号主变型号为 SFPSZ9-150000/220，容量为 150000kVA，2000 年 9 月出厂，2000 年 11 月投运。

缺陷情况简述：变压器投运前，局放、耐压试验后油色谱检测数据合格。2014 年 7 月 2 日，在处理该主变 110kV 侧中性点隔离开关发热缺陷时，首次发现本体油样中存在乙炔，含量为 2.1μL/L，随后试验人员对该主变进行油色谱跟踪检测，跟踪检测过程中发现乙炔含量呈缓慢增长趋势。2015 年 12 月 18 日，乙炔含量出现明显增加，达到 21.8μL/L，远远超出注意值 5μL/L。对油中溶解气体进行三比值分析，三比值分别为 102 和 202。设备返厂解体发现，由于主变下夹件金属螺栓连接固定处未除漆导致悬浮电位放电；同时由于固定拉带的螺栓与夹件形成了闭合回路，主变运行时漏磁通穿过这些闭合回路感应出很大的涡流，导致螺栓发热，并传导至拉带致使其变色。

二、检查及试验情况

（一）油色谱检测数据及特征分析

2014 年 7 月 2 日，在处理 1 号主变 110kV 侧中性点隔离开关发热缺陷时，试验人员在对该主变油样进行色谱分析时首次发现油样中存在乙炔，含量为 2.1μL/L；随后试验人员对该主变进行油色谱跟踪检测，跟踪检测过程中发现乙炔含量呈缓慢增长趋势。2015 年 12 月 18 日，乙炔含量出现明显增加，达 21.8μL/L，远远超过注意值（5μL/L）。2016 年 4 月以后，乙炔含量达到 28μL/L 并不再增加。1 号主变油中溶解气体离线检测数据见表 6-11 和图 6-56。

表 6-11　　　　　　　　1 号主变油中溶解气体离线检测数据　　　　　　（μL/L）

试验日期	气体含量							
	H_2	CO	CO_2	CH_4	C_2H_4	C_2H_6	C_2H_2	总烃
2014.07.02	37	118	477	5.4	3.1	0.81	2.1	11.41
2014.08.07	41	120	482	6.0	3.3	0.87	10.0	20.17
2014.08.21	47	122	455	6.2	3.6	0.87	11.0	21.67
2014.09.03	50	121	455	6.2	3.3	0.78	11.0	21.28
2014.12.04	53	130	470	6.1	3.5	0.84	12.0	22.44
2015.06.10	60	140	463	7.0	3.8	0.91	14.0	25.71
2015.12.18	97	161	433	10.8	6.8	1.02	21.8	40.42
2016.01.20	105	172	488	12.0	8.0	1.4	24.0	45.40
2016.02.15	109	179	559	13.0	9.4	1.5	26.0	49.90
2016.02.17	107	176	558	13.0	9.3	1.5	26.0	49.80
2016.03.11	109	178	597	13.0	9.7	1.7	27.0	51.40
2016.03.23	104	174	588	13.0	9.8	1.7	27.0	51.50
2016.03.29	104	173	600	13.0	9.8	1.7	27.0	51.50
2016.04.26	109	179	583	13.0	9.5	1.6	28.0	52.10
2016.05.19	106	177	585	13.0	9.6	1.6	28.0	52.20
2016.06.21	105	176	605	13.0	9.8	1.7	27.0	51.50
2016.07.07	97	178	790	14.0	9.9	1.7	27.0	52.60

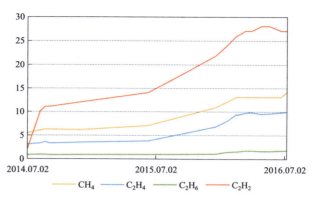

图 6-56　主变油中溶解气体离线检测数据

　　主变油中含有较高含量的过热性故障特征气体，氢气含量小于氢气和总烃含量的 70%，乙烯约占总烃含量不超过 20%，乙炔占总烃含量超过 50%。2016年 1 月 20 日前，三比值编码为 202，判断为低能放电；1 月 20 日后，由于乙炔的增长速度大于乙烯，三比值编码为 102，判断为电弧放电。

（二）超声波局放检测

　　2015 年 12 月 25 日，对该主变高、中、低压侧、断路器侧、扶梯等重点区域进行了超声波局放检测。经过多次周期性超声波局放检测，在高压 C 相、有载分接开关下方、扶梯中下部位置检测到异常信号。因该主变在改造时加装了磁屏蔽，所以在超声定位时不能准确测定放电位置。同时检测有载分接开关和扶梯位置，发现扶梯位置信号明显大于有载分接开关位置，扶梯位置靠近高压C 相。综合所有检测结果，显示放电来自变压器内部，判断放电位置靠近高压C 相，扶梯处测得的信号为传递过来的信号；因在高压 C 相中部出头位置同样检测到信号，判断该处存在放电可能性。相关部位测试情况见表 6-12～表 6-14以及图 6-57～图 6-60。

表 6-12　　　　　　　高压 A 相重点部位测试情况

测试部位	图解	说明及风险提示
高压		对高压三个重点区域连续测试若干周期，在高压 C 相检测到异常信号

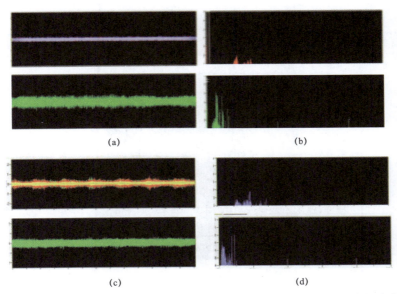

图 6-57　高压 A、B 相（正常相）重点区域测试波形（横坐标为频率，纵坐标为电压幅值）

（a）超声波（上）和高频电流（下）时域波形；（b）传感器 2 超声波（上）和传感器 5 高频电流（下）

频域波形；（c）传感器 3 超声波（上）和传感器 5 高频电流（下）频域波形；

（d）传感器 4 超声波（上）和传感器 5 高频电流（下）频域波形

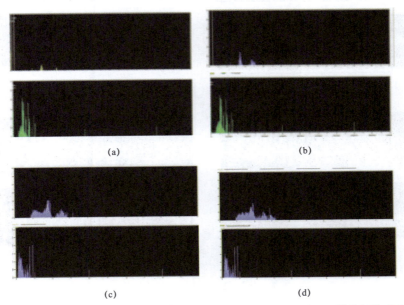

图 6-58　高压 C 相（异常相）重点区域测试波形（横坐标为时间，纵坐标为电压幅值）

（a）超声波（上）和高频电流（下）时域波形；（b）传感器 3 超声波（上）和传感器 5 高频电流（下）

频域波形；（c）传感器 2 超声波（上）和传感器 5 高频电流（下）频域波形；

（d）传感器 1 超声波（上）和传感器 5 高频电流（下）频域波形

表6-13   断路器侧重点位置测试情况

测试部位	图解	说明及风险提示
断路器	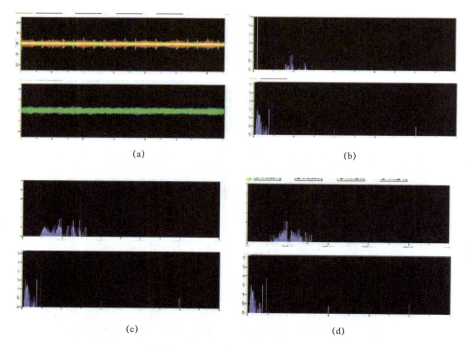	连续测试若干周期，在图中贴探头位置检测到异常信号

图6-59   断路器区域测试波形

（a）超声波（上）和高频电流（下）时域波形；（b）传感器3超声波（上）和传感器5高频电流（下）
频域波形；（c）传感器2超声波（上）和传感器5高频电流（下）频域波形；
（d）传感器1超声波（上）和传感器5高频电流（下）频域波形

表 6–14　　　　　　　　　　　　扶梯侧重点位置测试情况

测试部位	图解	说明及风险提示
扶梯	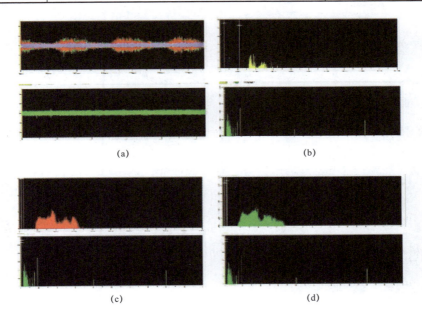	连续测试若干周期，在图中贴探头位置检测到异常信号

图 6–60　扶梯区域测试波形

（a）超声波（上）和高频电流（下）时域波形；（b）传感器 3 超声波（上）和传感器 1 高频电流（下）频域波形；（c）传感器 2 超声波（上）和传感器 1 高频电流（下）频域波形；（d）传感器 1 超声波（上）和传感器 1 高频电流（下）频域波形

（三）现场检查情况

无。

（四）返厂检查情况

2016 年 11 月 24 日，变压器停电返厂，大修前进行高压电气试验，发现高、中、低压绕组直流电阻、绝缘电阻和介损均正常，铁心、夹件绝缘电阻正常，常规电气试验未发现异常。将有载分接开关吊出检查无异常，套管引线无异常。

然而在本体吊罩后发现，高压侧下夹件 A、B 相之间和 B、C 相之间玻璃纤维拉带颜色异常（见图 6-61 和图 6-62），拉带固定处有明显玻璃纤维熔化痕迹，其中 B、C 相之间拉带最为严重。经仔细检查，发现下夹件所有金属螺栓连接固定处均未除漆（见图 6-63）。

图 6-61　A、B 相之间拉带　　　　图 6-62　B、C 相之间拉带

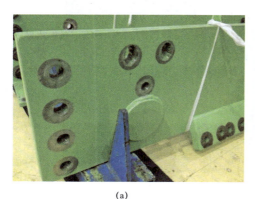 

(a)　　　　　　　　　　　　(b)

图 6-63　下夹件金属螺栓连接固定处未除漆
(a)细节图 1；(b)细节图 2

对下夹件所有螺栓逐一拆除进行检查时，发现高压侧 B、C 相之间横梁紧固用螺栓的平垫圈上有放电灼伤痕迹，这就验证了局放检测时高压侧 C 相中下部存在异常放电信号的结论。同时对高压侧上夹件进行检查，发现上夹件上的螺栓固定处均有除漆，这表明该变压器厂家在安装上、下夹件时未严格按照施

工工艺标准统一执行，存在严重缺陷，导致下夹件上的所有螺栓与下夹件不完全接触，悬浮于不均匀电场中。

三、缺陷/故障原因分析

由于下夹件所有金属螺栓连接固定处均未除漆，导致下夹件上的所有螺栓与下夹件不完全接触，悬浮于不均匀电场中产生悬浮放电；同时由于固定拉带的螺栓与夹件形成了闭合回路，主变运行时漏磁通穿过这些闭合回路感应出很大的涡流，导致螺栓发热，并传导至拉带使其变色。

四、后续处理情况

找到故障原因后，厂内人员将下夹件上的全部螺栓逐个拆下，将穿孔处的油漆刮掉并逐一打磨处理，更换全部螺栓，更换新的拉带后重新组装。

2017 年 1 月 3 日，该主变返厂大修后重新运至变电站内，投运前经局放检测、耐压试验和油色谱检测，各项数据均合格。投运 1、7、30d 后，油色谱跟踪检测合格，检测数据无异常增长。

五、小结及建议

（1）当考虑设备内部同时存在放电故障可能时，可利用超声波或高频局放对故障位置及放电信号大小进行检测，更有利于对故障位置的判断。

（2）变压器放电的同时将产生超声波信号，因此可通过检测变压器内部的超声波信号来辅助判断设备内部的放电故障，并利用超声波的衰减特性进行故障定位。在开展超声波检测时，应选择合适的频率以避开振动干扰。

（3）设备厂家应严把安装质量关，严格遵守施工工艺技术和控制标准，对重要设备装配过程中的各个环节均应认真检查，防止不合格产品投入运行。

第7章 特征气体以氢气为主的缺陷案例分析

本章选取特征气体以氢气为主的缺陷典型故障案例 8 例，根据缺陷原因分为特征气体以氢气为主且甲烷同步增长的局放缺陷和单氢增长非缺陷产气异常两大类。其中，按照缺陷产生的原因，局放缺陷又分为受潮导致的局放缺陷和非受潮导致的局放缺陷。

1. 局放缺陷

局放缺陷中，油中溶解的主要特征气体为氢气、甲烷，总烃不高（例如：油中氢气异常增长，甲烷也同步增长）。按局放原因进行统计如下。

（1）绝缘受潮导致的局放问题有 4 例，缺陷原因为变压器长期运行或外部漏入空气，其中将会有潮气。由于装置的直立性，潮气也会渗透到绝缘材料内部。潮气在放电的起始过程和熄灭过程起着不同的作用。在运行的加热周期中，潮气将会从固体绝缘材料中扩散出来，由于潮气在变压器油中的饱和水平与油温相关，当温度降低时，就会在变压器油中产生过饱和；接着在纤维材料表面产生许多小水滴和气泡，水蒸发时就会得到许多微气泡，从而提高了放电的可能性。在冷却周期中，水将会被凝结，被绝缘纸板局部吸收，绝缘纸板看起就"膨胀"起来了，由于绝缘纸板介损产生热量使绝缘纸板内部水分的蒸发，结果在绝缘纸板内部的许多空隙中开始放电，并同时伴随水的电解反应，水电解也会造成氢气含量的增长。油中溶解氢气与局放量、放电路径、电流大小、电流密度、电解效率以及微水含量均有关联，并且在水电解产氢的同时，绝缘油也会在局放下分解产生部分的氢气和甲烷气体。主要表现为氢气增长，甲烷微量增长，其余组分增长不明显。经 49 台高电压等级变压器局放缺陷（其中 7 个为本章所列缺陷）统计，一般 $\Delta CH_4/\Delta H_2 < 0.05$。绝缘纸受潮和绝缘油纸中水的电解等原因对绝缘油的析氢影响较大。

对此类问题，建议运维单位做好油色谱监测检测与分析，发现油色谱特征异常时应及时跟踪，并结合绝缘油微水、绝缘油介损、绝缘油击穿电压、局放带电检测等做进一步分析。发现此类问题应加强离线、在线油中溶解气体分析，必要时结合停电计划进行热油循环真空滤油处理。变压器（不包括电抗器）受潮较严重时，可采用低频加热同时进行热油循环真空滤油处理。受潮严重时，可返厂干燥处理。

（2）油纸间隙、气隙、导体表面的缺陷等导致的局放问题有 3 例，缺陷原因：① 绝缘油纸之间存在气隙、油老化产生气泡或者低沸点杂质受热产生气泡，或因振动导致间隙变化，最常发生的是气隙放电。在交流电场中，电场强度是与介电常数成反比的，因为气体的介电常数比绝缘油和固体绝缘材料小，所以气泡中的电场强度要比周围介质中高得多，而气体击穿场强一般都比液体或固体低得多，因而很容易在气泡中首先出现放电；② 导体（金属外壳、螺钉）表面存在毛刺、导体尖端或导线的直径太小，会导致局部场强畸变和场强过高，造成局放，主要表现为氢气与甲烷呈线性增长，其余组分增长不明显，一般 $\Delta CH_4/\Delta H_2 \geqslant 0.05$。

针对此类问题，建议运维单位做好油色谱监测检测与分析，发现油色谱特征异常时应及时跟踪，并结合绝缘油微水、含气量、绝缘油介损、局放带电检测等做进一步分析。发现此类问题应加强离线在线油中溶解气体分析，关注乙烯和乙炔的异常变化，防止缺陷进一步扩大；必要时结合停电计划进行热油循环真空滤油处理，使油色谱检测数据正常；但是，这样并不能使其余该类缺陷消除。导体表面毛刺等在一段时间局放条件下，可能使毛刺烧蚀、缺陷消除。

2. 非缺陷产氢异常

非缺陷产氢异常中，油色谱特征为氢气单一增长，其余组分变化不明显。缺陷原因主要为：① 设备中的水分与设备裸露的金属发生电化学反应生成氢气，一般在变压器（电抗器）运输及安装过程中；② 合金材料特别是奥氏体不锈钢部件吸附氢的解析，不锈钢在氢气氛退火工艺中吸附了部分氢气，如果未经真空脱氢处理或处理不完全，与变压器油接触后会缓慢在油中析出；③ 没有烘干的绝缘清漆对绝缘油微水有一定的影响，但是对绝缘油中氢气含量的变化影响不大，不是非缺陷产氢的主要原因；④ 镍金属（合金中含镍，如不锈钢等）与环己烷的催化脱氢反应对绝缘油中氢气含量影响较小，不是非缺陷产氢的主要原因；⑤ 绝缘油处理工艺不到位，未按要求进行真空热油处理，导致死油区的气体产生局放从而造成氢气异常增长。

针对此类问题，建议运维单位做好油色谱监测检测与分析，发现油色谱单氢异常时应及时跟踪，并结合绝缘油微水、本体油中溶解氢气、储油柜油中溶解氢气、冷却器油中溶解氢气等做进一步比对分析。发现此类问题应加强离线油中溶解气体分析，必要时进行本体热油循环真空滤油处理，或带储油柜抽真空后热油循环真空注油，或冷却器单独热油循环滤油。

【案例 7–1】～【案例 7–4】为受潮导致的局放，三比值编码为 010，$\Delta CH_4/\Delta H_2$ ＜0.05。一般带电检测和常规电气试验可能没有异常，而油中溶解气体在线监测装置均能有效监测到氢气变化趋势。结合停电计划，一般进行变压器（电抗器）热油循环真空滤油可以消除缺陷。

【案例 7–5】～【案例 7–7】为非受潮导致的局放，三比值编码为 010，$\Delta CH_4/\Delta H_2$＞0.05。一般带电检测和常规电气试验可能没有异常，油中溶解气体在线监测装置均能有效监测到氢气、甲烷变化趋势。结合停电计划，一般进行变压器（电抗器）热油循环真空滤油可以将油中溶解气体数据暂时处理合格，但并不能消除缺陷。

【案例 7–8】为油中溶解气体特征为单氢增长，其他组分变化不明显。一般带电检测和常规电气试验没有异常，油中溶解气体在线监测装置均能有效监测到氢气变化趋势。对变压器（电抗器）本体、冷却器、储油柜等部位取油样进行离线油色谱分析，确定析氢部位，一般通过相关部件热油循环真空滤油或真空处理可以消除缺陷。

第 1 节　受潮导致的局放缺陷

【案例 7–1】高电压等级变压器受潮导致的局放缺陷

一、缺陷/故障基本信息

某高电压等级变压器冷却方式为强迫油循环风冷，绝缘油为 45 号油，2013 年 11 月出厂；高压套管采用油纸电容型套管，2014 年出厂。

缺陷情况简述：2018 年 12 月 26 日，该变压器高压套管底部接线端子更换完成投运。前期投运，离线及油色谱在线监测数据未发现异常。2018 年 12 月 26 日～2019 年 2 月 28 日期间对变压器进行油色谱离线、油中溶解气体在线跟踪，发现氢气持续增长；至 2019 年 5 月 8 日，氢气达到 286μL/L。

二、检查及试验情况

（一）油色谱检测数据及特征分析

变压器套管底部接线端子更换完成投运后，色谱分析发现氢气含量自 2018 年 12 月 26 日～2019 年 1 月 6 日从 0.5μL/L 增长到约 35μL/L，其他组分气体含量均较小，但甲烷含量从 0.43μL/L 增长至 0.98μL/L。2019 年 2 月 27 日，氢气超过 150μL/L 注意值，并且随后一直持续增长。变压器油中溶解气体离线检测数据见表 7−1，变压器氢气、甲烷油色谱离线检测数据如图 7−1 所示，变压器油中溶解气体在线监测数据见表 7−2，变压器氢气在线监测数据如图 7−2 所示。

表 7−1 　　　　　　　变压器油中溶解气体离线检测数据　　　　　　　（μL/L）

试验日期	气体含量							
	H_2	CO	CO_2	CH_4	C_2H_4	C_2H_6	C_2H_2	总烃
2018.12.26	2.57	0	225.29	0.43	0.03	0	0.06	0.52
2019.01.17	60.67	24.84	291.19	1.71	0.06	0.23	0.06	2.06
2019.02.04	100.04	30.36	436.75	2.95	0.07	0.37	0.06	3.54
2019.02.10	120.79	32.86	321.22	3.27	0.10	0.54	0.06	3.97
2019.02.27	150.81	35.99	390.57	4.01	0.07	0.55	0.06	4.69

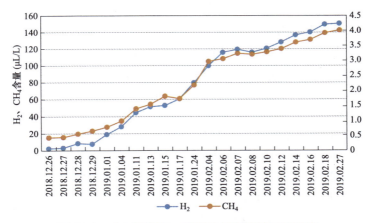

图 7−1　变压器氢气、甲烷油色谱离线检测数据

表 7−2 　　　　　　　变压器油中溶解气体在线监测数据　　　　　　　（μL/L）

试验日期	气体含量							
	H_2	CO	CO_2	CH_4	C_2H_4	C_2H_6	C_2H_2	总烃
2018.12.27	7.167	11.676	192.861	0.446	0	0	0	0.446
2019.01.17	30.708	17.357	225.767	0.958	0	0	0	0.958
2019.01.16	51.606	20.684	244.092	1.276	0	0.061	0	1.337
2019.02.10	102.827	—	—	—	—	—	—	—
2019.03.26	173.380	—	—	—	—	—	—	—

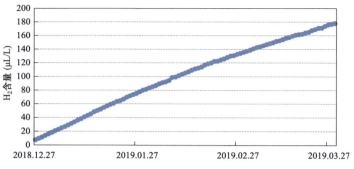

图 7-2 变压器氢气油色谱在线监测数据

变压器主要增长组分是氢气和甲烷，通过三比值法（编码为 010）及特征气体法初步分析，判断为局放故障。结合 $\Delta CH_4/\Delta H_2=0.024<0.05$，初步分析为受潮局放。

（二）其他试验情况

2018 年 12 月 26 日投运前，套管及变压器介损以及局放试验均合格。2019 年 1 月 6 日，变压器油中微水含量为 1.28mg/L、含气量为 0.64%，试验结果均合格；3 月 25 日，微水含量为 6.1mg/L，微水试验合格。

三、缺陷/故障原因分析

变压器本体油色谱离线检测数据 $\Delta CH_4/\Delta H_2=0.024<0.05$，判断可能发生受潮局放。结合 2018 年 12 月 26 日该变压器 B 相高压套管底部接线端子更换完成，调取过程检修记录发现 2018 年 11 月 29 日 18 时 42 分该变压器本体大排油后开始抽真空；11 月 30 日 12 时，发现有载分接开关与本体法兰处有明显漏气声，至 16 时降至 230Pa，持续时间大约为 19h；随后紧固螺栓，变压器本体真空迅速下降。环境平均温度约为 -1℃，平均相对湿度为 34%。12 月 2 日 16 时 30 分开始注油，12 月 8 日 10 时 32 分热油循环结束。

滤油机型号为 zkc3000，设备抽气速率为 3000L/s，计算受潮进水量为 778.1g。2018 年 12 月 1 日 16 时抽真空至 50Pa 开始计时，到 12 月 1 日 16 时结束，开始注油；12 月 3 日 20 时开始热油循环至 12 月 8 日 10 时 32 分结束，期间投入低频加热，可将大部分潮气脱除（根据以往经验水分脱除率为 90% 以上，低环境温度下脱除率略低，按 90% 计算剩余水分为 77.8g）。

四、后续处理情况

2019 年 5 月 8 日对变压器本体热油循环真空滤油处理后，运行至 2020 年 5 月油中溶解氢气为 28μL/L。

五、小结及建议

（1）受潮局放是水分在变压器运行时受热在绝缘纸内部纤维及表面产生气泡引起的局放，色谱检测结果主要变现为单氢增长，伴随甲烷微量增长，一般甲烷与氢气比值小于 0.05；间隙、气隙局放主要是油膜承受高电压击穿，色谱检测结果主要变现为单氢增长，伴随甲烷同步增长，一般甲烷与氢气比值为大于 0.05。本案例采用三比值法（编码为 010）、特征气体法及 $\Delta CH_4/\Delta H_2 = 0.024 < 0.05$，综合分析变压器 B 相为受潮局放。

（2）离线数据与在线数据误差不超过 A 级误差要求，因此油色谱在线监测数据是可信的，继续加强在线油色谱跟踪，尤其是氢气的绝对产气速率随环境温度变化（运行油温）有无快速增长趋势以及一氧化碳和二氧化碳的三相横向对比。

（3）根据离线油色谱分析结果，应加强油色谱离线检测和在线监测，关注乙烯和乙炔含量的异常变化，防止缺陷进一步扩大；在此之前不宜过度检修，对设备进行现场或返厂解体检查。

（4）结合停电计划，尽可能对变压器 B 相进行低频加热将固体绝缘材料中水分驱赶到油中，同时进行真空热油循环进一步将油中水分除去，并尽可能对高压套管升高座等"死区"部位排气。

（5）变压器 B 相投运前已进行局放试验，未发现异常，而油中氢气异常引起的局放能量极小，且为局部受潮，整体绝缘不受影响，因此不建议再进行耐压和局放试验。铁心、夹件电流测试、超声波局放、高频局放建议每天开展一次。

（6）严格执行变压器检修规程，尽量降低变压器绝缘材料含水量。在更换变压器套管时，尽量缩短其暴露在空气中的时间，以防水分的侵入，避免水分在电场作用下的电离。

【案例 7-2】220kV 变电站主变铁心受潮缺陷（单氢偏高、局放缺陷）

一、缺陷/故障基本信息

某 220kV 变电站主变型号为 SFSZ10-150000/220，2008 年 3 月出厂，2008 年 12 月投运。

缺陷情况简述：2013 年油中首次检测到氢气超标，2016 年首次检测到油中存在乙炔。2020 年 5 月对该变压器进行吊罩检测，发现由于套管法兰螺钉过短，未压实法兰密封圈，导致雨水顺着法兰部位进入铁心顶部，造成铁心锈蚀，水在铁的催化下产生大量氢气，并导致产生局放。

二、检查及试验情况

（一）油中溶解气体离线检测数据及特征分析

2013 年 12 月 11 日，1 号主变油色谱例行检测中首次发现本体绝缘油的氢气含量超标，数值为 152.33μL/L，超过相关规程的 150μL/L 注意值。2016 年 11 月 14 日，首次发现本体绝缘油出现乙炔，数值为 0.06μL/L，2020 年乙炔含量最高为 0.24μL/L，总烃含量平均为 15.93μL/L，甲烷含量平均为 12.07μL/L，约占总烃的 75.95%。油中溶解气体离线检测数据见表 7-3 和图 7-3。

表 7-3　　　　　　　　油中溶解气体离线检测数据　　　　　　（μL/L）

试验日期	气体含量							
	H_2	CO	CO_2	CH_4	C_2H_4	C_2H_6	C_2H_2	总烃
2013.12.11	152.33	150.24	2240.69	9.04	0.43	2.17	0	11.64
2015.10.21	220.91	191.33	3143.38	12.05	0.52	2.97	0	15.54
2018.10.31	254.78	178.28	2948.70	12.97	0.49	3.36	0.07	16.89
2019.12.26	256.50	155.16	3235.48	12.39	0.74	4.33	0.15	17.61
2020.02.26	268.94	181.17	2985.97	13.41	0.48	3.64	0.24	17.77

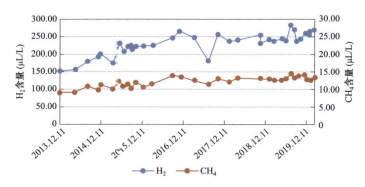

图 7-3　油中溶解气体离线检测数据

根据《变压器油中溶解气体分析和判断导则》（DL/T 722—2014）和 2017 年 10 月 23 日之前的检测数据，该主变本体绝缘油分析特征气体比值 $C_2H_2/C_2H_4=0$、$CH_4/H_2=0.05$、$C_2H_4/C_2H_6=0.17$，按照三比值法编码为 010，判断故障性质为局放（高湿、气隙、毛刺、漆瘤、杂质等引起的低能量密度的放电）。

（二）初步故障分析

该主变中氢气单组分含量超标，三比值编码为 010，被归为单一类型故障而未加区分。实际上，脱氢反应、水的锈蚀反应、油的低温热解和局放等都可能导致油中氢气含量升高的原因，根据产氢机理可做以下划分。

1. 非故障产氢

环己烷的脱氢反应产生的氢气及不锈钢构件在制造过程中吸附的氢气都可能不断释放到油中，这两种情况因设备内部无绝缘缺陷而不对设备运行构成直接的危害。该主变已运行 11 年，期间的试验数据可以排除此类情况。

2. 水对金属的锈蚀反应

在相当一部分充油电气设备中，变压器底部都有不同程度的游离水存在。水分的存在将加速金属的腐蚀，它会与铁及其所含杂质形成电极化反应：

$$Fe + 2H_2O \longrightarrow Fe(OH)_2 + H_2 \uparrow \qquad (7-1)$$

于是吸附在金属表面的氢离子在阳极获得电子，生成氢气溶解于周围的绝缘油。这种现象通常是在设备正常运行情况下产生的，只要这些游离水不进入油的循环系统，一般也不会对设备造成显著危害；但根据单纯氢气含量超标分析出气泡放电，此类情况可能发生。

3. 油的低温热解

油在各种触媒的作用下，会发生低温热解。在某些情况下，也会呈现一种以氢气为主的增长过程。它对设备的危害一般表现为影响绝缘介质的长期劣化。由于油的低温热解可引起除氢气外其他特征气体含量的持续升高，通过含量表可以看出，除氢气外其他气体含量变化不大，因此，这不是造成此次氢气含量升高的原因。

4. 局放

油纸绝缘中浸渍不良、受潮以及油中存在气泡等引起的局放也是导致设备氢气含量升高的一个重要原因。这是因为放电能量对油纸绝缘会产生破坏作用，致使绝缘油、纸发生分解反应。最为常见的局放形式是气隙放电。

传统的电气试验方法，如测量绕组的绝缘电阻、吸收比、介损、直流泄漏电流以及测量油的绝缘强度，可以间接地定性了解变压器进水受潮情况；但在试验过程中，电气试验的数据始终正常，对缺陷的检查处理有一定的迷惑性。

综合分析：根据以上特征气体成分、含量分析，主变单值氢气超标且其他

组分基本不增长，受潮的可能性较大。若2~3月以后氢气不再继续增加或增加缓慢，则为固体材料（特别是不锈钢部件）吸附氢气的解析，到达平衡后不再增加，若是受潮则会继续增加。再者，设备中的少量水分和裸露的铁（铝）部件发生电化学反应生成氢气，这种状况一般氢气呈上升趋势，而油中含水量略呈下降趋势。

（三）返厂检查情况

2020年5月25日上午，对该主变进行了吊罩检修。在吊罩后检查确认变压器高、低压套管、分接开关、绕组导线等均无异常，但发现主变顶部的铁心硅钢片均有不同程度的生锈现象，生锈的硅钢片叠装在高、中压套管升高座两侧位置。铁心顶部情况如图7-4所示。

(a)　　　　　　　　　　　　　　　(b)

图7-4　铁心顶部情况

(a) 现场图1；(b) 现场图2

2020年5月26日下午，对生锈硅钢片进行擦拭清理，用旧布擦拭锈蚀处将浮锈全部擦掉，再用白洁布沾酒精擦拭干净，晾干。生锈硅钢片如图7-5所示。

施工人员在恢复套管与升高座过程中，发现套管与升高座对接法兰的固定螺钉长度较短，未能将法兰密封圈压紧压实，随即更换长度较长的固定螺钉紧固，保证变压器的严密性。

（a）　　　　　　　　　　　　（b）

图 7-5　生锈硅钢片

（a）现场图 1；（b）现场图 2

三、缺陷/故障原因分析

由于生锈的硅钢片均位于高、中压套管升高座两侧，厂家人员重点检查套管密封情况，发现套管法兰内表面有不同程度的水流锈蚀痕迹。在拆除套管的过程中，检查发现法兰螺钉过短，未将法兰密封圈压紧压实，雨水顺着法兰部位进入本体内部，造成本体内部受潮。法兰内表面锈蚀如图 7-6 所示。

（a）　　　　　　　　　　　　（b）

图 7-6　法兰内表面锈蚀

（a）现场图 1；（b）现场图 2

当变压器内部进水受潮时，水分在电场作用下和铁发生化学反应，可产生

 变压器及电抗器油中溶解气体分析技术及典型案例分析

大量的氢气；油中水分和杂质易形成小桥，或绝缘中含有气隙引起局放。由于局放和受潮同时存在，硅钢片外表面的绝缘漆被破坏，进一步腐蚀铁心，氢气呈现缓慢增长趋势，与之前分析结果相符。

四、后续处理情况

对变压器重新进行热油循环，使油中含氢量处理到 1.76μL/L。在主变检修期间，对主变套管、散热器。管路连接等密封圈全部进行更换，提高变压器的严密性。

五、小结及建议

（1）采用增量三比值法（编码为 010）及增量特征气体法，且受潮局放是水分在变压器运行时受热在绝缘纸内部纤维及表面产生气泡引起，色谱检测结果主要变现为单氢增长，伴随甲烷微量增长，$\Delta CH_4/\Delta H_2 = 0.037 < 0.05$，综合分析为受潮局放。

（2）建议可对变压器带电取油样开展油中微水、含气量、油耐压、油介损试验以及变压器带电局放检测。

（3）针对变压器油色谱检测数据分析，可考虑停运时开展变压器介损试验，排除变压器受潮。

（4）根据离线油色谱分析结果，应加强离线油色谱监测，关注乙烯和乙炔含量的异常变化，防止缺陷进一步扩大。

（5）考虑局放原因，受潮局放可以通过热油循环真空滤油处理方式消除；而振动等原因导致的气隙、间隙局放不能通过热油循环真空滤油处理方式消除，但可以暂时将油色谱检测数据处理到正常范围。

（6）严格执行变压器工艺规程，尽量降低变压器绝缘材料含水量。在变压器出厂时，尽量缩短其暴露在空气中的时间，以防水分的侵入，避免水分在电场作用下的电离。

【案例 7-3】110kV 变电站主变本体受潮局放缺陷

一、缺陷/故障基本信息

某 110kV 变电站主变型号为 SZ11-4000/110，油重为 13.5t，2011 年 7 月出厂，2012 年 6 月投运。

缺陷情况简述：试验班在 2015 年 3 月 26 日～4 月 12 日期间发现变电站主变油色谱在线数据氢气超过注意值并有明显增长的趋势，并对该主变进行了油

色谱离线检测数据跟踪。4 月 18～20 日，对主变进行了停电检查，并对该主变进行了局放试验，试验数据全部合格；随后对该主变进行了滤油处理，经过 2d 的滤油处理，该主变的油色谱试验数据中氢气含量降至合格范围内。

二、检查及试验情况

（一）油色谱离线检测数据及特征分析

利用气相色谱仪对该主变进行色谱分析发现氢气超标，主变油中溶解气体离线检测数据见表 7－4。

表 7－4　　　　　　主变油中溶解气体离线检测数据　　　　　　（μL/L）

试验日期	气体含量							
	H_2	CO	CO_2	CH_4	C_2H_4	C_2H_6	C_2H_2	总烃
2013.07.12	435.86	386.77	1769.05	12.20	0.91	1.50	0	14.61
2014.04.01	324.09	421.63	1718.62	13.58	0.96	1.80	0	16.34
2015.02.03	796.60	665.35	2386.24	27.07	2.07	3.86	0	33.00
2015.03.26	1265.00	806.26	2539.36	25.36	1.48	2.74	0	29.58
2015.03.27	1090.10	771.64	2481.93	26.53	1.87	3.43	0	31.83

主要增长组分是氢气和甲烷，通过三比值法（编码为 010）及特征气体法初步分析，综合判断为受潮局放。油中溶解气体离线检测数据如图 7－7 所示。

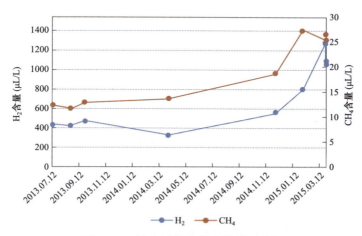

图 7－7　油中溶解气体离线检测数据

停电对主变本体进行套管检查，发现套管密封良好，同时对主变进行滤油处理。主变处理后油中溶解气体离线检测数据见表 7－5。

变压器及电抗器油中溶解气体分析技术及典型案例分析

表7-5　　　　　　　主变处理后油中溶解气体离线检测数据　　　　　（μL/L）

试验日期	气体含量							
	H₂	CO	CO₂	CH₄	C₂H₄	C₂H₆	C₂H₂	总烃
2015.04.20	25.09	10.10	308.36	1.05	0.08	0.11	0	1.24
2015.04.24	62.04	35.43	414.93	0.84	0.02	0.14	0	1.00
2015.04.28	82.94	55.10	539.25	1.13	0.11	0.14	0	1.38
2015.05.14	64.47	43.32	627.31	1.9	0.18	0.18	0	2.26

处理后油中溶解气体离线检测数据如图7-8所示。

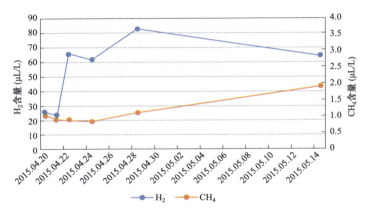

图7-8　处理后油中溶解气体离线检测数据

（二）油色谱在线监测数据及特征分析

主变油中溶解气体在线监测数据见表7-6。

表7-6　　　　　　　主变油中溶解气体在线监测数据　　　　　（μL/L）

取样位置	试验日期							
	H₂	CO	CO₂	CH₄	C₂H₄	C₂H₆	C₂H₂	总烃
2015.03.26	621.9	543.2	2090.3	21.0	1.1	2.3	0.1	24.5
2015.03.31	1100.0	780.8	2668.3	26.4	1.9	3.2	0	31.5
2015.04.04	1085.8	750.1	2483.3	20.3	1.8	3.0	0	25.1
2015.04.09	1220.0	760.1	2483.3	25.6	1.9	3.2	0	30.7
2015.04.12	1018.8	760.1	2466.7	27.6	1.7	3.7	0	33.0

主变处理前油中溶解气体在线监测数据如图7-9所示。

420

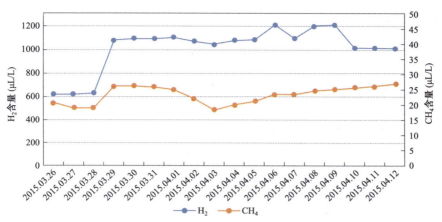

图 7-9　主变处理前油中溶解气体在线监测数据

主变处理后油中溶解气体在线监测数据如图 7-10 所示。

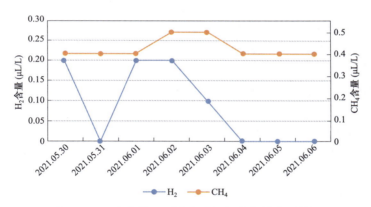

图 7-10　主变处理后油中溶解气体在线监测数据

通过在线监测与离线检测数据比对，可以看出该主变油中氢气含量已经稳定且符合运行要求。

三、缺陷/故障原因分析

结合主变油色谱检测结果以及设备生产厂家的设计资料，分析油中氢气的来源如下：

（1）油中水分在电场和铁等金属作用下发生化学反应生成氢气；

（2）受潮导致局放产生氢气；

（3）设备内部使用的某些绝缘漆固化不完全，充油后漆膜继续固化可能产生氢气，但不会明显影响油中氢气含量；

（4）新不锈钢可能在加工或焊接过程中吸附氢而又慢慢释放到油中；

（5）镍是一种脱氢反应催化剂，但设备内部与油相接触的合金材料（如不锈钢）中含有镍时，不会使环己烷发生脱氢反应；

（6）主变套管密封不严或者主变本体干燥不彻底，造成水汽进入主变，发生化学反应产生氢气。

现场检修人员经过分析比对，结合厂家生产的其他主变在运行中的问题，认为有可能是主变套管密封不严或者主变本体干燥不彻底。

四、后续处理情况

现场采用热油循环真空滤油处理后，主变油色谱检测数据恢复正常。

五、小结及建议

（1）受潮局放是水分在变压器运行时受热在绝缘纸内部纤维及表面产生起泡引起的局放，色谱主要变现为单氢增长，伴随甲烷微量增长，$\Delta CH_4/\Delta H_2 = 0.022 < 0.05$。

（2）油色谱在线监测是监测电气设备电气性能的有效手段，安全、可靠、无需停电，可以及时发现异常现象和事故隐患。

（3）建议可对变压器带电取油样开展油中微水、含气量、油耐压、油介损试验以及变压器带电局放检测。

（4）针对变压器有油色谱检测数据分析，可考虑停运时开展变压器介损试验排除变压器受潮。

（5）根据离线油色谱分析结果，应加强油色谱离线检测、在线监测，关注乙烯和乙炔含量的异常变化，防止缺陷进一步扩大。

（6）考虑局放原因，受潮局放可以通过热油循环真空滤油处理方式消除；而振动等原因导致的气隙、间隙局放不能通过热油循环真空滤油处理方式消除，但可以暂时将油色谱检测数据处理到正常范围。

（7）严格执行变压器工艺规程，尽量降低变压器绝缘材料含水量。在变压器出厂时，尽量缩短其暴露在空气中的时间，以防水分的侵入，避免水分在电场作用下的电离。

【案例 7-4】110kV 变电站主变本体-绝缘件受潮导致的局放缺陷

一、缺陷/故障基本信息

某 110kV 变电站主变型号为 SZ10-50000/110，2007 年 12 月出厂，2008

年 3 月投运。

缺陷情况简述：2015 年 5 月 27 日，电气试验班工作人员进行主变油色谱分析，结果显示氢气和总烃均超过注意值。将主变取油样周期由 1 年缩短至半年，于 2015 年 7 月 7 日再次取油样进行油色谱分析，发现油色谱中氢气数据仍呈增长趋势。

二、检查及试验情况

（一）油色谱检测数据及特征分析

主变油中溶解气体离线检测数据见表 7-7，氢气、甲烷油色谱离线检测数据如图 7-11 所示。

表 7-7　　　　　　　　　主变油中溶解气体离线检测数据　　　　　　　　　（μL/L）

试验日期	气体含量							
	H_2	CO	CO_2	CH_4	C_2H_4	C_2H_6	C_2H_2	总烃
2014.06.26	120.28	711.05	1023.2	50.20	5.70	30.10	0	86.00
2015.05.27	3660.12	576.22	2508.8	221.53	7.16	59.11	0	287.80
2015.07.07	4094.26	650.82	2746.9	296.19	3.67	68.81	0	364.67

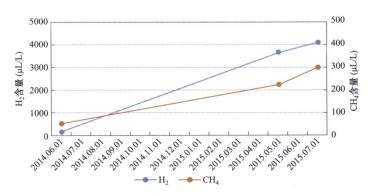

图 7-11　氢气、甲烷油色谱离线检测数据

主要增长组分是氢气和甲烷，通过三比值法（编码为 010）及特征气体法初步分析，判断为局放。

（二）其他试验情况

2014 年 7 月 31 日和 2015 年 7 月 7 日分别对主变进行油微水测试，测试结果正常。

2014 年 11 月 5 日，开展绕组连同套管对地绝缘电阻测试、绕组连同套管的介损测试、绕组连同套管直流电阻测试、套管绝缘电阻测试、套管一次侧对末屏的介损测试，测试结果均合格。

（三）现场检查情况

用 OMICRON DIANA 测试仪采用频域波谱（FDS）进行介电响应分析，结果显示主变高压绕组对地绝缘受潮。主变各绝缘部位的含水量分别为：高压绕组对低压绕组（CHL）0.4%，高压绕组对地（CH）3.9%，判断主变高压绕组对地纸板绝缘受潮。高压绕组对低压绕组（CHL）及高压绕组对地（CH）的介损—频率（tanδ—f）特性曲线如图 7-12 所示，MODS 软件对地（CH）绝缘含水量评估如图 7-13 所示，MODS 软件对低压绕组（CHL）绝缘含水量评估如图 7-14 所示。

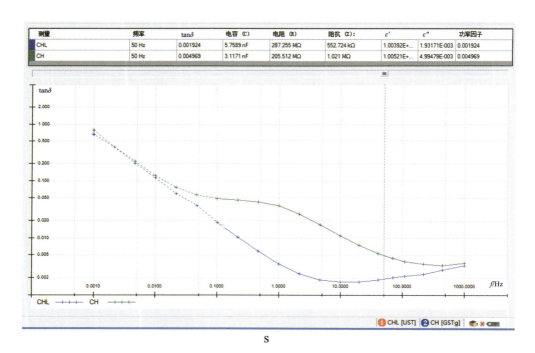

测量	频率	tanδ	电容（C）	电阻（R）	阻抗（Z）:	ε'	ε"	功率因子
CHL	50 Hz	0.001924	5.7589 nF	287.255 MΩ	552.724 kΩ	1.00392E+...	1.93171E-003	0.001924
CH	50 Hz	0.004969	3.1171 nF	205.512 MΩ	1.021 MΩ	1.00521E+...	4.99479E-003	0.004969

图 7-12　高压绕组对低压侧玉绕组（CHL）及高压绕组对地（CH）的
介损—频率（tanδ—f）特性曲线

（四）返厂检查情况

2015 年 7 月 20～24 日，将主变返厂维修，更换了线圈及纸板，并进行干燥处理。

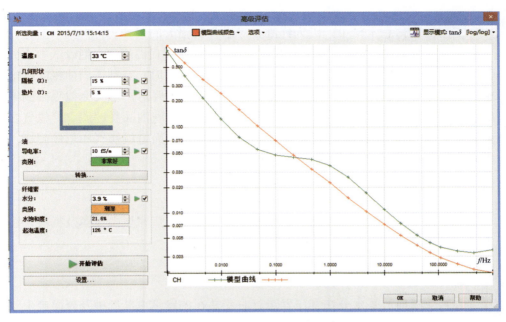

图 7-13　MODS 软件对地（CH）绝缘含水量评估

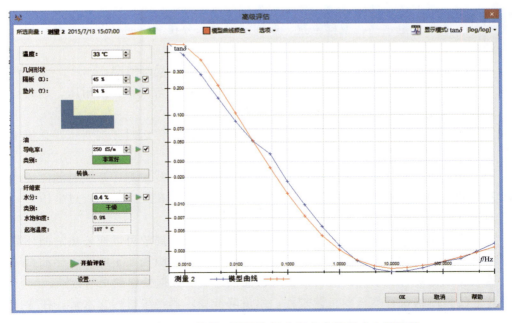

图 7-14　MODS 软件对低压绕组（CHL）绝缘含水量评估

三、缺陷/故障原因分析

变压器本体总水量中，因为纤维素对水具有强大的亲和力，99%水量存在于固体绝缘纤维中，只有1%存在于变压器油中。在任何温度下，绝缘纸中水分与绝缘油中水分均会达到分配平衡。当温度大于80℃时，有利于固体绝缘纤维中的水从绝缘层表面逸出，溶入变压器油中；温度下降后，水又会被吸附到绝缘层上。但变压器油微水含量分析试验并不能完全反映油品受潮现象。氢气含量超标是因为高压侧对地绝缘纸板受潮引起局放，进而造成氢气和总烃超标，受潮可能是出厂时工艺要求不严格所致。

四、后续处理情况

7月20～24日，更换主变，将旧主变返厂维修，厂家更换线圈及纸板，经干燥处理后色谱分析正常，并用于其他变电站。

五、小结及建议

（1）受潮局放是水分在变压器运行时受热在绝缘纸内部纤维及表面产生气泡引起的，色谱主要表现为单氢增长，伴随甲烷微量增长，$\Delta CH_4/\Delta H_2 = 0.062 > 0.05$。本例受潮局放判断经验与 FDS 检测结果不相符。

（2）水分在任何温度下，在油中和绝缘纸中都会达到分配平衡，温度越高水分在油中含量越高。取样位置、取样油温及水分在油中的存在形式都会导致油中微水不能反映变压器受潮情况。

（3）FDS 测试可以判断变压器固体绝缘材料严重受潮情况。

（4）建议可对变压器带电取油样开展油中微水、含气量、油耐压、油介损试验以及变压器带电局放检测。

（5）针对变压器有油色谱检测数据分析，可考虑停运时开展变压器介损试验排除电抗器受潮。

（6）根据离线油色谱分析结果，应加强油色谱离线检测、在线监测，关注乙烯和乙炔含量的异常变化，防止缺陷进一步扩大。在此之前不宜过度检修，对设备进行现场或返厂解体检查。

（7）编制差异化检修方案。考虑局放原因，受潮局放可以通过热油循环真空滤油处理方式消除；而振动等原因导致的气隙、间隙局放不能通过热油循环真空滤油处理方式消除，但可以暂时将油色谱检测数据处理到正常范围。

（8）严格执行变压器工艺规程，尽量降低变压器绝缘材料含水量。在变压器出厂时，尽量缩短其暴露在空气中的时间，以防水分的侵入，避免水分在电场作用下的电离。

第 2 节　非受潮导致的局放缺陷

【案例 7–5】220kV 变电站高抗 B、C 相四角定位螺栓松动导致的局放

一、缺陷/故障基本信息

某 220kV 变电站高抗 B、C 相型号为 BKD–10000/242–110，冷却方式为油浸自冷，绝缘油为 45 号，2011 年 10 月出厂。2012 年 2 月 13 日发生故障，2012 年 2 月 23 日进行返厂解体检查，发现由于短路冲击造成绕组变形且一次绕组 C 相绝缘烧损，修复更换后于 2012 年 4 月 1 日重新投入运行。

缺陷情况简述：2016 年 9 月 22 日，发现高抗 B、C 相绝缘油氢气含量超标，分别为 B 相 1005μL/L、C 相 159μL/L，超出相关规程规定注意值；B、C 相甲烷含量均与上一次数据对比有明显增长，但未超出标准值；一氧化碳和二氧化碳含量增长明显。

二、检查及试验情况

（一）油色谱检测数据及特征分析

2016 年 9 月 22 日，在开展变压器油例行试验时，发现高抗 B、C 相绝缘油氢气含量超标，分别为 B 相 1005μL/L、C 相 159μL/L，而相关规程规定注意值为 150μL/L，该高抗 B、C 相绝缘油氢气含量超出标准值；B、C 相甲烷含量均与上一次数据对比有明显增长，但未超出标准值；一氧化碳和二氧化碳含量增长明显。根据变压器油中溶解特征气体分析判断，怀疑高抗内部存在局放现象。高抗油中溶解气体离线检测数据见表 7–8。

表 7–8　　　　　　　　高抗油中溶解气体离线检测数据　　　　　　（μL/L）

检测项目	2012 年上半年绝缘油色谱分析		2016 年 9 月 22 日绝缘油色谱分析	
	高抗 B 相	高抗 C 相	高抗 B 相	高抗 C 相
H_2	3.0	2.0	1005.0	159.0
CO	17.0	17.0	540.0	306.0
CO_2	195.0	132.0	1450.0	1265.0
CH_4	0.6	0.5	49.1	10.7

续表

检测项目	2012 年上半年绝缘油色谱分析		2016 年 9 月 22 日绝缘油色谱分析	
	高抗 B 相	高抗 C 相	高抗 B 相	高抗 C 相
C_2H_4	0	0	0	0.1
C_2H_6	0	0	3.4	1.1
C_2H_2	0	0	0	0
总烃	0.6	0.5	52.5	11.9

高抗 B 相及 C 相主要增长组分是氢气和甲烷，通过三比值法（编码为 010）及特征气体法初步分析，判断为局放。

（二）返厂检查情况

2017 年 5 月 30 日返厂检查发现，B 相电抗器定位螺栓表面有氧化现象，B、C 相电抗器油箱底部有杂物及绝缘垫块。返厂检查情况如图 7-15 所示。

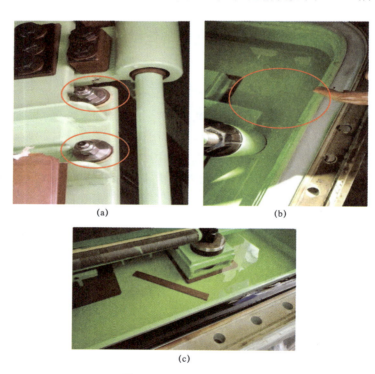

(a)

(b)

(c)

图 7-15　返厂检查情况

（a）B 相电抗器定位螺栓表面氧化现象；（b）B、C 相电抗器油箱底部杂物；

（c）B、C 相电抗器油箱底部散落绝缘垫块

三、缺陷/故障原因分析

B、C 相电抗器本体绕组四角定位螺栓表面有氧化现象,可能发生受潮局放。铁心、夹件定位螺栓有松动现象,振动引起电极间间隙缩小对绝缘油局放产生氢气。

四、后续处理情况

对 B、C 相电抗器本体绕组四角定位螺栓加装绝缘垫,紧固铁心、夹件定位螺栓,并对油箱底部杂物及绝缘垫块进行清理。

五、小结及建议

(1)受潮局放是水分在变压器运行时受热在绝缘纸内部纤维及表面产生起泡引起的,色谱主要变现为单氢增长,伴随甲烷微量增长,一般甲烷与氢气比值为小于 0.05;间隙、气隙局放主要是油膜承受高电压击穿,色谱主要变现为单氢增长,伴随甲烷同步增长,一般甲烷与氢气比值为大于 0.05。本案例中采用三比值法(编码为 010)及特征气体法并结合 $\Delta CH_4/\Delta H_2 = 0.049 < 0.05$ 综合分析高抗 B 相为受潮局放,$\Delta CH_4/\Delta H_2 = 0.065 > 0.05$ 高抗 C 相为非受潮局放。

(2)建议可对电抗器带电取油样开展油中微水、含气量、油耐压、油介损试验以及变压器带电局放检测。

(3)针对电抗器绝缘油色谱检测数据分析,可考虑停运时开展电抗器介损试验排除电抗器受潮。

(4)根据离线油色谱分析结果,应加强油色谱离线检测、在线监测,关注乙烯和乙炔含量的异常变化,防止缺陷进一步扩大。在此之前不宜过度检修,对设备进行现场或返厂解体检查。

(5)编制差异化检修方案。考虑局放原因,受潮局放可以通过热油循环真空滤油处理方式消除;而振动等原因导致的气隙、间隙局放不能通过热油循环真空滤油处理方式消除,但可以暂时将油色谱检测数据处理到正常范围。

(6)严格执行变压器工艺规程,尽量降低变压器绝缘材料含水量。在变压器出厂时,尽量缩短其暴露在空气中的时间,以防水分的侵入,避免水分在电场作用下的电离。

【案例 7-6】高电压等级高抗 A 相内部氢气异常增长缺陷

一、缺陷/故障基本信息

某变电站高电压等级高抗型号为 BKD-70000,为单相变压器,2008 年 9

月出厂，2009 年 5 月 25 日投运。油在线监测装置型号为 TRANSFIX 1.6，2009年 5 月投运。

缺陷情况简述：2015 年 1 月 8 日，高抗油色谱在线监测装置显示 A 相氢气含量为 233.42μL/L，离线测试氢气含量为 272.45μL/L 较 2014 年 12 月测试数据有较大增长。将离线油色谱测试周期调整至 1 次/周跟踪监测 1 个月，氢气数据未明显上升。

2016 年 2 月 4 日，离线测试发现高抗 A 相离线油色谱氢气含量为450.37μL/L。持续按照 1 次/15d 的周期开展离线油色谱测试工作，发现氢气含量呈缓慢上升，至 2019 年 9 月 12 日氢气含量为 1127.7μL/L。2019 年 9 月 12～27 日，完成高抗 A 相与备用相高抗替换。

二、检查及试验情况

（一）油色谱检测数据及特征分析

高抗 A 相油中溶解气体离线检测数据见表 7-9，高抗氢气和甲烷油色谱离线检测数据如图 7-16 所示。

表 7-9　　　　　　　　高抗 A 相油中溶解气体离线检测数据　　　　　　（μL/L）

试验日期	气体含量							
	H_2	CO	CO_2	CH_4	C_2H_4	C_2H_6	C_2H_2	总烃
2016.02.24	392.47	59.43	661.73	30.970	4.10	6.51	0	41.580
2017.06.21	622.25	82.54	1040.16	54.258	7.16	12.78	0	74.206
2018.04.26	909.40	96.11	943.37	71.103	7.07	13.60	0.079	91.858
2019.08.22	1099.45	106.00	1296.43	91.310	9.22	17.77	0	118.300
2019.09.18	1098.20	97.20	1301.60	84.800	9.70	18.80	0	113.300

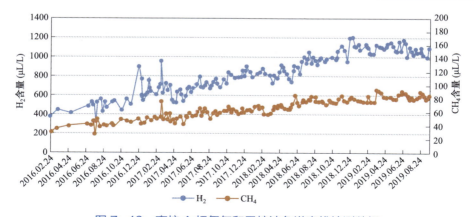

图 7-16　高抗 A 相氢气和甲烷油色谱离线检测数据

主要增长组分是氢气和甲烷，通过三比值法（编码为 010）及特征气体法初步分析，判断为局放。

（二）其他试验情况

无。

（三）现场检查情况

无。

（四）返厂检查情况

解体前对器身入炉干燥，析出器身变压器油，冷却至室温后进行器身解体：

（1）上铁轭及夹件、铁心大饼、各处等电位连接线、螺栓紧固件等未见明显异常。

（2）下轭屏蔽与左侧轭屏蔽处有明显磨损痕迹，左侧轭屏蔽纸板磨损痕迹如图 7-17 所示，下轭屏蔽纸板磨损痕迹如图 7-18 所示。其余检查无异常。

图 7-17　左侧轭屏蔽纸板磨损痕迹　　图 7-18　下轭屏蔽纸板磨损痕迹

（3）线圈解体。线圈各处检查未见异常。

（4）油箱检查。对油箱内部进行检查，发现地脚紧固螺栓表面明显发黑，两侧磁屏蔽上各有一处发黑痕迹。左侧磁屏蔽发黑痕迹如图 7-19 所示，右侧磁屏蔽发黑痕迹如图 7-20 所示。其余各处无明显异常。

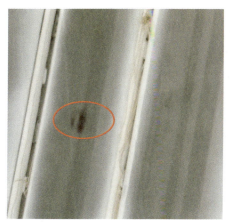

图 7-19　左侧磁屏蔽发黑痕迹

图 7-20　右侧磁屏蔽发黑痕迹

三、缺陷/故障原因分析

结合该台高抗色谱检测数据，只有氢气含量超标、甲烷增长外，其他组分变化不大，不具备过热和放电的条件。设备内部受潮或者气隙、间隙在电场的作用下都可产生大量的氢气，从运行情况来看，产氢的最大可能为电抗器振动导致间隙、气隙局放所致。

四、后续处理情况

（1）将高抗 A 相退出运行，将做完相应试验和调试的高抗备用相更换至 A 相位置投运。

（2）将高抗 A 相退出后运回至原制造厂进行解体大修。

（3）将大修合格的高抗 A 相返回至备用相基础安装就位。

五、小结及建议

（1）采用三比值法（编码为 010）及特征气体法并结合 $\Delta CH_4/\Delta H_2 = 0.076 > 0.05$，综合分析 1 号高抗 A 相为非受潮局放。

（2）油色谱在线监测可以及时发现局放缺陷，必须保证在线监测装置的准确性。加强在线监测装置建设，及时完成在线监测装置升级换代工作，提高在线监测装置检测精度，确保在运装置精度均满足 A 级要求。

（3）建议可对电抗器带电取油样开展油中微水、含气量、油耐压、油介损试验以及变压器带电局放检测。

（3）针对电抗器有油色谱检测数据分析，可考虑停运时开展电抗器介损试验排除电抗器受潮。

（4）根据离线油色谱分析结果，应加强油色谱离线检测、在线监测，关注乙烯和乙炔含量的异常变化，防止缺陷进一步扩大。在此之前不宜过度检修，对设备进行现场或返厂解体检查。

（5）编制差异化检修方案。考虑局放原因，受潮局放可以通过热油循环真空滤油处理方式消除；而振动等原因导致的气隙、间隙局放不能通过热油循环真空滤油处理方式消除，但可以暂时将油色谱检测数据处理到正常范围。

【案例 7-7】高电压等级高抗 B 相内部氢气异常增长缺陷

一、缺陷/故障基本信息

某高电压等级高抗 2019 年 3 月 12 日出厂，2019 年 5 月 23 日投运。

缺陷情况简述：2020 年 6 月 2 日，在对高抗进行定期色谱分析检查时发现氢气超过注意值。由于现场保电的需要，一直未进行滤油、内检等处理。2022 年 5 月 2 日，氢气含量达 2468.58μL/L，甲烷含量达 172.18μL/L，乙炔含量为 0.17μL/L。

二、检查及试验情况

（一）油色谱检测数据及特征分析

高抗 B 相油中溶解气体离线检测数据见表 7-10，油中氢气、甲烷的油色谱离线检测数据如图 7-21 所示。

表 7-10　　　高抗 B 相油中溶解气体离线检测数据　　　（μL/L）

试验日期	气体含量							
	H_2	CO	CO_2	CH_4	C_2H_4	C_2H_6	C_2H_2	总烃
2019.06.04	6.98	13.6	175.62	2.49	0	1.10	0	3.59
2020.06.02	151.35	61.17	634.97	12.71	2.12	1.36	0	16.19
2021.03.10	562.30	62.15	566.75	46.62	3.72	6.84	0	57.18
2021.07.16	1353.18	84.16	1001.72	95.24	6.72	12.31	0	114.27
2022.02.28	2112.26	105.45	738.26	142.04	10.08	19.12	0.12	171.36
2022.05.02	2468.58	115.05	942.11	172.18	13.63	27.65	0.17	213.63

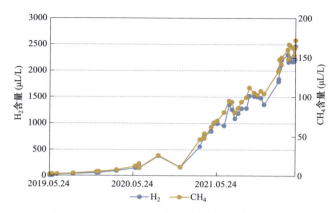

图 7-21　高抗 B 相油中氢气、甲烷油色谱离线检测数据

高抗主要增长的特征气体组分是氢气、甲烷，通过三比值法（三比值编码为 010）及 $\Delta CH_4/\Delta H_2 = 0.069 > 0.05$，结合特征气体法初步分析，判断为局放。

（二）其他试验情况

高频局放等带电检测未发现异常，绝缘油微水含量为 6.2mg/L，油中含气量为 1.22%，油介损为 0.331%，油试验结果均未发现异常。

（三）现场检查情况

2022 年 5 月，现场对高抗 B 相进行了外部检查，检查了套管、各组件、联管等部件接口、油箱密封接口、储油柜等，未发现明显渗漏情况；内部检查，未发现紧固件存在松动和放电痕迹，油箱底部未发现异物，取器身绝缘纸板样件进行含水量测试，含水量在 1.15%~3.05% 之间。

（四）返厂检查情况

高抗 B 相返厂后，再次取器身绝缘纸板样件进行含水量测试，并用露点法计算绝缘纸板平均含水量为 1.3%。之后高抗经过热油循环、真空处理、静放后，进行长时局放试验，高压侧放电量为 44.2pC，夹件放电量为 26.47pC，铁心放电量为 16.96pC，均小于 100pC 的技术要求。

与 2018 年出厂试验数据进行对比，低电压电抗、直流电阻、绕组对地电容和介损、绕组、铁心和夹件绝缘电阻、吸收比、极化指数试验数据未见明显变化。

2022 年 6 月 24 日，器身吊出油箱后在未脱油状态下进行了检查：高压出线、中性点出线的外包绝缘、支持件、出线角环等未发现放电痕迹；器身外部可见的围板、压板、旁轭围板、平衡绕组等未发现放电痕迹；铁心装配的接地线、紧固件、上下梁、横梁、垫脚、吊拌、侧梁紧固件也未发现异常。

2022 年 6 月 29 日，器身拆解检查：高压出线、中性点出线的外包绝缘、支撑件、出线角环等未发现放电痕迹；器身所有围板、压板、旁轭围板、平衡绕组等未发现放电痕迹；拆除器身绝缘件后，将绕组吊出，检查绕组各线段，未发现放电痕迹；上轭斜接缝处发现锈迹（见图 7-22），锈迹用百洁布可以擦拭干净，用吸铁石可以吸附（见图 7-23），发现铁锈的部位如图 7-24 所示。

图 7-22　斜接缝处铁锈异物

图 7-23　吸铁石吸附异物

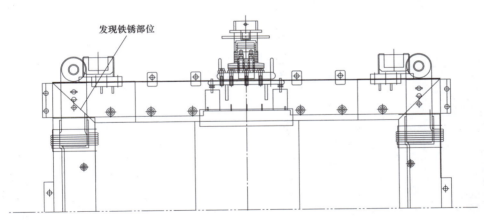

图 7-24　发现铁锈部位示意图

检查中发现侧梁绝缘顶紧螺栓将绝缘顶破，如图 7-25 所示。在铁轭对应旁轭位置发现摩擦痕迹，但未发现放电痕迹，如图 7-26 所示。

对铁心饼进行逐个检查，未发现异常。对心柱地屏进行检查时，发现竖向铜带与横向铜带搭接处及电缆纸存在多处黑色痕迹，如图 7-27 所示。

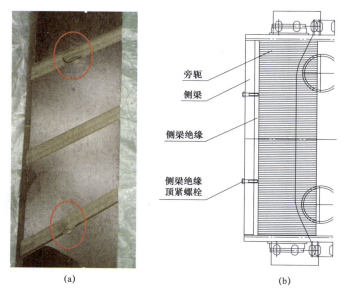

图 7−25 侧梁绝缘顶破位置

（a）现场实物图；（b）结构示意图

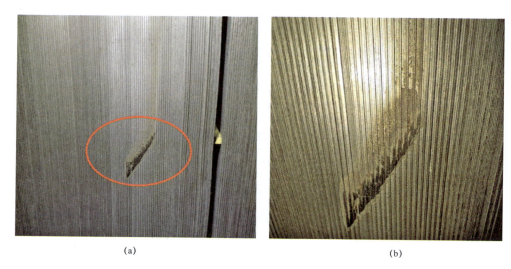

图 7−26 旁轭摩擦痕迹

（a）整体图；（b）细节图

三、缺陷/故障原因分析

结合高抗油色谱检测结果以及设备的返厂解体检查情况，分析造成油中氢气、甲烷含量异常的原因如下：

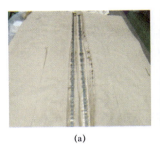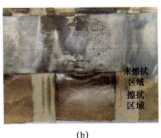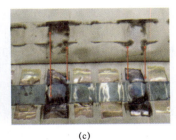

（a）　　　　　　　　　　（b）　　　　　　　　　　（c）

图 7-27　心柱地屏及电缆纸黑色痕迹

（a）心柱地屏；（b）铜带黑色痕迹；（c）电缆纸黑色痕迹

（1）侧梁绝缘被顶紧螺栓顶坏的原因是由于侧梁绝缘顶紧螺栓位置位于侧梁绝缘油道处，且此处绝缘较薄，在拧紧螺栓时力矩不易控制，导致侧梁绝缘损坏。虽此处被螺栓顶坏，但从铁轭端面的损坏情况来看，并未发现放电痕迹，不符合油色谱检测数据特征。

（2）设备内部存在受潮现象。B 相高抗于 2018 年 10 月 25 日充气完毕，至 2019 年 5 月 2 日现场安装，间隔时间为 5 个月零 7d。充气保存时间超过工艺标准中现场充气 3 个月以上需注油保存的要求。结合检查发现的铁轭斜接缝处发现的铁锈物，以及在现场和返厂后对器身绝缘纸板取样进行的含水量检测，露点法计算的绝缘平均含水量均大于 0.9% 的工艺标准；说明设备内部可能存在受潮，导致水分与金属反应产生铁锈，绝缘纸中水分在电场的作用下容易裂解产生氢气。

（3）心柱地屏的竖向铜带与横向铜带搭接处存在局放。心柱地屏黑色痕迹是由于铁心的振动使存在间隙位置的铜带和电缆纸之间产生摩擦，且铜带受沿射磁通电磁力作用的影响，摩擦较其他位置更加剧烈，导致电场分布不均匀而引发局放，生成大量的氢气和甲烷，并出现微量的乙炔。

四、后续处理情况

（1）对铁轭斜接缝处进行清理，保证异物清理干净后再进行插片工作。

（2）按照工艺标准，对器身重新干燥处理。

（3）为防止在包装、运输期间因其他因素导致受潮，采取如下加强措施：散热器充气运输至现场，避免运输过程中受潮；本体采用充氮气运输；管路密封运输到现场后，用干燥空气吹一遍去潮后再进行安装使用。

（4）按照充气存放时间不超过三个月的要求执行。如果产品充气存放超过90d 时，需要做深度抽空一次，去除绝缘表面的湿气，然后重新注干燥的氮气存放。

（5）心柱地屏振动可导致地屏的振动摩擦，对心柱地屏结构进行改制，采用半导体地屏；取消侧梁和侧梁绝缘，采用拉杆结构。

五、小结及建议

（1）油中主要特征气体成分为氢气和甲烷，且 $\Delta CH_4 / \Delta H_2 = 0.069 > 0.05$，应考虑设备内部存在局放缺陷。

（2）可在主变内部检查时对绝缘纸板取样进行含水量测试，确认主变是否存在受潮情况。

（3）应关注油中乙炔和一氧化碳异常变化，判断缺陷是否涉及固体绝缘以及故障能量的跃迁，防止缺陷进一步扩大。

（4）严格执行变压器工艺规程，在高抗出厂时，本体应充氮运输，安装过程尽量缩短其暴露在空气中的时间，做好充气保存期间的防潮工作，以防水分的侵入，降低高抗绝缘材料含水量。

第3节　单氢增长型异常

【案例7-8】高电压等级主变本体油泵定子浸漆覆盖水分与铁作用导致的本体油色谱单氢增高异常

一、缺陷/故障基本信息

某高电压等级主变冷却方式为强迫油循环风冷，2017 年 10 月出厂。

异常情况简述：2019 年 7 月 10 日，1 号主变油中氢气含量为 151.2μL/L，大于注意值（150μL/L），其他气体含量数据合格，判断为单氢增高异常。

二、检查及试验情况

（一）现场试验情况

主变红外测温、铁心接地电流、高频电流局放等带电检测数据均正常。

（二）油色谱检测数据及特征分析

主变油中溶解气体离线检测数据见表 7-11。

表 7-11　　　　　　　　　主变油中溶解气体离线检测数据　　　　　　　（μL/L）

试验日期	气体含量							
	H_2	CO	CO_2	CH_4	C_2H_4	C_2H_6	C_2H_2	总烃
2020.04.03	190.44	44.31	121.16	0.59	0.07	0	0	0.66
2020.05.14	251.12	57.72	92.07	0.69	0	0	0	0.69
2020.05.30	208.75	53.29	79.64	0.57	0	0	0	0.57

2019 年 7 月 10 日，主变油中氢气含量为 151.2μL/L，大于注意值（150μL/L），其他气体含量数据合格。随后在线油色谱及周期性跟踪检测发现氢气含量呈上升趋势，其余气体没有明显增长趋势。主变油中溶解气体在线监测数据如图 7-28 所示。

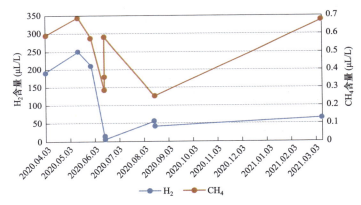

图 7-28　主变油中溶解气体在线监测数据

三、缺陷/故障原因分析

（1）根据油色谱离线检测数据仅仅表现为单氢增长，分析缺陷原因为非故障产氢。

（2）通过对主变油泵返厂试验并解体检查，发现主变产品结构设计没有问题，能够满足产品使用要求，不存在质量问题。油泵中油产生氢气的原因可能为油泵定子浸漆后未充分干透，被油漆覆盖的水分在铁的作用下产生氢气。

（3）运输、安装过程受潮，游离水分沉积在容器或附件（冷却器潜油泵定子处）底部，水与金属反应生成氢气。

（4）变压器不锈钢附件（储油柜波纹管等）出厂真空脱氢不完全，不锈钢吸附的氢气逐渐析出到油中。

四、后续处理情况

2020年6月3～20日，变压器厂家针对主变油色谱氢气超标进行热油循环处理。通过此次主变热油循环处理后，分别自主变上、中、下部取油开展色谱试验，测得氢气含量分别为13.57、6.88、9.53μL/L，氢气含量合格，油中微量水分含量数据合格。处理后主变油中溶解气体离线检测数据见表7-12，处理后主变油中溶解气体在线监测数据如图7-29所示。

表7-12　　　　　处理后主变油中溶解气体离线检测数据　　　　　（μL/L）

试验日期及取样位置	气体含量							
	H_2	CO	CO_2	CH_4	C_2H_4	C_2H_6	C_2H_2	总烃
2020.06.15 上部	13.57	6.27	88.61	0.29	0	0	0	0.29
2020.06.15 中部	6.88	2.76	109.12	0.36	0	0	0	0.36
2020.06.15 下部	9.53	4.70	134.50	0.58	0.22	0.28	0	1.08
2020.08.16 上部	54.22	17.02	59.01	0.25	0	0.09	0	0.34
2020.08.16 下部	42.94	14.30	65.00	0.25	0	0	0	0.25
2021.03.10 下部	63.67	30.97	85.47	0.67	0	0.57	0	1.24

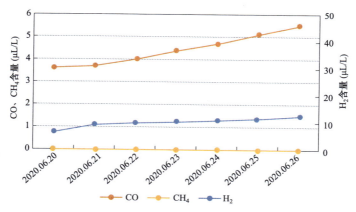

图7-29　处理后主变油中溶解气体在线监测数据

在主变投运后，通过周期性色谱试验及油色谱在线监测数据跟踪观察分析，发现氢气含量依然呈上升趋势，氢气油色谱在线监测数据与离线数据偏差较大；后续在氢气含量接近150μL/L时主变停电开展本体热油循环。

五、小结及建议

（1）离线色谱主要变现为单氢增长，其余组分变化不明显，分析为非故障产氢。

（2）油色谱在线监测可以及时发现单氢增长缺陷，必须保证在线监测装置的准确性。

（3）对可能受潮的部位取油样，进行油中微水、油耐压、油介损测试，进行分析判断。

（4）变压器（或冷却器）冷却器在运输、低温安装过程中可能受潮，水分可能凝结沉积在容器底部或附件（冷却器潜油泵定子绕组处）底部，水与金属反应生成氢气。可以通过单独关闭单组冷却器进出口阀门静置后取样与本体油中溶解氢气比较，如确认冷却器受潮，可单独进行冷却器热油循环真空滤油方式处理。

（5）变压器不锈钢附件（如储油柜波纹管等）析氢，可以对储油柜和变压器本体分别取油样进行比对，如确认储油柜不锈钢波纹管析氢，可对变压器带储油柜抽真空，采取真空注油热油循环真空滤油处理。

参 考 文 献

[1] Marcel Mulder. 膜技术基本原理 [M]. 北京：清华大学出版社，1999.

[2] 刘虎威. 气相色谱方法及应用 [M]. 北京：化学工业出版社，2000.

[3] 许国旺. 现代实用气相色谱法 [M]. 北京：化学工业出版社，2004.

[4] 王永华. 气相色谱分析应用 [M]. 北京：科学出版社，2006.

[5] 毛秀芬，靳斌，苏垒. 供气相色谱仪使用的热导检测器的设计与实现 [J]. 色谱，2011，29（8）：781－785.

[6] 陈伟根，云玉新，潘翀，等. 光声光谱技术应用于变压器油中溶解气体分析 [J]. 电力系统自动化，2007，31（15）：94－98.

[7] 殷庆瑞，王通，钱梦碌. 光声光热技术及其应用 [M]. 北京：科学出版社，1991.

[8] [日] 泽田嗣郎. 光声光谱法及其应用 [M]. 赵贵文，苏庆德，齐文启，等译. 合肥：安徽教育出版社，1985.

[9] 全国电气化学标准化技术委员会. 绝缘油中溶解气体组分含量的气相色谱测定法：GB/T 17623—2017 [S]. 北京：中国标准出版社，2017.

[10] 国家能源局. 油中溶解气体分析判断导则：DL/T 722—2014 [S]. 北京：中国电力出版社，2015.

[11] 操敦奎. 变压器油色谱分析及故障诊断 [M]. 北京：中国电力出版社，2010.

[12] 钱旭耀. 变压器油及相关故障诊断处理技术 [M]. 北京：中国电力出版社，2006.

[13] 董其国. 电力变压器故障与诊断 [M]. 北京：中国电力出版社，2002.

[14] 孙才新，陈伟根，李俭，等. 电气设备油中溶解气体在线监测与故障诊断技术 [M]. 北京：科学出版社，2003.

[15] 余成波，陈学军，雷绍兰. 电气设备绝缘在线监测 [M]. 北京：清华大学出版社，2014.

[16] 孟玉蝉，李萌才，贾瑞君，等. 油中溶解气体分析及变压器故障诊断 [M]. 北京：中国电力出版社，2012.

[17] 朱德恒，严璋，谈克雄，等. 电气设备状态监测与故障诊断技术 [M]. 北京：中国电力出版社，2009.

[18] 蔡金锭，邹阳. 电力变压器智能故障诊断与绝缘测试技术 [M]. 北京：电子工业出版社，2017.

[19] 周舟. 变压器故障色谱诊断分析 [M]. 北京：中国电力出版社，2015.

[20] 李孟超，王允平，张洪波. 变压器油气相色谱分析实用技术 [M]. 北京：中国电力出版社，2010.

[21] Somekawa T，Kasaoka M，Kawachi F，et al. Analysis of dissolved C_2H_2 in transformer oils using laser Raman spectroscopy [J]. Optics Letters，2013，38（7）：1086－1088.